실내건축디자인을 위한

SketchUp 기초

이 진 욱 · 윤 원 섭 저

기 문 당

머리말

SketchUp은 일단 사용하다 보면 저절로 터득하게 된다?

SketchUp을 초반에 접한 저자의 마음가짐이었습니다. SketchUp이 워낙 쉽고 사용자 지향적이기 때문에 이것저것 건드리며 사용하다 보면 자연스럽게 익히게 된다는 생각이었습니다. 실제로도 저자는 특별한 교재 없이 SketchUp에 포함된 튜토리얼로 시작하였습니다. 그래서 학생들도 저와 같이 배우면 되겠구나 생각하고 교재도 없이 몇 가지 예제만으로 교육을 진행하였습니다.

하지만 이는 나의 큰 착각이었습니다. 저자는 오랜 세월 동안 AutoCAD와 3ds Max를 사용하였기에 별다른 준비 없이도 SketchUp을 받아들이고 소화할 수 있었지만, 불과 한 학기 정도 AutoCAD를 배운 학생들에게 체계적인 교육과정 없이 짧은 수업시간 동안 이해와 응용력을 가지도록 요구하는 것은 무리였습니다. 물론 그중 아주 소수의 뛰어난 학생들은 놀라울 정도의 응용력으로 스스로 배우고 깨우쳐 나가기도 하지만, 대부분의 학생들에게는 SketchUp을 정확하게 배울 수 있는 교육 프로그램이 필요하였습니다. 또한 이러한 체계적인 교육 프로그램을 뒷받침할 수 있으며 학습자 스스로가 SketchUp을 배워 나갈 수 있는 교재의 필요성을 느끼게 되었습니다.

SketchUp을 마스터하기 위해서는 체계적인 교육과정을 담은 교재가 절실히 필요하다!

이 책은 위와 같이 실내건축 또는 건축디자인을 전공하는 학생들이 체계적으로 SketchUp을 배울 수 있는 학습과정을 마련하여 대학의 수업에서 적절한 기간 동안 사용하거나, 독학으로 SketchUp을 배우고자 하는 입문자들이 중도에 포기하지 않고 끝까지 완주할 수 있도록 하기 위해 만들어졌습니다. 학습순서에 따라 필요한 기능들을 설명하고, 해당 기능이 어떤 예에서 활용될 수 있는지 동시에 소개함으로써 학습자들이 흥미를 가지고 몰입할 수 있도록 구성하였습니다.

이 책이 필요한 사람들은 다음과 같습니다.

- 실내건축 및 건축을 전공하는 학생과 이 분야에 관심이 있다면 누구나
- SketchUp을 한 번도 사용해 본 적이 없는 완전초보
- 빠른 시간에 SketchUp의 핵심기능들만 배워 공간디자인에 활용하고자 하는 사람
- 3차원 컴퓨터 그래픽 프로그램을 꼭 배워야 하는데 3ds Max 같은 프로그램은 엄두도 안 나는 사람

이 책은 SketchUp에 입문하는 초급자들을 대상으로 하고 있습니다. 초급자들이 이해하기 쉽게 SketchUp을 학습하여 3차원 공간 모델링과 함께 생각의 표현, 그리고 V-ray를 이용한 사실적 표현의 수준까지 도달하게 만드는 것이 이 책의 목적입니다.

이 책은 SketchUp 전문가가 되기 위한 출발입니다. 이 책만으로는 충분하지 않습니다. 도움말을 활용하고 여러 예제와 작품들을 다루어 보아야만 합니다. 반드시 설계 스튜디오에서 본인의 작품을 SketchUp을 이용해 표현하십시오. 인터넷 카페 등을 활용하여 더 많은 사용자들과 교류하기 바랍니다. 다만 이 책이 SketchUp에 입문하는 여러분들에게 올바른 방향을 제시해 줄 수 있기를 바랍니다.

끝으로 이 책이 출판되기까지 도움을 주신 기문당 출판사 관계자 여러분께 감사드리며, 집필하는 과정에 큰 힘이 되어준 가족들에게 감사의 말을 전합니다.

2012년 5월
저자

차 례

Chapter

1

SketchUP의 이해

SketchUp은 3D 모델링 프로그램의 혁명을 가져온 프로그램으로 평가할 수 있다. 해가 갈수록 복잡해지고 어려워지고 무거워져만 가는 3D 모델링 소프트웨어의 압박에 힘겨워하던 사용자들에게 SketchUp은 디자인 기반에 충실한 직관적인 사용방식으로 돌파구를 열어준 프로그램이다. 본 장에서는 본격적으로 SketchUp을 시작하기에 앞서 SketchUp이 어떠한 프로그램인지, 그리고 그 특징과 장점을 먼저 살펴본다. 그리고 SketchUp 8을 처음으로 실행하면서 나타나는 [Welcome to SketchUp] 대화상자에서 설정할 내용과 함께 SketchUp 8의 인터페이스를 간단하게 살펴본다. 마지막으로 SketchUp을 사용하기 위해 가장 기초적으로 필요한 화면제어에 대해 살펴보도록 하겠다.

1. SketchUp

1-1. SketchUp이란?

Google SketchUp은 누구나 편리하게 사용할 수 있는 3D 모델링 소프트웨어이다. 직관적인 인터페이스를 이용하여 3차원 모델링을 처음 접해본 사용자도 며칠, 아니 몇 시간의 교육과 훈련만으로도 간단한 3D 모델링 결과를 완성할 수 있는 소프트웨어이다.

SketchUp이 간단하고 쉽기만 하였다면 오늘날과 같이 널리 보급·확산되지 못하였을 것이다. SketchUp만의 특유의 감수성과 인터넷을 이용한 제약이 없는 개방성으로 인해 폭발적인 사용자의 확충과 그들의 지지를 받았으며, 심지어 3D 모델 프로그램의 군주로 독식하던 3D Studio MAX에도 영향을 미치기도 하였다.

무엇보다도 SketchUp의 무한대의 응용능력은 놀라운 수준이다. 복잡한 명령체계와 구조, 그리고 100개가 훌쩍 넘어가는 모델링과 편집명령을 사용하는 대신 10개 남짓한 명령을 요리조리 응용하여 무한한 기능을 만들어내는 것을 보면 그 창의적 활용능력에 감탄할 뿐이다. 이러한 점에서 SketchUp은 반드시 실내건축을 전공하는 학생들에게는 처음으로 접해야 하는 3D 모델링 소프트웨어라 추천하는 바이다.

다음은 SketchUp의 홈페이지다. "http://sketchup.google.com"을 방문하여 최신의 정보를 확인하기 바란다.

1-2. SketchUp의 특징과 장점

모든 SketchUp 모델은 가장자리(Edge)와 면(Face)으로 구성된다. 흔히 이러한 형식의 모델링을 Surface(표면) 모델링 방식이라고 한다. 즉, 모델의 표면을 구성하는 최소단위의 요소가 평면이 되며 이 평면을 둘러싼 루프 직선이 가장자리(Edge)가 된다. 모델을 구성하는 요소가 단순한 만큼 모델을 만들기 위한 명령도 쉽고 단순하다.

3D Warehouse

3D 모델링을 배우기 시작하는 초보자들이 SketchUp을 가장 선호하는 이유에 하나가 바로 3D 이미지 갤러리(3D Warehouse)일 것이다. 3D이미지 갤러리는 온라인상에서 전 세계의 사용자들이 만든 3D 모델을 서로 공유하는 사이트이다. 누구나 3D 모델을 올릴 수 있고 어떠한 모델도 다운받아서 사용할 수

있다. SketchUp 초보자도 3D 이미지 갤러리를 이용할 경우, 간단한 박스 모델을 하나 만들어 그 안에 가구를 배치한다면 금방이라도 실내공간을 완성할 수 있다.

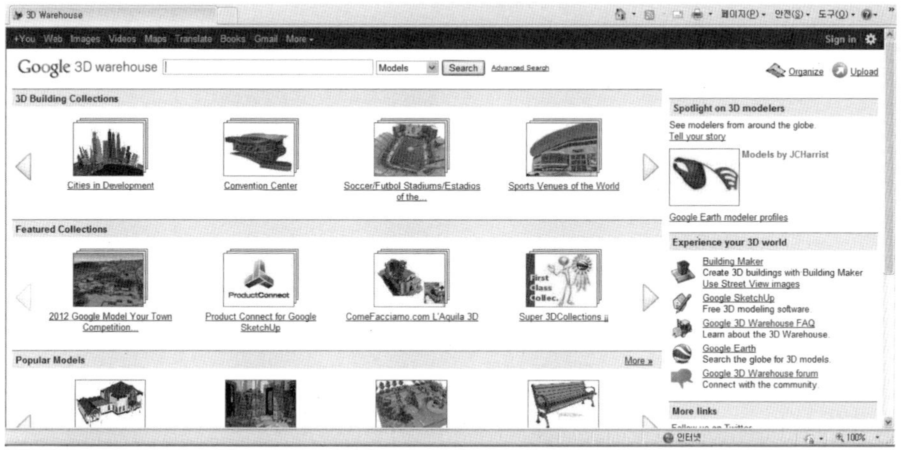

특히 실내건축 전공자에게 3D 이미지 갤러리는 아주 중요한 보물창고이다. 세계적으로 유명한 건축물들, 유명한 디자이너들의 가구 및 소품들, 규격화된 창호 시스템 등 실내공간을 구성하는 세부요소들의 대부분이 3D 이미지 갤러리에서 구할 수 있다.

memo

2. SketchUp 8 시작하기

2–1. Welcome to SketchUp

(1) 바탕화면 아이콘

Google SketchUp Pro 8을 설치하면 바탕화면에 다음과 같이 SketchUp과 관련된 3가지의 단축아이콘이 생성된다. 무료로 사용할 수 있는 Google SketchUp 8 공개용의 경우 "Google SketchUp 8" 단축아이콘만 생성되며 프로그램 실행 시에도 일부 기능에 제약을 받게 된다.

➡ Google SketchUp 8 실행 단축아이콘

➡ LayOut 3 실행 단축아이콘

➡ Style Builder 2 실행 단축아이콘

(2) SketchUp 시작 대화상자

Google SketchUp 8 단축아이콘을 더블 클릭한다. 다음과 같은 [Welcome to SketchUp] 대화상자가 화면에 나타난다.

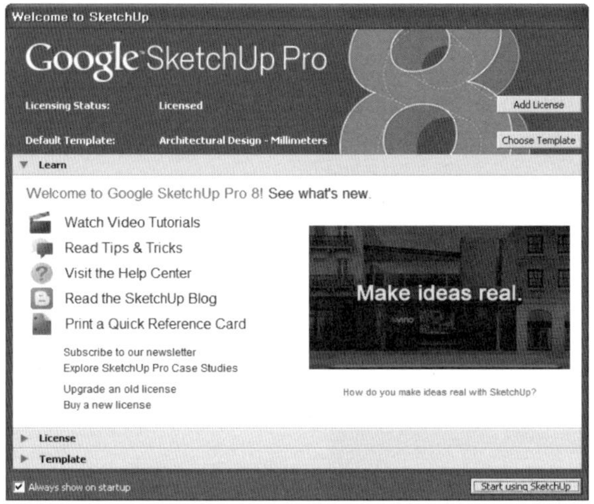

가장 상단의 [Learn]부분에서는 비디오 튜터리얼을 통해 SketchUp의 기능을 익히거나 여러 가지 팁과 노하우에 관해 배울 수 있다. 또한 Help Center와 공식 SketchUp 블로그를 통해 더 많은 기능과 정보를 주고받을 수 있다. 하지만 이러한 기능들 대부분이 영어로만 지원되고 있으며, 일정한 수준 이상의 SketchUp 기술을 습득한 후 원활하게 사용할 수 있는 관계로 처음 사용하는 사용자들은 쉽게 접근하기 어려운 현실이다. 하지만 "Print a Quick Reference Card"는 반드시 확인하기 바란다. SketchUp 8을 시작하는 데 핵심적인 기능들을 일목요연하게 확인할 수 있으며 단축키를 가장 빨리 습득할 수 있도록 정리해둔 것이다. 출력을 해서 모니터 옆에 잘 보이도록 붙여둔다면 SketchUp의 다양한 기능들을 좀 더 빨리 배울 수 있다.

(3) Template 선택

SketchUp 사용을 본격적으로 실행하기 전에 반드시 설정해야 할 작업은 템플릿 선택이다. 우측 상단의 [Choose Template] 버튼을 클릭하거나 하단의 [Template] 부분의 좌측 삼각형을 클릭하여 템플릿 선택을 활성화한다.

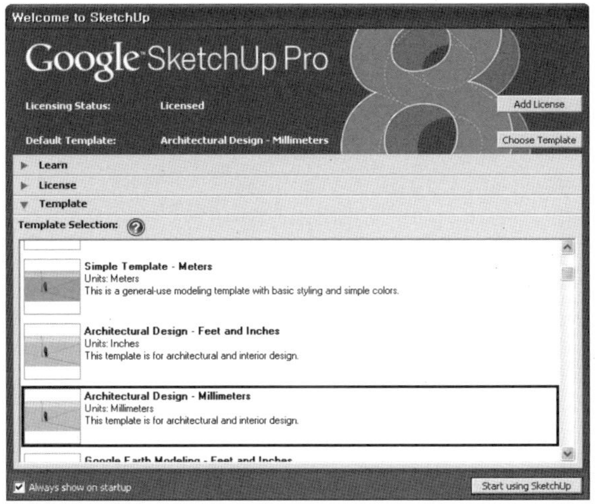

여러 템플릿 중에서 “Architectural Design - Millimeters”를 선택한다. 실내건축디자인을 위해서는 우리나라에서 표준으로 사용하고 있는 밀리미터 단위계로 반드시 지정해야 한다.

좌측 하단의 “Always show on startup”의 체크가 활성화되어 있으면 다음번 SketchUp을 실행할 때도 [Welcome to SketchUp] 대화상자가 매번 나타나게 된다. 비활성화하게 되면 [Welcome to SketchUp] 대화상자를 생략하고 SketchUp이 실행된다.

우측 하단의 [Start using SketchUp] 버튼을 클릭하여 SketchUp을 실행한다.

2-2. SketchUp 8 화면구성

(1) Interface

이제 SketchUp 8의 인터페이스에 대하여 살펴본다. SketchUp 8의 초기화면은 다음과 같이 제목표시줄(Title bar), 메뉴(Menu), 도구모음(Toolbar), 작업화면, 상태막대(Status bar)로 구성되어 있다.

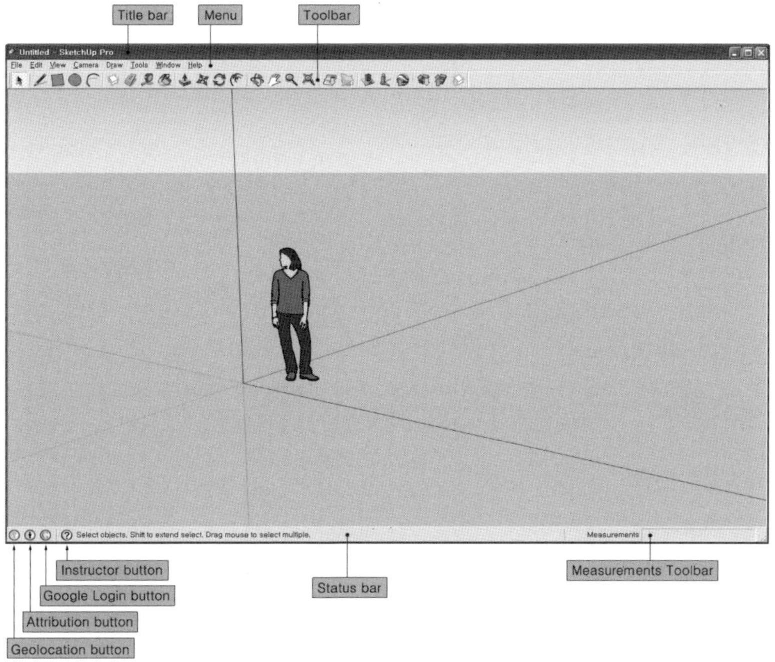

하단의 상태막대(Status bar)에는 “Geolocation button”, “Attribution button”, “Google Login button”, “Instructor button”, “Measurements Toolbar”이 포함되어 있다.

"Instructor" 기능은 SketchUp을 처음 실행할 경우 기본으로 활성화되어 있으며, 사용하고자 하는 툴을 선택하였을 때 관련된 설명과 간단한 설명방법을 나타내는 도움말 창이다. 필요한 경우가 아니라면 작업화면의 상당 부분을 차지하게 되므로 평소에 끈 상태로 사용하고, 꼭 필요한 경우 "Instructor button"을 눌러 다시 활성화 할 수 있다.

SketchUp의 초기 화면은 특별히 구성을 바꾸거나 사용자화하여 사용할 필요가 없다. 현재 나타나 있는 툴바는 "Getting Started" 툴바로 여러 툴바들 중에서 기초적이고 주요한 기능들만을 선별하여 구성한 것으로, 초기 작업에는 "Getting Started" 툴바만으로도 충분히 작업할 수 있다.

(2) Toolbar

이후 작업이 심화될수록 필요한 기능들이 많아지게 되면 나머지 툴바들을 활성화시켜 사용하면 된다. [View] 메뉴에서 다른 툴들을 활성화시켜 본다.

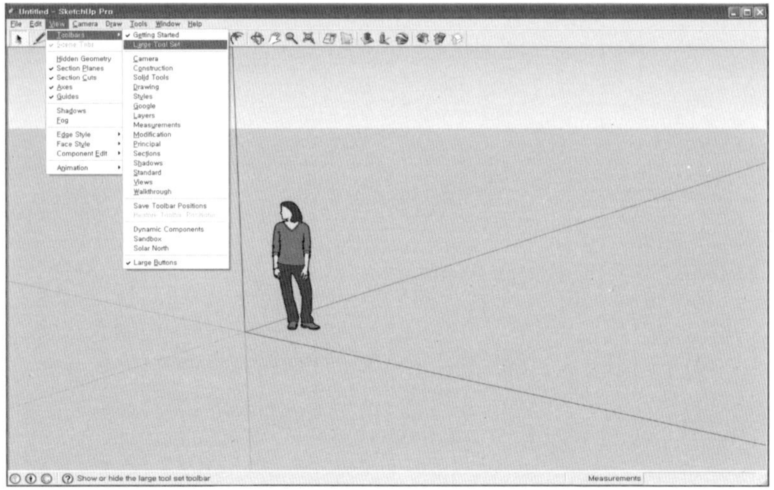

[View] 메뉴의 "Toolbars → Large Tool Set" 명령을 실행한다. 작업화면의 좌측에 2열로 다양한 툴들이 배치된다. 그 외에도 다양한 툴바들을 활성화시킬 수 있으며, 각 툴바들의 위치를 변경할 수도 있다.

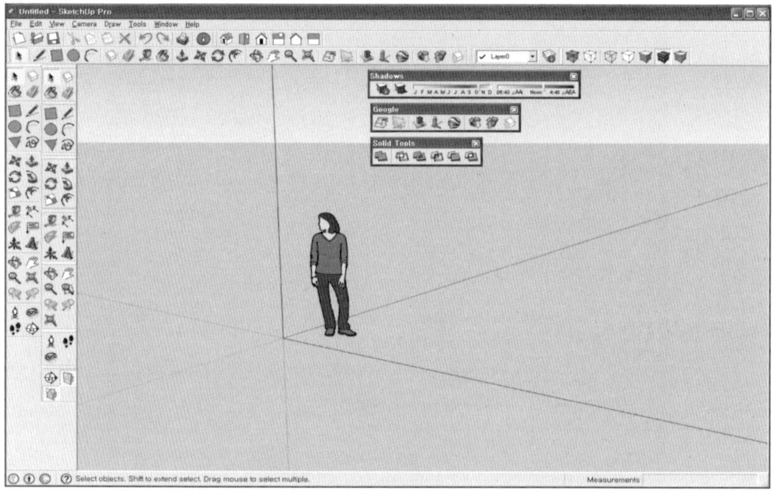

결과와 같이 "Large Tool Set"은 "Principal", "Drawing", "Construction" 등의 툴바들을 함께 모아둔 툴바 집합체가 된다.

(3) Quick Reference Card

SketchUp 8의 Quick Reference Card를 참고로 각 툴의 명칭에 대해 간단하게 살펴보자. 괄호 안은 단축키를 나타내는 것으로 단축키가 부여된 기능은 사용이 빈번한 기능임을 예상할 수 있다.

Large Tool Set

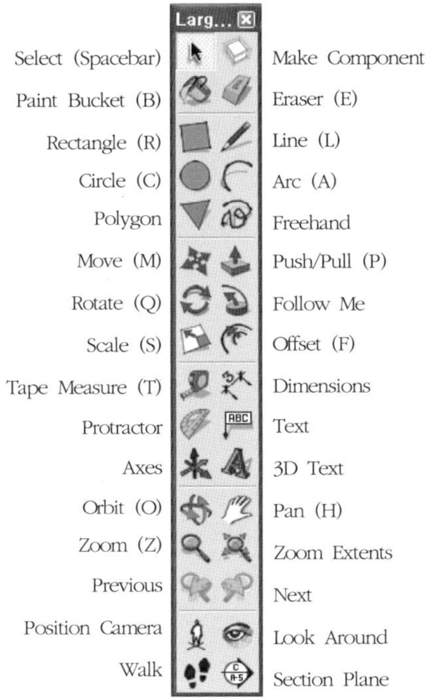

Solid Tools

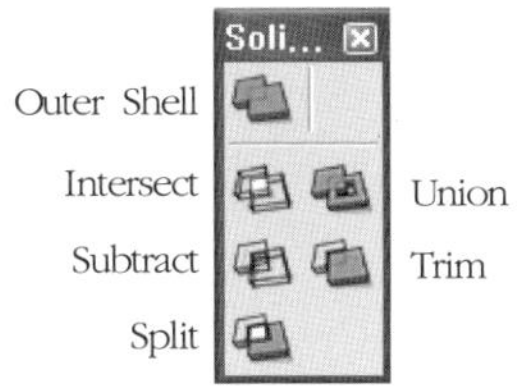

Dynamic Components

Sandbox

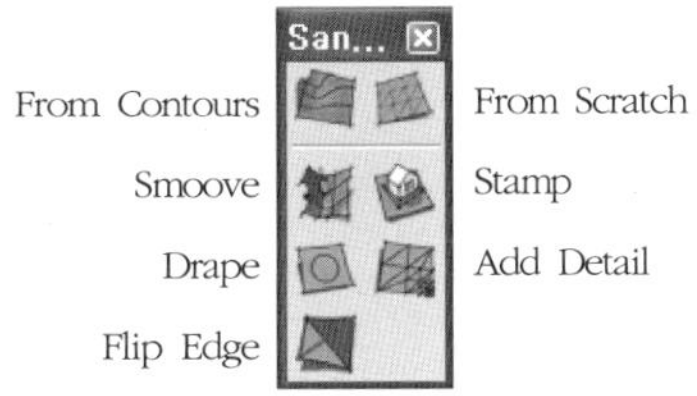

Views

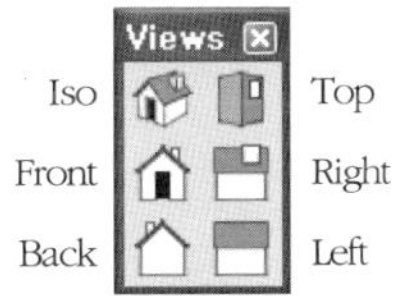

Style

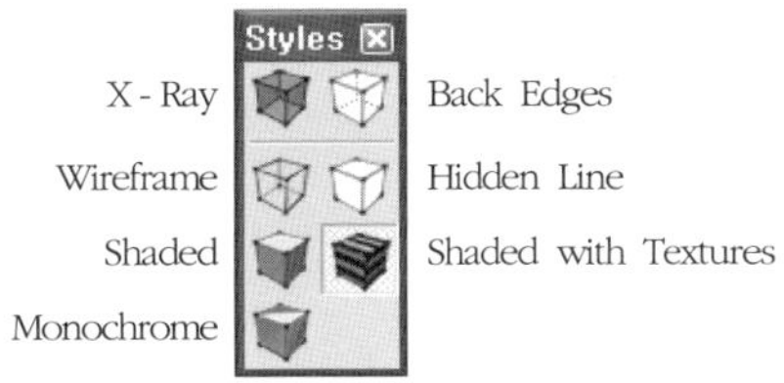

Google

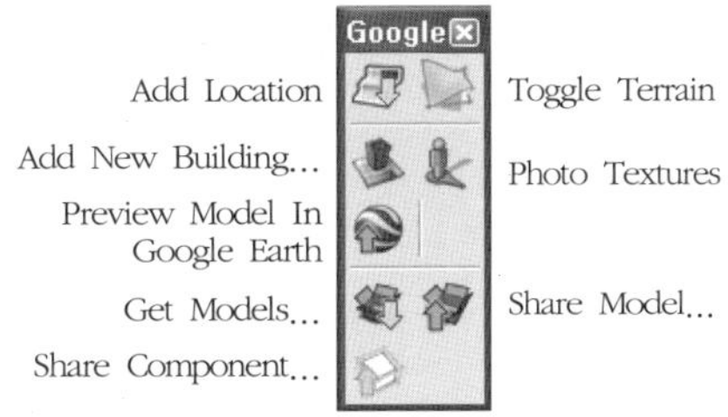

이상의 툴을 당장 외운다는 것은 불가능하다. 천천히 익혀나가며 단축키 위주로 먼저 외워두면 편리하다.

2-3. SketchUP 8 화면제어

(1) 화면의 확대와 축소

SketchUp에서는 마우스 컨트롤을 통해 보다 쉽게 화면제어를 할 수 있다. 마우스 휠 버튼을 스크롤하면 Zoom-in 또는 Zoom-out을 실행할 수 있다. 마우스 휠을 밀면(사용자 반대방향) 화면이 확대되고 마우스 휠을 당기면(사용자 방향) 화면이 축소된다.

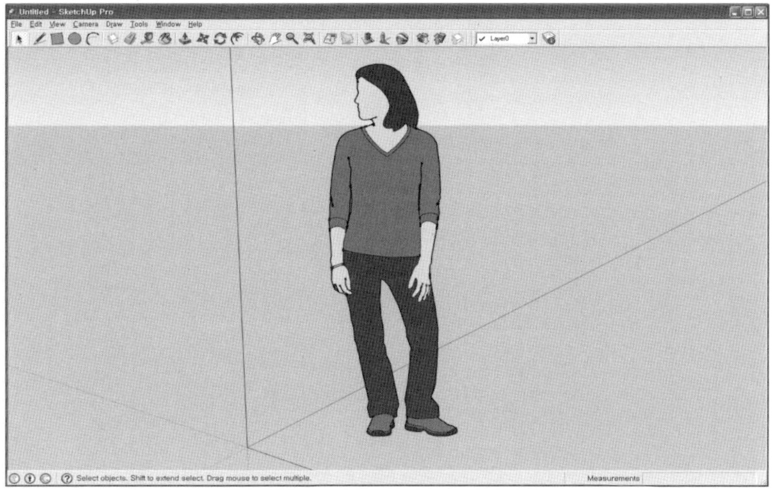

(2) 궤도 뷰의 회전과 화면이동

휠 버튼을 클릭한 채로 드래그하게 되면 "Orbit(궤도)" 명령이 실행되어 뷰의 방향을 변경할 수 있다. 또한 Shift 키를 같이 누르면 "Pan" 명령으로 전환된다.

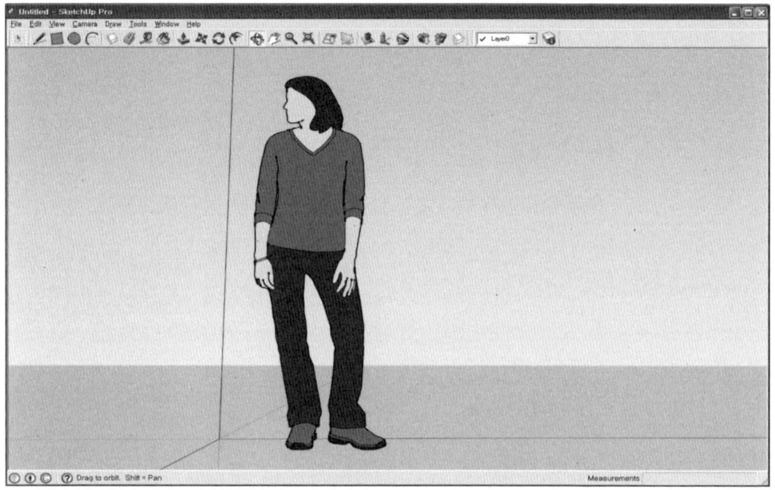

마우스 휠 버튼을 더블 클릭하게 되면 더블 클릭한 위치가 화면의 중심이 되도록 화면이동하게 된다. 얼굴 위치에서 휠 버튼을 더블 클릭한 결과는 다음과 같다.

(3) 컨텍스트 메뉴

마우스 오른쪽 버튼을 클릭하게 되면 당시 상황에 연관된 "Context Menu"가 나타나게 된다. "Context Menu"를 이용하여 보다 쉽게 작업을 진행할 수 있다. 다음은 모델 위에서 마우스 오른쪽 버튼을 클릭하여 나타나는 Context menu 이다.

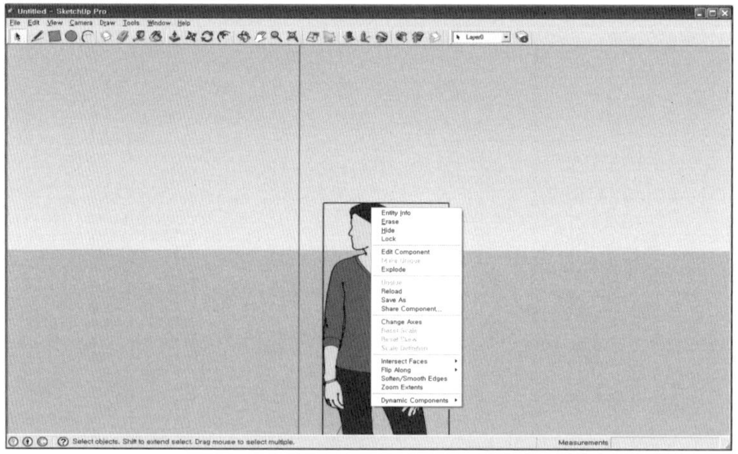

Chapter

2

간단한 모델링 따라 하기

본 장에서는 SketchUp이 얼마나 편리한지, 그리고 초보자도 한두 시간만 학습하면 그럴듯한 결과물을 만들 수 있다는 장점을 확인해 보는 부분이다. 먼저 SketchUp의 가장 기본작업이 되는 상자(Box) 만들기를 알아보고, 또한 SketchUp의 가장 기본적인 편집작업 과정 중 하나인 면 분할을 통한 모델 변형 방법을 알아본다. 이상의 기초과정을 연습한 다음 이를 응용하여 간단한 테이블을 모델링한다. 치수를 고려하지 않고 대략적으로 만들어 보고, 이후 정확한 치수대로 만들기 위해 필요한 기능을 추가적으로 배워보도록 한다.

1. 상자(Box) 만들기

이제 SketchUp의 툴을 이용하여 3차원 모델을 만들어보겠다. 다음은 SketchUp 모델링을 위한 가장 단순한 규칙이다.

Step 1. Draw a shape
(셰이프를 작성한다)

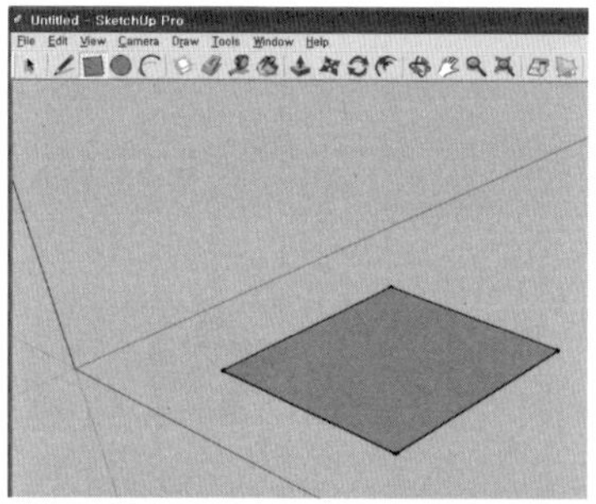

Step 2. Pull that shape into 3d
(셰이프를 3차원으로 끌어올린다)

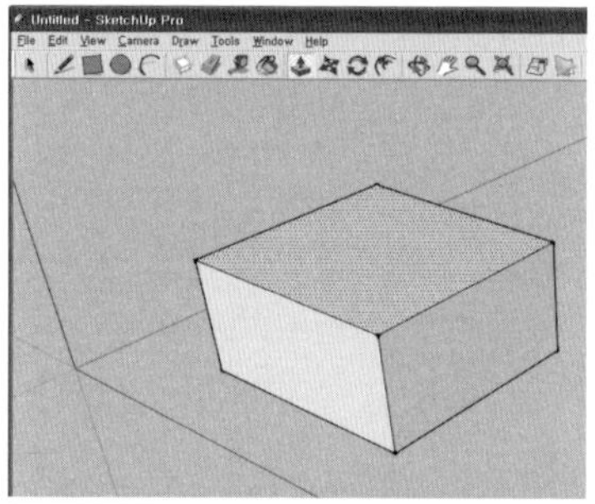

Step 3. Repeat
(반복한다)

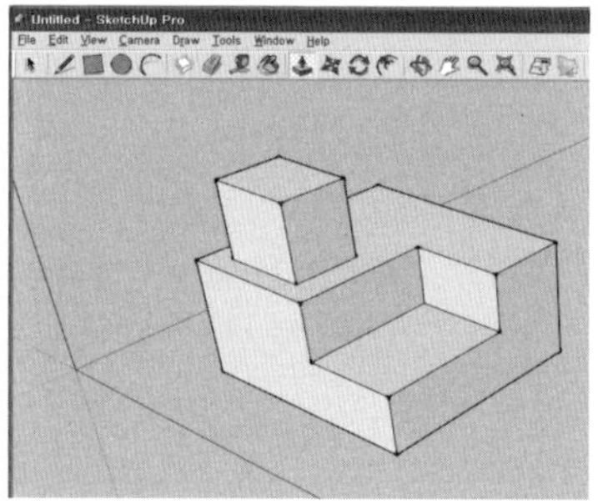

(출처 : Google SketchUp 홈페이지 Video Tutorial 중)

이상과 같이 SketchUp에서는 2차원의 셰이프를 만들고, 그 셰이프를 밀고 당김으로써 3차원 모델이 완성되는 아주 단순한 구조이다.

1-1. 직사각형 만들기

이상과 같이 SketchUp의 첫 번째 단계는 정확한 셰이프를 만드는 것이다. 다음의 과정을 따라 하면서 여러 방법으로 직사각형 셰이프들을 만들어본다.

(1) Rectangle Tool

"Getting Started" 툴바에서 "Rectangle" 툴을 실행한다.

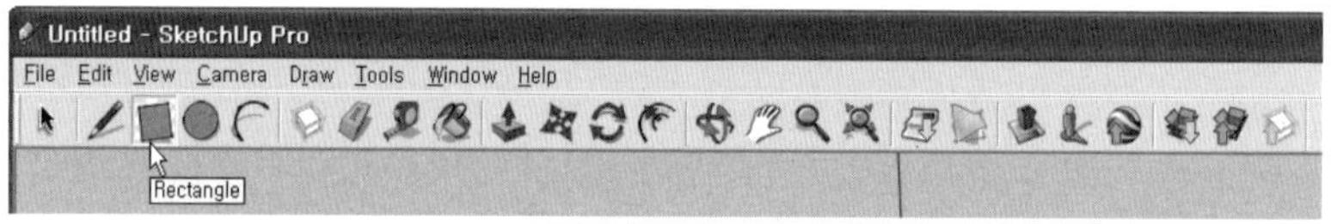

다음과 같이 임의의 점 P1을 클릭하고 마우스를 드래그하여 직사각형의 형태를 조절한 다음 P2를 클릭하면 직사각형 형태의 셰이프가 완성된다. 이때 P1에서 마우스를 클릭한 채로 드래그하여 P2지점에서 마우스 클릭을 해제해도 동일한 결과를 얻을 수 있다.

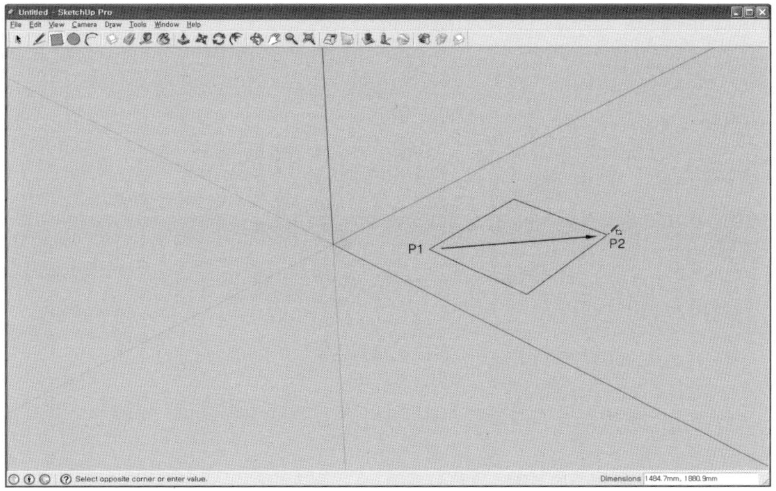

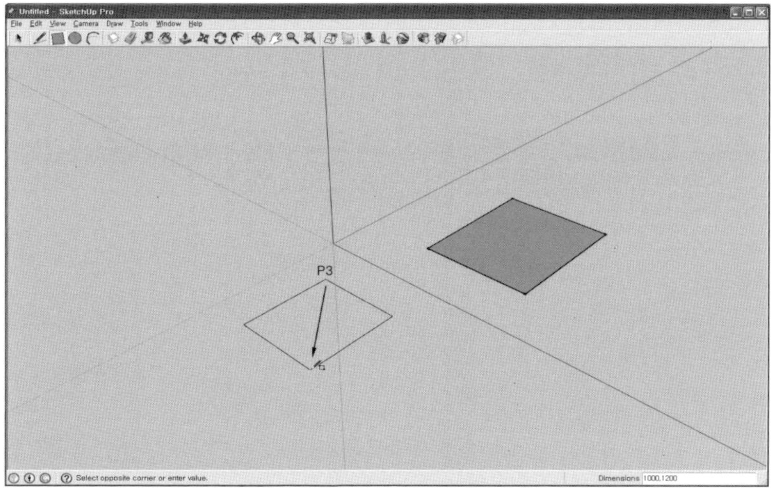

이번에는 시작점을 원점(Origin)으로 지정하여 직사각형을 작성한다. "Rectangle" 툴을 실행한 다음 Red Axis(X축), Green Axis(Y축), Blue Axis(Z축)이 교차하는 위치에 마우스를 가져가면 정확한 원점의 위치에 커서가 고정되며 'Origin'이라는 툴 팁(Tool Tip)이 표시된다.

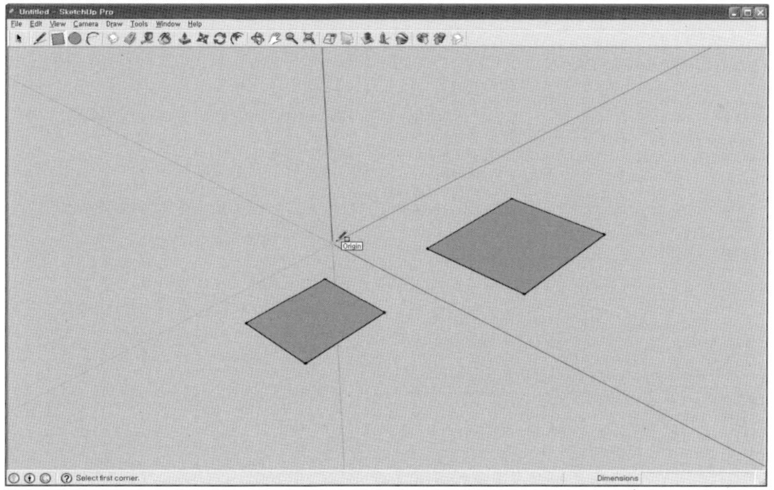

(2) 정확한 크기의 직사각형 그리기

또한 직사각형(Rectangle)의 크기를 정확하게 지정하기 위해 치수를 입력하여 완성할 수도 있다.

① "Rectangle" 툴을 실행하여 임의의 점 P3을 클릭한다.

② 직사각형이 만들어질 방향으로 마우스를 드래그한다.

③ 두 번째 모서리 점을 지정하지 않고 키보드를 이용하여 '1000,1200'을 입력하고 Enter↵ 키를 누르면 지정한 값의 크기를 가지는 직사각형 셰이프가 완성된다.

이때 작업화면 하단의 "Status bar(상태 바)" 우측에 위치한 치수입력창에 "Dimensions"라고 나타나며 입력한 값인 '1000,1200'이 표시된다. 키보드를 이용해 치수를 입력하면 자동으로 입력되는 것을 확인할 수 있다. 마우스를 이용해 "Dimensions" 부분을 클릭하려고 해서는 안 된다.

이때 마우스를 클릭하면 정확한 원점(0,0)이 지정되며, 마우스를 원하는 방향으로 드래그한 다음 필요한 값(1000,1500)을 입력하고 Enter↵ 키를 눌러 직사각형을 완성한다.

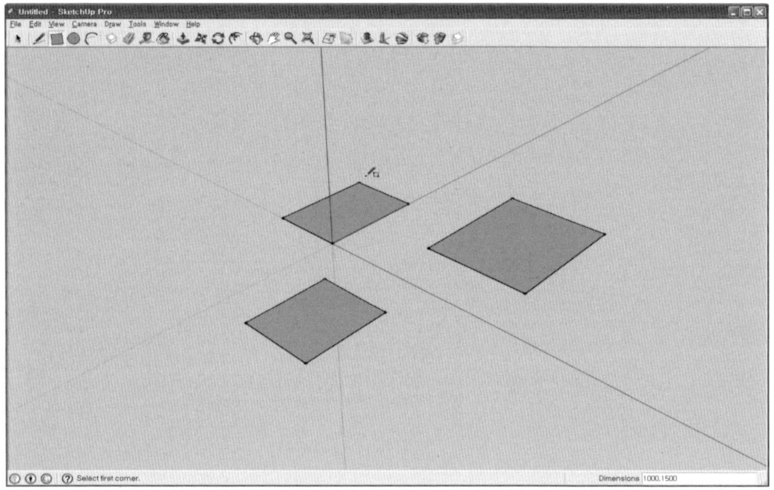

앞서 나온 두 가지 사례에서 입력 값의 양과 음의 값이 영향을 미치지 않는다는 점을 확인하기 바란다. SketchUp에서는 입력되는 좌표 값에 의해 플러스 또는 마이너스 방향이 결정되는 것이 아니라, 마우스로 드래그하는 하는 방향이 양의 방향으로 인식되기 때문에 마이너스 값을 입력할 필요가 없이 크기 값을 입력하는 개념으로 이해하면 된다. 이때 각 축의 양의 방향과 음의 방향은 실선과 점선으로 각각 표시된다.

1-2. 3차원 모델로 만들기

작성된 직사각형 셰이프(Shape)를 이용하여 3차원 모델을 만들어 보겠다. 앞서 설명한 두 번째 단계인 "Pull that shape into 3d"를 진행한다.

(1) Push/Pull Tool

"Getting Started" 툴바에서 "Push/Pull" 툴을 실행한다.

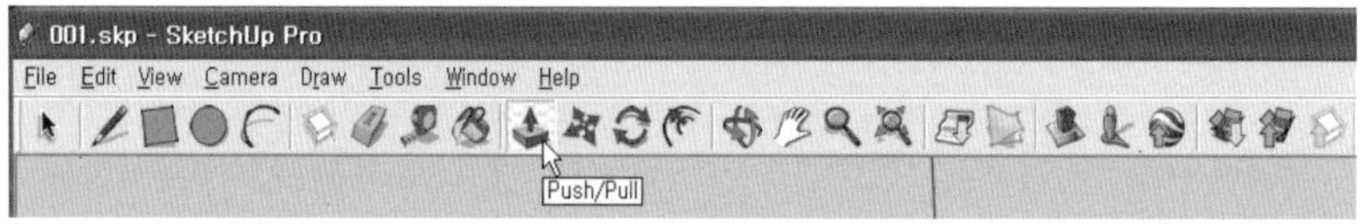

① 직사각형 셰이프의 면(Face) 위로 마우스를 가져가면 해당 면이 강조되는 것을 확인할 수 있다.

② 이때 강조된 면을 클릭하고 마우스를 움직이면 3차원의 상자(Box)형태가 형성되는 것을 확인할 수 있다.

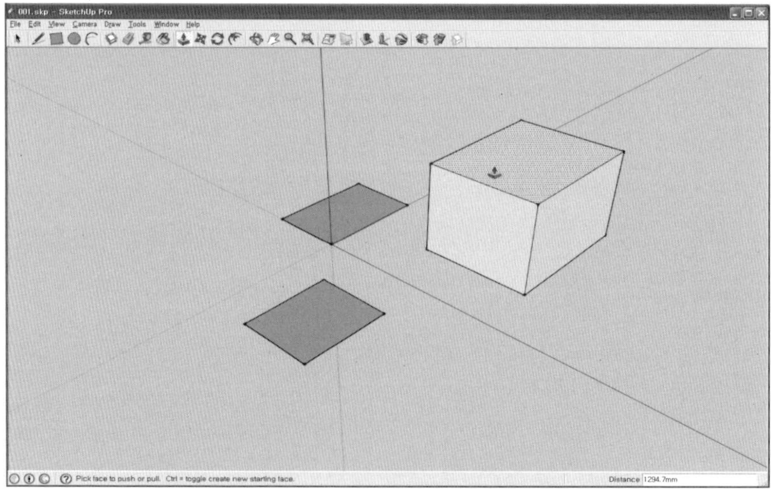

③ 적당한 높이에서 마우스를 다시 클릭하면 상자(Box)의 형태가 완성된다.

(2) 정확한 돌출 높이 값 지정하기

이때 좌측 하단의 수치 입력창을 확인하면 작성된 상자(Box)의 높이 값을 확인할 수 있다. 마우스를 이용하여 높이를 지정하였으므로 소수점을 가지는 불특정의 높이 값이 표시된다.

다른 작업을 하지 않은 상태에서 키보드를 이용하여 정확한 높이 값 '2000'을 입력하고 Enter↵ 키를 누르면 다음과 같이 상자(Box)의 높이가 바뀌는 것을 확인할 수 있다.

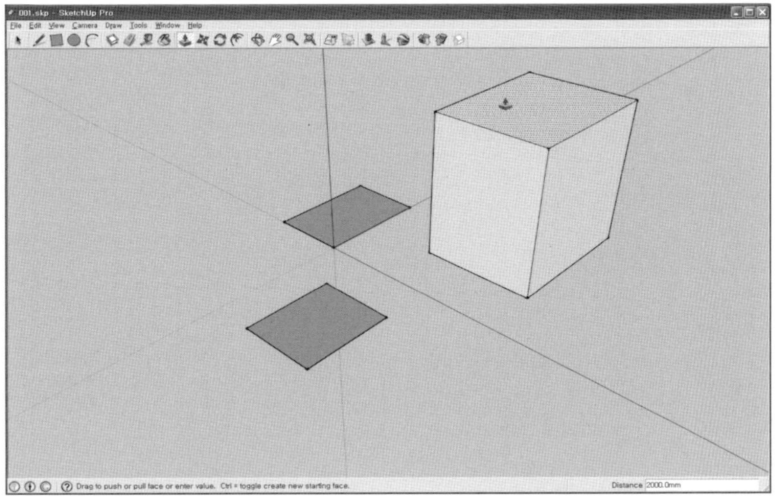

또 다른 방법으로는 마우스를 클릭하여 높이를 지정하기 전에 키보드를 이용하여 높이 값을 입력한 다음 Enter↵ 키를 눌러 상자의 높이를 지정하는 방법이다.

"Push/Pull" 툴을 실행한 다음 두 번째 직사각형의 면을 클릭한다. 마우스 이동방향으로 상자가 형성되는 모습을 확인할 수 있다. 이때 선택한 면의 아래방향(−Z축 방향)으로 드래그하면 다음 그림과 같이 상자가 형성되는 것을 확인할 수 있다.

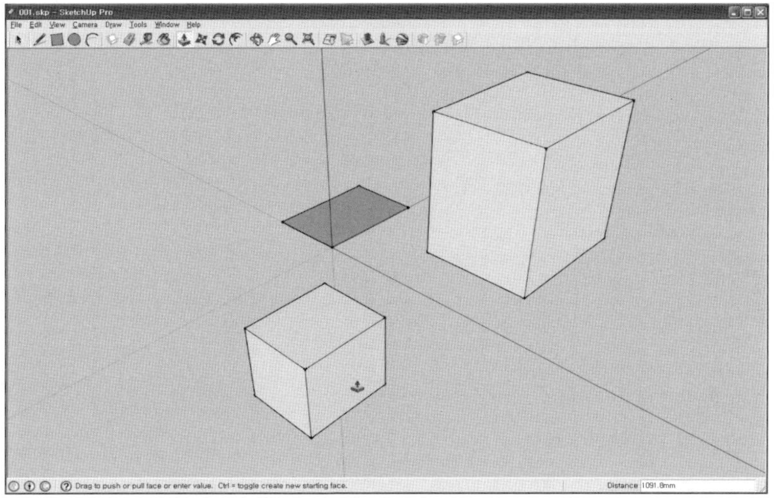

이때 원하는 높이 값을 바로 입력하는데 −Z축의 방향으로 1500만큼의 높이를 주고 싶다고 했을 때, '−1500'을 입력하는 것이 아니라 '1500'을 입력하고 Enter↵ 키를 누르면 된다. SketchUp에서는 마우스가 지정하고 있는 방향으로 크기 값을 입력하는 방식이다. AutoCAD나 3D MAX와 같이 축의 방향에 따라 좌표 값을 입력하는 방식이 아니므로 주의해야 한다.

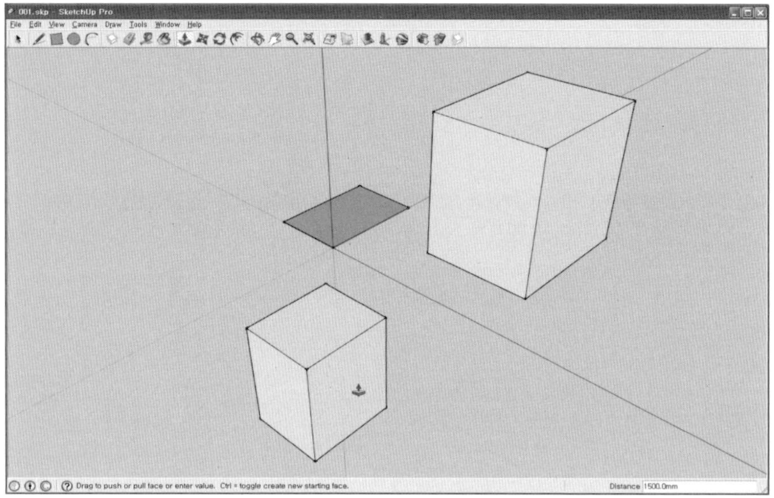

Tip

"Push/Pull" 툴의 실행에서도 동일하게 마우스를 클릭한 채로 돌출높이 값을 지정할 수 있다. 돌출할 면 위에서 마우스를 클릭한 채로 드래그하고 지정하려는 높이에서 마우스를 해제하면 상자(Box)가 완성된다.

(3) 다른 객체를 참조하여 밀기/끌기

다음으로 세 번째 직사각형을 "Push/Pull"을 이용하여 3차원 상자(Box)로 만들 때 높이를 첫 번째 상자와 똑같이 하겠다면 높이 값 '2000'을 다시 입력하는 것도 좋은 방법이지만, SketchUp에서는 이미 작성된 다른 개체들의 여러 요소들을 참조하여 모델링을 할 수 있으므로 다음과 같이 작성하도록 한다.

① "Push/Pull" 툴을 실행한 다음 세 번째 직사각형의 면을 클릭한다. 마우스를 움직임에 따라 상자의 높이가 변하는 것을 확인할 수 있다.

② 이때 마우스를 첫 번째 상자(Box)의 윗면에 위치하도록 한다. 다음과 같이 'On Face'라는 툴 팁이 나타나며 세 번째 상자의 높이가 첫 번째 상자의 높이에 일치하게 된다. 좌측 하단 수치 입력창에도 '2000'의 값이 나타나는 것을 확인할 수 있다.

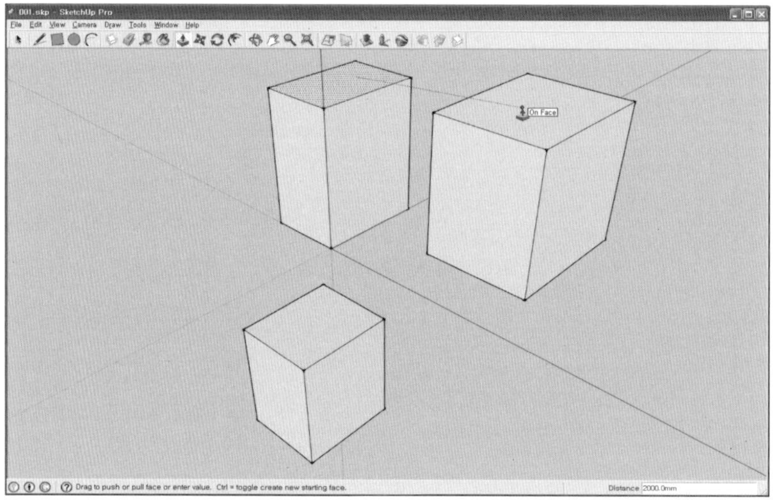

③ 이제 'On Face' 툴 팁이 나타난 상태에서 마우스를 클릭하면 세 번째 상자가 '2000'의 높이로 완성된다.

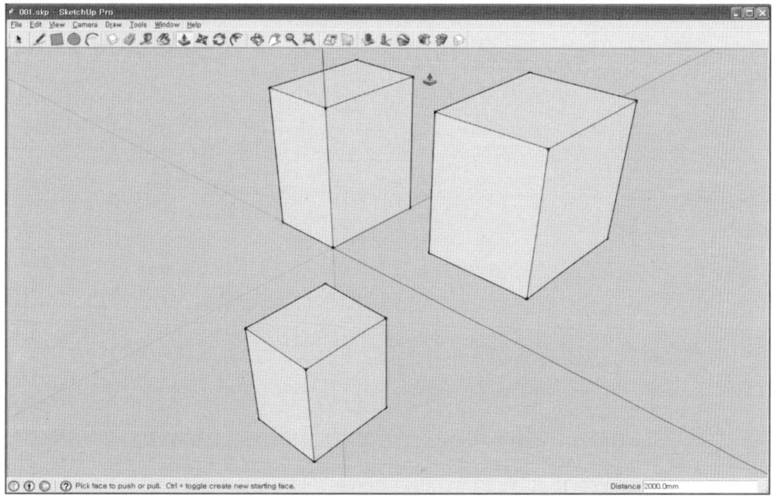

(4) 3차원 모델의 볼륨 조절하기

지금까지 "Push/Pull" 툴을 이용하면서 높이를 준다는 표현을 사용하였다. 직사각형 셰이프를 3차원의 상자형태로 만드는 과정에서 높이를 주는 것과 같기 때문에 높이를 준다라는 표현을 사용하였지만, 실제로는 "Push/Pull" 툴이 높이만 주는 것이 아니라 작성되어 있는 모든 면(Face)에 대해 해당 면의 수직방향으로 'Push' 또는 'Pull'을 하여 3차원 모델을 작성하는 기능이다.

"Push/Pull" 툴을 상자의 여러 면 위에 가져가면 각 면들이 강조되는 것을 확인할 수 있다. 임의의 면을 선택하고 마우스를 움직이면 선택한 면의 수직 방향으로 상자가 늘어나거나 줄어드는 것을 확인할 수 있다.

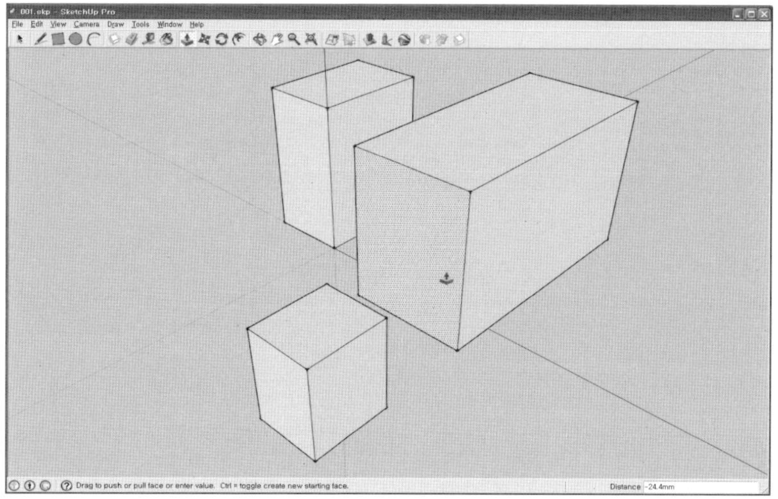

이와 같이 상자들의 높이를 지정하는 것과 동일하게 선택한 면의 기존 위치에서 마우스가 지정한 방향으로 돌출 값을 키보드를 이용하여 정확하게 지정할 수도 있으며, 다른 객체의 요소들을 활용하여 원하는 위치까지 면을 끌거나 밀어서 위치시킬 수 있다.

다음은 두 번째 도형의 강조된 면을 선택하여 X축의 양의 방향으로 마우스 방향을 잡아준 다음 '1000'을 입력한 후 Enter↵ 키를 실행한 결과이다. 좌측 하단의 수치 입력창에서 입력된 값을 확인할 수 있다.

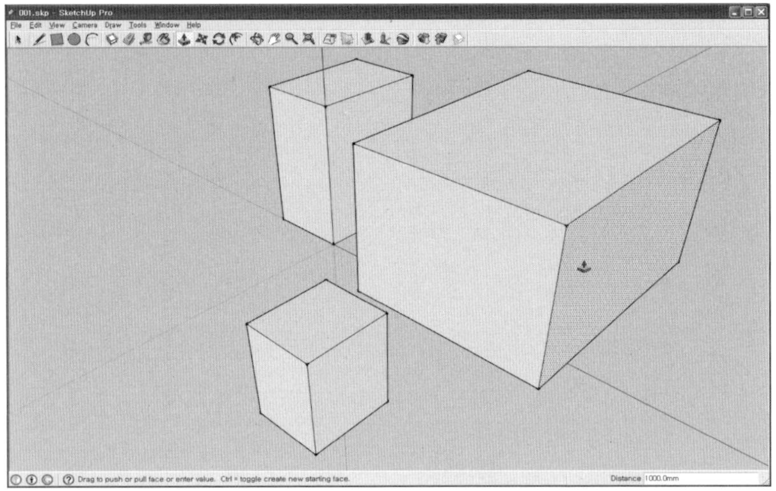

세 번째 상자의 한 면을 선택하여 다른 상자의 면의 위치까지 "Push/Pull"을 실행할 수 있다. 면을 선택하고 다른 상자의 지정된 면에 마우스를 위치하면 "On Face" 툴 팁이 나타난다. 마우스를 클릭하여 명령을 종료한다.

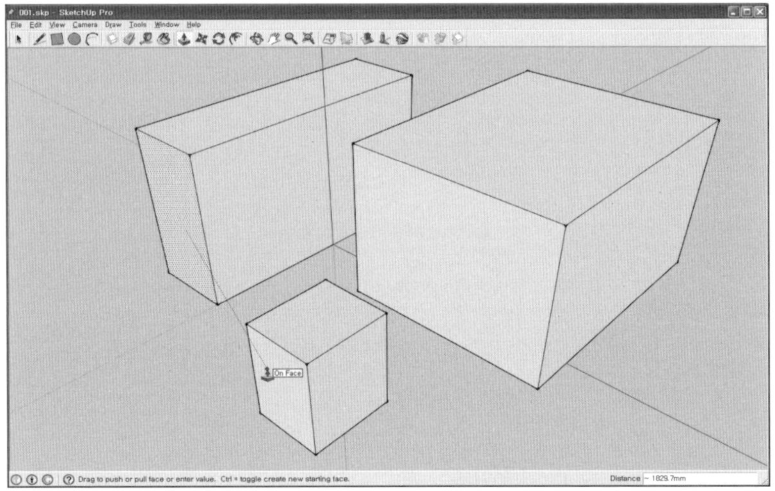

1-3. 면 분할을 통한 상자 변형

앞서 사용한 "Rectangle" 툴을 이용하여 기존에 작성된 면 위에 직사각형 세이프를 그려서 면을 분할하도록 하겠다. 분할된 면은 각각 "Push/Pull" 툴을 이용하여 복잡한 형태의 모델로 변형할 수 있다.

(1) 분할된 면의 밀기/끌기

"Rectangle" 툴을 실행한 다음 상자의 한 면 위로 마우스를 가져가면 "On Face"라는 툴 팁이 나타나게 된다. 이때 임의의 위치에서 마우스를 클릭한 다음 드래그하면 반대편 모서리 점에서도 "On Face" 툴 팁이 나타난다. 이와 같이 해당 면과 동일한 평면상에 직사각형이 작성되는 것을 확인할 수 있다.

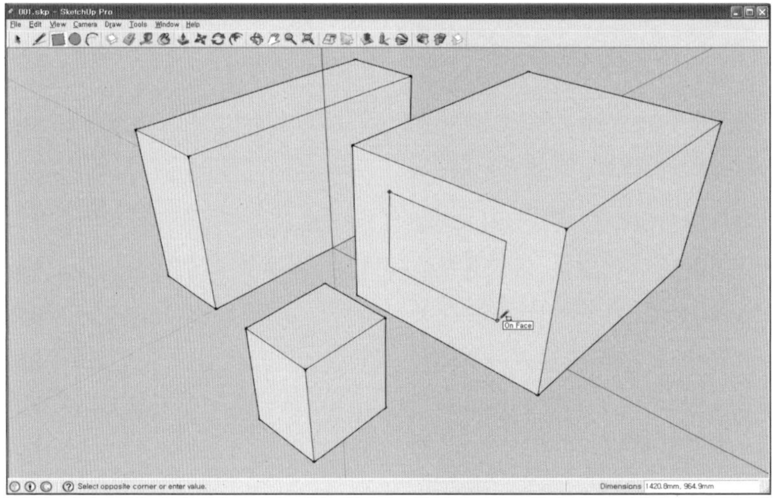

하나의 면 위에 작성된 직사각형은 그 경계에 의해 동일한 평면상의 면을 분리시켜 준다.

Tip

하나의 면(Face) 위에 다른 도형을 그리거나 면과 면이 겹치게 만든 경우, 면 분할이 제대로 이루어졌는지는 그 선의 스타일을 보면 확인할 수 있다. 면 내부에 만들어진 선이 가늘게 일정한 굵기를 유지하고 있다면 정상적으로 면 분할이 이루어진 것이다. 하지만 내부의 선이 굵은 선으로 표시된다면 이는 분명이 면 분할이 제대로 이루어지지 않은 결과이므로 문제가 되는 부분을 찾아내어 재작업 또는 수정작업을 해야 한다. 물론 현재 작업처럼 "Architectural Design - Millimeters" 템플릿을 사용하고 있다면 큰 문제가 없지만 다른 템플릿 등에서는 선의 굵기로 확인할 수 없는 경우도 있다.

"Push/Pull" 툴을 선택하고 마우스를 각 분할된 면 위로 가져가면 마우스가 위치한 면이 각각 강조되는 것을 확인할 수 있다. 다음과 같이 직사각형 면 속에 직사각형이 추가된 경우, 'ㅁ'자 모양의 면과 그 속의 직사각형 면이 각각 분리되어 각각에 대해 "Push/Pull" 기능을 실행할 수 있게 된다.

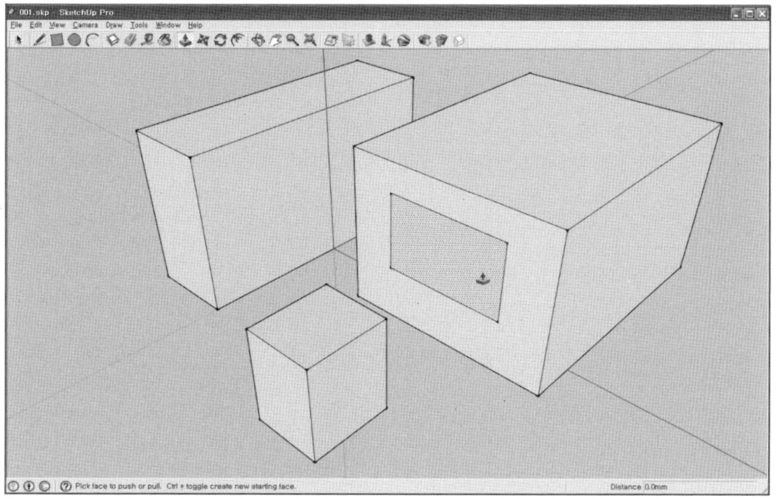

안쪽의 직사각형을 클릭하여 선택한 다음 마우스를 앞뒤로 움직여 보면, 직사각형 부분만 바깥쪽으로 돌출되거나 또는 안쪽으로 함몰되는 모습을 확인할 수 있다. 다음의 그림과 같이 바깥으로 돌출되도록 마우스를 클릭하여 완성한다. 돌출높이는 상기한 바와 동일하게 정확한 돌출높이 값을 입력하거나 주변의 타 객체요소를 참조할 수도 있다.

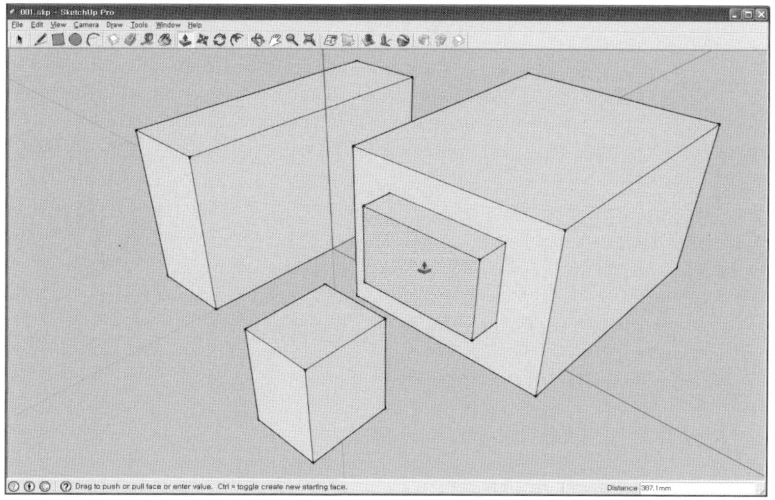

(2) 이등분된 면의 밀기/끌기

이번에는 두 번째 상자의 끝점과 중간점을 이용하여 한 면을 이등분하여 "Push/Pull"을 적용해 보자. "Rectangle" 툴을 실행한 다음 두 번째 상자의 모서리 점에 마우스를 가져간다. 이때 모서리 점에 녹색 원이 표시되며 "Endpoint"라는 툴 팁이 나타나게 된다. 마우스를 클릭하면 정확한 끝점을 지정하게 된다.

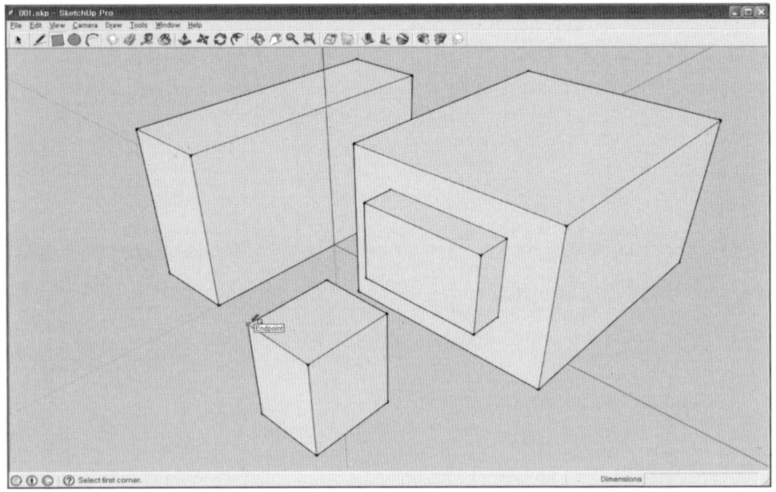

마우스를 드래그하며 맞은편 모서리(Edge)의 중간점을 찾아본다. 정확한 중간점을 찾지 못한 경우 빨간색 사각형이 나타나며 'On Edge'라는 툴 팁이 나타난다. 마우스를 움직여 중간지점에 더욱 가까워지게 되면 하늘색 원이 표시되며 "Midpoint"라는 툴 팁이 나타나게 된다.

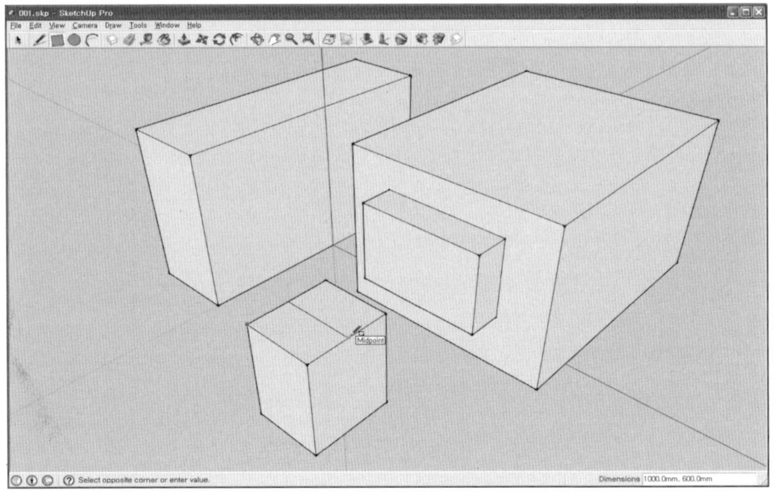

마우스를 클릭하면 한쪽 모서리 점과 맞은편 중간점을 연결하는 직사각형이 완성되는데, 결국 한 면이 두 개의 면으로 이등분된 결과를 얻게 된다.

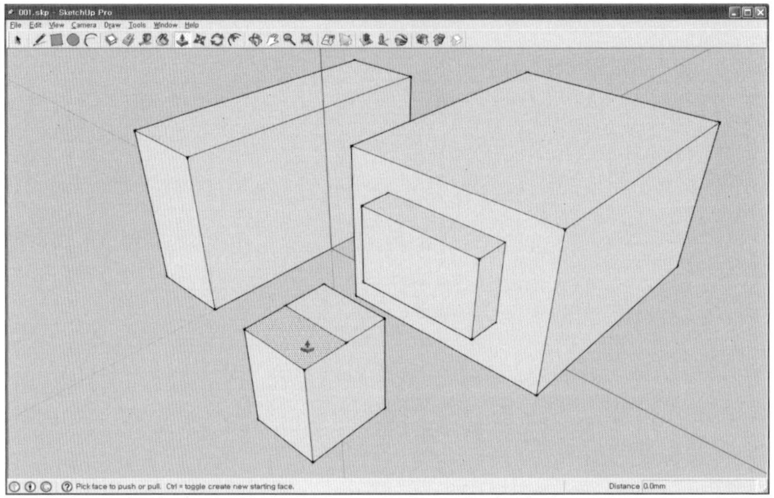

Tip

이때 먼저 작성된 상자의 모서리(Edge)와 새로 작성된 직사각형의 모서리(Edge)에 중복되는 부분이 생기게 된다. SketchUp에서는 중복되는 선의 경우 동일한 길이의 경우 하나로 합쳐서 두 개가 아니라 하나의 모서리로 재인식하고, 길이가 다른 모서리가 중복되는 경우에는 모서리의 분할이 이루어지는 것으로 인식한다.

"Push/Pull" 툴을 실행하여 나누어진 면의 한쪽을 내려준다. 이때 마우스로 높이에 해당하는 모서리(Edge)의 중간점을 지정하게 되면 하늘색 원이 나타나고 "Midpoint" 툴 팁이 표시된다.

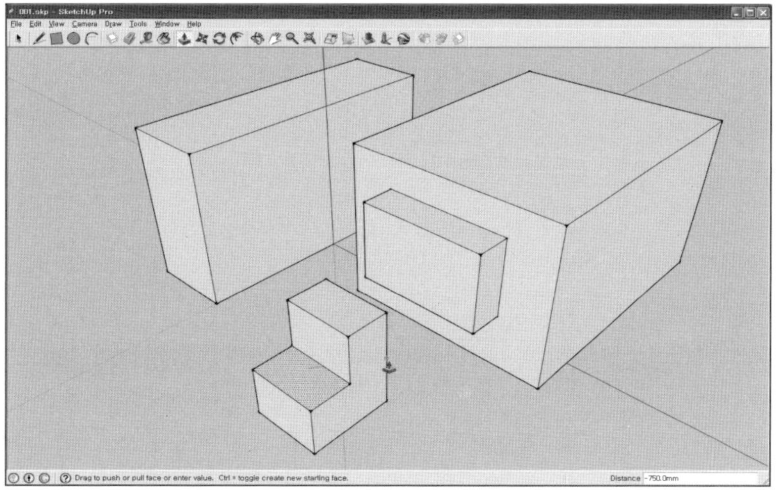

마우스를 클릭하면 정확하게 상자의 절반 높이까지 내려오게 된다. 결과는 다음과 같다. 이 작업을 계속해서 반복할 경우 계단 모양을 만들 수 있다.

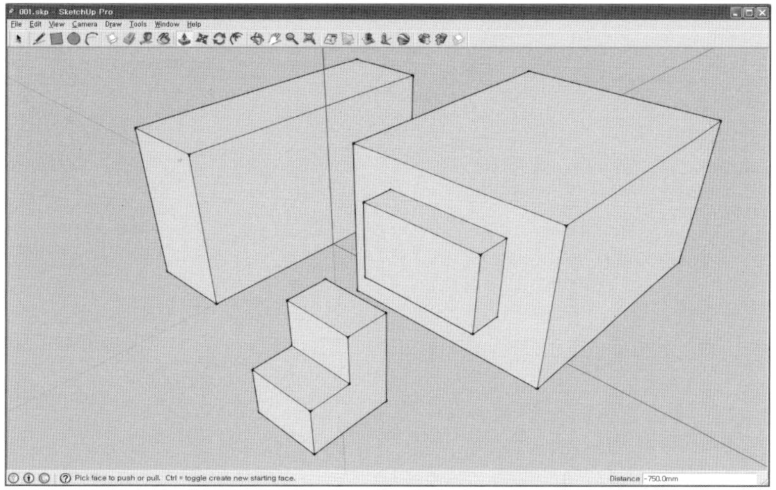

(3) 밀기/끌기를 이용한 면의 제거

마지막으로 밀기/끌기를 하면서 함몰되는 면의 높이에 따라 상자에 구멍이 뚫린 형태를 만들어 본다. 이 작업은 벽체 등에 개구부를 만들기에 적합한 작업이기도 하다.

"Rectangle" 툴을 이용하여 세 번째 상자의 측면에 직사각형을 작성한다. 아래와 같이 측면에 마우스가 위치하면 "On Face" 툴 팁이 나타나는 것을 확인하여 직사각형을 완성한다. 직사각형이 완성되어 작업 면은 두 개의 면으로 분리되었다.

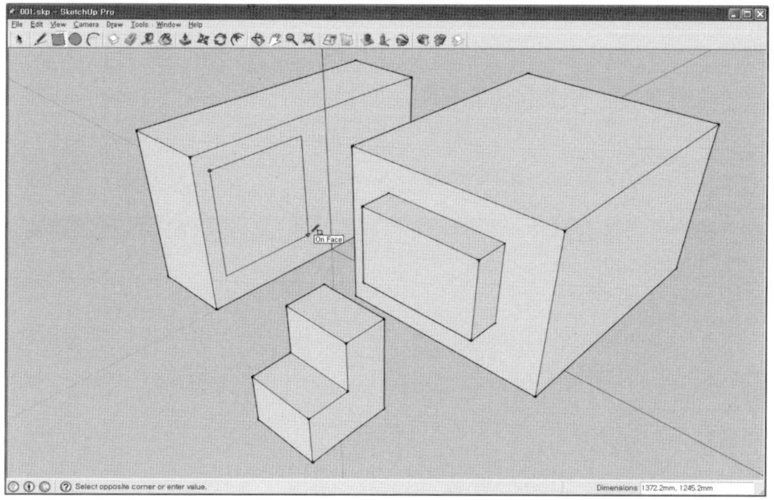

분리된 면 중에서 내부의 면을 "Push/Pull" 툴을 이용하여 상자 안쪽으로 밀어 넣는다. 점점 함몰되는 것을 확인할 수 있다.

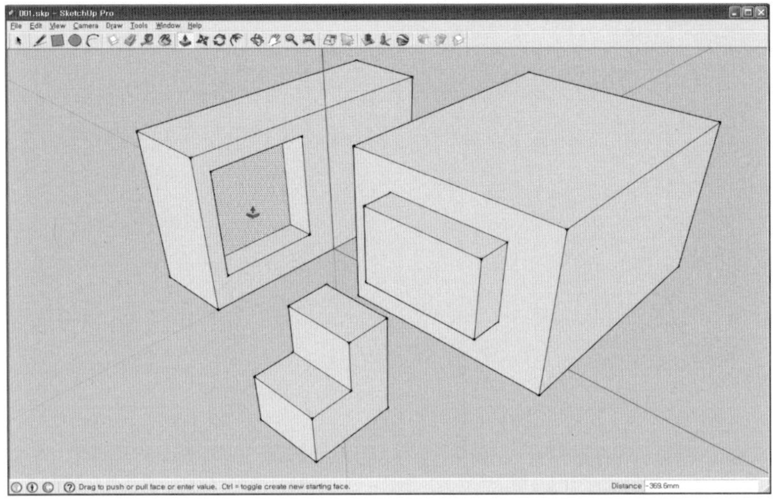

계속 밀어 넣다 보면 결국 반대편의 측면까지 도달하게 되는데, 이때 면과 면이 서로 겹쳐지는 모습이 나타나며 "On Face" 툴 팁이 표시된다.

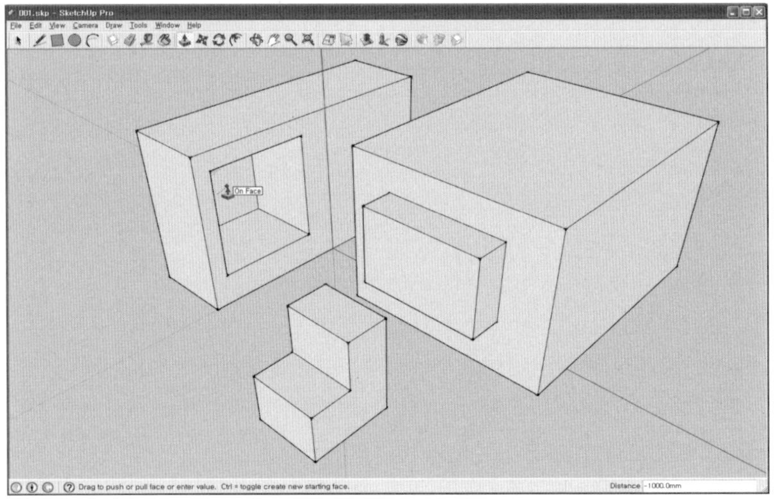

Tip

이상과 같이 면과 면을 맞닿게 하기 위해 'On Face' 툴 팁이 나타나야 하는데 실제 작업에서는 'On face'가 잘 나타나지 않는 경우가 많다. 이때는 목표하는 면의 모서리를 지정하면 훨씬 정확하게 작업할 수 있다.

"On Face" 상태에서 마우스를 클릭하면 다음과 같이 맞닿은 면이 사라지며 구멍이 뚫린 결과가 나타나는 것을 확인할 수 있다.

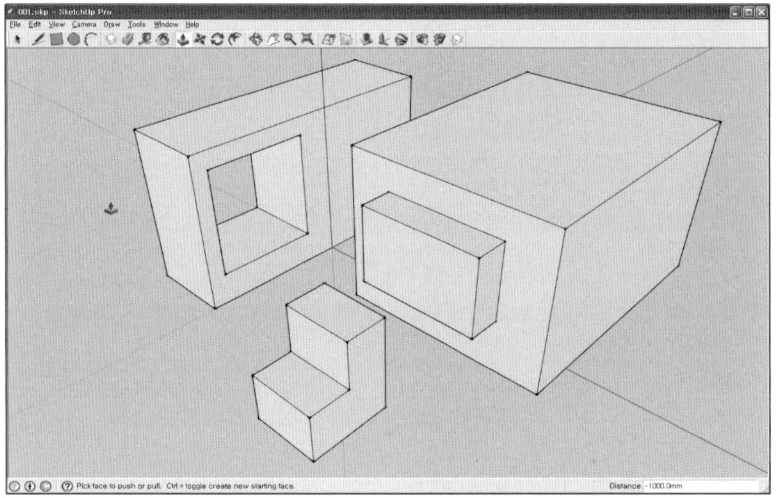

마우스 휠 버튼을 클릭한 채로 마우스를 움직여 완성된 결과를 돌려본다. 아래와 같이 뚫려진 부분을 통해 다른 도형들을 확인할 수 있다.

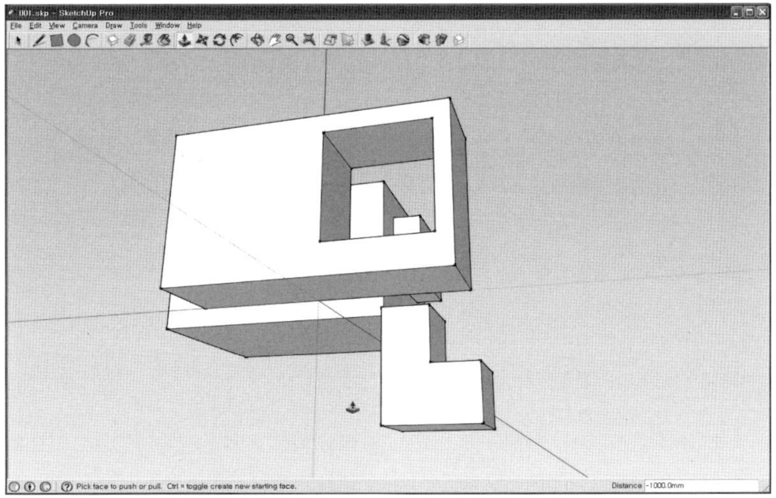

memo

2. 간단한 테이블 만들기

2-1. 모델링 대상 선정

지금까지 배운 기능들을 이용하여 아주 간단한 가구들을 만들어 보자. 주변에서 쉽게 접할 수 있는 가구들을 찾아보기 바란다. 상자(직육면체)형태의 부재들로만 이루어진 가구들을 손쉽게 찾을 수 있을 것이다. 직접 줄자를 가지고 치수를 정확하게 측정하여 기록한 다음 SketchUp을 이용하여 모델링한다. 마땅한 가구가 없다면 가구를 단순화시키거나 여러 가지 소품들도 괜찮다. 아래의 사진은 저자가 직접 사용하고 있는 회의 테이블이다.

줄자를 이용해 직접 치수를 측정한 결과는 다음과 같다. (단위 : mm)

테이블 상판 : 2,000×1,000×35

테이블 다리 : 700×30×705

테이블 다리 지지대 : 1,140×30×280

이 테이블 모델링을 통해 지금까지 배우지 않은 "Move(이동)" 툴과 "Tape Measure Tool(줄자 도구)"에 대해서도 다루어보도록 하겠다.

2-2. 대략적인 모델링 방법 익히기

〈File 메뉴→New〉를 실행하여 새 도면을 시작한다. 완성된 테이블의 크기를 비교하기 위해 처음에 나타나는 2차원 여성 이미지는 삭제하지 않고 그대로 두도록 하겠다.

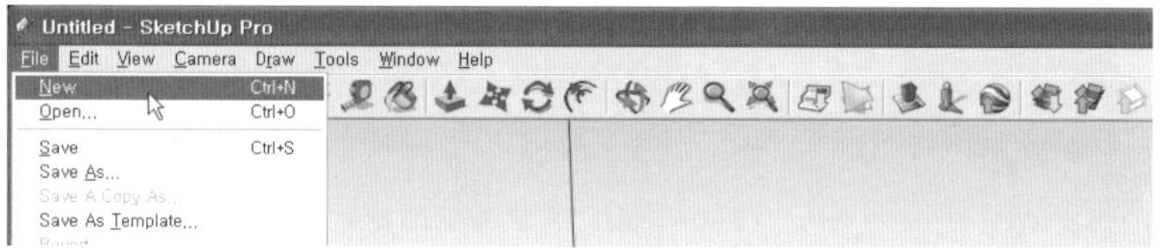

(1) 테이블 상판 만들기

먼저 "Rectangle" 툴을 이용하여 테이블 상판의 밑면을 작성한다. 첫 번째 모서리 점을 지정한 다음 원하는 방향으로 마우스를 드래그한 다음 키보드를 이용하여 '2000,1000'을 입력하고 Enter↵ 키를 누른다.

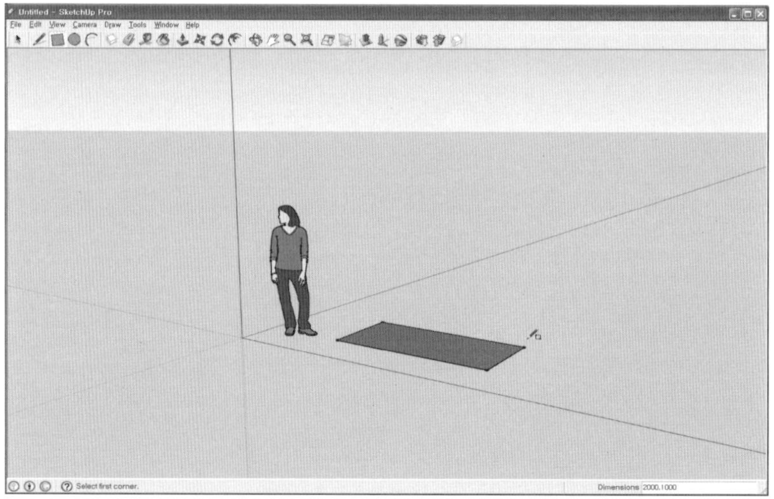

"Push/Pull" 툴을 이용하여 작성된 직사각형의 면을 선택하고 위쪽으로 끌어 올린 다음 키보드를 이용하여 '35'를 입력하고 Enter↵ 키를 누른다.

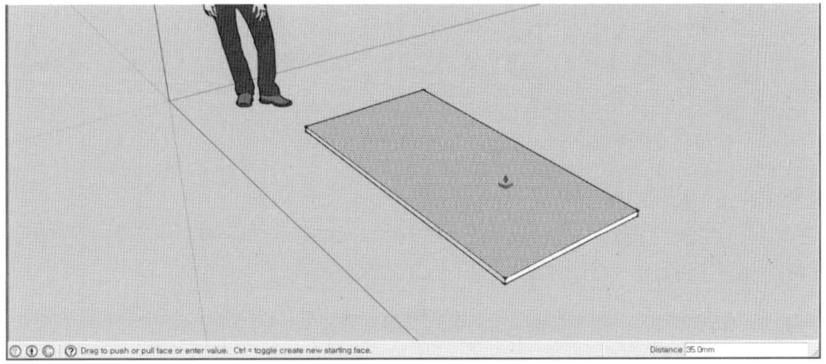

(2) 테이블 다리 만들기

마우스 휠을 누른 채로 드래그하여 뷰를 변경한다. 테이블 다리는 밑면에 작성되기 때문에 뷰를 회전시켜 아래방향에서 보도록 조절한다.

"Rectangle" 툴을 이용하여 테이블 상판의 밑면에 '700mm×30mm' 크기의 직사각형을 작성한다. 이때 테이블 다리의 위치는 대략적으로 잡아주기 바란다. 우선 형태를 완성해 보고 한 번 더 만드는 과정에서 정확한 위치를 잡기 위해 다른 툴을 활용하는 방법에 대해 설명하겠다.

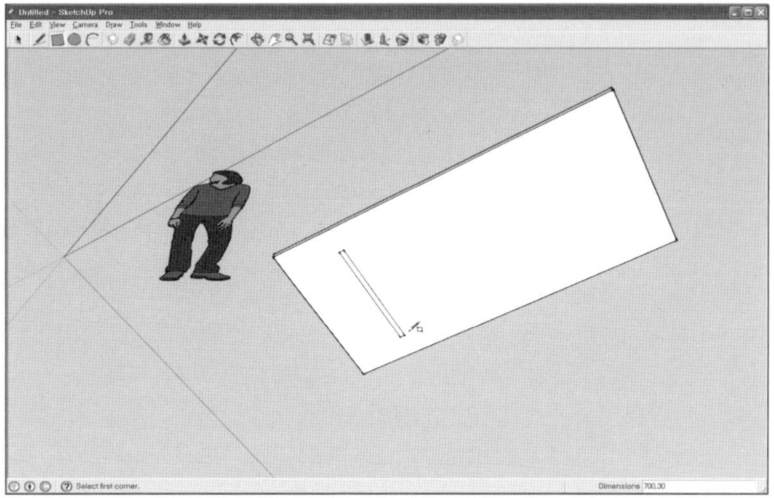

"Getting Started" 툴바에서 "Move" 툴을 선택한다.

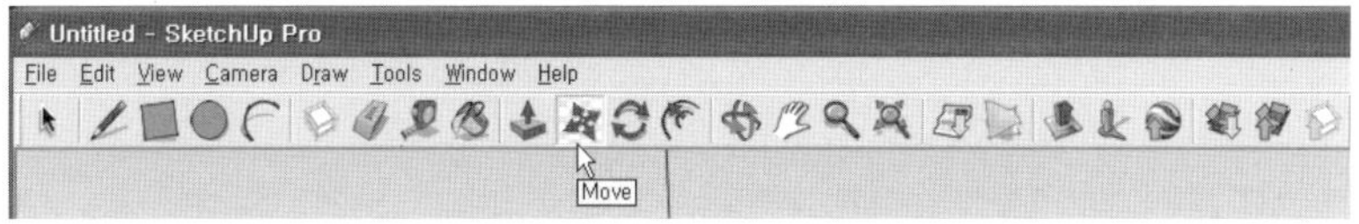

마우스를 테이블 다리 단면 위에 위치시킨다. 분리된 면이 강조되며 "On Face" 툴 팁이 표시되는 것을 확인할 수 있다. 이때 이 단면을 이동하는 것이 아니라 복사를 하는 과정이므로 "Move" 툴의 복사 옵션을 사용한다. 복사 옵션은 'Ctrl'키를 한번 눌러주면 된다. 화면에서 마우스 "Move" 커서 우측 상단에 '+'표시가 추가된 것을 확인할 수 있다.

Tip

SketchUp의 대부분 툴에서 'Ctrl' 키의 역할은 복사본을 만들어내는 옵션이다.

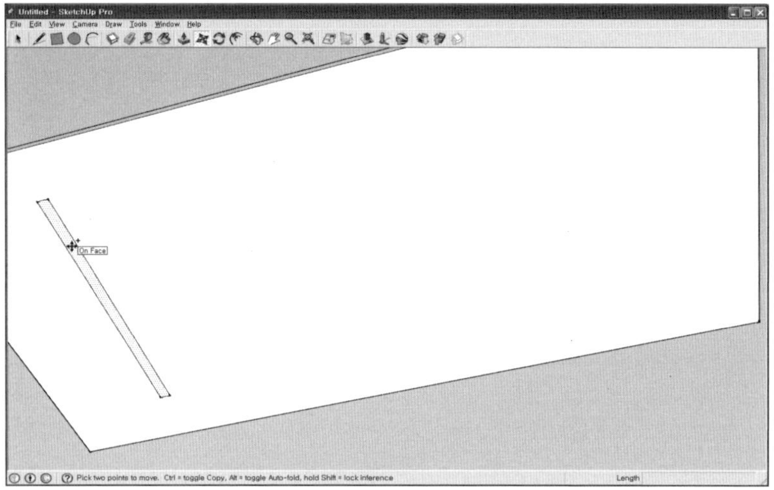

마우스를 클릭하여 반대편으로 드래그하면 선택한 면(Face)이 복사되는 것을 확인할 수 있다. 이때 마우스를 수평에 가깝게 조정하면 빨간색 점선이 나타나는데 바로 Red Axis(X축)에 평행한 방향을 나타내는 것이다. 적당한 위치를 선정하여 마우스를 클릭하여 면 복사를 실행한다.

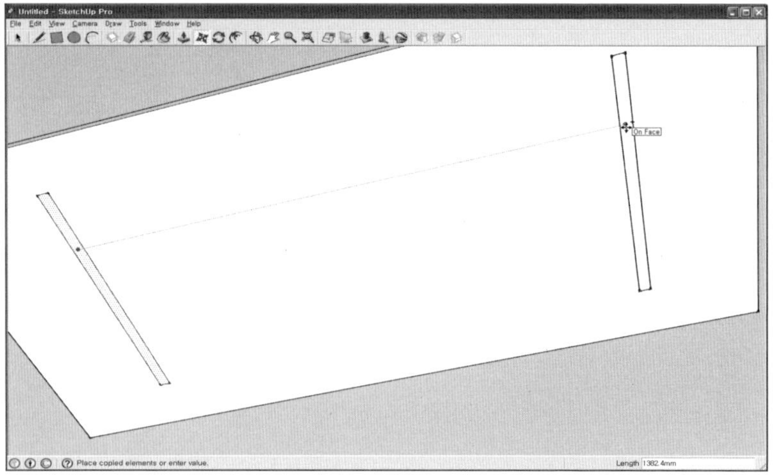

Tip

앞서 사용한 방법과 같이 이동(move)을 위해 마우스를 드래그하면 자동으로 하나의 축에 평행하게 일치되며 색상이 바뀌는 경우를 추정(inference)이라고 한다. SketchUp에서 이러한 추정기능이 점, 모서리, 면뿐만 아니라 축에도 나타나 작업을 보다 더 편리도록 지원한다.

"Push/Pull" 툴을 이용하여 테이블 한쪽 다리를 끌어당긴다. 키보드를 이용하여 정확한 치수 값인 '704'를 입력하고 Enter↵ 키를 누른다.

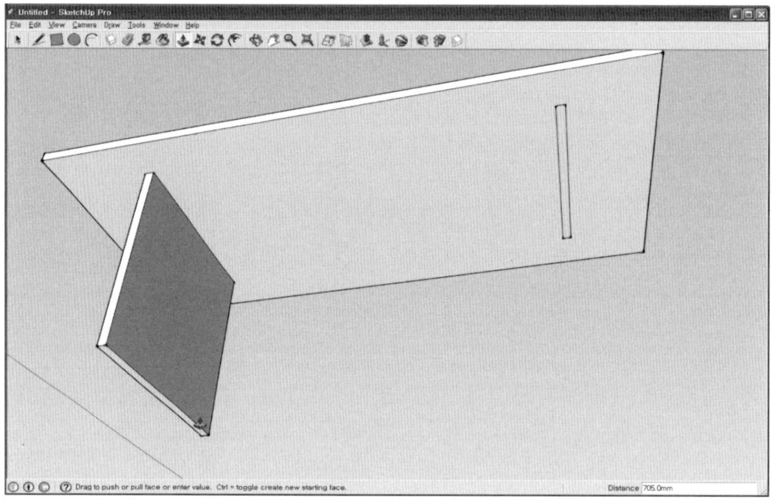

나머지 한쪽 다리는 직접 값을 입력하지 않아도 먼저 작성한 다리의 끝부분을 참조하여 "Push/Pull"을 실행한다.

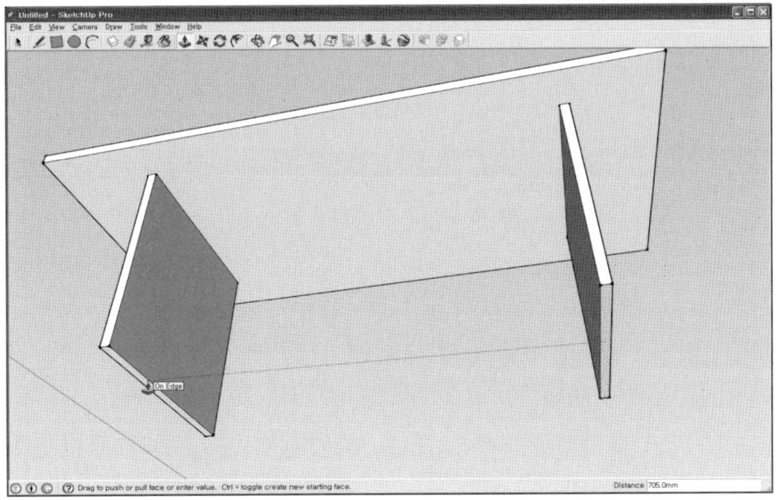

(3) 테이블 다리 지지대 만들기

마지막 부재인 테이블 다리 지지대를 작성한다. 앞서 실측한 테이블 다리 지지대의 치수는 '1,140mm×30mm×280mm'이지만 테이블 다리 사이의 폭을 정확하게 지정하여 만들지 않았기 때문에 '1,140'의 값은 의미가 없다. 따라서 지지대의 단면 크기인 '30mm×280mm'만 입력하여 작성하도록 한다.

우선 테이블 다리 길이에 해당하는 모서리의 중간점을 시작점으로 하는 직사각형을 작성한다. 직사각형의 크기는 테이블 다리 지지대의 단면에 해당하는 크기의 절반만 작성한다. "Rectangle" 툴을 실행하고 해당 모서리의 중간점에 마우스를 가져가면 하늘색 원이 나타나고 "Midpoint" 툴 팁이 표시될 때 마우스를 클릭한다.

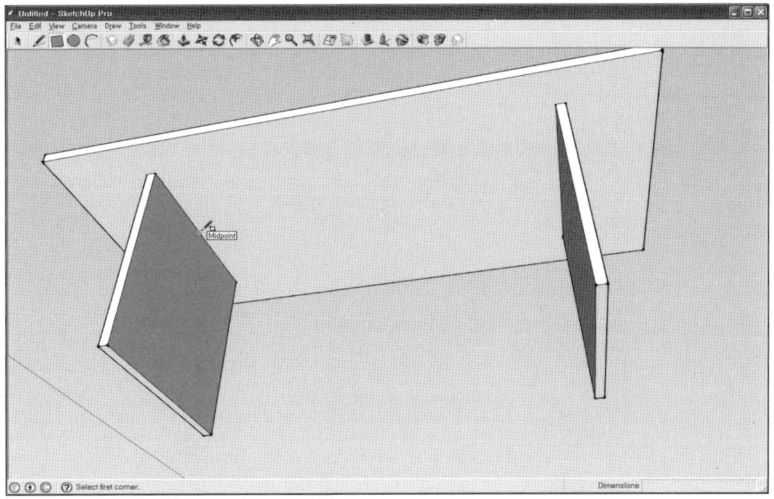

단면이 만들어질 방향으로 마우스를 드래그하고 키보드를 이용하여 '15,280'을 입력한 다음 Enter↵ 키를 누른다.

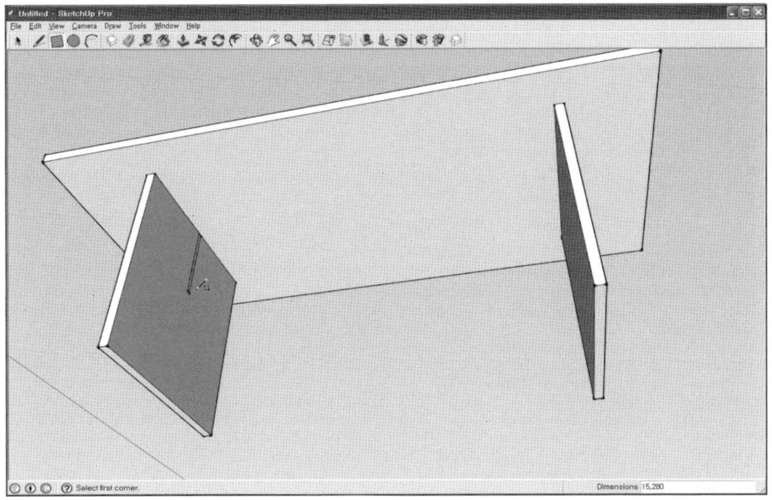

작성된 단면을 “Push/Pull” 툴을 이용하여 반대편 테이블 다리의 안쪽 면까지 끌어당겨 준다. 다음의 그림처럼 “On Face” 툴 팁이 나타날 때까지 드래그하여 완성한다.

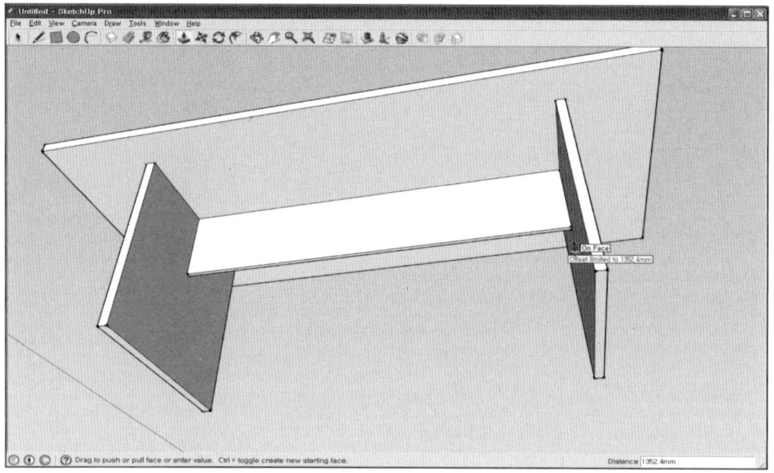

테이블 다리 지지대의 절반만 작성하였으므로 다음 그림과 같이 해당 면(Face)을 “Push/Pull”을 이용하여 ‘15’만큼 더 돌출시켜 준다.

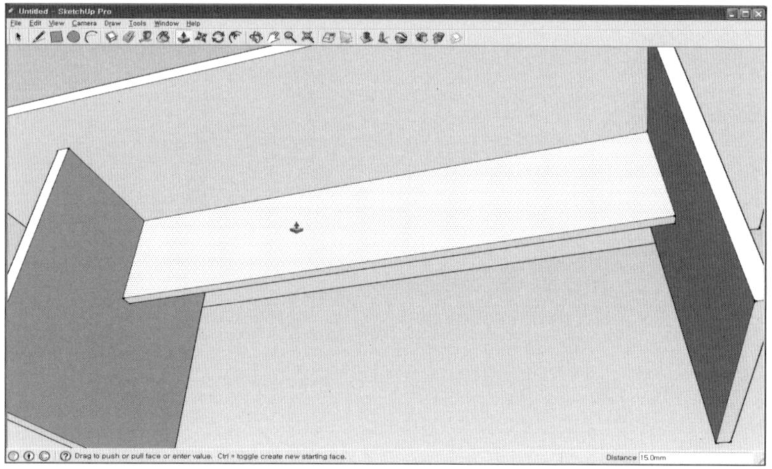

완성된 테이블은 기존의 여성 모델과 비교하여 바닥 아래에 위치하여 있으므로 위쪽으로 이동시켜 준다. 먼저 이동할 대상을 선택한다. “Getting Started” 툴바의 가장 앞에 있는 “Select” 툴을 선택한다.

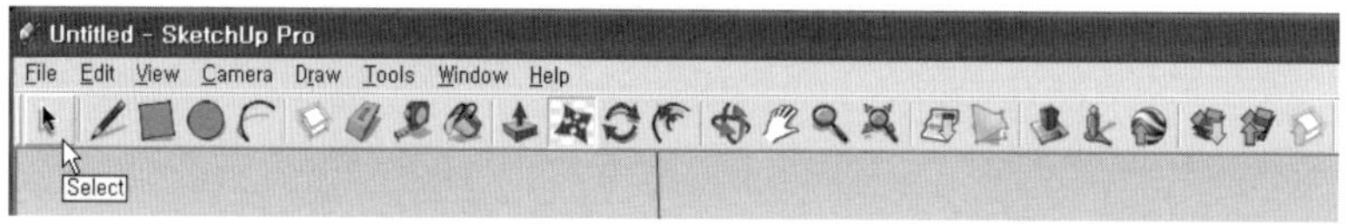

테이블의 임의의 면 위에서 한번 클릭을 하면 해당 면만 선택된다. 더블 클릭을 하게 되면 해당 면과 그 면을 둘러싼 모서리(Edge)들이 선택된다. 트리플 클릭을 하게 되면 테이블을 이루고 있는 모든 면과 모든 모서리들이 선택된다.

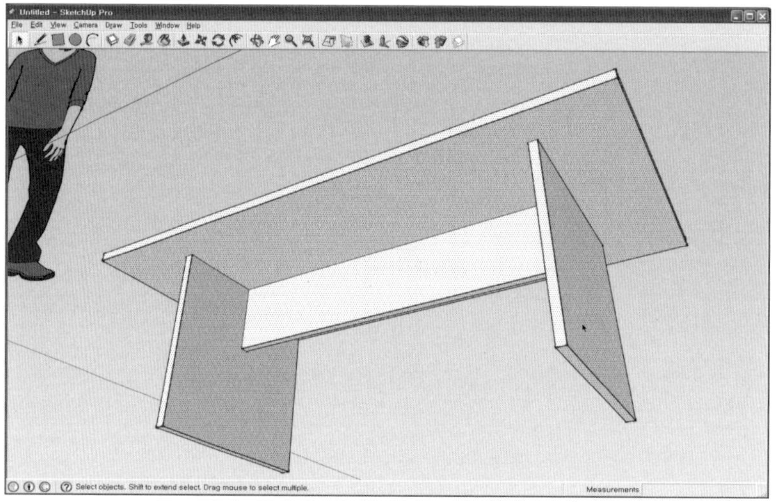

Tip

객체를 선택하는 한번 클릭! 더블 클릭! 트리플 클릭!
한번 클릭 : 모서리(Edge) 또는 면(Face) 단위로 선택할 수 있다.
더블 클릭 : 면(Face)을 더블 클릭하면 해당 면과 그 면을 둘러싸고 있는 모서리(Edge)들이 선택되며, 모서리를 더블 클릭하는 경우 해당 모서리와 그 모서리에 접해 있는 두 개의 면이 선택된다.
트리플 클릭 : 해당 모서리(Edge) 또는 면(Face)이 포함된 객체 전체가 선택된다.

테이블 이동을 위해 "Move" 툴을 실행한 다음 이동의 기준점을 지정한다. 기준점은 테이블에 있는 임의의 모서리 점이나 테이블과 상관없는 임의의 점을 선택하여도 상관없다. 마우스를 이동하여 위쪽으로 이동하는 방향으로 가져가다 보면 파란 점선으로 고정되어 이동되게 된다. 바로 Blue Axis(Z축)에 평행하게 이동하는 것을 나타내는 것이다.

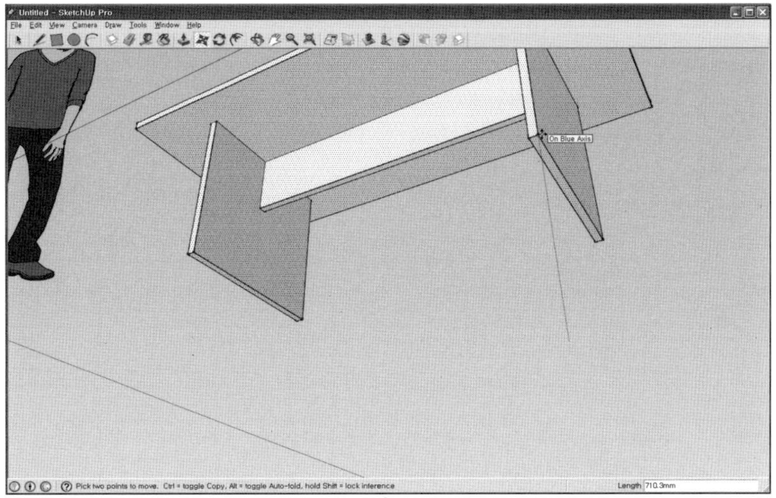

이때 이동 값 '705'를 입력하면 테이블이 정확하게 바닥면에 위치하게 된다.

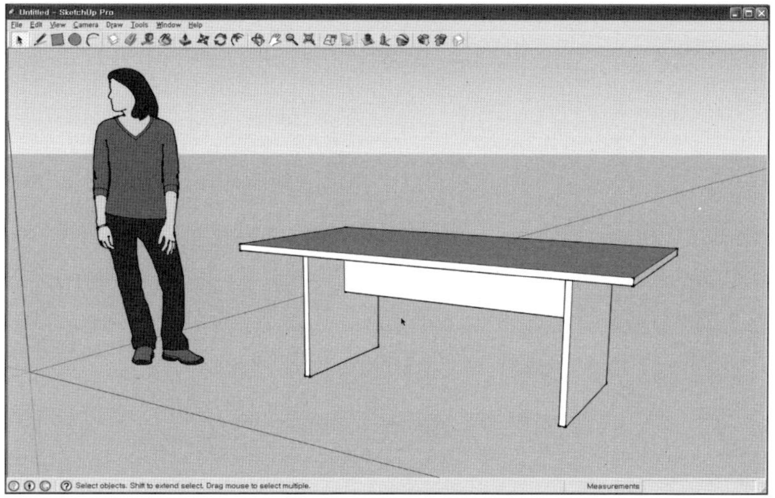

이상과 같이 작성한 테이블은 대략적인 형태는 큰 문제가 없으나, 테이블의 다리 위치 등은 대략적으로 지정하였기 때문에 정확한 치수대로 모델링되지 못했다. 다시 한 번 동일한 방법으로 테이블을 모델링하면서 가이드선(안내선)을 이용하여 정확하게 그려보도록 한다.

2-3. 정확한 치수의 모델링

테이블 상판의 작성과정은 앞과 동일하다. 관찰 뷰를 회전하여 테이블 상판 밑면이 잘 보이도록 조절한다.

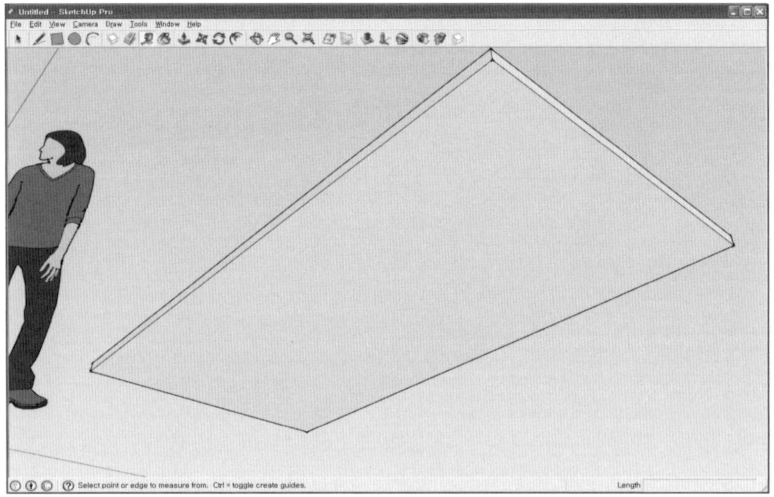

"Getting Started" 툴바에서 줄자 모양을 하고 있는 "Tape Measure Tool"을 실행한다.

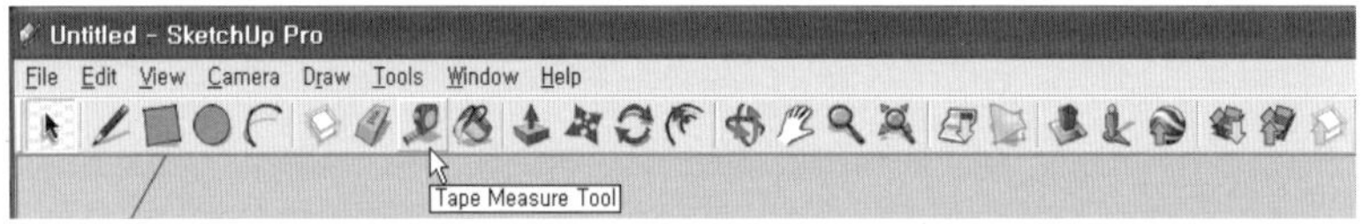

테이블의 모서리(Edge)에서 평행하게 이격된 거리만큼의 안내선(Guide)을 작성하는 기능이다. 안내선을 만들고자 하는 모서리 위에 마우스 커서를 위치시키면 빨간색 사각형이 나타나고 "On Edge" 툴 팁이 표시된다.

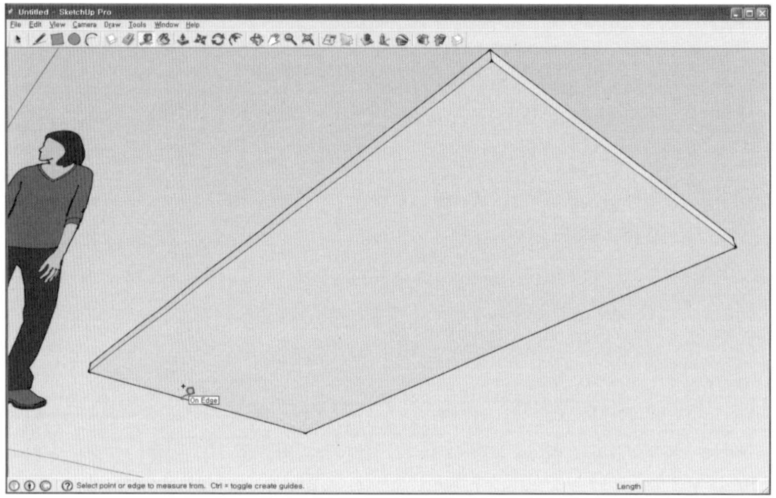

마우스를 클릭하고 안내선이 만들어질 방향으로 드래그하면 무한대의 직선이 점선으로 표시된다.

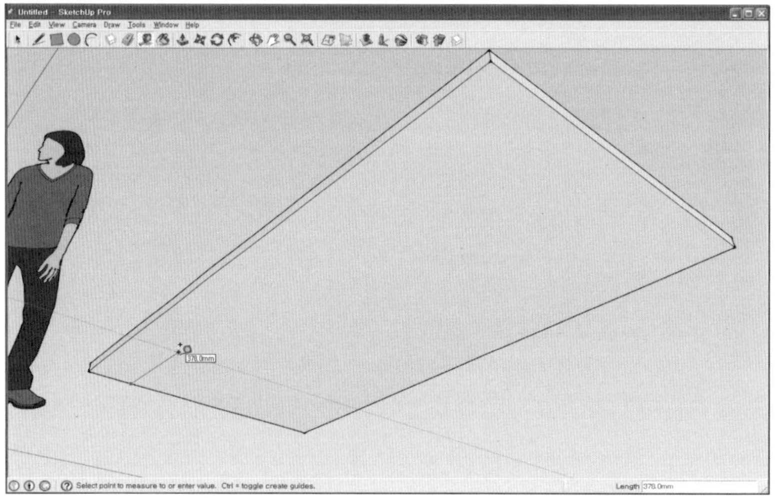

헤당 모서리로부터 안내선의 이격거리 '400'을 입력하고 Enter↵ 키를 누르면 원하는 위치의 안내선이 완성된다.

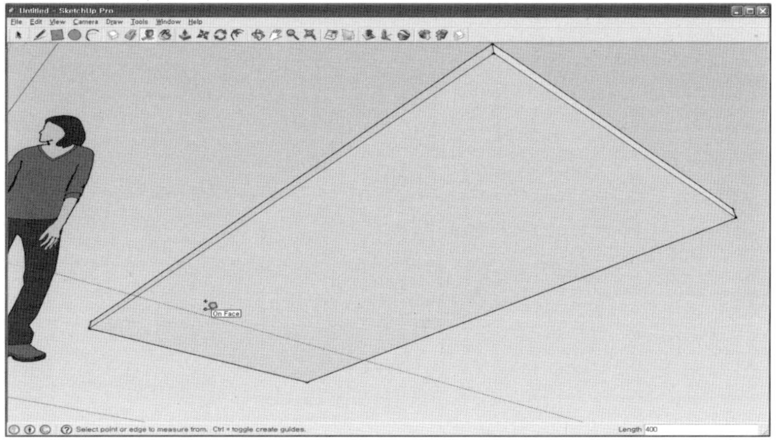

작성된 안내선을 기준으로 또 다른 안내선을 작성할 수 있다. "Tape Measure Tool" 툴을 실행하고 안내선을 클릭하여 드래그하면 안내선과 평행한 또 다른 안내선이 나타난다. 방향과 이격거리 '30'을 입력하여 두 번째 안내선을 완성한다.

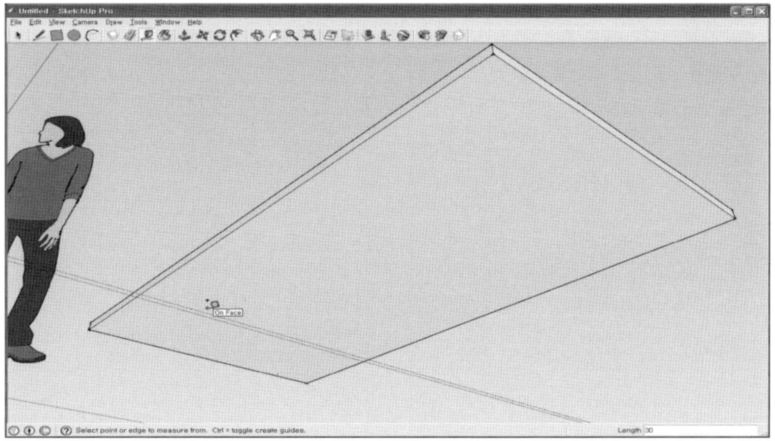

다음의 그림과 같이 나머지 안내선들을 완성한다. 반대편 모서리에서도 동일하게 '400' 이격, 또다시 '30' 이격된 안내선을 작성하고, 테이블의 장변과는 '150'씩 이격된 안내선을 작성한다.

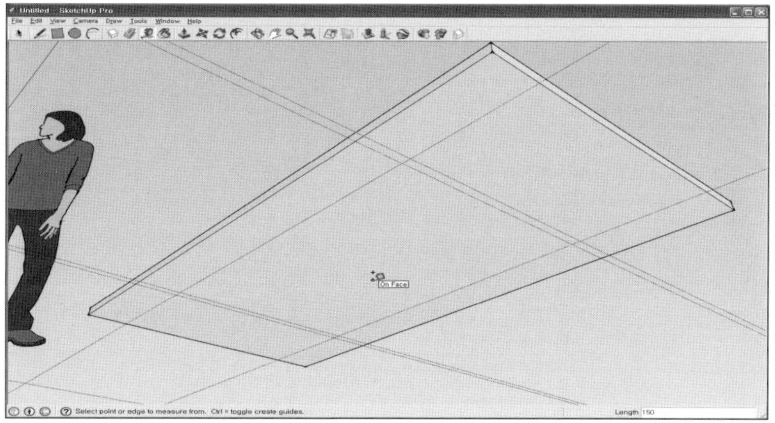

이제 작성된 안내선들의 교차점을 이용하여 직사각형을 작성다. "Rectangle" 툴을 실행한 다음 각 안내선들의 교차지점에 마우스를 위치시키면 주황색 '×' 모양이 나타나고 "Intersection" 툴 팁이 표시된다. 각 교차점을 연결하는 직사각형을 완성한다.

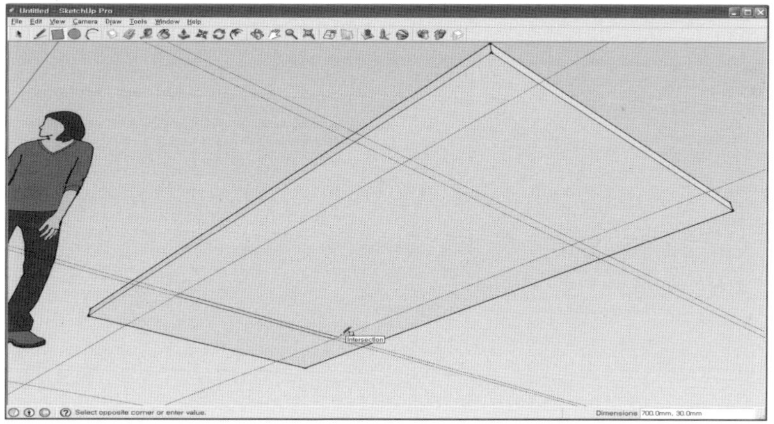

또 다른 테이블 다리 역시 안내선의 교차점을 이용하여 완성한다.

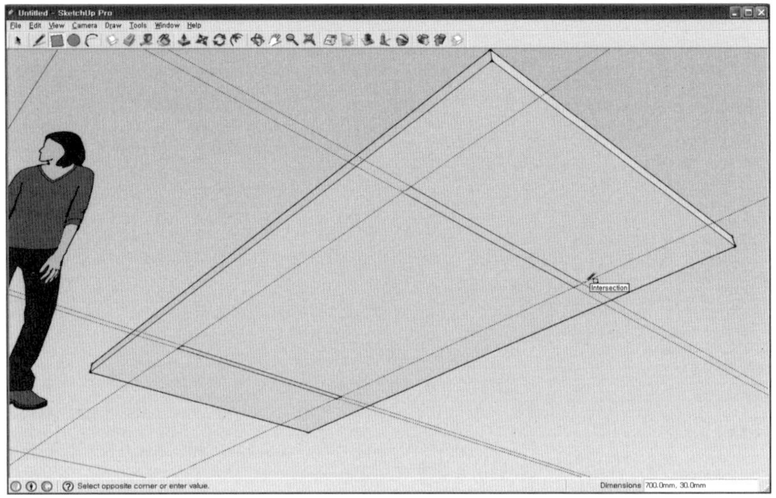

완성된 결과를 명확하게 확인하기 위해 작성된 안내선들을 모두 삭제한다. "Getting Started" 툴바에서 "Eraser" 툴을 실행한다.

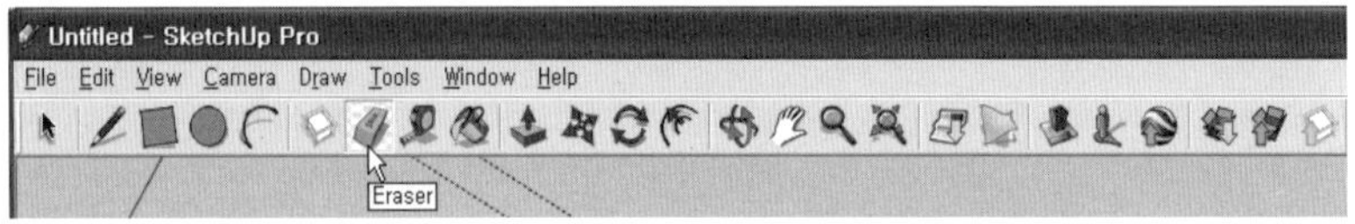

"Eraser" 툴을 이용하여 작업화면에서 안내선들을 하나하나 선택하면 선택된 안내선들이 삭제된다. 안내선들이 모두 삭제되면 다음 그림과 같이 테이블 밑면에 테이블 다리의 단면이 완성된 결과를 확인할 수 있다.

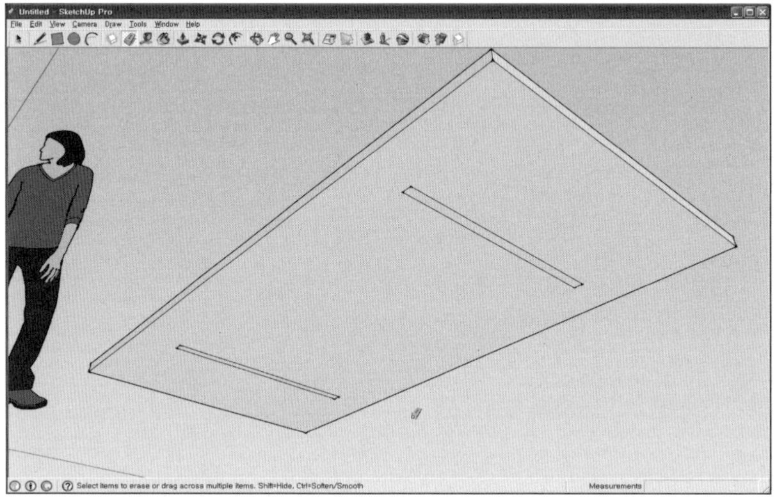

"Push/Pull" 툴을 이용하여 테이블 다리를 완성한다. 돌출높이는 '705'이다.

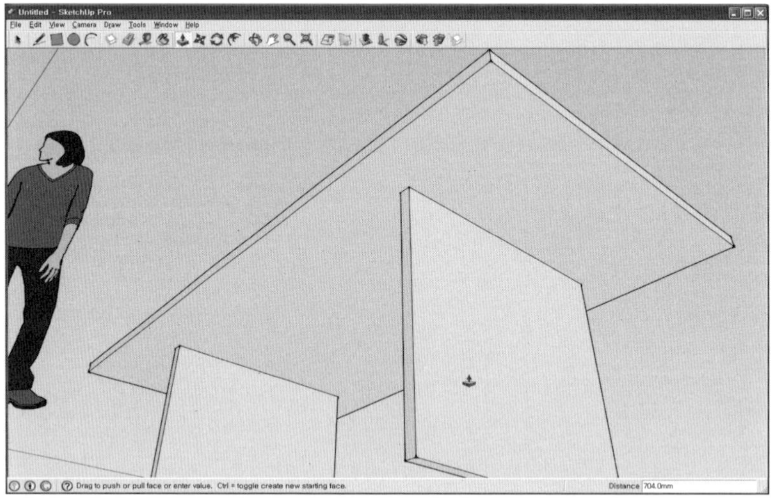

테이블 다리 지지대를 작성하기 위해 안내선을 다시 사용한다. 다음 그림과 같이 테이블 다리의 높이에 해당하는 모서리로부터 안내선을 끌어와 테이블 다리 폭의 중간점에서 안내선을 작성한다.

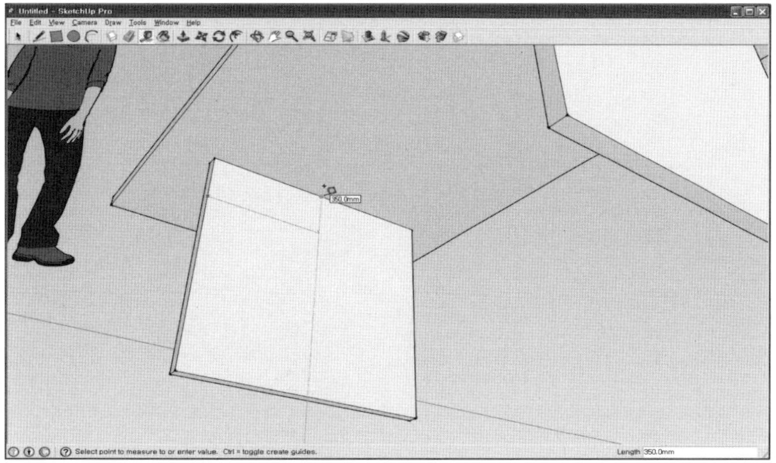

이 안내선을 양쪽 방향으로 '15'만큼씩 이격시켜 테이블 다리 지지대 부재의 폭을 확보한다. 또한 상단에서부터 '280'만큼 이격된 안내선을 작성한다.

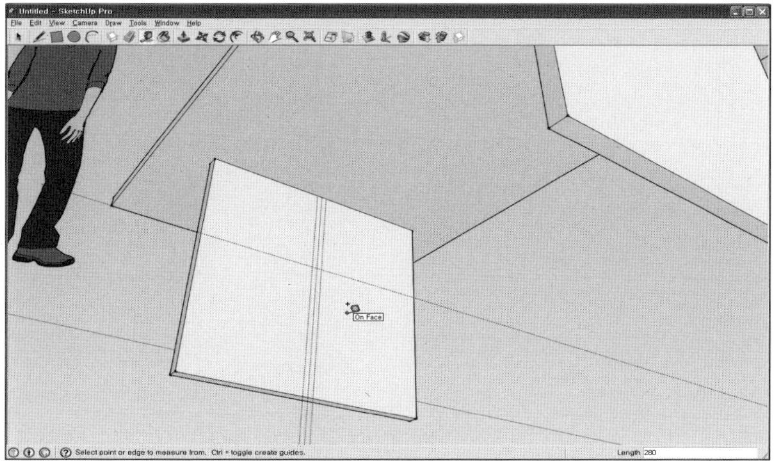

안내선들의 교차점을 이용해 테이블 다리 지지대의 단면을 "Rectangle" 툴을 이용하여 작성한다.

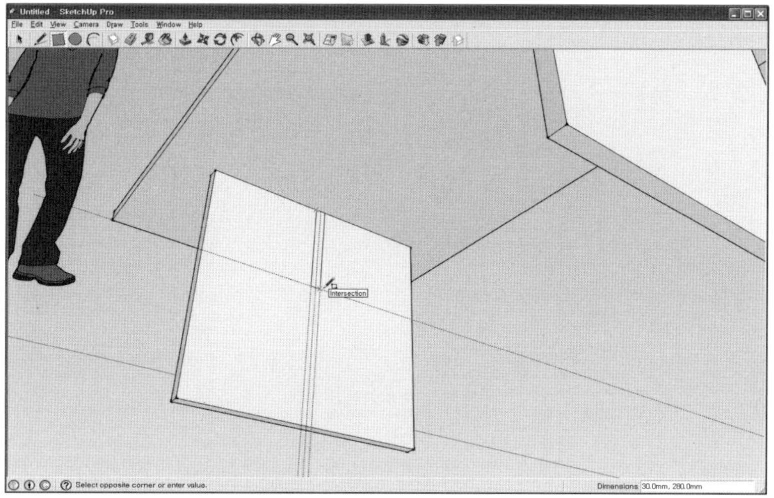

"Eraser" 툴을 이용하여 안내선들을 삭제한다.

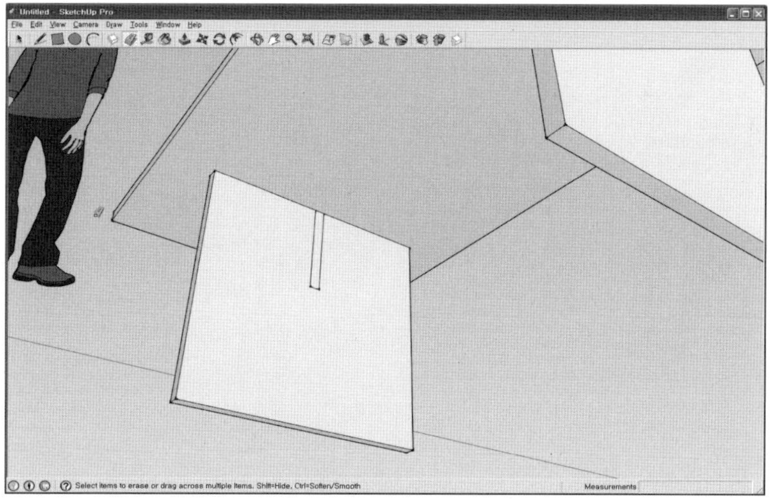

"Push/Pull" 툴을 이용하여 테이블 다리 지지대를 완성한다.

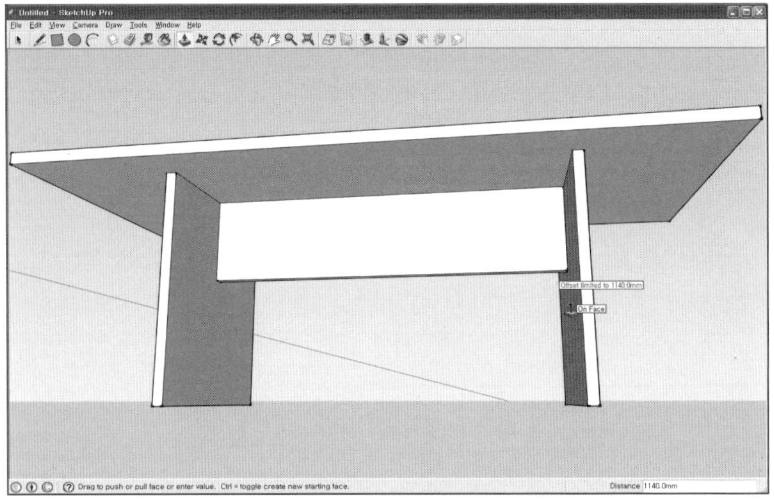

완성된 테이블을 전체 이동하여 바닥높이를 맞추어준다. 관찰 뷰를 회전하여 다음과 같이 완성한다.

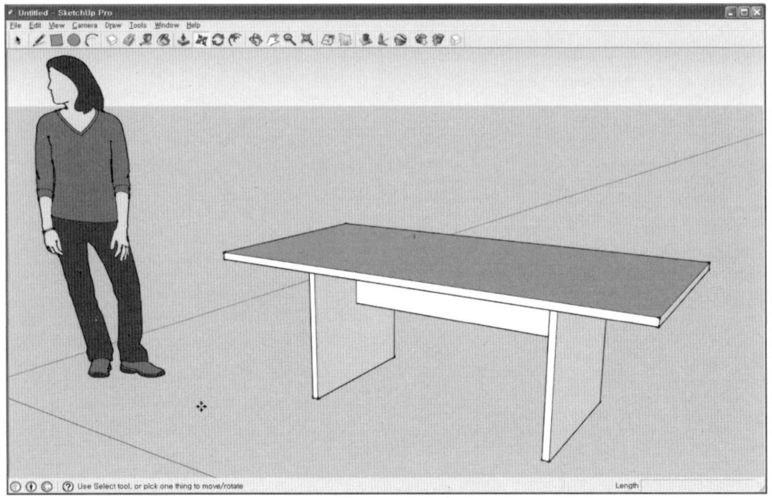

주변의 가구들을 이용하여 모델링 연습을 반복하기 바란다. 인터넷을 이용하여 다양한 가구들을 찾아보고 모델링 연습을 하는 것도 좋은 방법이다. 다만 지금까지 배운 기능들만 이용하여 만들 수 있는 것들에 한해야 한다. 중도에 포기하지 말고 끝까지 고민하여 도전하기 바란다. 놀라운 아이디어들이 쏟아질 것이다.

Chapter

3

기초 도구의 이해

본 장에서는 SketchUp의 가장 기초가 되는 명령이자 가장 많이 사용되는 기능들에 대해 알아본다. 먼저 6가지의 드로잉 툴들에 대해 살펴본다. 직선과 호가 가장 기초가 되며 여기에서 좀 더 확장되어 직사각형, 원, 다각형을 그리는 방법을 알아본다. 6가지 편집 툴에서는 가장 기본이 되는 이동, 회전, 스케일을 비롯하여 3D 모델링을 위한 밀기/끌기, 따라가기 툴에 대해 살펴볼 것이다.

1. Drawing Tools

1-1. Drawing Tools의 개요

[Drawing Tools]은 [View → Toolbars → Drawing]을 실행하여 독립된 툴바로 활성화시킬 수 있다. 또한 "Large Toolbar Set"에는 여섯 가지 툴들이 모두 포함되어 있으므로 사용자 편의대로 사용할 수 있다.

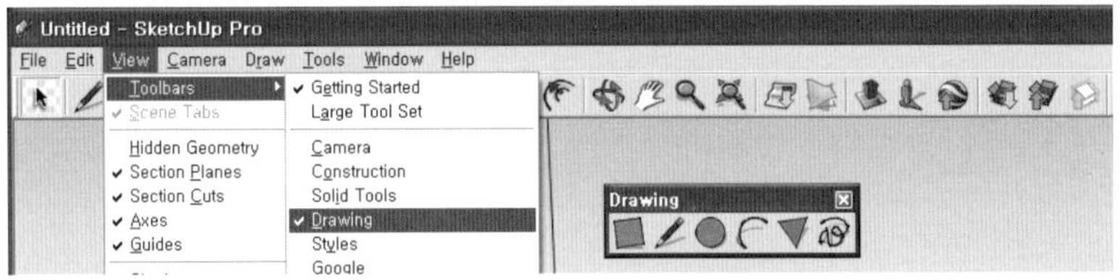

"Getting Started" 툴바에는 가장 빈번하게 사용되는 네 가지 드로잉 툴들이 포함되어 있기 때문에, 굳이 "Large Toolbar Set" 또는 "Drawing" 툴바를 사용하지 않더라도 [Draw] 메뉴를 보조적으로 활용한다면 큰 무리가 없다.

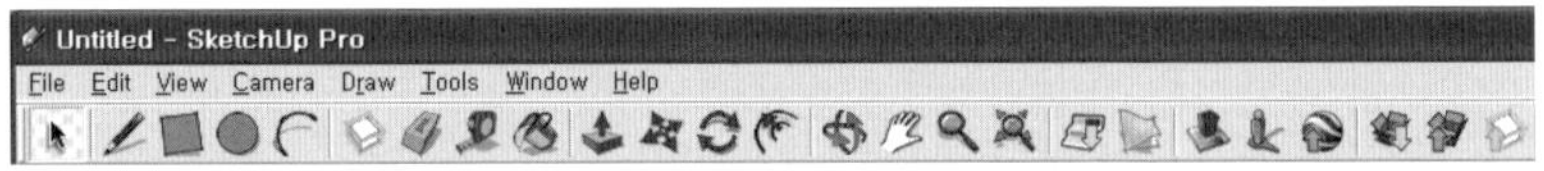

[Draw] 메뉴에는 다음과 같이 여섯 가지 드로우 명령과 "Sandbox" 메뉴가 포함되어 있다. 각 명령의 우측에 표시된 대문자 알파벳은 해당 툴의 단축키이므로 반드시 암기하여 사용하도록 한다.

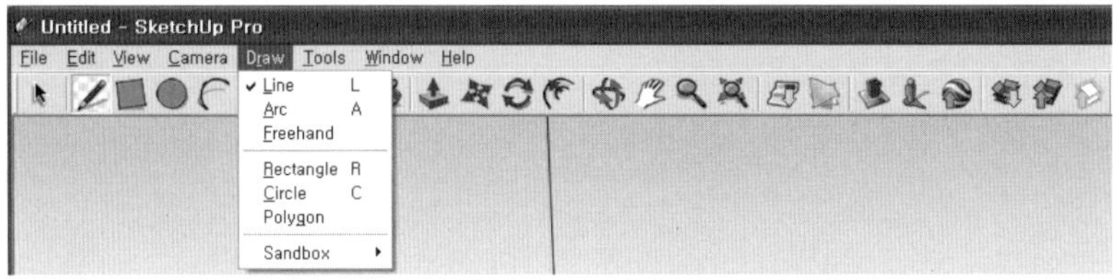

이제 드로잉 툴의 가장 기초적인 내용들을 살펴보도록 한다. 각 드로잉 툴들은 3차원 객체를 만들기 위한 2차원 도형(Shape)을 만들거나 기존의 면(Face)을 분할하여 3차원 객체를 수정하기 위해 사용된다.

	Line Tool 단축키 : L	선 또는 모서리를 그리는 도구. 여러 개의 선이 연결되어 면을 형성한다. "Line" 도구는 면을 분할하거나 제거된 면을 복구하기 위해 사용할 수도 있다.
	Arc Tool 단축키 : A	호(Arc)를 그리는 도구. 호는 여러 개의 직선이 결합된 형태로 만들어지는데, 이때 각 직선요소들을 세그먼트(Segment)라고 한다.
	Freehand Tool	마우스를 이용하여 부정형적인 자유곡선을 그리는 도구. 자유곡선 또한 여러 개의 직선 세그먼트들로 구성된다. 등고선 또는 유기적 형태들을 표현하는 데 사용될 수 있다.
	Rectangle Tool	직사각형 형태의 면(Face)을 그리는 도구. 직사각형의 마주보는 두 꼭짓점을 지정하여 작성한다.
	Circle Tool 단축키 : C	원을 그리는 도구. 원 형태를 가지는 면을 작성하며 원을 이루는 세부적인 형태는 직선의 세그먼트들로 이루어진다. 중심과 반지름을 지정하여 작성한다.
	Polygon Tool	정다각형을 그리는 도구. 면 수를 먼저 설정하고 중심과 반지름을 지정하여 정다각형을 작성한다.

1-2. Line Tool

"Line" 툴을 이용하여 직선을 그릴 수 있다. 독립된 빈 공간에 그리거나 기존에 만들어진 면(Face) 위에 그릴 수 있다. 앞서 "Rectangle" 툴로 작성해 보았던 직사각형을 "Line" 툴을 이용하여 만들어 본다.

(1) 직선으로 사각형 그리기

① "Getting Started" 툴바에서 ✎ 툴을 클릭하여 "Line" 명령을 실행한다. 다음과 같이 커서의 모양이 연필로 변경된다. 임의의 점을 마우스 클릭으로 지정한 다음 마우스를 드래그하면 지정된 시작점에서부터 마우스의 위치까지 직선이 드래그된다.

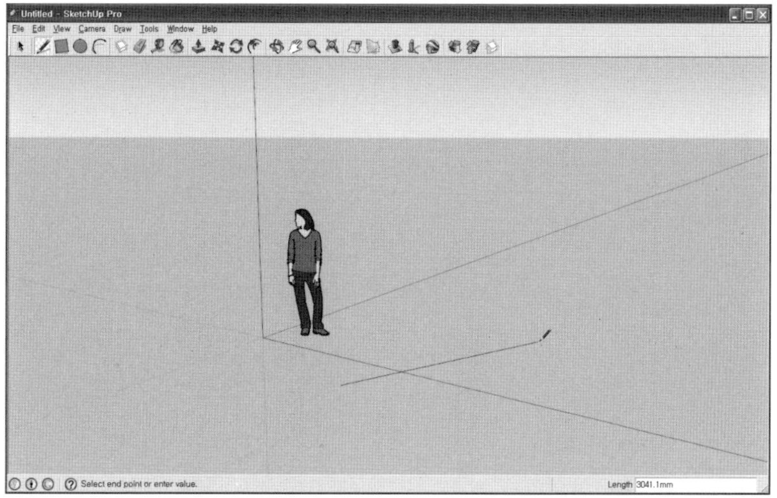

② 마우스를 드래그 하다 보면 나타나는 직선의 색이 빨강, 녹색, 파랑으로 바뀌는 것을 확인할 수 있다. 바로 Red Axis, Green Axis, Blue Axis에 평행이 될 경우 나타나기 때문에 수평방향, 수직방향, 높이방향으로 손쉽게 직선을 작성할 수 있다. 다음과 같이 선이 빨강으로 바뀐 상태에서 다음 점을 클릭하여 직선을 작성한다.

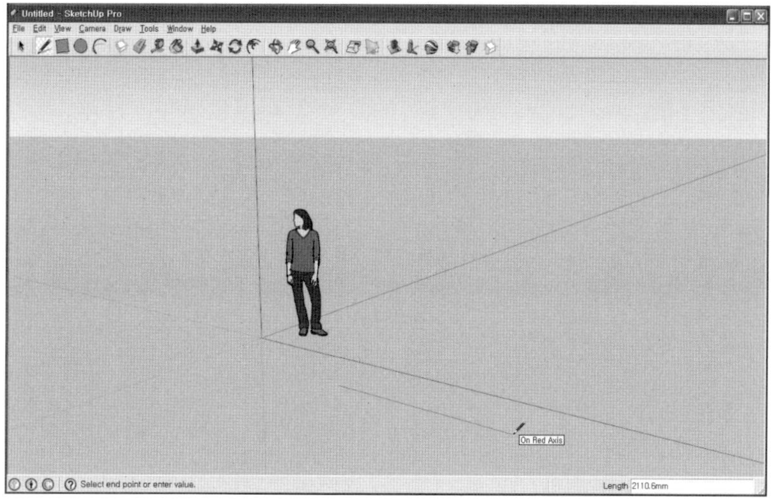

③ 계속해서 마우스를 드래그하면 다음 선이 연결되어 나타난다. 이번에는 녹색 축에 평행하게 맞추어 직선을 작성한다.

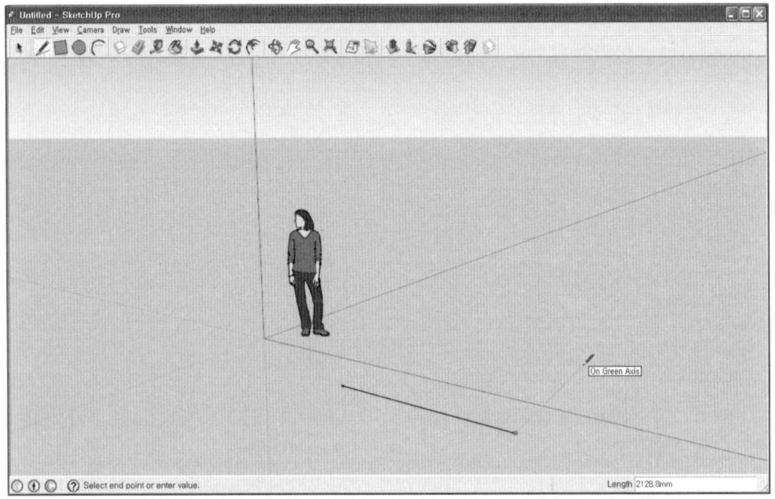

④ 세 번째 직선은 빨강 축에 평행을 맞추어 첫 번째 직선의 반대방향으로 드래그한다. 이때 직사각형이 되기 위해서는 첫 번째 직선과 동일한 길이로 만들어져야 한다. 하지만 특정한 값을 지정하지 않았기 때문에 어느 정도까지 드래그해야 할지 알 수 없다.
마우스를 빨강 축에 평행하게 계속 드래그하다 보면 자동으로 다음 그림과 같이 "(시작점)" 툴 팁이 나타나며, 최초의 시작점과 직교되는 위치에서 멈추게 된다. 이때 마우스를 클릭하면 정확하게 첫 번째 선과 동일한 길이의 직선을 그릴 수가 있다.

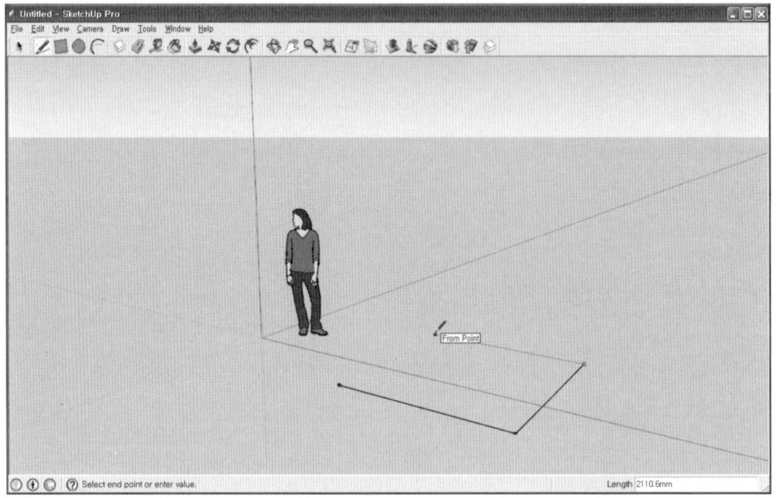

⑤ 마지막 직선을 작성하기 위해 최초의 시작점 위에 마우스를 가져가면 "Endpoint(끝점)" 툴 팁이 나타난다.

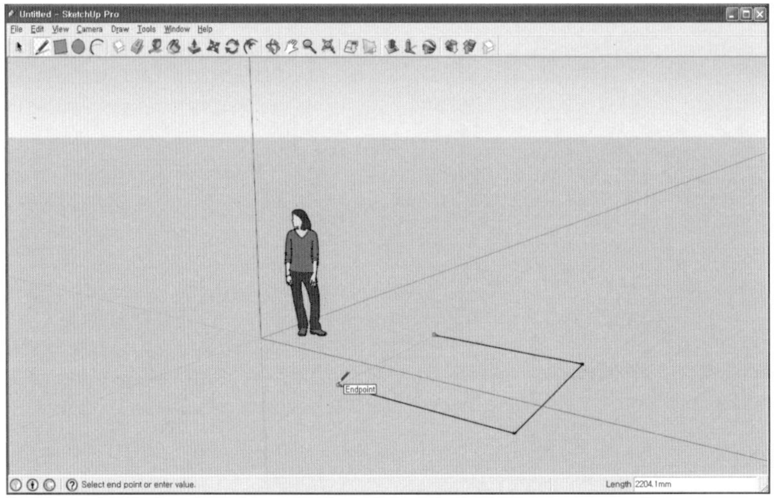

마우스를 클릭하면 직사각형이 완성되며 직사각형 내부는 면으로 구성된다.

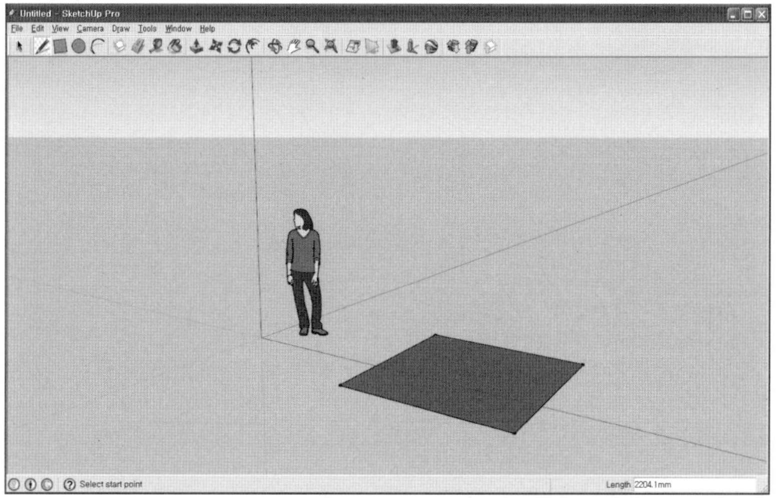

Note : 작업 도중에 'Esc' 키를 누르면 언제든지 중단할 수 있다.

(2) 직선으로 도형 그리기

이번에는 다음 그림과 같이 정확한 치수를 가지는 'ㄱ'자 형태의 도형을 "Line" 툴을 이용하여 작성한다.

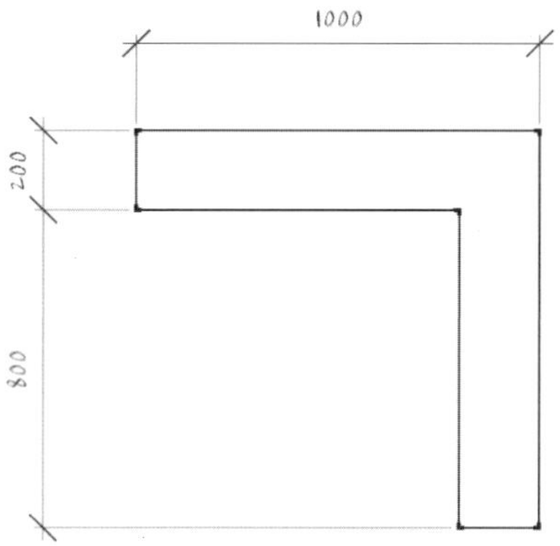

① "Line" 툴을 실행한 다음 임의의 시작점을 지정한다.

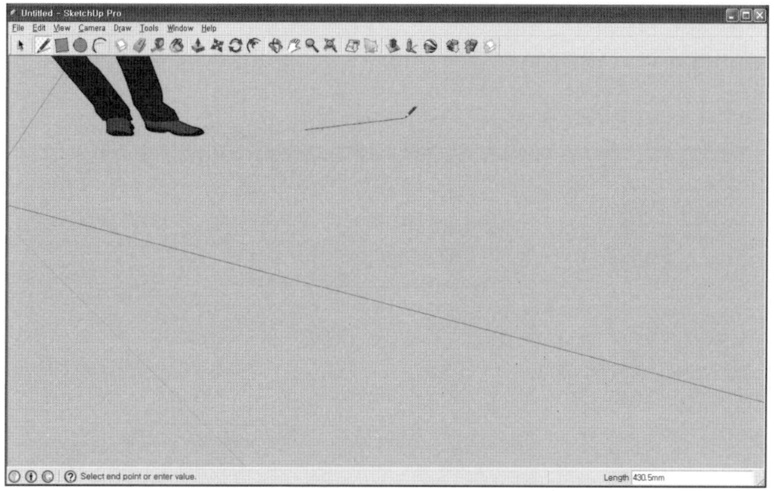

② Red Axis와 평행하게 드래그한 다음 키보드에 '1000'을 입력하고 Enter↵ 키를 누른다. 이때 화면 우측 하단의 치수 입력창에 입력한 값 '1000'이 나타나는 것을 확인할 수 있다.

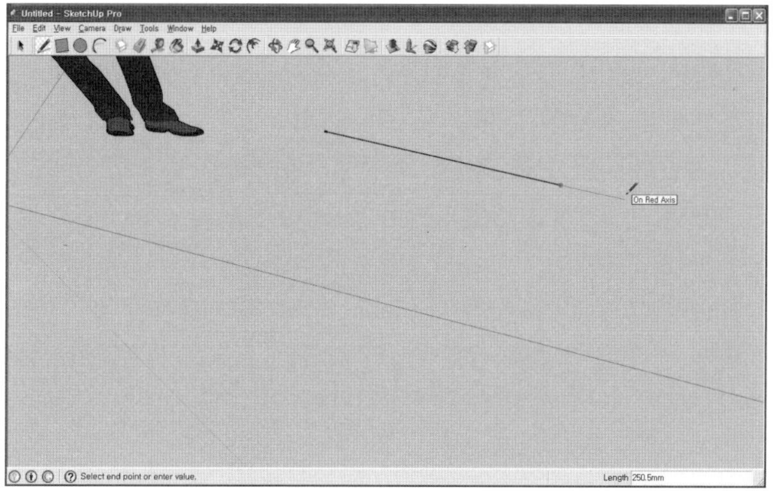

③ Green Axis에 평행하게 드래그한 다음 마우스를 그냥 클릭한다. 그리고 클릭하자마자 마우스를 움직이지 않은 상태에서 키보드에 '1000'을 입력하고 Enter↵키를 누르면 두 번째 선의 길이가 1000에 맞추어 조절되는 것을 확인할 수 있다.

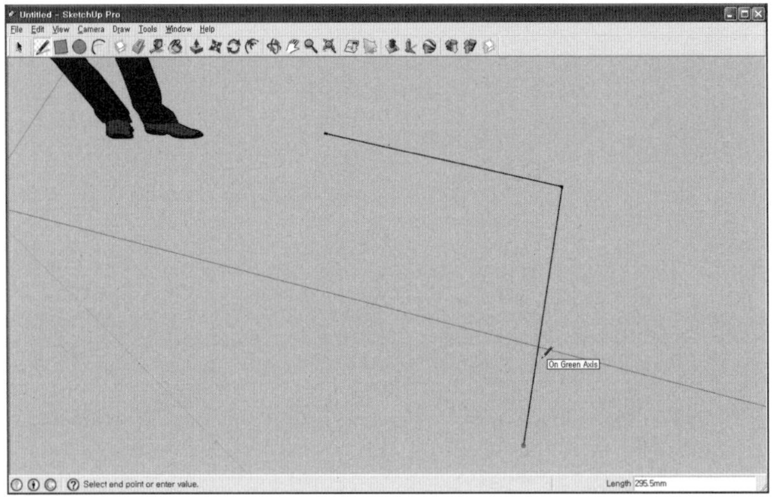

이처럼 직선을 원하는 치수만큼의 길이로 작성하고자 할 때 두 번째 끝점의 방향을 지정하고 키보드로 치수를 입력하거나, 두 번째 끝점의 방향에 위치한 임의의 점을 지정하여 방향을 설정하고 치수를 입력하여 직선의 길이를 재조정하는 방법도 사용할 수 있다.

④ 'ㄱ'자 형태가 만들어지도록 마우스와 키보드를 이용하여 각 직선들을 작성한다. 중간에 명령을 중단하더라도 다시 끝점을 지정하여 시작할 수 있다.

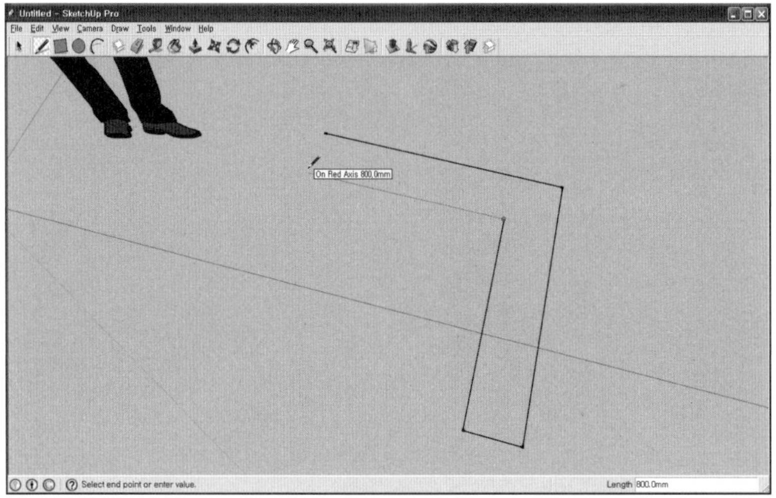

⑤ 마지막으로 'ㄱ'자 형태가 완성되면 다음과 같이 완성된 면(Face)의 결과를 얻을 수 있다.

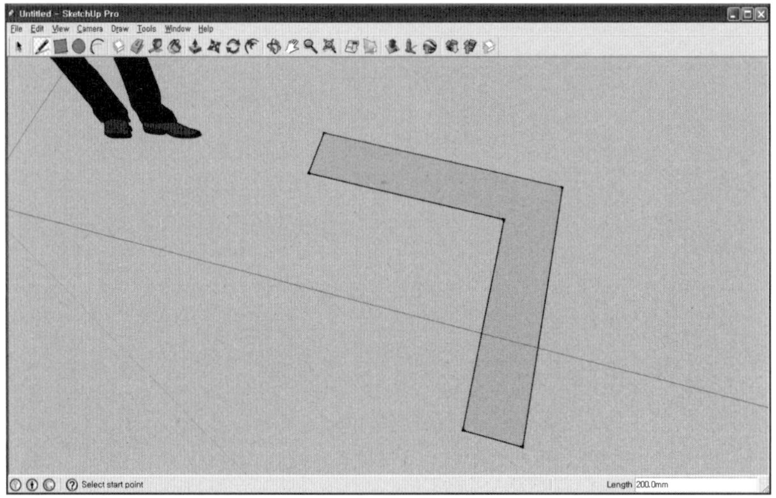

좀 더 다양한 형태의 도형들을 연습하면서 “Line” 툴의 기능을 익혀가기 바란다.

1-3. Arc Tool

SketchUp에서 호(Arc)를 그리는 방법은 아주 단순하다. 시작점(Starting Point)을 지정하고 끝점(Ending Point)을 지정한 다음 마우스를 드래그하여 호의 모양을 결정하면 된다. 호의 모양을 결정한다는 것은 호의 부풀어지는 크기를 결정하는 것으로 돌출길이(Bulge Distance)를 지정하는 과정이다.

시작점과 끝점 간의 길이를 ‘현의 길이(Chord Length)’라고 하며, 시작점을 지정한 다음 방향과 길이를 입력하여 정확한 치수를 가지는 호를 작성할 수 있다. 뿐만 아니라 반지름(Radius)을 입력하여 호의 모양을 지정할 수도 있으며 완성된 호를 구성하고 있는 직선 세그먼트의 개수를 변경할 수도 있다.

빈 공간에 다음의 과정을 통해 호를 작성하도록 한다.

① “Getting Started” 툴바에서 툴을 클릭하여 “Arc” 명령을 실행한다. 다음과 같이 커서의 모양이 호가 추가된 연필로 변경된다. 임의의 점을 마우스 클릭으로 지정한 다음 마우스를 드래그하면 지정된 시작점에서부터 마우스의 위치까지 직선이 드래그된다. 이 직선이 바로 ‘현(Chord)’이다.

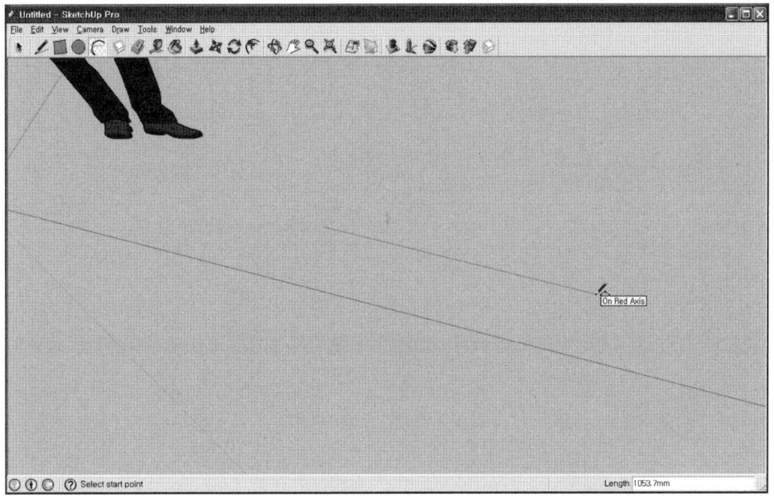

② 마우스를 클릭하여 호의 끝점을 지정한다. 또는 마우스 드래그로 방향을 지정하고 현의 길이 값 ‘1000’을 입력하고 Enter↵ 키를 누른다.

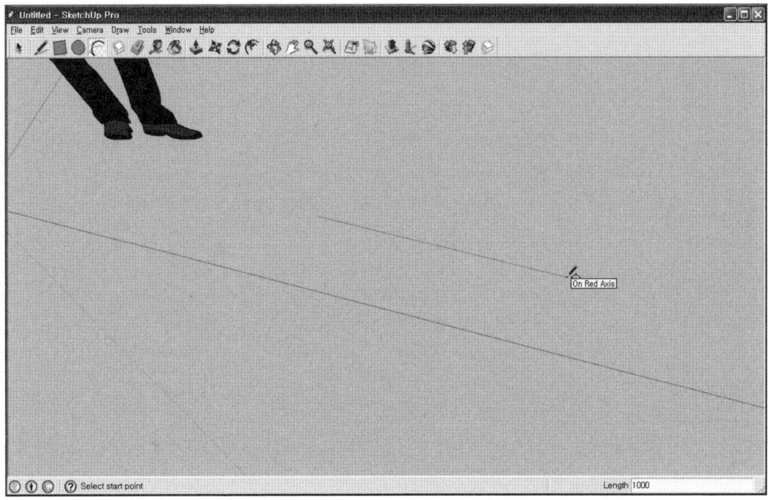

③ 시작점과 끝점이 지정된 다음 마우스를 드래그하면 다음과 같이 호의 돌출부 길이를 지정할 수 있게 된다. 현의 중간점에서부터 직선이 드래그되어 이 직선의 길이를 지정하여 호의 모양을 결정한다. 만약 돌출부 길이가 '500'으로 지정된다면 정확한 반원의 모양이 된다.

마우스로 임의의 점을 지정하거나 돌출부 길이 값을 입력하여 Enter↵ 키를 눌러 호를 완성한다. 다양한 값을 입력하여 다양한 형태의 호를 만들어 본다.

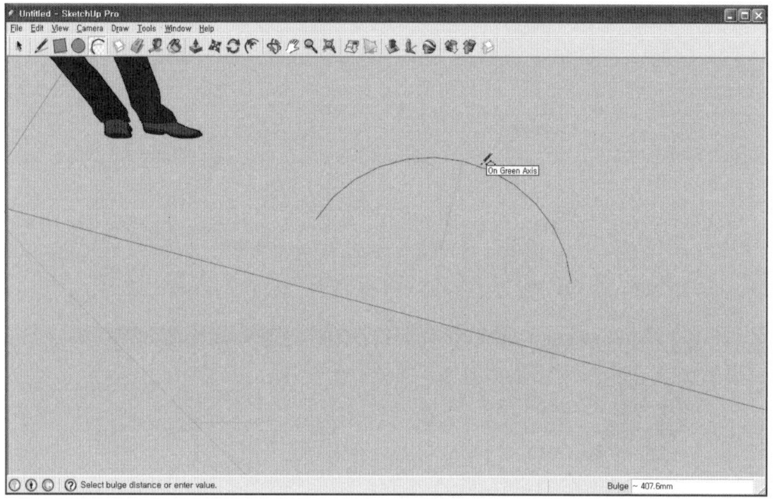

④ 앞서 작성한 것과 같이 현의 길이를 '1000'으로 지정한 다음, 정확한 반원을 만들려면 돌출부 길이를 '500'으로 지정하면 된다. 또한 '500'을 직접 입력하지 않더라도 마우스를 드래그하여 돌출부 길이를 조정하다 보면 다음과 같이 "반원(Half Circle)"이라는 툴 팁이 나타날 때 마우스를 클릭하면 정확한 반원이 완성된다.

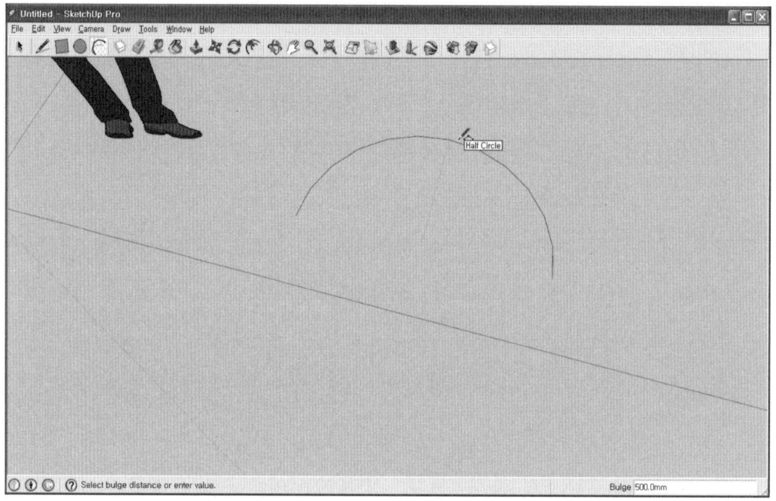

⑤ 호를 작성하는 또 다른 방법으로 호의 반지름(Radius)을 지정하는 방법도 있다. 호의 돌출부 길이 입력을 대신하여 입력되는 수치 뒤에 반지름을 의미하는 'r'을 추가로 입력하고 Enter↵ 키를 누르면 해당 반지름을 가지는 호가 만들어진다. 다음은 '1000r'을 입력하여 완성한 호의 결과이다. 마우스를 상당히 멀리 드래그해야 다음과 같은 결과가 나온다.

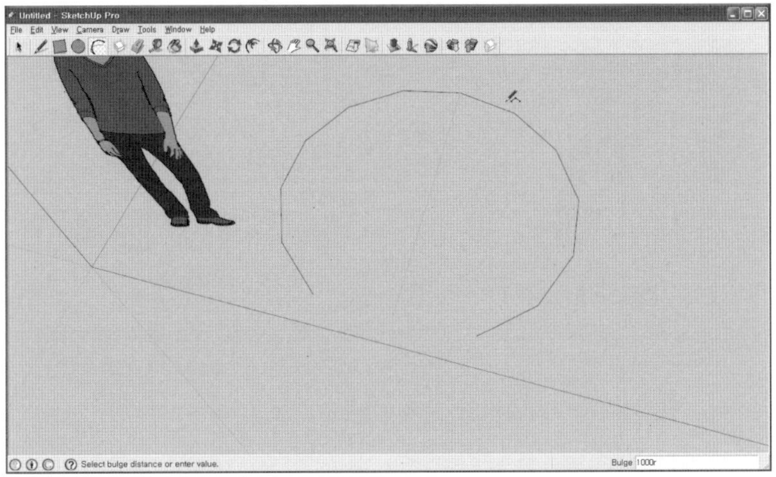

⑥ 이번에는 호를 이루고 있는 직선 세그먼트의 개수를 조절한다. 호가 완성된 다음 키보드를 이용하여 세그먼트 개수를 입력한 다음 's'를 추가 입력하여 Enter↵키를 누른다. '20s'를 입력하여 실행한 결과는 다음과 같다.

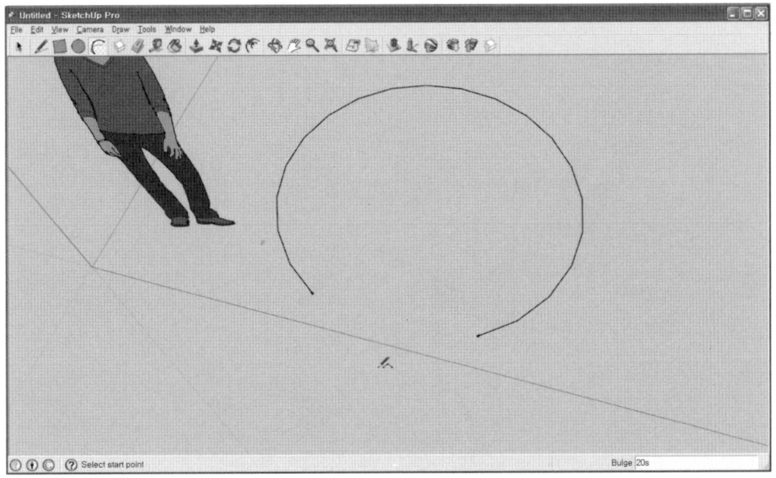

1-4. Freehand Tool

프리핸드(자유 그림) 툴을 이용하여 손으로 그린 듯한 불규칙한 곡선들을 그릴 수 있다. "Freehand" 툴은 "Getting Started" 툴바에는 없기 때문에 "Large Tool Set", "Drawing" 툴바, 또는 "Draw" 메뉴에서 실행할 수 있다.

① 툴바에서 를 클릭하여 "Freehand" 툴을 실행한다. 작업화면에서 커서는 자유곡선이 추가된 연필 모양으로 나타난다. 자유곡선의 시작점에서 마우스를 클릭한 채로 마우스를 드래그하여 자유곡선을 그려준다.

② 마우스 버튼을 떼면 자유곡선의 작성이 끝나게 된다.

③ 만약 자유곡선이 시작된 위치로 돌아와 마우스를 떼면 닫힌 형태의 자유곡선이 되고 그 내부에는 면(Face)이 형성된다.

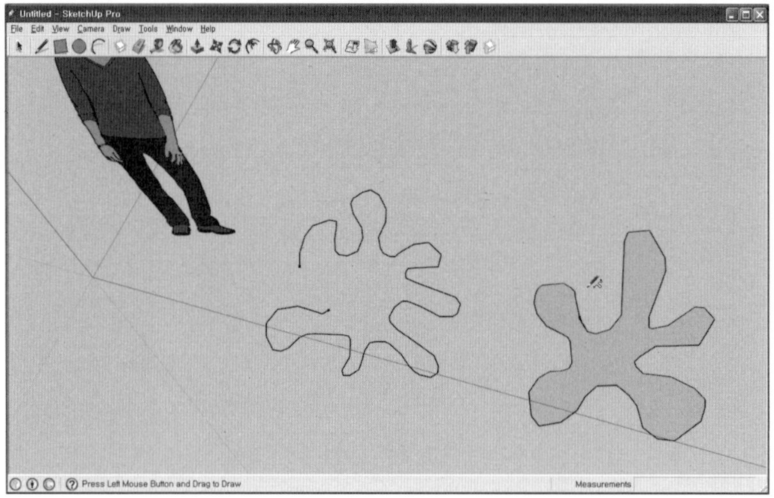

1-5. Rectangle Tool

직사각형(Rectangle)을 작성하는 도구로 비어 있는 축평면에 그리거나 기존에 작성된 도형의 평면상에 그릴 수 있다. 직사각형을 그리는 방법은 한 점을 직사각형의 모서리 점으로 지정하고 대각선 방향의 맞은편 모서리 점을 지정하여 작성한다.

① “Getting Started” 툴바에서 ■툴을 클릭하여 “Rectangle” 명령을 실행한다. 직사각형이 추가된 연필 모양의 커서가 나타난다. 임의의 점을 클릭하여 직사각형의 한 모서리 점으로 지정한다. 마우스를 드래그하면 직사각형이 나타나는 것을 확인할 수 있다.

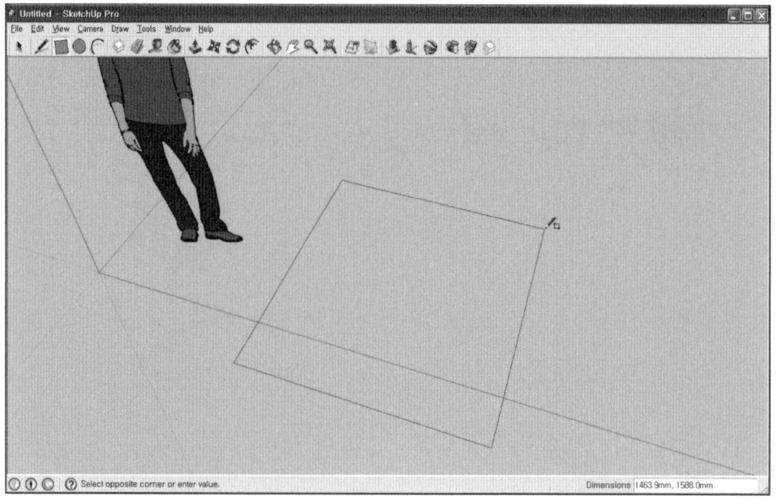

② 직사각형의 형태를 확인하고 맞은편 모서리 점을 클릭하여 직사각형을 완성한다. 완성된 직사각형은 면(Face)을 구성하게 된다.

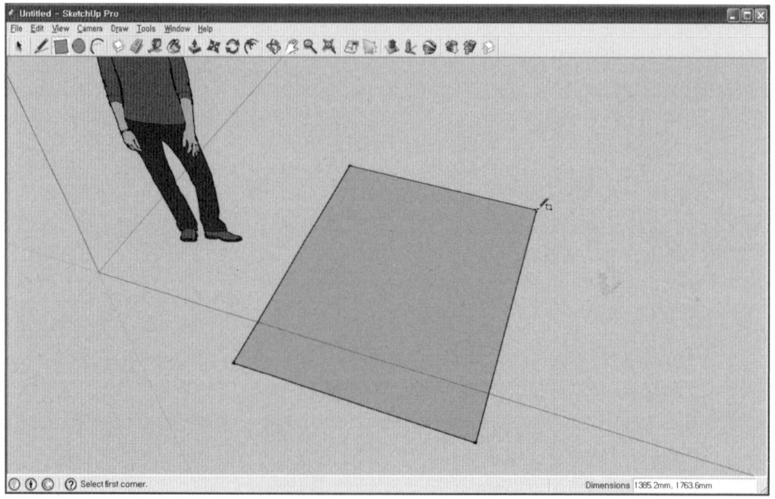

③ 직사각형을 그리는 과정에서 첫 번째 모서리 점을 클릭한 다음 마우스를 드래그할 때 정사각형 형태가 만들어질 경우 다음 그림과 같이 "Square" 툴 팁이 나타나며, 첫 번째 모서리 점과 현재 커서를 연결하는 점선이 나타난다. 이때 마우스를 클릭하면 정사각형이 완성된다.

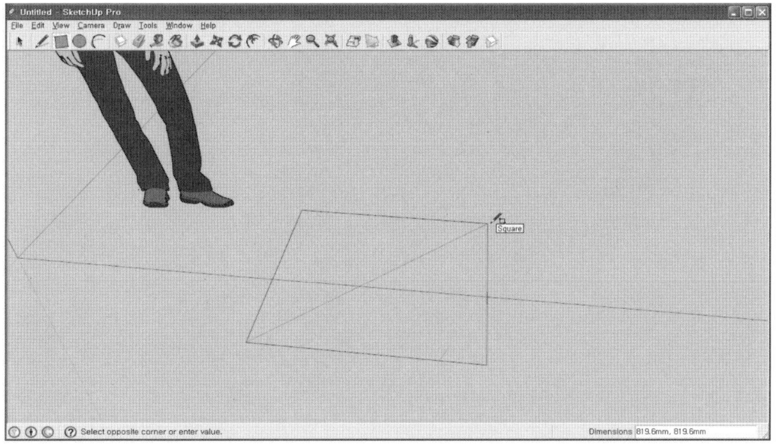

④ 또한 직사각형의 황금비(1 : 1.618)를 형성할 경우에도 대각 점선과 함께 "Golden Section" 툴 팁이 표시된다.

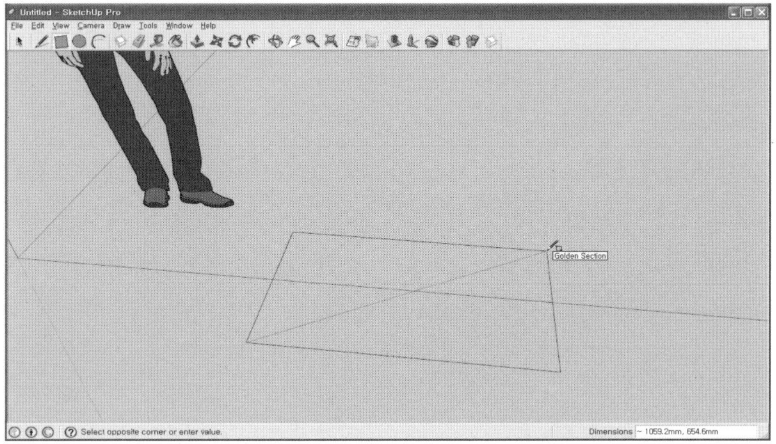

1-6. Circle Tool

원(Circle)을 작성하는 도구로 비어 있는 축평면에 그리거나 기존에 작성된 도형의 평면상에 그릴 수 있다. 원을 그리는 방법은 원의 중심(Center point)을 지정하고 반지름을 지정(또는 입력)하여 작성한다.

① "Getting Started" 툴바에서 툴을 클릭하여 "Circle" 명령을 실행한다. 파란색 원과 그 중심에 연필이 배치된 커서가 나타난다. 임의의 점을 클릭하여 원의 중심을 지정한다. 마우스를 드래그하면 원의 크기가 조절되는 것을 확인할 수 있다.

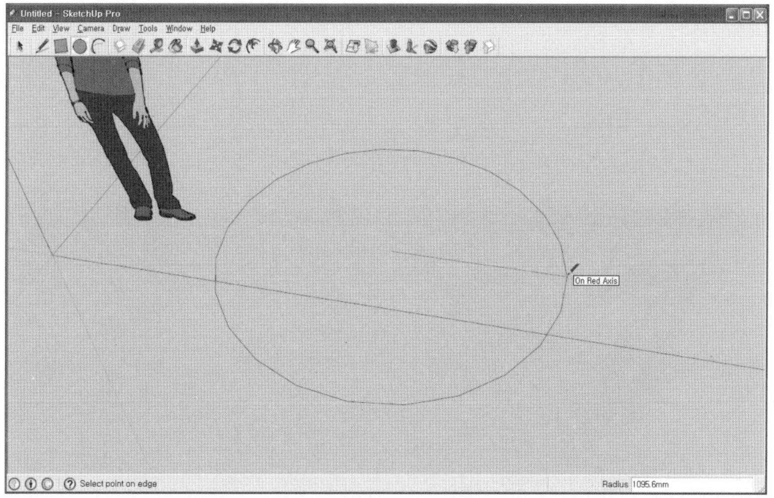

② 마우스를 클릭하면 원이 완성되고 원의 내부는 면으로 형성된다.

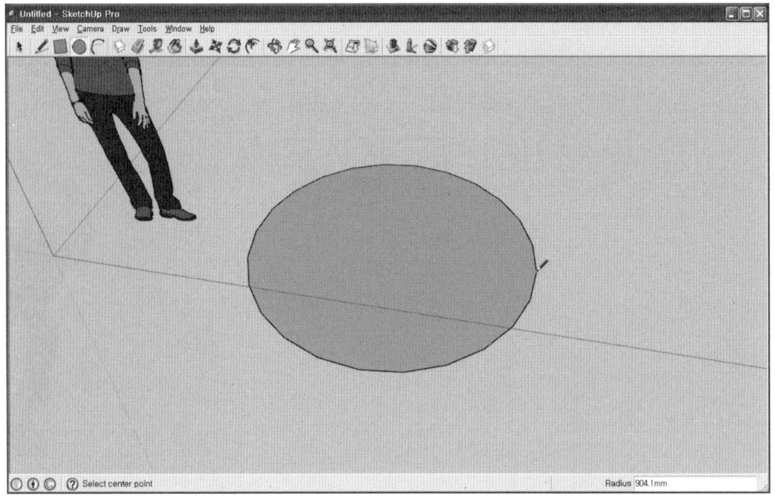

③ 원이 완성되자마자 키보드를 이용하여 정확한 반지름 값을 입력할 수 있다. '1000'을 입력하고 Enter↵ 키를 누르면 정확한 반지름 '1000'을 가지는 원이 완성된다.

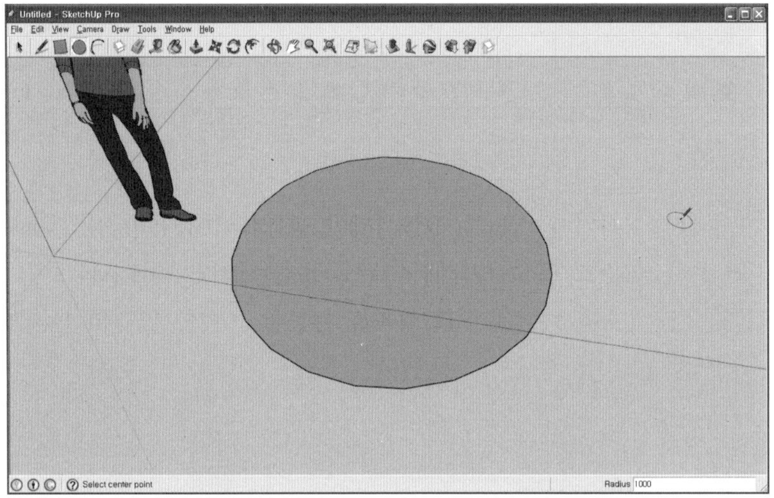

④ 원 또한 호와 같이 직선의 세그먼트(segment)들로 연결되어 있다. 기본값으로 24개의 세그먼트로 구성되어 있다. 세그먼트의 개수를 조절하려면 원하는 개수와 's'를 뒤에 붙여 입력한 다음 Enter↵ 키를 누르면 된다. '12s'를 입력한 다음 Enter↵ 키를 누른다.

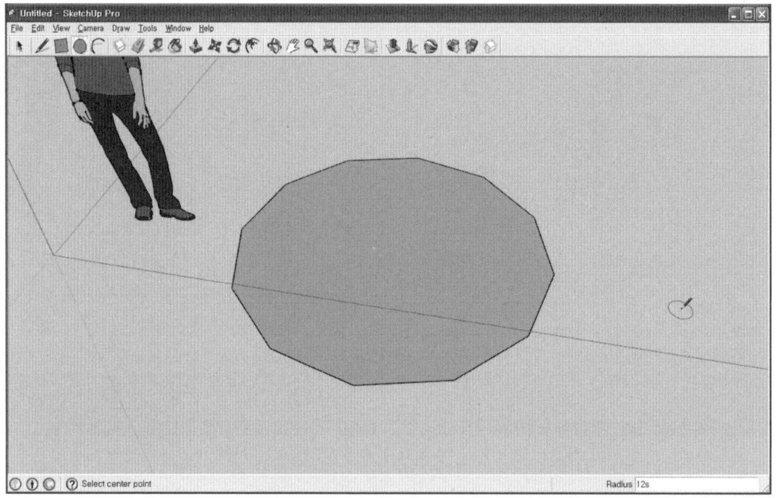

⑤ 세그먼트의 개수가 적으면 원이 원처럼 보이지 않게 된다. 세그먼트의 개수를 적정하게 올려주어야 한다. 하지만 무조건 높이는 것은 필요이상의 면을 추가로 발생시키게 되므로 작업환경과 해당 오브젝트의 중요성 등을 감안하여 최적의 값을 지정해주는 것이 바람직하다. 또한 세그먼트의 개수를 17, 19, 33 등과 같이 등분하기 어려운 수를 사용하는 것은 추후 작업에 불편함이 생기기 때문에, 16, 24, 36과 같이 4등분 또는 2등분에 유리한 수를 고민하여 결정하는 것이 좋다.

⑥ '36s'를 입력한 다음 Enter↵ 키를 눌러 원을 완성한다.

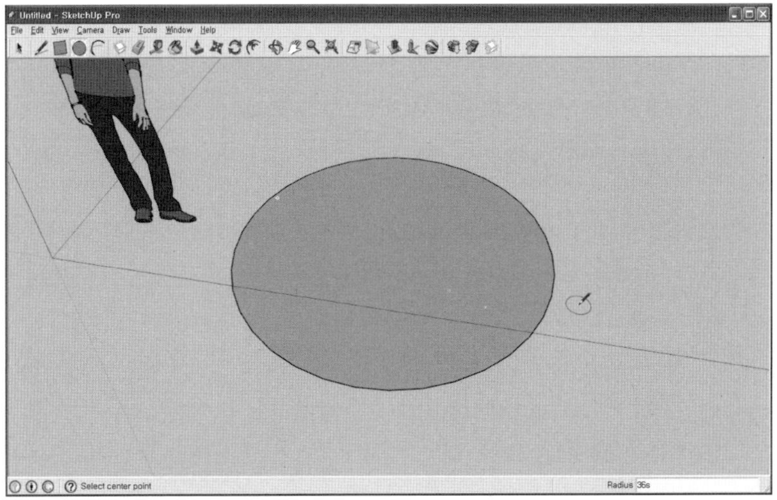

⑦ 원의 중심을 지정하기 전에 치수 입력창을 보면 "Sides"가 표시되어 있다. 미리 세그먼트 값을 지정하고 Enter↵키를 누르면 지정된 개수의 세그먼트를 가지는 원이 만들어진다. 사전에 지정하는 경우에는 's'를 추가하지 않아도 된다. 사용자 편의에 따라 먼저 지정해도 되고 나중에 지정해도 무방하다.

1-7. Polygon Tool

다각형(Polygon)을 작성하는 도구로 비어 있는 축평면에 그리거나 기존에 작성된 도형의 평면상에 그릴 수 있다. 다각형을 그리는 방법은 원을 그리는 방법과 유사하다. 원의 중심을 지정하듯이 다각형의 중심을 지정하고, 그 중심에서 다각형의 모서리 끝점까지의 거리를 반지름을 지정하듯이 지정하면 된다. 원을 작성하여 그 원에 내접하는 다각형을 만드는 결과와 동일하다.

"Polygon" 툴은 "Getting Started" 툴바에는 없기 때문에 "Large Tool Set", "Drawing" 툴바, 또는 "Draw" 메뉴에서 실행할 수 있다.

원의 중심(Center point)을 지정하고 반지름을 지정(또는 입력)하여 작성한다.

Polygons can be placed on existing faces or separate from existing geometry. To draw a polygon:

① 툴바에서 툴을 실행하거나 "Draw" 메뉴에서 "Polygon" 명령을 실행한다. 다음과 같이 파란색 다각형과 함께 연필 모양의 커서가 나타난다.

② 먼저 그리고자 하는 다각형의 면수를 입력한다. 만약 오각형을 그리고자 한다면 '5' 또는 '5s'를 입력하고 Enter↵ 키를 누르면 된다. 커서의 다각형이 오각형으로 변경된다.

③ 마우스를 클릭하여 다각형의 중심을 지정한다. 마우스를 드래그하면 오각형이 나타나고 그 크기가 변경되는 것을 확인할 수 있다.

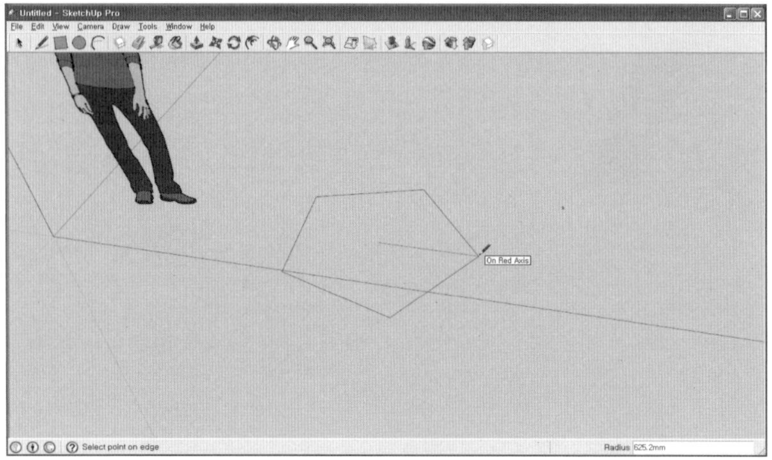

④ 중심에서 다각형 모서리 끝점까지의 거리는 바로 입력할 수도 있고 마우스를 클릭하여 오각형을 완성한 다음 다시 입력하여 크기를 변경할 수도 있다. 마우스를 클릭하여 오각형을 먼저 완성한다.

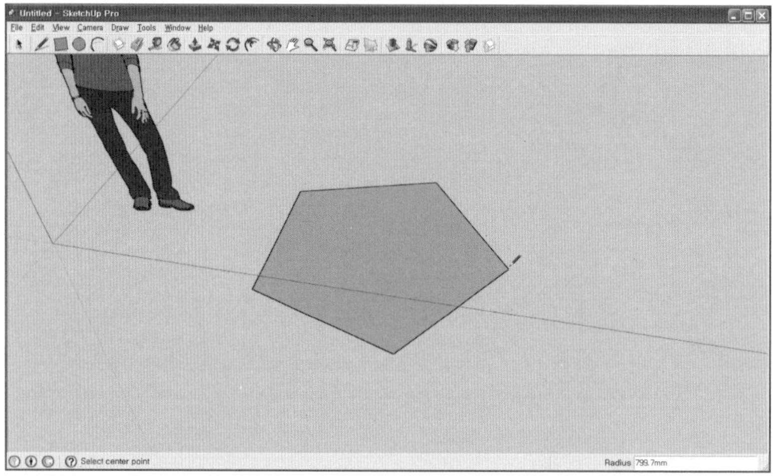

⑤ '1000'을 입력하고 Enter↵ 키를 눌러서 크기를 변경한다.

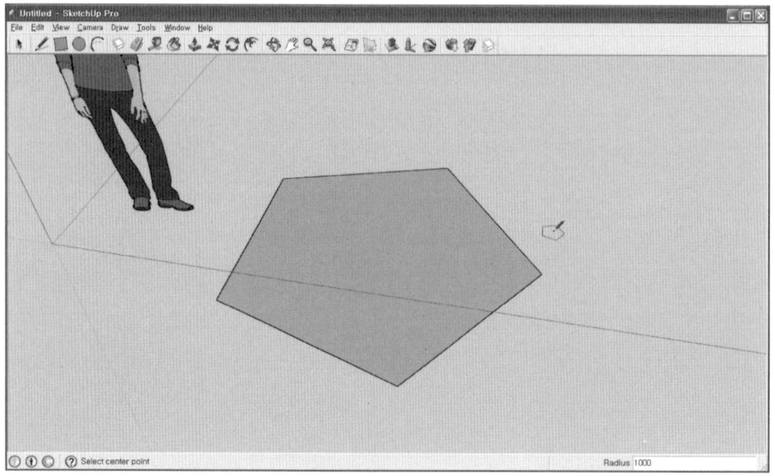

⑥ 완성된 다각형의 측면 개수를 다시 입력하여 변경할 수 있다. '7s'를 입력한 다음 Enter↵ 키를 누르면 칠각형으로 변경되는 것을 확인할 수 있다.

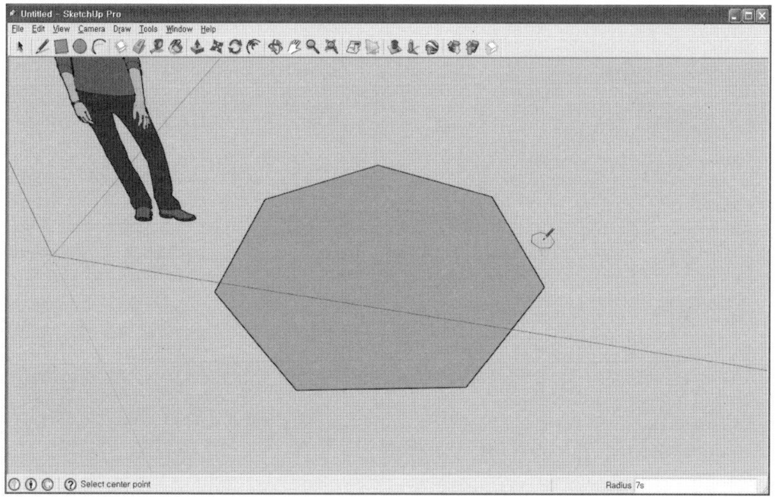

memo

2. Modification Tools

2-1. Modification Tools의 개요

[Modification Tools(편집도구)]은 [View → Toolbars → Modification]을 실행하여 독립된 툴바로 활성화시킬 수 있다. 또한 "Large Toolbar Set"에는 여섯 가지 툴들이 모두 포함되어 있으므로 사용자 편의대로 사용할 수 있다.

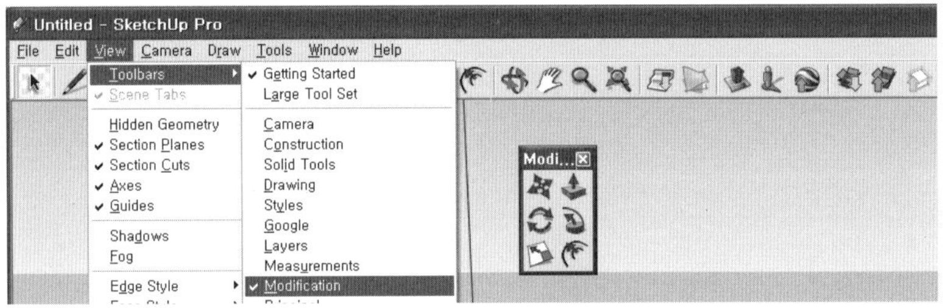

"Getting Started" 툴바에는 가장 빈번하게 사용되는 네 가지 편집 툴들이 포함되어 있기 때문에, 굳이 "Large Toolbar Set" 또는 "Modification" 툴바를 사용하지 않더라도 [Tools] 메뉴를 보조적으로 활용한다면 큰 무리가 없다.

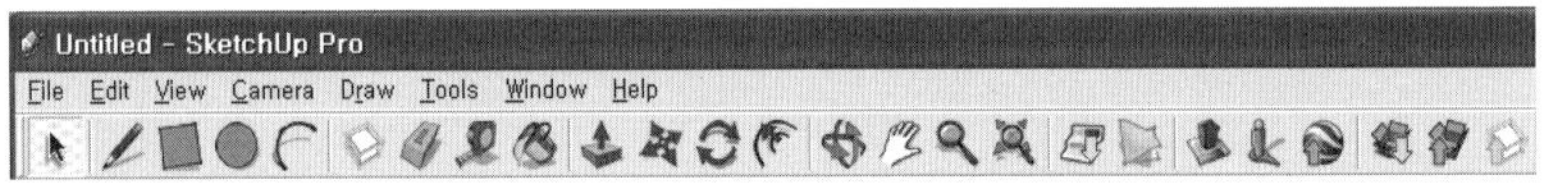

[Tools] 메뉴에는 다음과 같이 여섯 가지 편집명령이 Move, Rotate, Scale, Push/Pull, Follow Me, Offset의 순서로 배치되어 있다. 각 명령의 우측에 표시된 대문자 알파벳은 해당 툴의 단축키이므로 반드시 암기하여 사용하도록 한다.

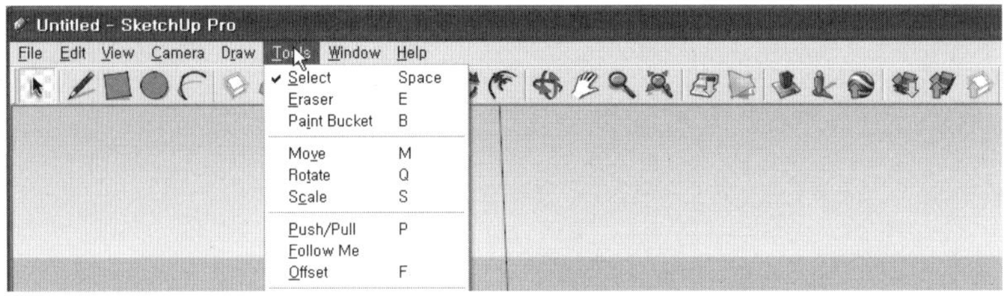

이제 편집도구의 가장 기초적인 내용들을 살펴보도록 한다. 각 편집도구들은 앞서 배웠던 드로잉 툴들로 작성된 2D 세이프(Shape)들을 편집하거나 3D 도형들을 편집하는 데 사용할 수 있다.

	Move Tool 단축키 : M	객체를 이동(Move), 신축(Stretch), 복사(Copy)하는 명령이다. 컴포넌트와 그룹 객체에서는 회전(Rotate)의 기능으로도 사용할 수 있다.
	Rotate Tool 단축키 : Q	객체를 회전(Rotate), 신축(Stetch), 왜곡(Distort), 복사(Copy)하는 명령이다.
	Scale Tool 단축키 : S	객체의 크기를 변경(확대 또는 축소)하는 명령이다. Scale 툴을 적용하는 방법에 따라 Uniform Scale 또는 Non-Uniform Scale이 적용될 수 있다.
	Push/Pull Tool 단축키 : P	객체의 면(Face) 요소를 밀기 또는 끌기를 하여 볼륨을 주거나 볼륨을 제거하는 명령이다. 면이 아닌 모서리(Edge)나 점(Point)에서는 사용할 수 없다.
	Offset Tool 단축키 : F	기존의 선 또는 면으로부터 일정한 거리가 이격된 선 또는 면 사본을 만들어내는 명령이다. 면을 Offset할 경우 항상 새로운 면이 생성된다.
	Follow Me Tool	경로(Path)를 따라 면의 프로필(Profile)을 복제하는 명령이다. 면이 경로를 따라가며 볼륨을 만들거나 제거하는 기능이다.

2-2. Move Tool

(1) 단일요소의 이동

아무 객체도 선택되지 않은 상태에서는 “Move” 툴을 실행하여 단일객체에 대한 이동명령을 실행할 수 있다. 점(Point), 모서리(Edge), 면(Face) 요소에 대해 선택과 동시에 선택한 지점이 기준점이 되어 이동명령이 실행된다.

① “Move” 툴의 기능을 살펴보기 위하여 다음과 같은 임의의 직사각형을 작성하여 연습한다.

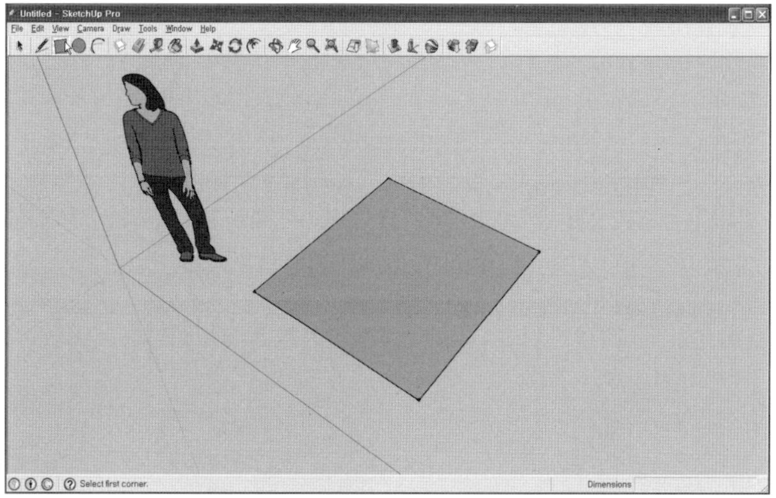

② “Getting Started” 툴바에서  툴을 클릭하여 “Move” 명령을 실행한다. 상하좌우 네 방향의 화살표 모양의 커서가 나타난다.

③ 점 요소 위로 마우스를 가져가면 다음과 같이 ‘Endpoint’ 툴 팁이 나타나며 녹색 점으로 강조된다.

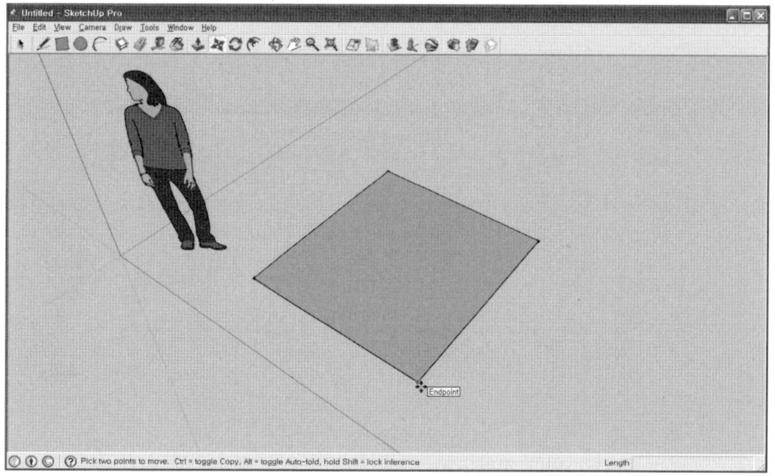

마우스를 클릭하여 드래그하면 점 요소가 선택되어 이동되는 모습을 확인할 수 있다. 이때 선택된 점에 연결된 두 개의 직선은 점이 이동함에 따라 이동한 방향과 거리만큼 신축(Stretch)되는 것을 확인할 수 있다. 연결된 면(Face) 또한 변형된다. 마우스를 클릭하여 “Move” 명령을 완성한다.

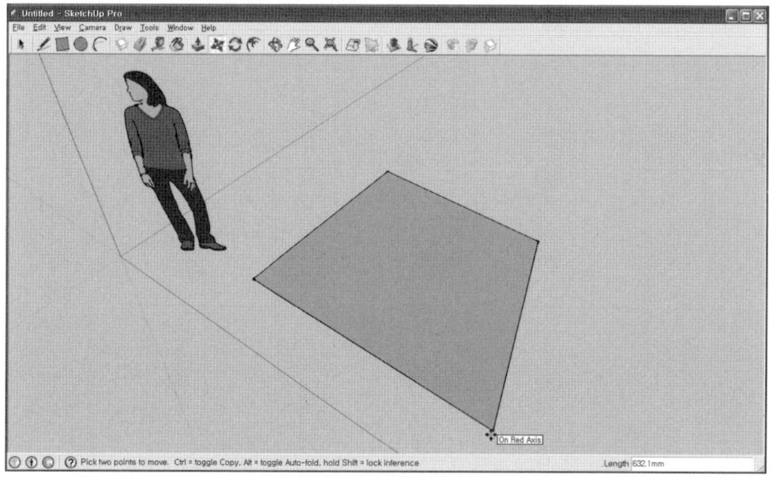

④ 모서리(Edge) 요소를 이동시키기 위해 마우스를 임의의 모서리 위로 가져가면 해당 모서리가 파란색으로 강조되며 마우스가 위치한 점이 기준점이 되기 위해 'On Edge' 툴 팁이 나타난다. 마우스 커서가 모서리의 중간쯤에 위치하였을 경우에는 'Midpoint' 툴 팁이 나타나게 된다.

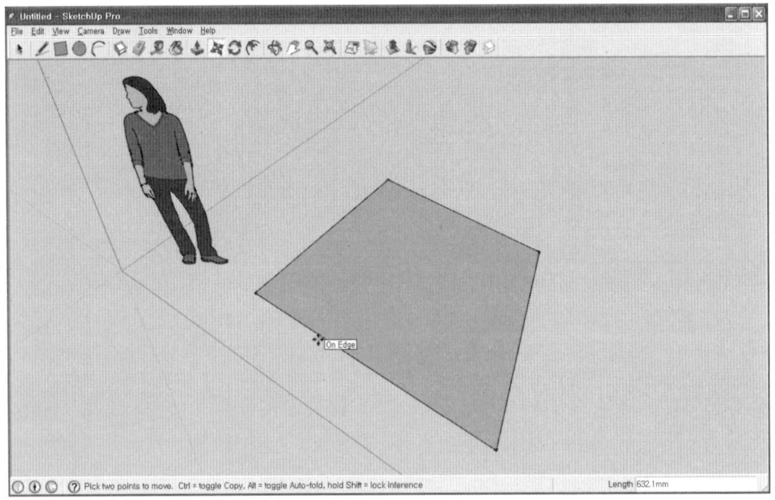

⑤ 마우스를 클릭하여 드래그하면 모서리 요소가 선택되어 이동하는 것을 확인할 수 있다. 이때 선택된 모서리에 연결된 양끝의 모서리는 신축되어 늘어나거나 줄어드는 것을 확인할 수 있다. 연결된 면(Face) 또한 변형된다. 마우스를 클릭하여 "Move" 명령을 완성한다.

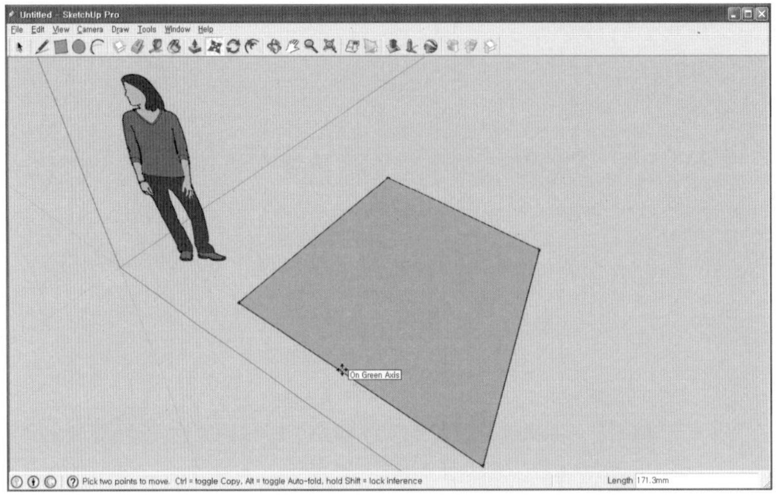

⑥ 면(Face) 요소를 이동하기 위해 마우스를 면 위로 가져가면 'On Face' 툴 팁이 나타나며 해당 면에 파란색 점(Blue Dot)들이 나타나며 강조하게 된다.

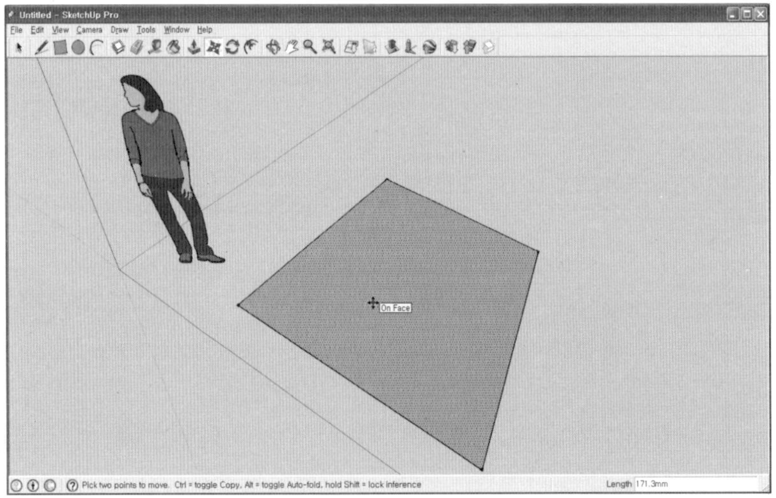

⑦ 마우스를 클릭하여 드래그하면 선택된 면이 이동하는 것을 확인할 수 있다. 이때 선택된 면에 연결된 모서리(Edge)들과 점(Point)들이 함께 이동한다. 마우스를 클릭하여 "Move" 명령을 완성한다.

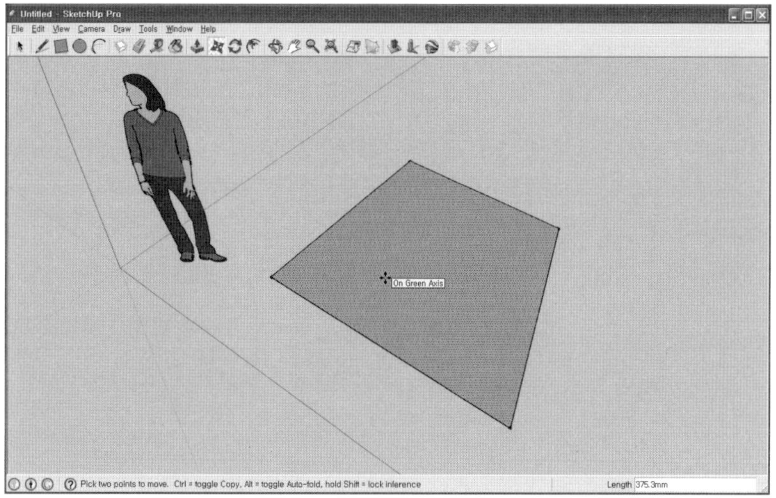

(2) 여러 요소의 이동

"Move" 툴을 실행하기 전에 선택기능을 이용해 여러 개의 요소들을 선택하고 "Move" 툴을 사용하면 한꺼번에 선택된 요소들을 이동할 수 있다.

① "Select" 툴을 실행한 다음 두 개의 모서리를 선택한다. 하나의 모서리를 선택한 다음 'Shift' 키 또는 'Ctrl' 키를 누른 채로 나머지 모서리를 추가 선택할 수 있다.

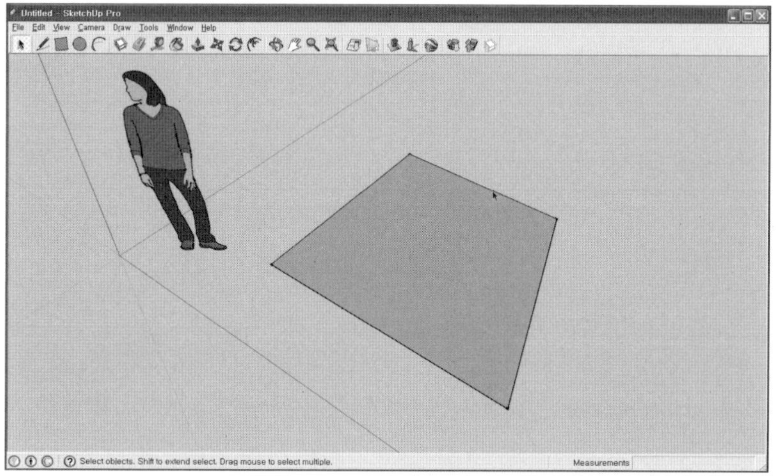

② "Move" 툴을 실행하고 마우스를 이동하면 마우스의 위치와 상관없이 이미 객체가 선택된 상태이므로, 어디서든 이동의 기준점을 지정할 수 있다. 객체의 바깥쪽 빈 공간에 임의의 기준점을 기정하고 마우스를 드래그하여 이동결과를 확인한다.

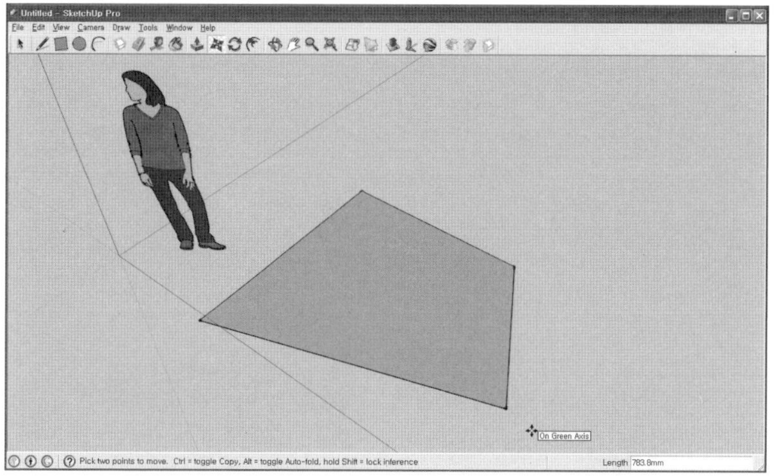

③ 여러 요소의 이동은 3차원 객체에서는 여러 개의 면(Face)들을 선택하여 이동할 수도 있다.

(3) 요소의 복사

"Move" 툴을 사용하는 과정에서 이동의 기준점을 지정하기 전에 'Ctrl' 키를 누르고 진행할 경우 이동(Move)이 아닌 복사(Copy)의 기능으로 이용할 수 있다.

① "Move" 툴을 실행한 다음 마우스를 면(Face) 위에 가져가면 'On Face' 툴팁이 나타나며 면이 강조된다. 이때 'Ctrl' 키를 누르면 마우스 커서 모양에 '+' 표시가 추가된다. 이때 'Ctrl' 키는 계속 누른 채로 작업을 진행할 수도 있으며, 한번만 눌러줘도 복사기능을 진행할 수 있다.

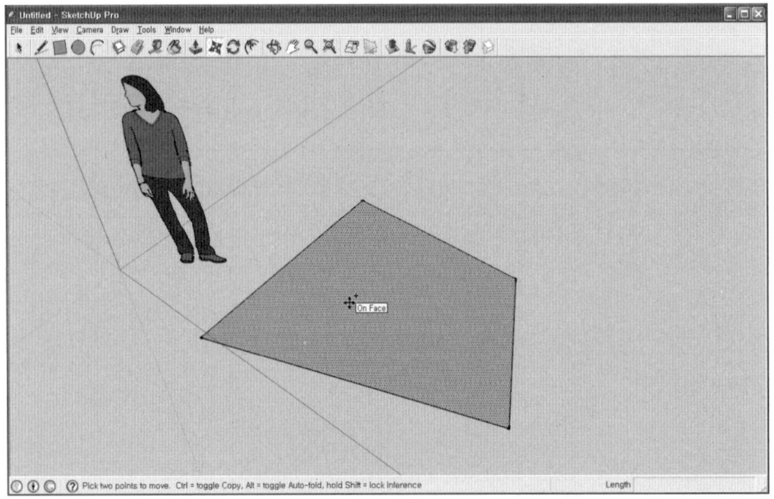

② 임의의 기준점을 지정하고 마우스를 드래그하면 복사본이 생성되어 이동되는 것을 확인할 수 있다.

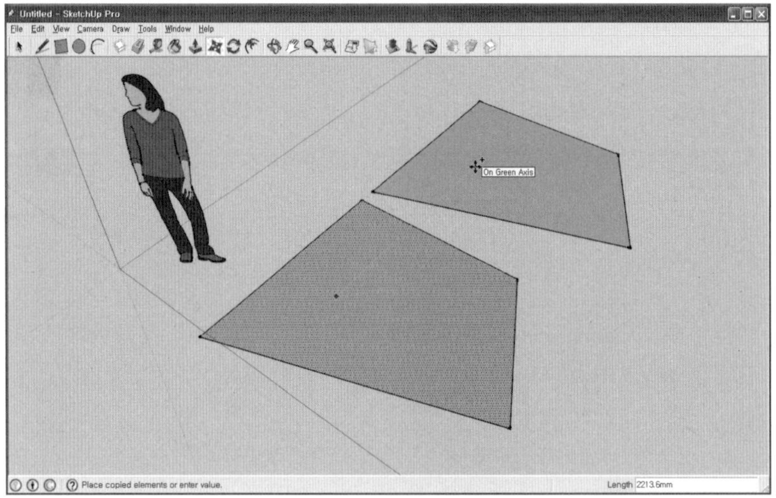

③ 모서리(Edge) 요소에 대해서도 동일한 방법으로 복사본을 생성할 수 있다.

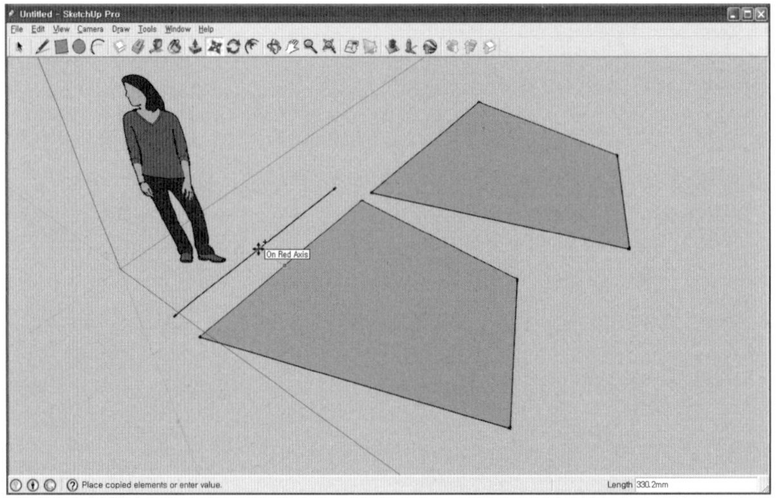

(4) 간단한 소파 만들기

"Move" 툴을 최대한 이용하여 간단한 소파를 만들어 본다. 다음의 소파 평면도 치수를 확인하여 작성한다.

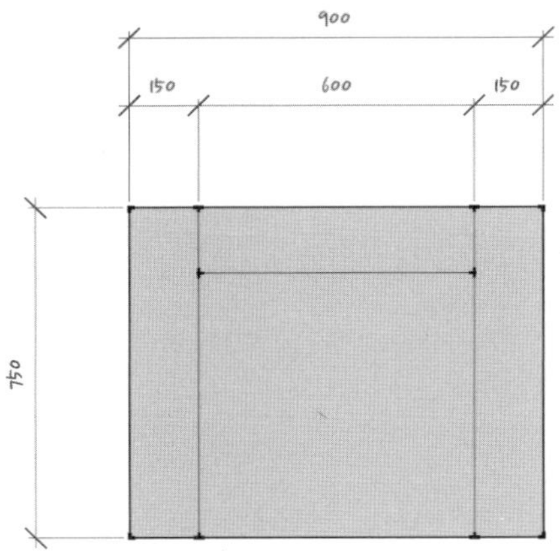

① 먼저 900mm×750mm 크기의 직사각형을 작성한다. "Rectangle" 툴을 이용하여 다음과 같이 직사각형을 완성한다.

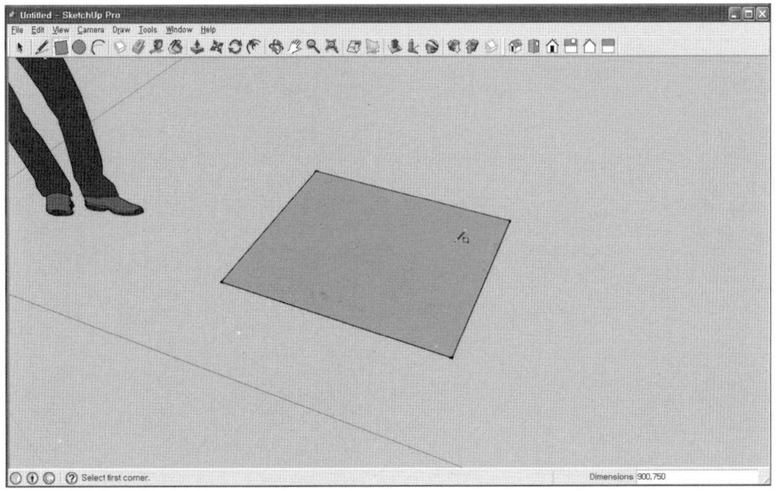

② "Move" 툴을 이용하여 팔걸이에 해당하는 좌측과 우측의 모서리(Edge)를 'Ctrl' 키를 눌러서 복사한다. 이때 정확한 이동거리 '150'을 키보드를 이용해 입력한다.

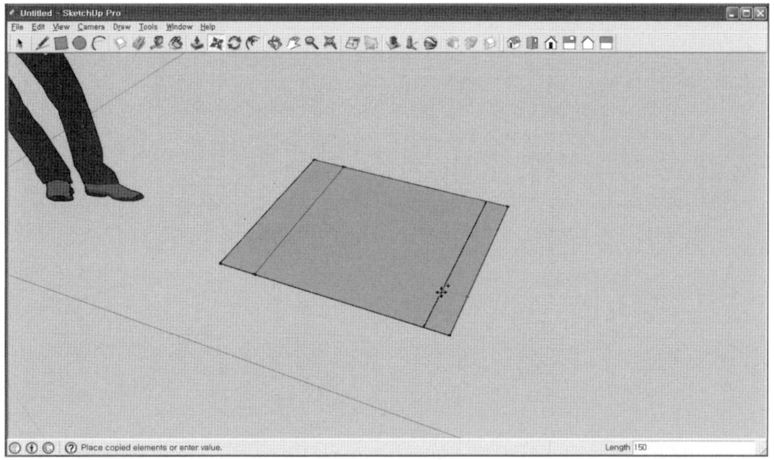

③ 등받이에 해당하는 모서리 또한 동일한 방법으로 복사한다. 완성된 결과는 다음과 같다.

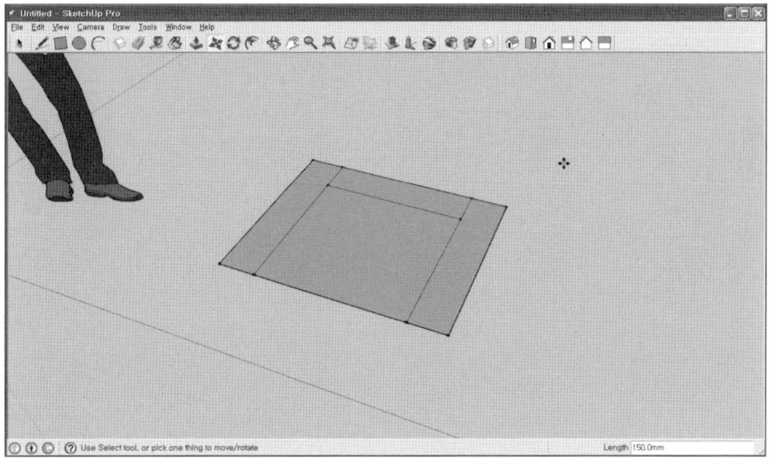

④ 이 결과에 "Push/Pull" 툴을 이용하여 3차원 의자로 완성시켜 본다. "Push /Pull" 툴을 실행하고 가장 높은 등받이부분을 돌출시켜 준다. '800'의 돌출거리를 지정하여 완성한다.

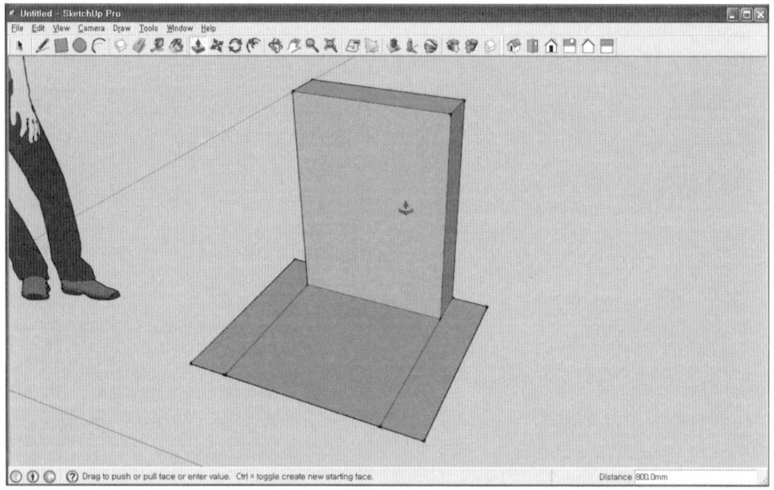

⑤ 팔걸이부분은 각각 '600'의 돌출거리를 지정하여 완성한다.

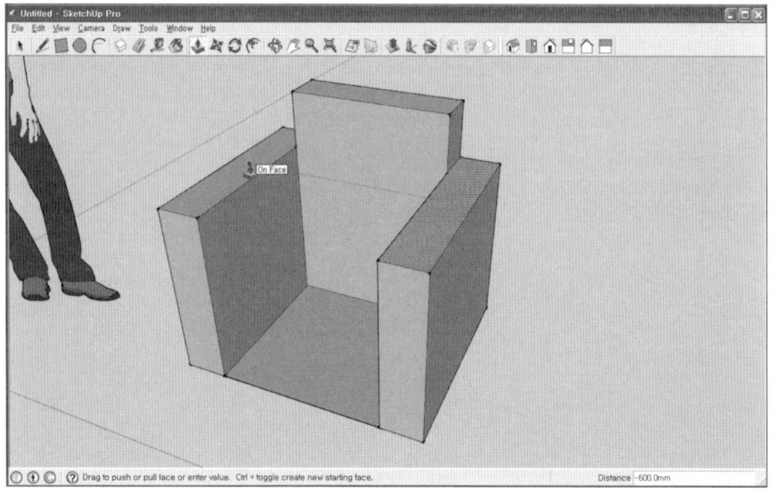

⑥ 시트부분은 '400'의 돌출거리를 지정하여 완성한다.

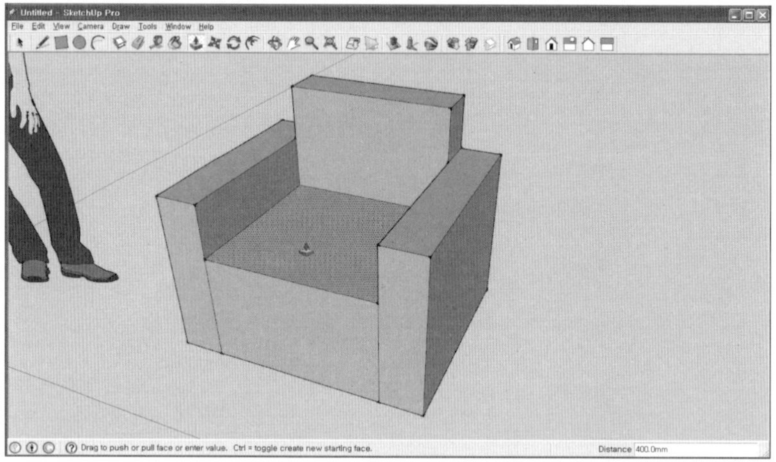

⑦ "Select" 툴을 실행하고 완성된 소파를 트리플 클릭하여 모든 요소를 선택한다. "Move" 툴을 실행한 다음 완성된 소파를 복사하기 위해 'Ctrl' 키를 누른다. 마우스를 드래그하면 다음과 같이 완성된 소파 전체가 복사되는 것을 확인할 수 있다.

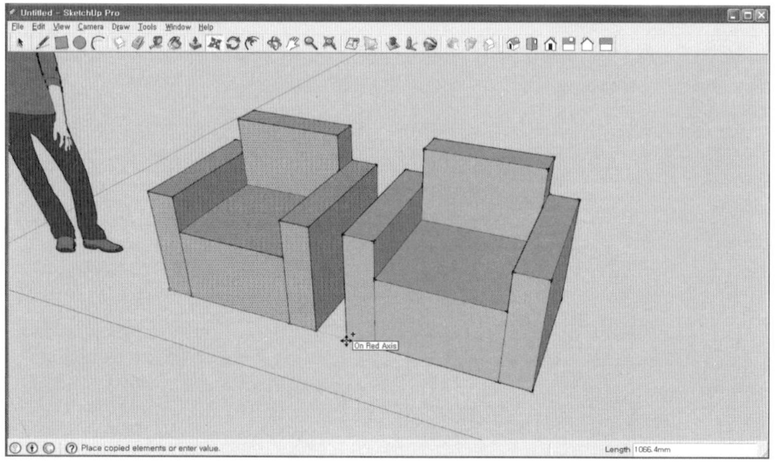

⑧ 이때 정확한 간격만큼 복사하기 위해 지정 값을 입력할 수 있다. '1000'을 입력하고 Enter↵ 키를 누른다.

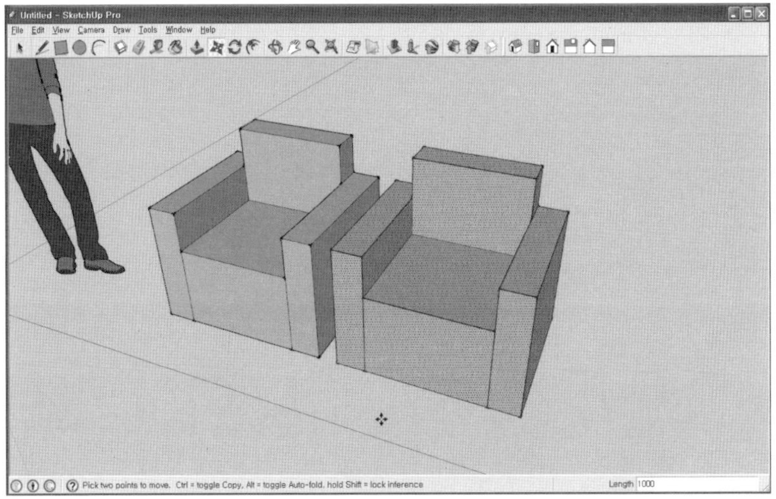

⑨ 또한 "Move" 툴의 복사기능에서 추가로 여러 개의 사본을 동일한 규칙(사본의 생성 방향과 이격거리)을 적용하여 배열(Array)할 수 있다. 배열하고자 하는 개수와 'x'를 붙여서 입력하면 추가로 생성되는 복사본의 개수를 지정할 수 있다. '5x'를 입력하고 Enter↵키를 누르면 다음과 같이 5개의 사본이 생성된다.

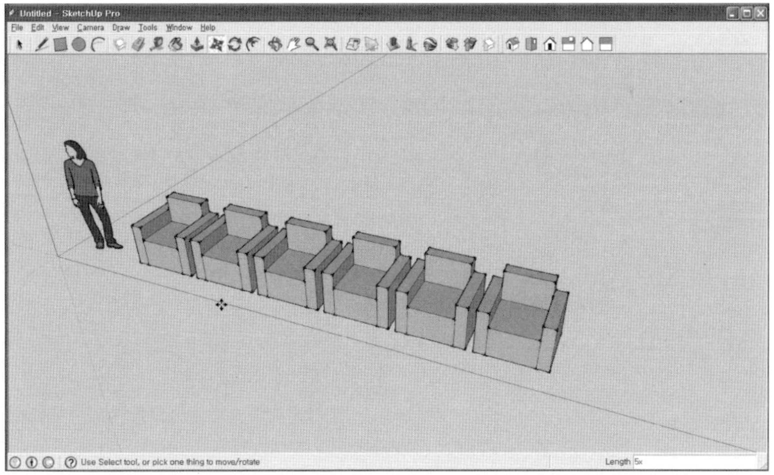

⑩ 이상과 같이 이동방향과 간격을 반복시켜 원형배열을 진행하기도 하지만, 복사본의 총이격거리를 지정하고 그 거리를 등분할하여 배열할 수도 있다. 다음과 같이 소파 전체요소의 복사본을 마지막 복사본의 위치까지 이동하여 배치한다.

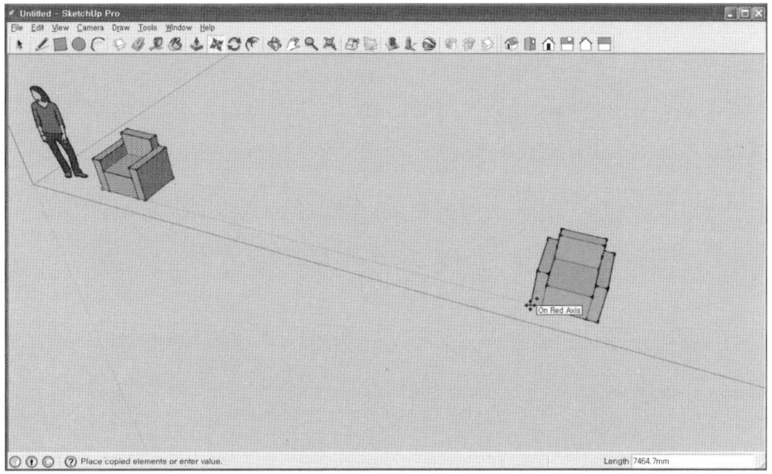

'/5' 또는 '5/'를 입력하여 [Enter↵]키를 누르면 다음과 같이 등분할된 5개의 사본이 생성되는 것을 확인할 수 있다.

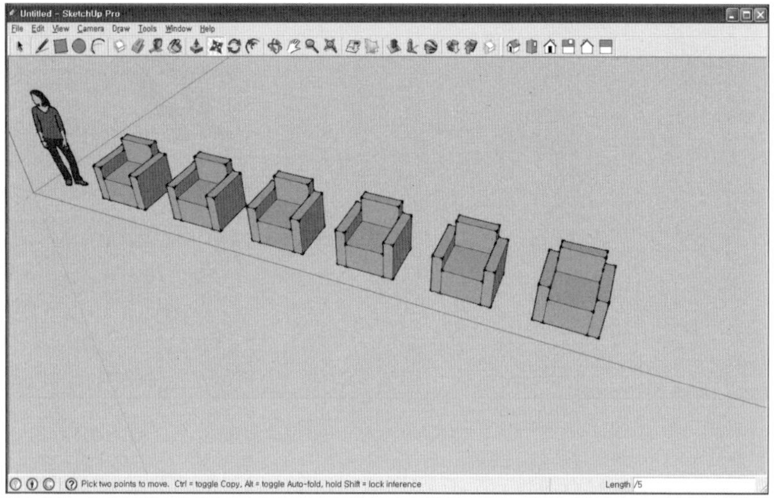

2-3. Rotate Tool

(1) 여러 요소의 회전

작성되어 있는 객체를 회전시키는 기능이다. 미리 선택하지 않고 "Rotate" 툴을 실행하여 단일요소(점, 모서리, 면)를 회전하는 방법과 "Select" 툴을 이용하여 회전시킬 요소 또는 여러 요소들을 선택한 다음 회전할 수 있다.

① 먼저 회전할 소파 전체를 선택한다. "Select" 툴을 이용하여 트리플 클릭하여 전체를 선택한다.

② "Getting Started" 툴바에서 [Rotate 아이콘] 툴을 클릭하여 "Rotate" 명령을 실행한다. 원형 화살표의 커서로 변경되며 각도기가 나타난다. 이 각도기의 위치에 따라 회전평면이 Red-Green 평면, Green-Blue 평면, Blue-Red 평면으로 변경된다.

③ 회전평면이 정해지면 회전의 중심점을 마우스로 클릭하여 선택한다. 각도기의 색상은 회전축의 색상과 일치한다. Red-Green 평면에서의 회전은 Blue 축이 회전축이 되기 때문에 파란색이 된다.

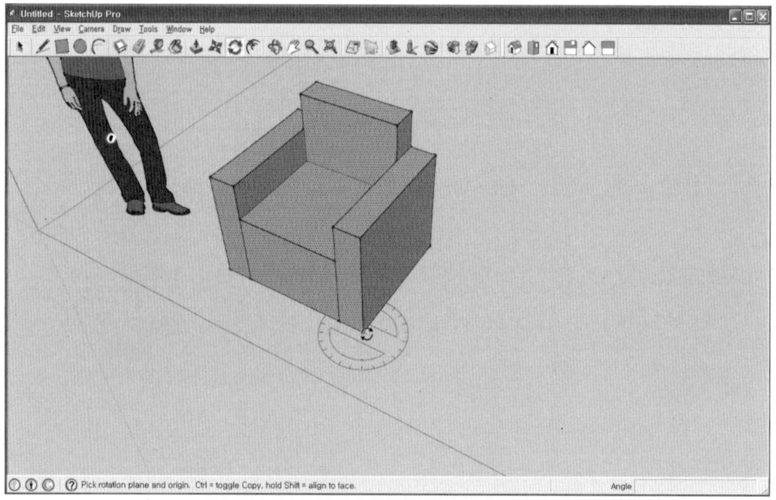

④ 회전의 중심점을 지정한 다음 마우스를 드래그하여 회전이 시작될 위치를 찾아준다. 마우스를 클릭하여 회전 시작점을 지정한다.

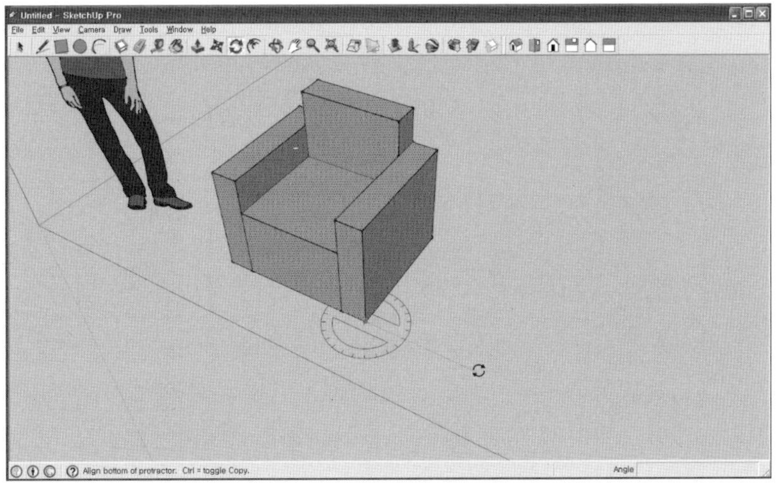

⑤ 회전 시작점이 지정된 다음 마우스를 드래그하면 각도기가 고정되고 마우스를 드래그한 만큼 회전이 진행되는 것을 확인할 수 있다. 특정 각도값을 입력하거나 Red축 또는 Green축을 이용하여 회전을 완료할 수 있다.

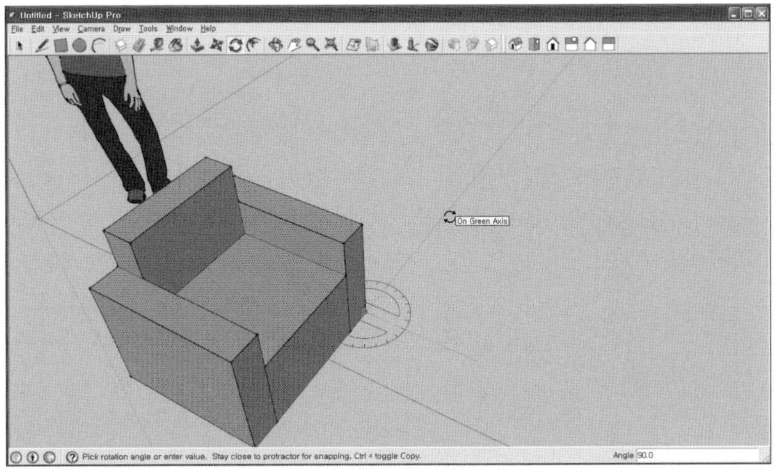

각도기가 배치된 평면에 따라 다양한 방향으로 회전할 수 있다.

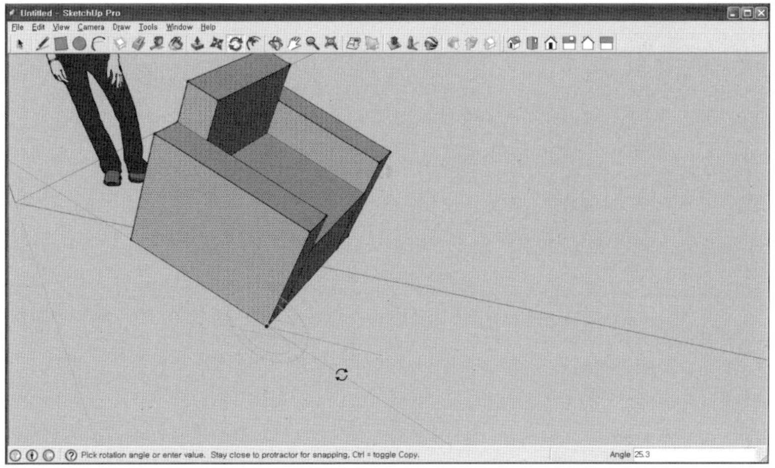

(2) 복사와 원형배열

"Move" 툴과 동일하게 'Ctrl' 키를 눌러주기만 하면 회전작업을 통해 복사본을 생성할 수 있다. 다음 과정을 통해 소파 복사본을 만들어 본다.

① 먼저 회전의 중심으로 사용할 원형 테이블을 작성한다. "Circle" 툴을 실행한 다음 테이블 시트 모서리의 중간점을 인식시켜 그 점에서부터 Red축과 평행한 위치에 원의 중심을 지정한다.

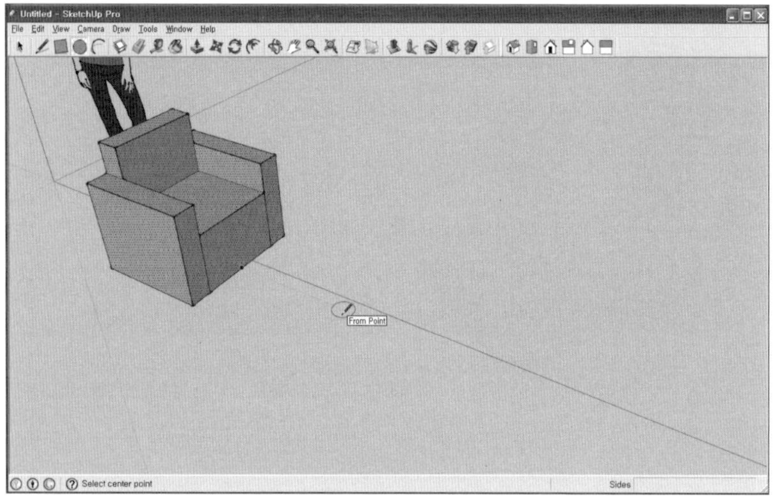

원의 반지름을 '300'으로 지정하여 원을 완성한다.

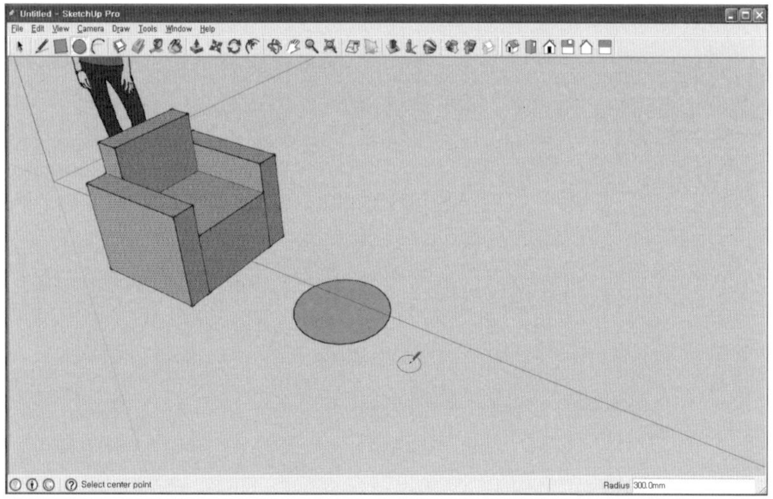

"Push/Pull" 툴을 이용하여 원을 '600' 정도 높이로 돌출시킨다.

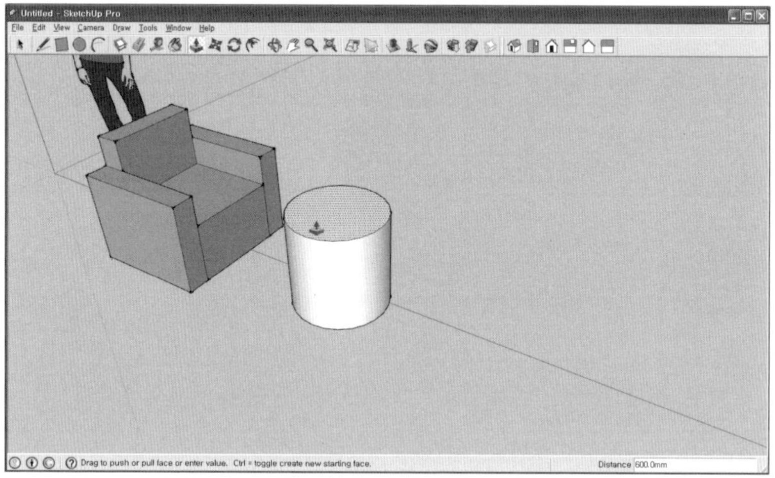

② "Select" 툴을 실행한 다음 트리플 클릭을 이용하여 소파 전체요소를 선택한다. "Rotate" 툴을 실행하고 'Ctrl' 키를 눌러서 복사를 진행한다. 원형 테이블의 윗면 중심(Center)을 회전의 중심점으로 지정한다.

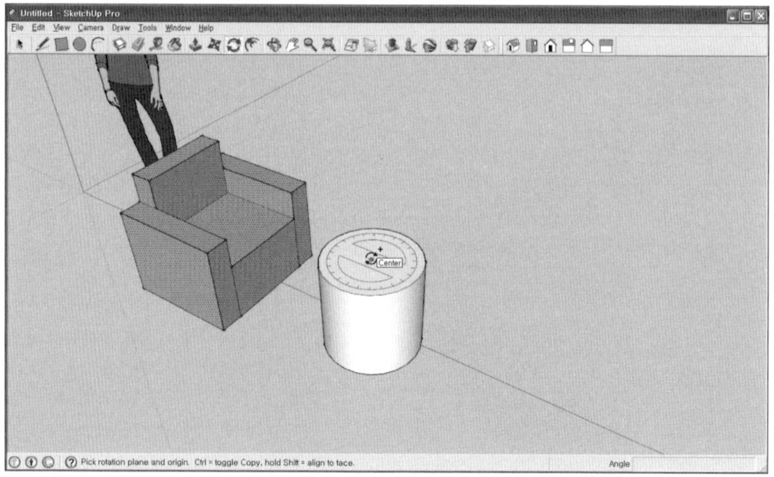

③ 마우스를 드래그하여 회전 시작점을 지정하고 마우스를 움직여 복사본이 회전되는 것을 확인한다.

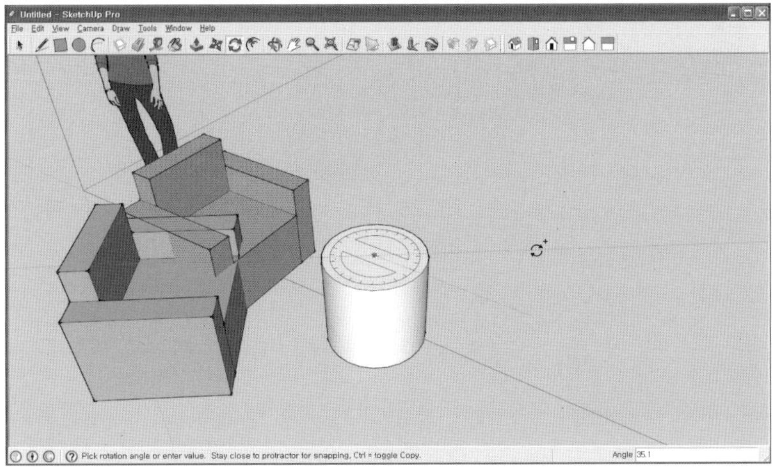

④ 정확한 회전각을 입력하거나 Red축 또는 Green축을 이용하여 회전각을 지정해주어 복사본을 완성한다.

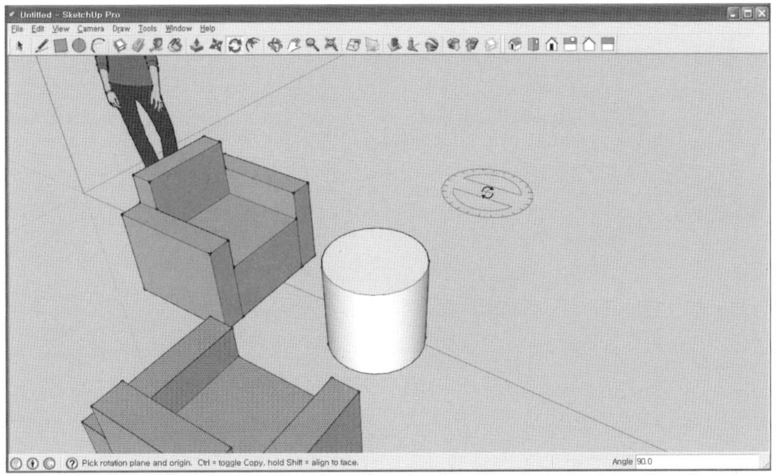

⑤ 복사본의 개수와 'x'를 함께 입력하면 원형배열을 적용할 수 있다. '3x'를 입력하고 Enter↵ 키를 누르면 다음과 같이 3개의 사본이 생성된다.

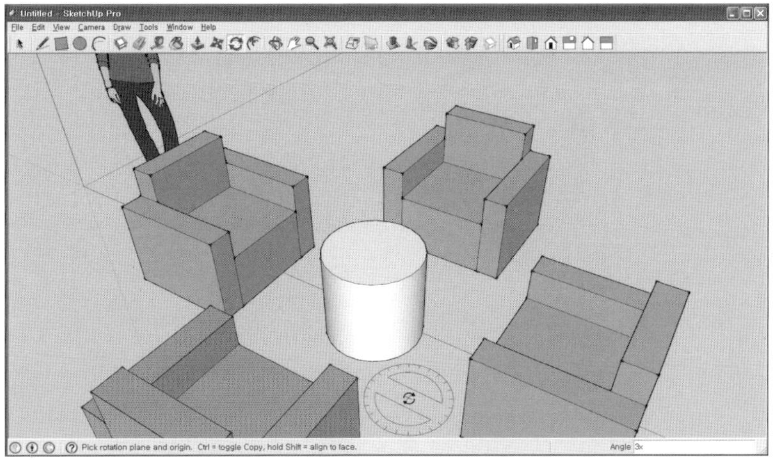

⑥ 원형배열에서 지정한 각도 내에서 등분할하여 복사본을 생성할 수도 있다. 'Ctrl' 키를 눌러 복사 옵션이 실행되도록 한 다음, 좀 더 큰 원형이 그려지도록 중심을 지정한다.

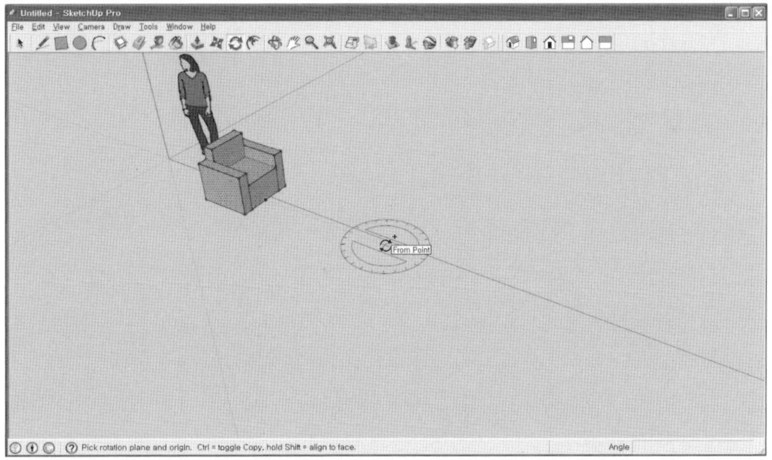

회전 시작점을 지정하고 '360'을 입력한 다음 Enter↵ 키를 눌러 회전각도를 지정한다. 곧바로 '10/' 또는 '/10'을 입력하고 Enter↵ 키를 누르면 다음과 같이 등분할된 회전배열이 완성된다.

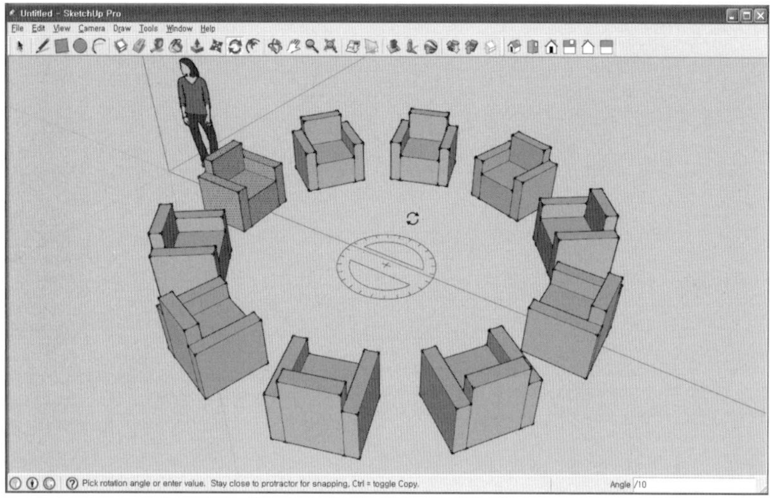

2-4. Scale Tool

(1) Uniform Scale

"Scale" 툴은 단일 또는 여러 요소들의 크기를 확대 또는 축소하는 기능이다. 전체 객체가 한꺼번에 확대 축소되는 경우를 제외한 단일 또는 일부 요소들에 대해 스케일을 조절할 경우, 이와 연결된 요소들의 변형이 불가피하다. 다음과 같이 4개의 소파를 이용하여 Scale 명령에 대해 살펴보도록 한다.

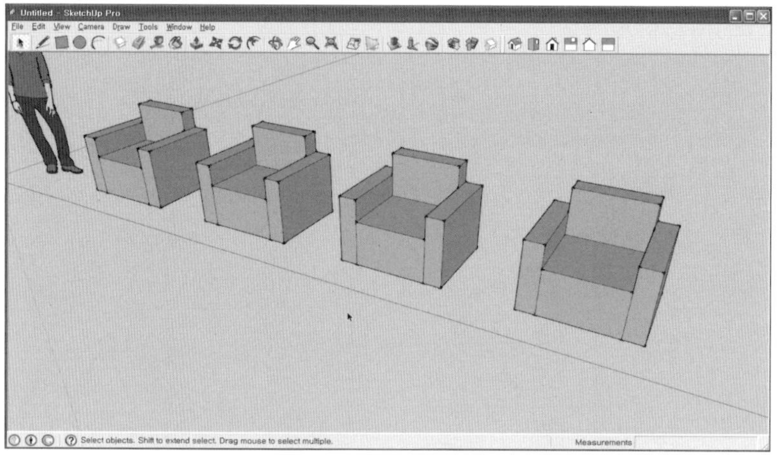

"Scale" 툴은 "Getting Started" 툴바에는 없기 때문에 "Large Tool Set", "Modification" 툴바, 또는 "Tools" 메뉴에서 실행할 수 있다.

① 첫 번째 소파는 비교를 위해 원본 상태 그대로 두고 두 번째 소파를 전체 선택한다. "Select" 툴을 실행하고 트리플 클릭하여 전체요소를 선택한다.

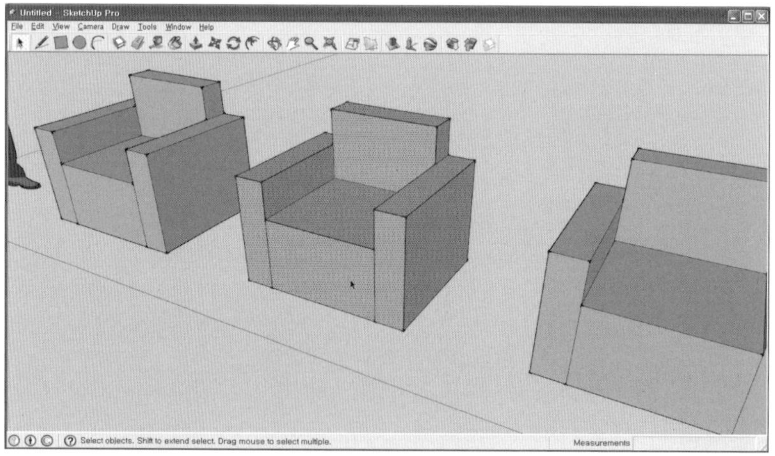

② [Tools] 메뉴에서 "Scale" 명령을 실행한다. 다음 그림과 같이 선택된 객체를 완전히 포함하는 노란색 박스 라인이 생기며 중심과 각 끝점, 그리고 중간점에 녹색 박스가 생기는데 이 녹색 박스를 그립(Grip)이라고 부른다.

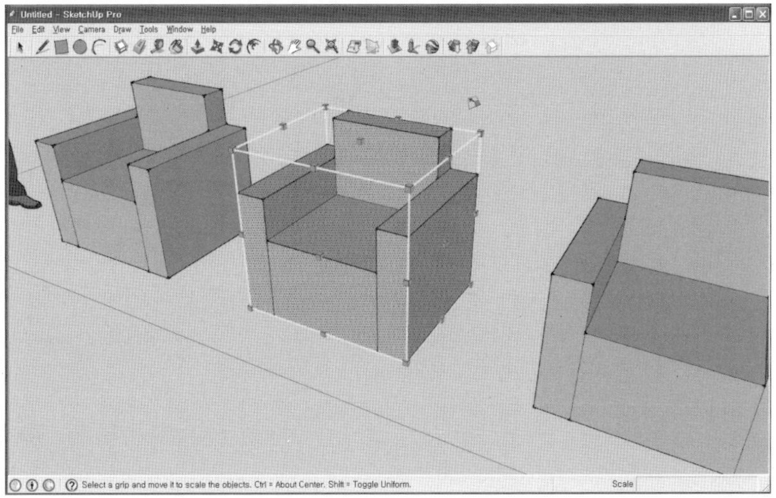

그립은 세 가지 종류가 있는데 노란색 박스 모서리 끝점의 그립을 코너 그립(Corner Grip), 모서리 중간에 있는 것을 모서리 그립(Edge Grip), 그리고 마지막으로 노란색 박스 각 면의 중심에 있는 그립을 면 그립(Face Grip)이라 부른다.

③ 코너 그립(Corner Grip)에 마우스를 가져가면 다음과 같이 선택하려는 그립은 붉은색, 반대 대각방향의 코너 그립은 연한 붉은색이 되며 'Uniform Scale about Opposite Point' 툴 팁이 표시된다.

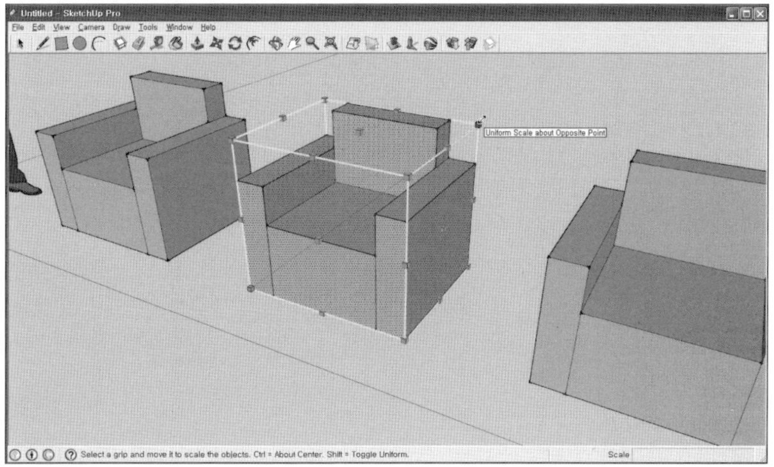

즉, 선택한 그립의 대각 반대방향의 그립이 스케일의 기준점이 되며 두 그립을 연결하는 직선을 따라 동일한 형태(Uniform)로 크기가 조절되는 결과를 얻을 수 있다. 해당 그립을 선택하고 마우스를 움직이면 크기가 조절되는 것을 확인할 수 있다.

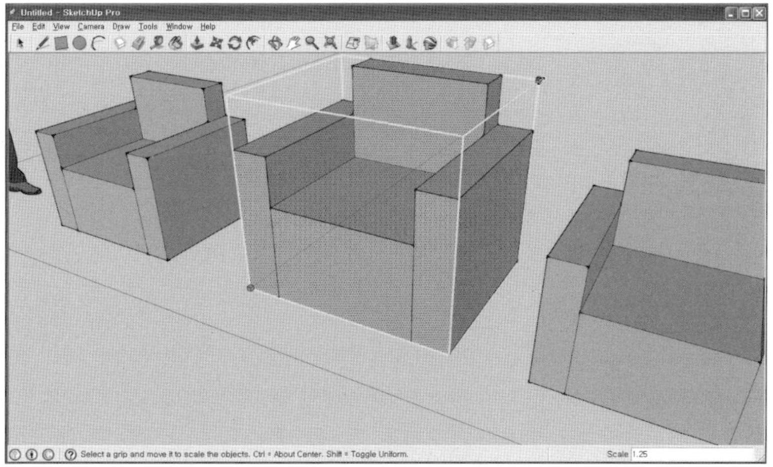

중간에 'Ctrl' 키를 누르면 스케일 조절기준이 중심(Center)으로 변경되는 것을 확인할 수 있다. 'Ctrl' 키를 떼면 다시 원래대로 돌아오게 된다.

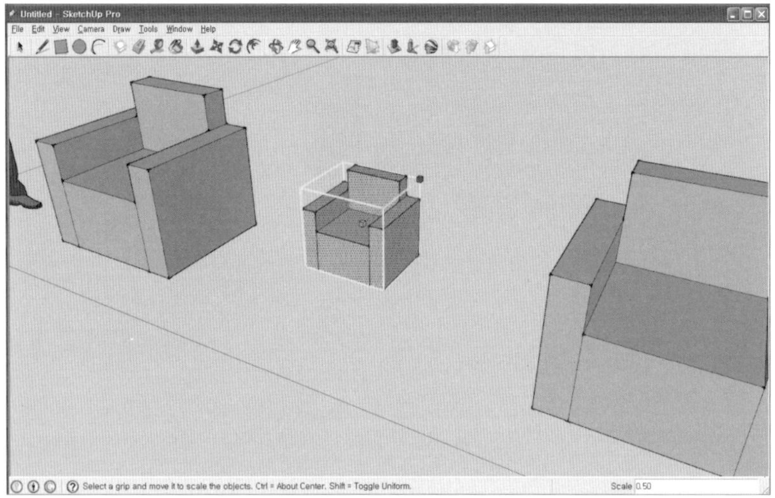

또한 'Shift' 키를 누른 채로 조절하게 되면 Non-Uniform 배율 조절 모드로 변경된다. 다음 그림과 같이 본래의 소파형태와는 다른 가로-세로-높이의 비가 각각 달라지는 형태가 된다. 'Shift' 키를 떼면 다시 본래의 Uniform 모드로 돌아온다.

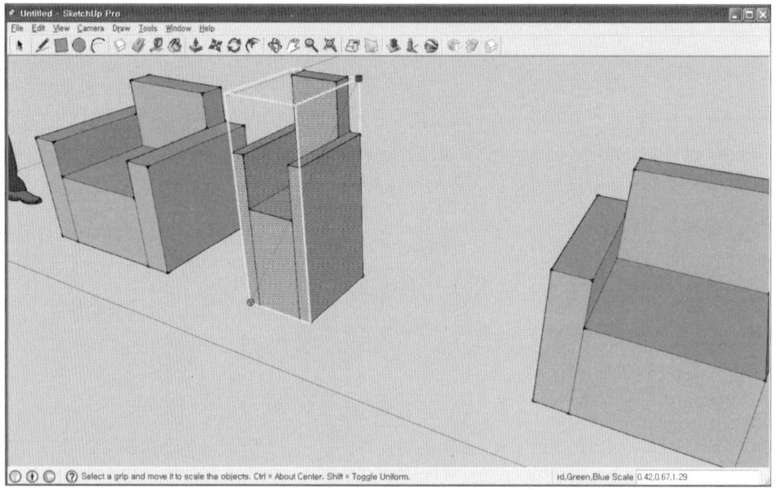

정확한 배율로 조절하기 위해 키보드로 '1.2'를 입력하고 Enter↵ 키를 누르면 다음과 같은 결과가 나타난다. 원래의 크기보다 120% 확대된 소파가 만들어진다.

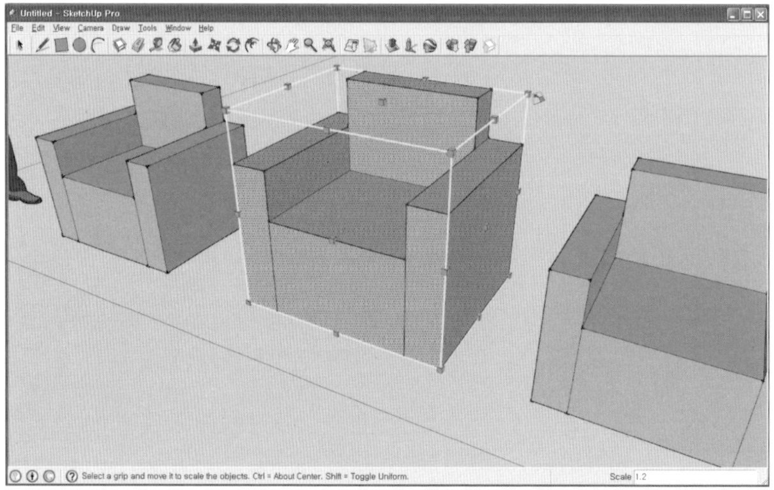

(2) Non-uniform Scale

① 세 번째 소파를 전체 선택한 다음 “Scale” 툴을 실행한다. 다음과 같이 모서리 그립(Edge Grip)에 마우스를 위치할 경우 ‘Red, Blue Scale about Opposite Point’ 툴 팁이 나타나게 된다.

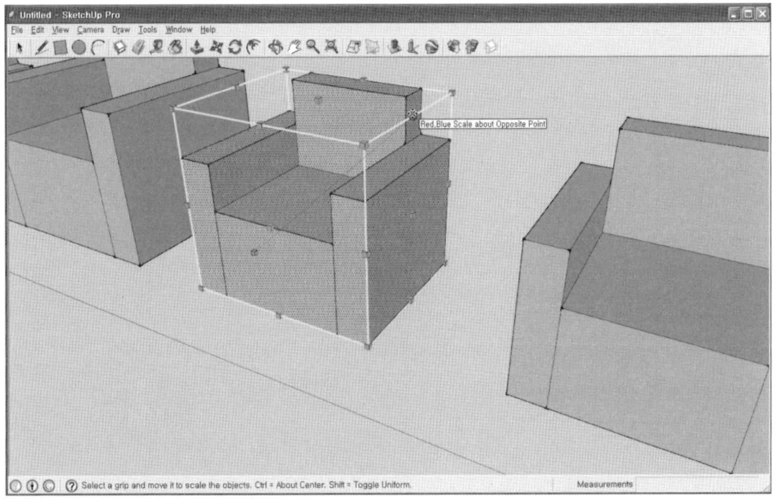

② 해당 그립을 선택하여 스케일을 조절할 경우 다음과 같이 소파의 측면 폭(750)은 고정된 채로 스케일이 조절되는 것을 확인할 수 있다. 이때도 ‘Ctrl’ 키를 누른 채로 조절하면 중심을 기준으로 조절되며, ‘Shift’ 키를 누른 채로 조절하면 Uniform 형태로 변형되는 것을 확인할 수 있다.

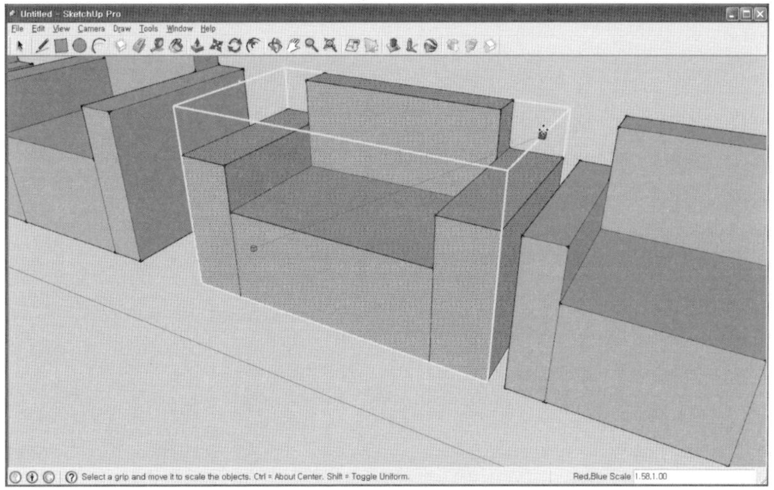

③ ‘Esc’ 키를 누르면 현재 작업과정이 취소되며 다시 처음의 상태로 돌아가게 된다. 이번에는 면 그립(Face Grip)에 마우스를 가져간다. 다음 그림과 같이 ‘Red Scale about Opposite Point’ 툴 팁이 나타나게 된다.

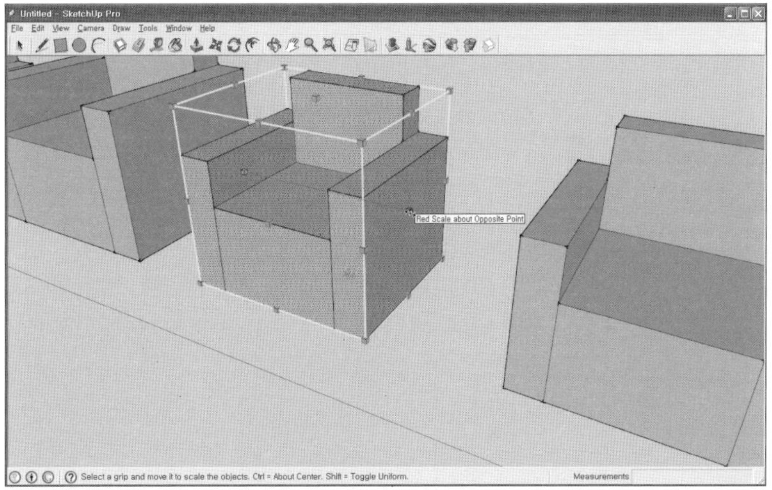

④ 해당 그립을 선택하여 드래그하면 다음과 같이 한쪽 방향으로만 형태가 변형되는 것을 확인할 수 있다. 마우스를 클릭하여 현재 변형된 형태를 완성한다. 이때도 'Ctrl' 키를 누른 채로 조절하면 중심을 기준으로 조절되며, 'Shift' 키를 누른 채로 조절하면 Uniform 형태로 변형되는 것을 확인할 수 있다.

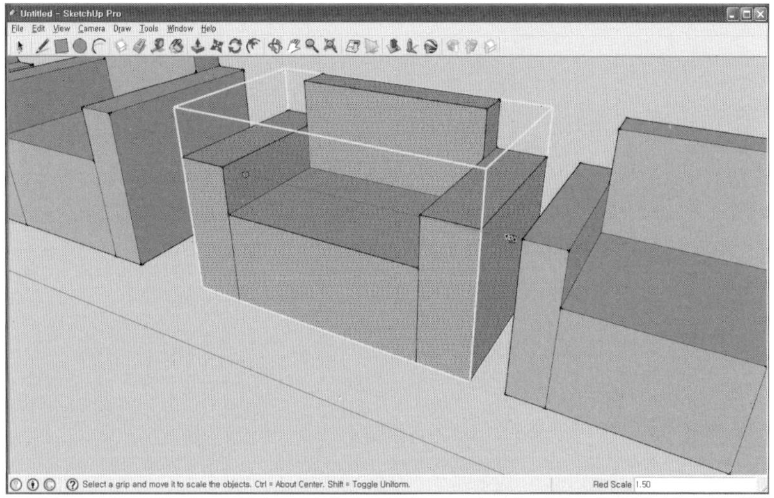

(3) 단일 평면 Scale

① 이번에는 미리 선택하지 않고 "Scale" 툴을 실행하여 단일요소에 대해 크기를 조절한다. 다음과 같이 "Scale" 툴을 실행한 다음 네 번째 소파 등받이의 윗면을 클릭하여 선택한다. 선택된 면에 대하여 노란색 사각형과 8개의 그립이 나타난다.

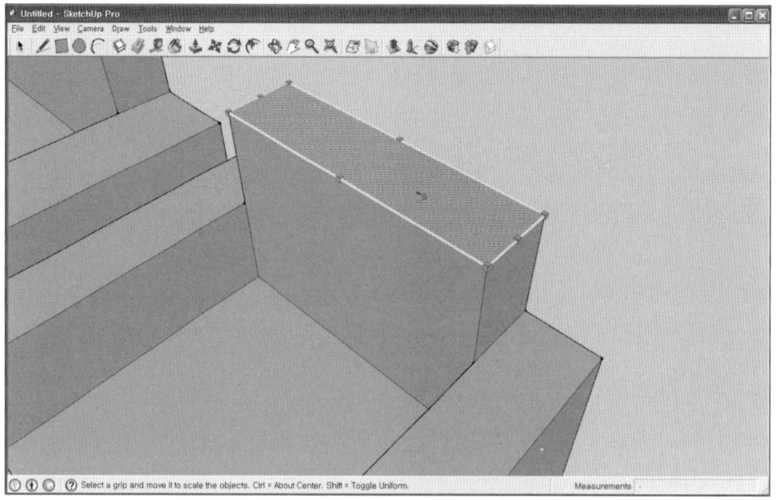

② 안쪽 긴 모서리 중간의 그립(Edge Grip)을 선택하고 마우스를 드래그하여 크기를 조절한다. 다음 그림과 같이 등받이 면이 자동 접힘이 되면서 꺾어지는 등받이가 만들어진다.

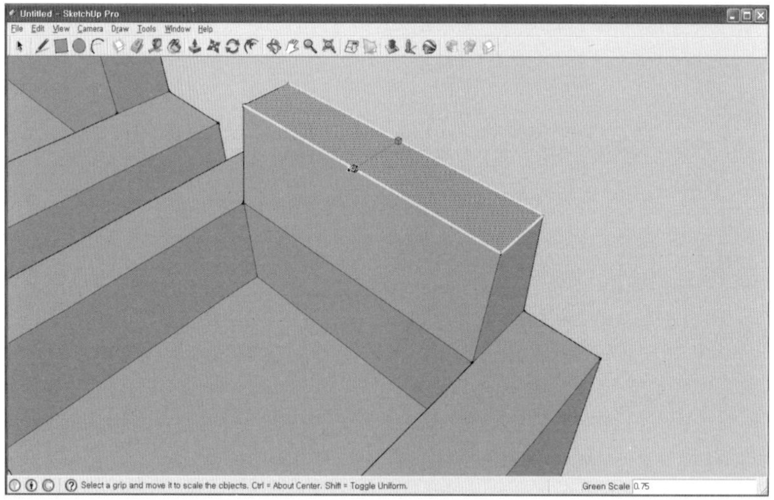

③ 이번에는 짧은 모서리 그립을 선택하고 드래그한다. 이때 양쪽의 모서리 모두의 배율을 조절하기 위해 'Ctrl' 키를 누르면 다음과 같이 중심을 향해 모이듯이 변형하게 된다.

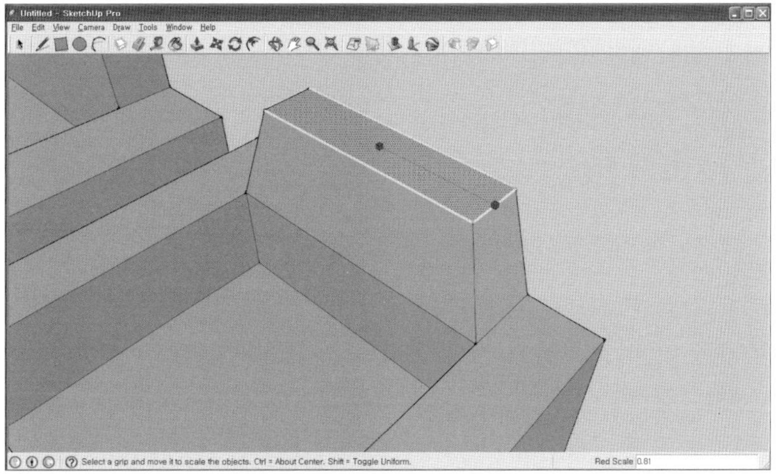

④ 완성된 결과의 뒷부분을 살펴본 결과는 다음과 같다.

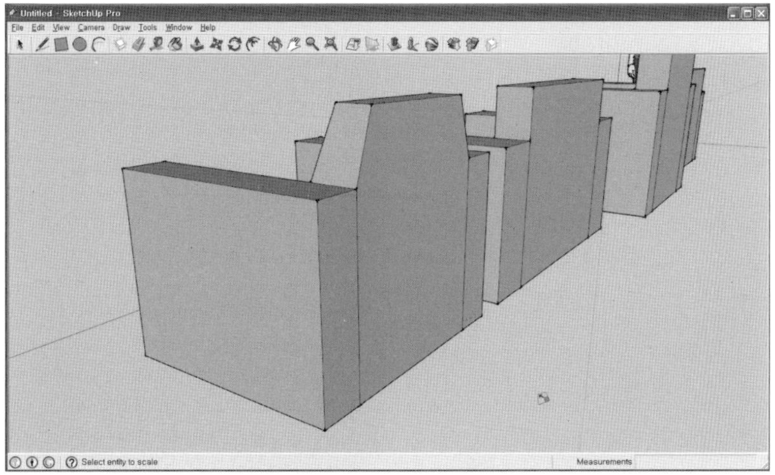

(4) 미러링

스케일을 조절하면서 기준점을 완전히 지나쳐 가는 경우 대칭(Mirror)된 결과물을 얻을 수 있다.

① 네 번째 소파를 전체 선택한 다음, "Scale" 툴을 실행한다. 뒷면의 중심에 있는 면 그립(Face Grip)에 마우스를 가져가면 'Green Scale about Opposite Point' 툴 팁이 나타난다.

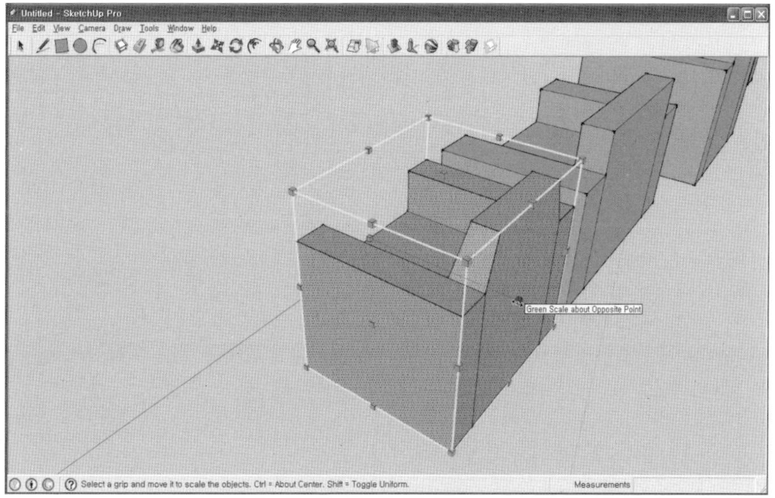

② 해당 그립을 마우스로 클릭한 다음 맞은편 기준 그립을 향해 축소시켜 나가다 완전히 기준점을 지나쳐 버린다. 다음 그림과 같이 미러링된 결과가 나타나기 시작한다.

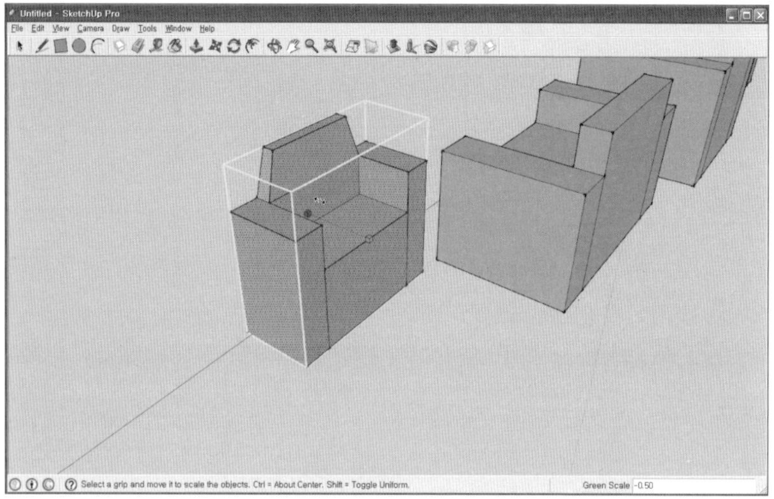

③ 화면 우측 하단 수치 입력창에 스케일 값이 '-1'이 되는 순간 마우스를 클릭하거나, 또는 직접 '-1'을 입력하고 Enter↵ 키를 누르면 다음과 같이 대칭된 결과물이 완성된다.

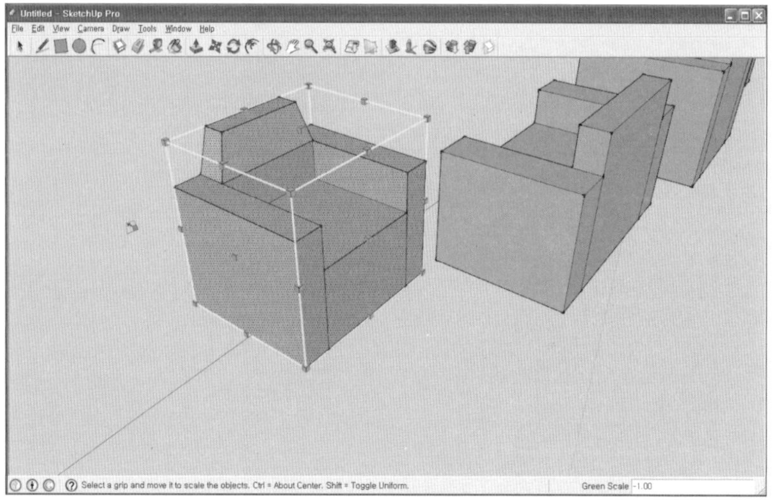

2-5. Push/Pull Tool

"Push/Pull" 툴은 모델의 볼륨을 확대하거나 줄이는 기능을 가지고 있다. 이미 여러 번 사용하였으나 좀 더 자세하고 구체적으로 살펴보도록 한다. "Push/Pull" 툴은 SketchUp에서 가장 핵심적이며 중요한 툴로써 "Getting Started" 툴바에서 실행할 수 있으나, 가능하면 단축키를 이용하여 보다 빨리 실행할 수 있도록 연습한다.

(1) 새로운 면 추가를 이용한 가구 모델링

① 앞서 작성하였던 소파를 "Push/Pull" 툴을 주로 사용하는 방식으로 모델링하여 본다. 치수는 앞서 작성한 치수를 다시 확인하기 바란다. 우선 시트 부분을 만들기 위해 '600mm×600mm' 크기의 직사각형을 "Rectangle" 툴을 이용하여 작성한다.

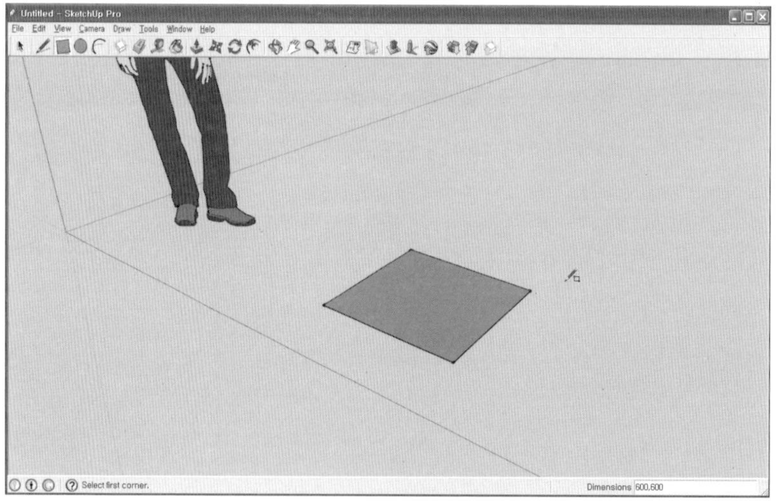

② "Getting Started" 툴바에서 툴을 클릭하여 "Push/Pull" 명령을 실행한다. 3차원 박스의 윗면에 위를 향한 화살표 모양의 커서가 나타난다. 정사각형 세이프를 클릭하여 볼륨을 추가한다. 돌출높이는 '400'으로 지정한다. 시트부분이 완성되었다.

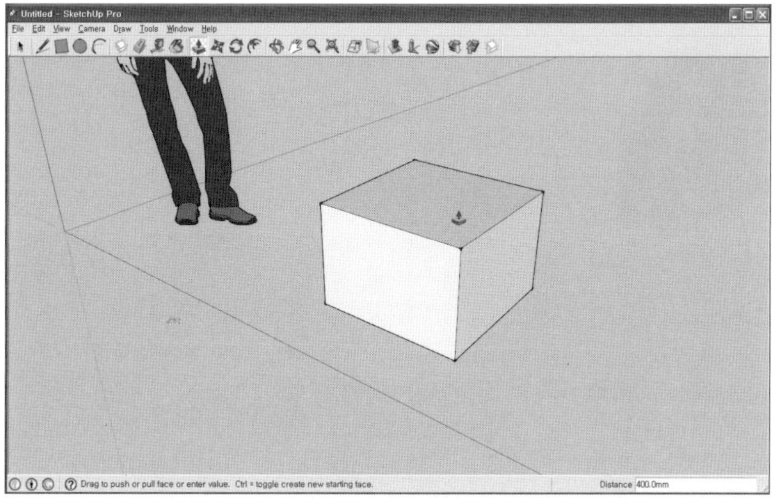

③ 팔걸이부분을 추가한다. 이때 'Ctrl' 키를 누르면 "Push/Pull" 툴의 마우스 커서에 '+' 표시가 추가되며 복사옵션이 실행된다. 측면 팔걸이에 해당하는 면을 돌출하고 돌출거리는 '150'으로 지정한다. 결과는 다음과 같이 분리된 볼륨이 생성된다.

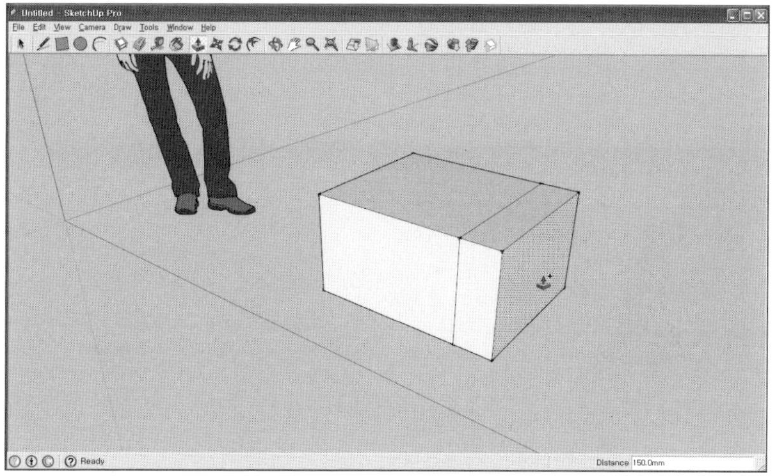

④ 동일한 방법으로 반대편 팔걸이와 등받이부분도 돌출하며 복사된 볼륨을 만들어준다. 이때 돌출높이가 동일한 '150'이라면 마우스로 클릭하고 드래그한 다음 돌출거리 값을 입력할 필요 없이 돌출할 면을 더블 클릭하면 마지막 돌출거리 값으로 "Push/Pull" 기능이 적용한다.

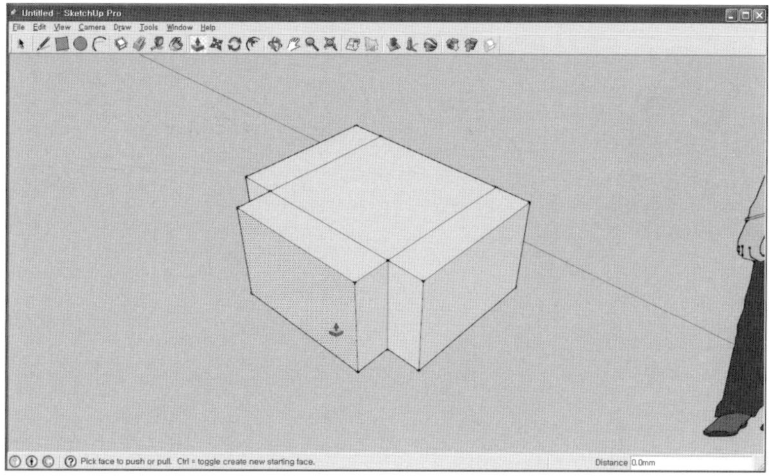

⑤ "Ctrl" 키를 누르며 복사 옵션이 해제되는 것을 확인한 다음 팔걸이와 등받이 높이를 맞춰 "Push/Pull"을 실행한다. 팔걸이 윗면을 클릭하고 드래그하안 다음 돌출높이 값 '200'을 입력한 다음 Enter↵ 키를 눌러 완성한다.

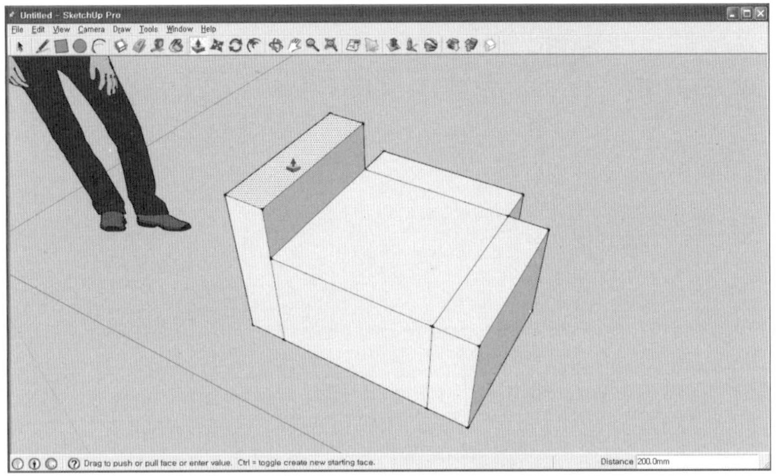

⑥ 나머지 팔걸이 윗면은 더블 클릭하여 "Push/Pull"을 적용한다.

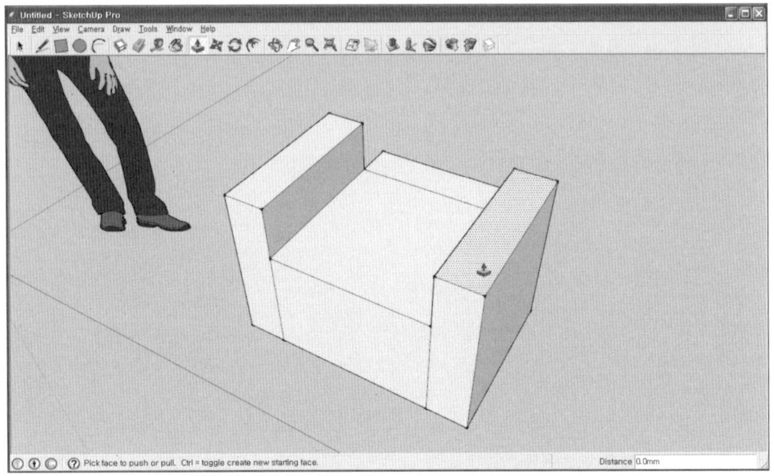

⑦ 등받이의 추가 돌출거리는 '400'이다. "Push/Pull" 툴을 적용하는 일반적인 방법으로 돌출할 면을 선택하고 드래그한 다음 돌출거리 '400'을 입력하고 Enter↵ 키를 눌러 완성할 수도 있으며, 앞서 팔걸이 돌출거리 '200'을 두 번 적용하여 완성할 수도 있다.

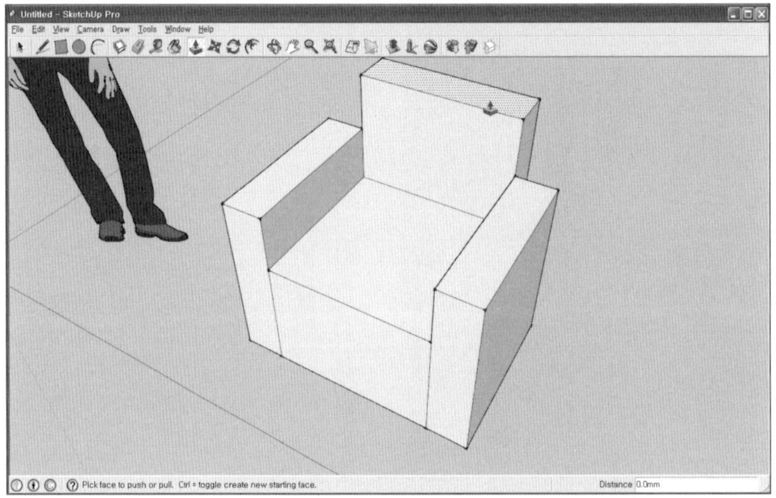

⑧ 뷰를 회전하여 뒷면이 보이게 설정한 다음 팔걸이 뒷면에 "Push/Pull" 툴을 적용하여 등받이 면에 일치시켜 준다. 이때 돌출거리는 '150'을 직접 입력할 수도 있지만 마우스를 이용하여 등받이 뒷면까지 돌출하도록 지정할 수 있기 때문에 굳이 돌출거리 값을 입력할 필요가 없다.
돌출할 뒷면을 클릭한 다음 마우스를 등받이 뒷면으로 드래그하면 'On Face' 툴 팁이 나타나며 해당 면까지 볼륨이 증가한다. 클릭하여 돌출을 완성한다.

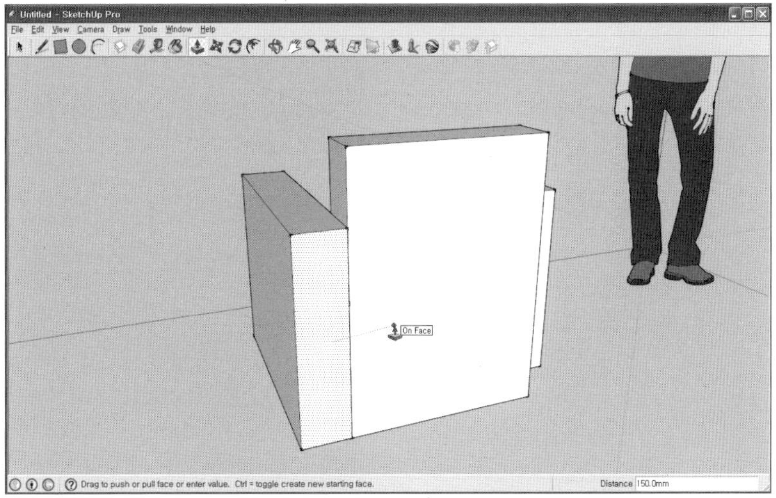

⑨ 반대편 팔걸이 역시 동일한 방법으로 작업하여 소파를 완성한다. 추가로 시트의 전면을 '50' 정도 추가로 돌출하거나 후퇴시키면 좀 더 디테일한 소파로 만들 수 있다.

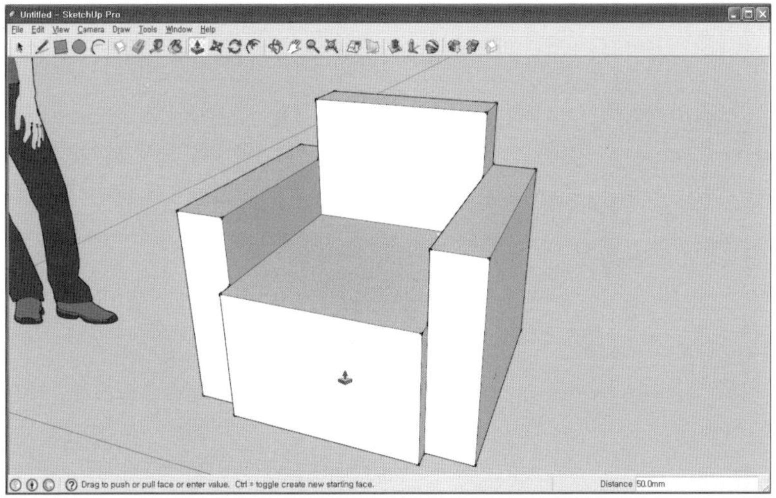

(2) 보이드 기능을 이용한 의자 모델링

"Push/Pull" 툴을 이용하여 볼륨을 증가시킬 수도 있지만, 반대로 볼륨을 줄여줄 수도 있다. 또한 볼륨을 줄이는 과정에서 맞은편의 평행한 면과 일치될 경우 면의 삭제가 이루어져 빈 공간을 만들 수 있다. 간단한 의자 만들기를 통해 "Push/Pull" 툴의 보이드(Void) 기능을 활용해 본다. 다음 그림의 치수를 확인하여 작업한다.

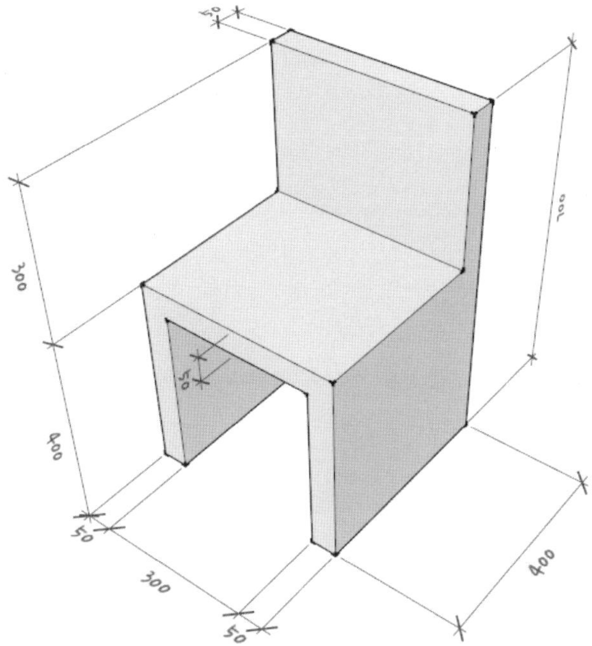

① "Rectangle" 툴을 이용하여 '400mm×400mm' 크기의 정사각형을 작성한다.

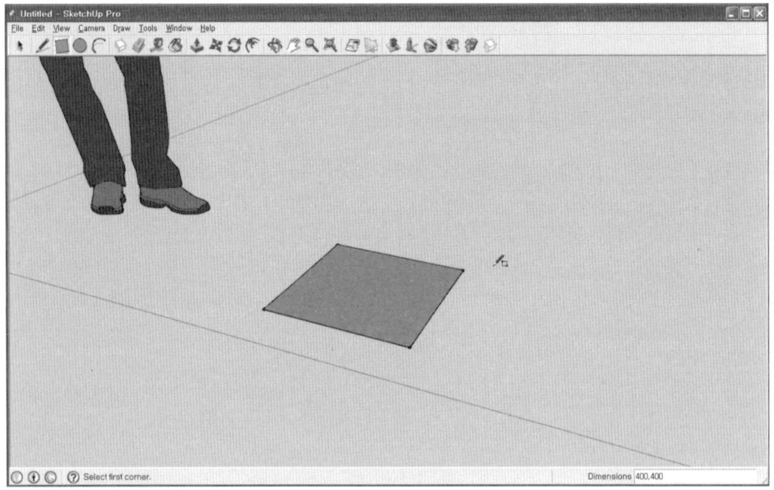

② "Push/Pull" 툴을 실행한 다음 작성된 면을 위로 돌출시키며 돌출거리를 '700'으로 지정한다.

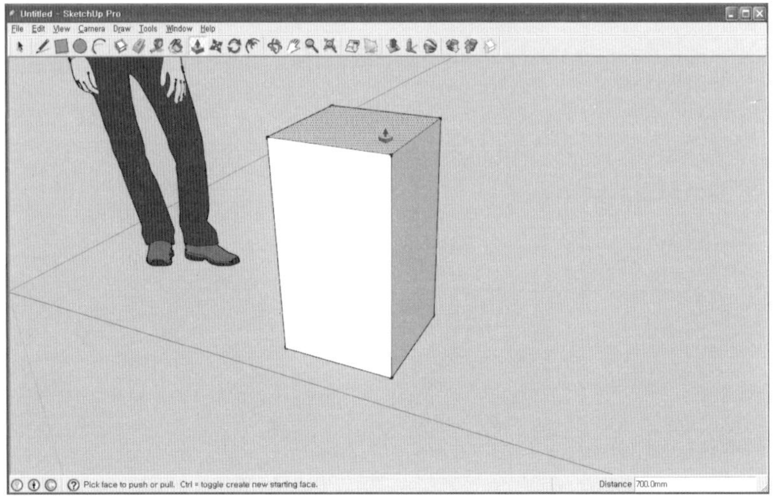

③ 좀 더 정확한 치수작업을 위해 "Tape Measure Tool"을 이용하여 안내선(Guide)을 작성한 다음 직사각형을 추가할 수도 있다.

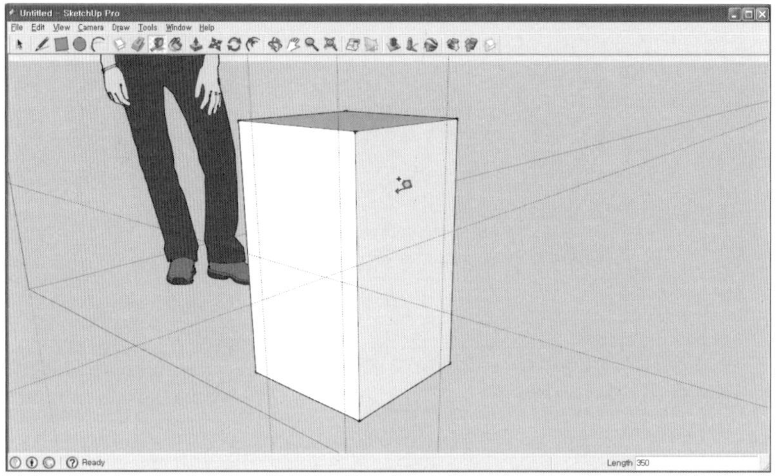

④ 안내선(Guide)을 이용하여 다음과 같이 직사각형(Rectangle)을 전면과 한쪽 측면에 그려준다. "Erase" 툴을 이용하여 안내선을 삭제한 결과이다.

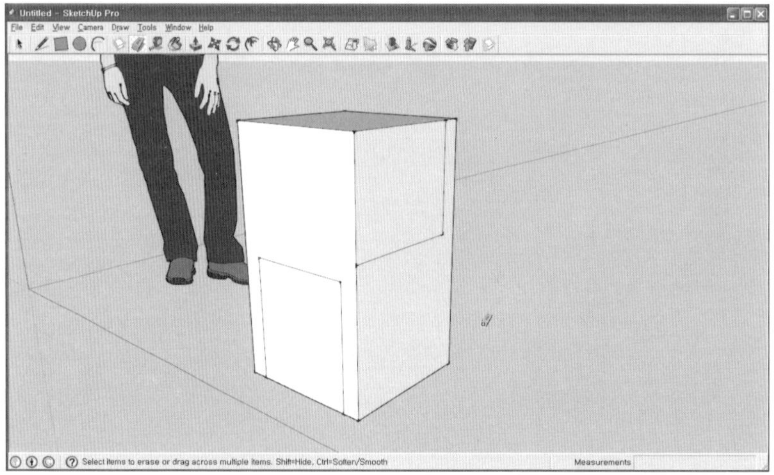

⑤ "Push/Pull" 툴을 실행한 다음 측면의 직사각형 영역을 클릭하여 볼륨을 줄여준다. 점점 줄어들다가 맞은편의 면에 맞닿게 되면 다음과 같이 면이 겹치는 형태를 보이며 'On Face' 툴 팁과 함께 'Offset limited to -400.0mm'라는 메시지가 나타난다. 즉, 한계상황에 대한 메시지를 표시하는 것으로, 이때 마우스를 클릭하면 해당 면의 겹침 부위가 삭제되는 것을 확인할 수 있다.

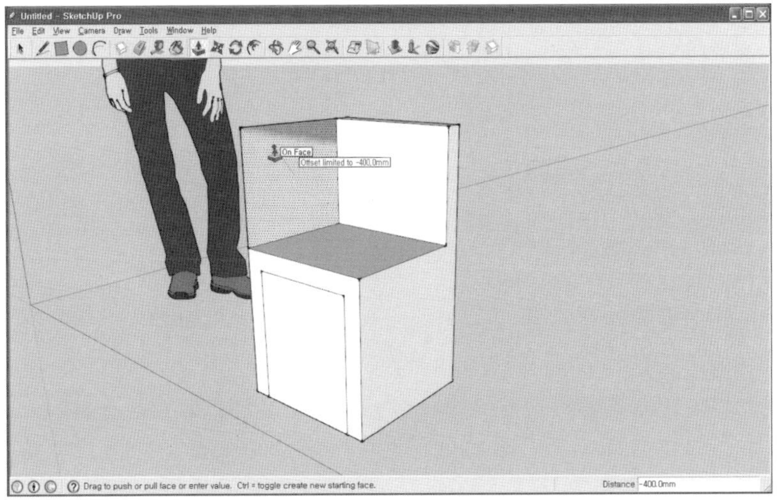

⑥ 의자 전면의 다리를 표현하기 위해 미리 작성된 직사가형에 대해 "Push/Pull" 툴을 적용한다. 이때 면을 클릭하고 이동하면 뚝뚝 끊어지며 목표하는 부분까지 드래그가 되지 않는 경우가 발생할 수도 있다. 이런 경우에는 해당 면을 클릭한 채로 드래그하면 원하는 위치까지 드래그할 수 있다. 또한 앞의 경우처럼 맞닿은 면이 보이지 않거나 보이더라도 드래그해서 인식하기가 힘든 경우에는 동일 평면상의 임의의 선택 가능한 점들을 선택하면 된다. 결국 돌출거리만 동일하게 지정해 주면 동일한 결과를 얻을 수 있기 때문이다.

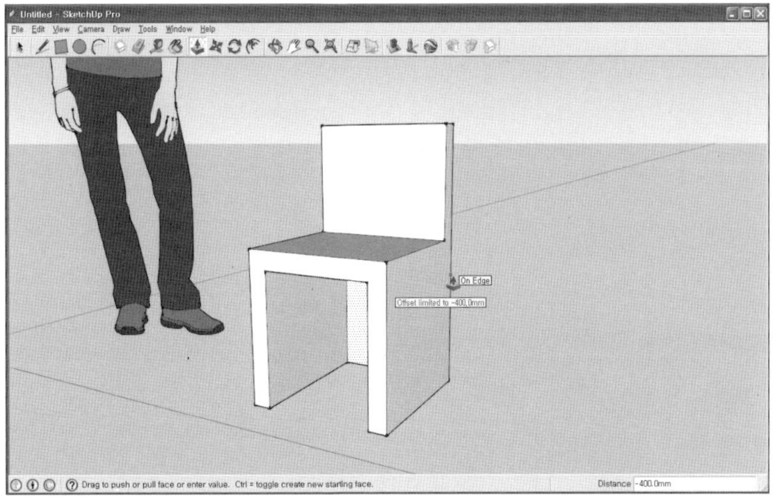

⑦ 완성된 결과는 다음과 같다.

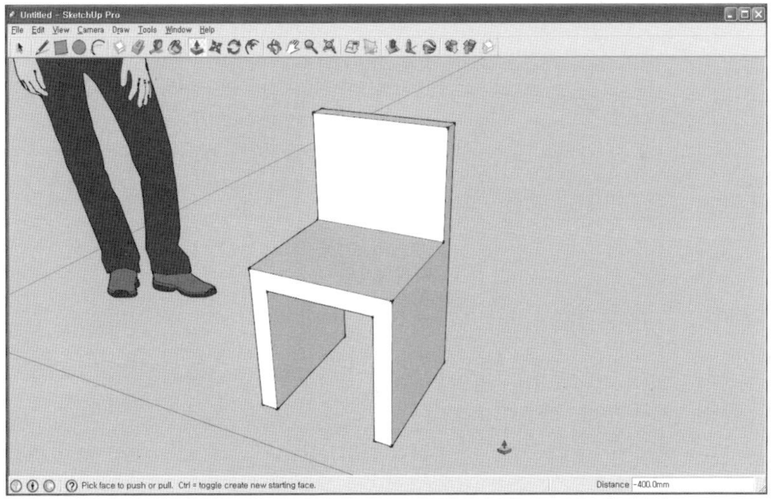

2-6. Offset Tool

“Offset” 툴을 사용하여 일정한 거리가 이격된 선(Line) 또는 면(Face)의 사본을 만들 수 있다. 마우스 드래그 방향이 오프셋의 방향이 되며 특정 값을 입력하여 정확하게 간격 띄우기 할 수 있다.

(1) 2D 간격 띄우기

① “Rectangle” 툴을 이용하여 ‘300mm×300mm’ 크기의 정사각형을 작성한다.

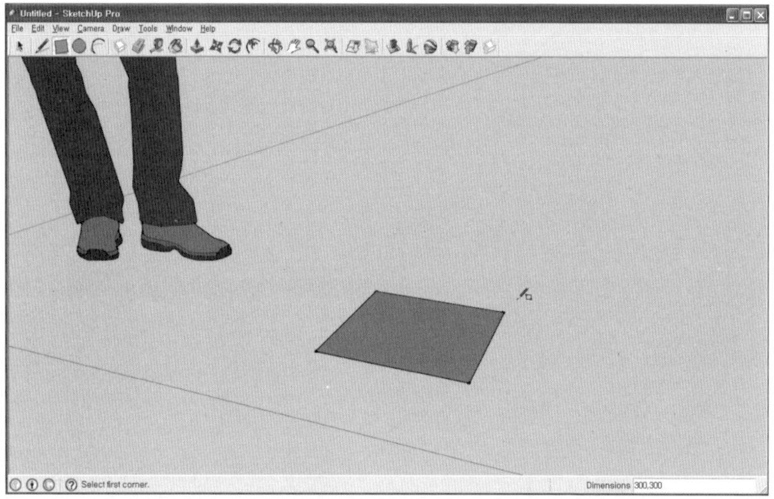

② “Getting Started” 툴바에서 툴을 클릭하여 “Offset” 명령을 실행한다. 오프셋 된 두 개의 호와 화살표가 포함된 커서가 나타난다. 마우스를 드래그하여 정확하게 모서리(Edge) 위에 가져가면 오프셋 기능을 사용할 수 없다는 표시가 나타난다. 마우스를 면 안쪽으로 가져오면 정사각형의 면(Face)이 강조되며 선택되었음을 나타내며, 오프셋의 기준위치가 모서리의 임의의 점에 표시된다. ‘On Face’ 툴 팁이 함께 표시된다.

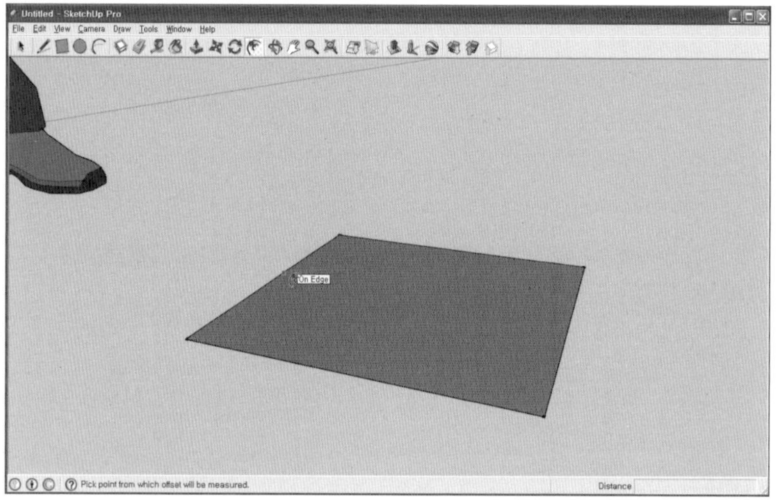

③ 이 상태에서 마우스를 클릭하고 드래그하면 정사각형의 안쪽 또는 바깥쪽으로 오프셋된 정사각형이 나타난다.

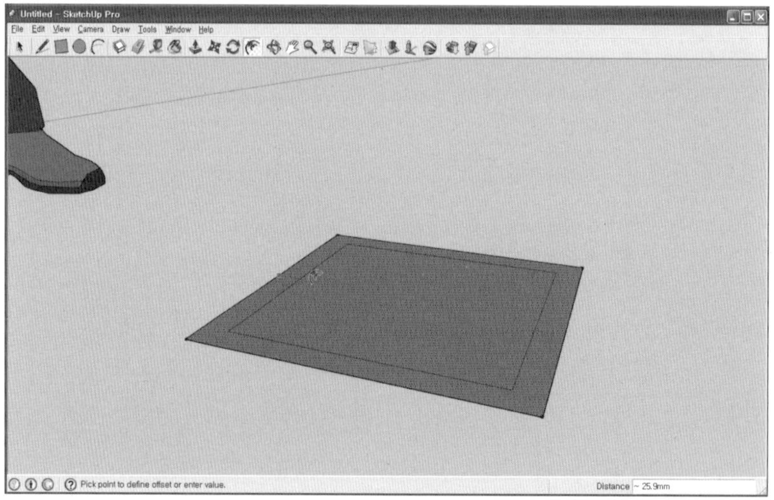

④ 마우스를 클릭하여 오프셋된 결과가 나타난 다음 간격을 입력할 수도 있으며, 현재 드래그되고 있는 상태에서 간격을 입력하고 Enter↵ 키를 눌러도 된다. '15'를 입력하고 Enter↵ 키를 누르면 다음과 같이 테두리가 만들어진다.

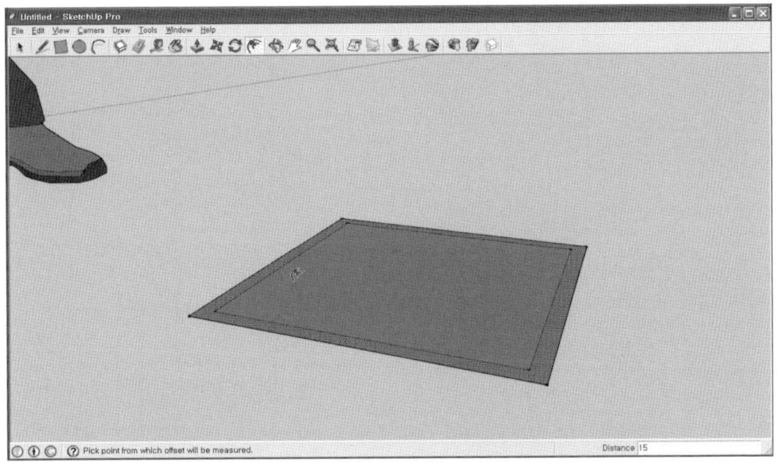

⑤ "Push/Pull" 툴을 이용하여 테두리부분을 '240'만큼 돌출한다.

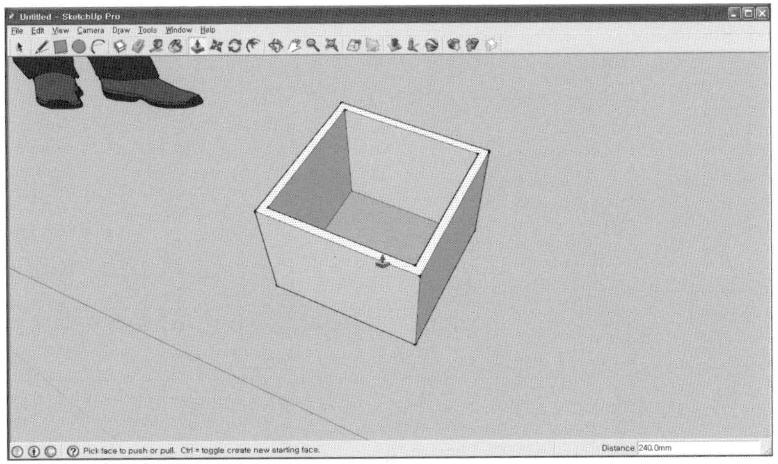

⑥ 내부의 바닥면은 '15'만큼 돌출한다.

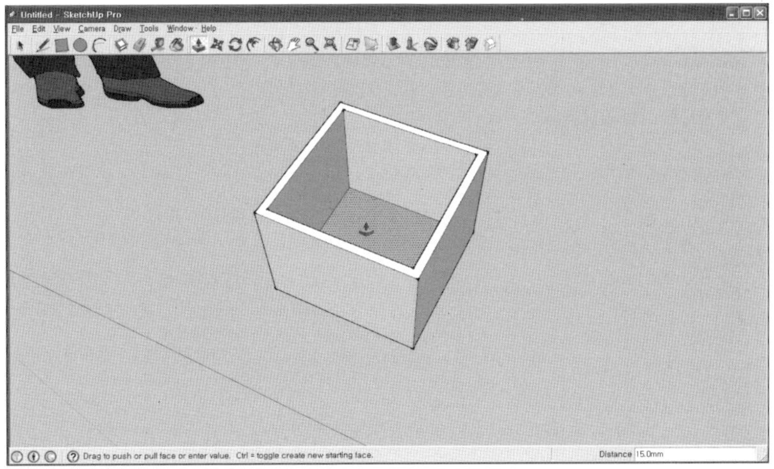

그런데 이 과정에서 '15'만큼 돌출되도록 "Push/Pull"을 실행하였지만 관찰 뷰를 회전시켜 바닥을 살펴보면 다음과 같이 바닥면이 삭제된 것을 확인할 수 있다.

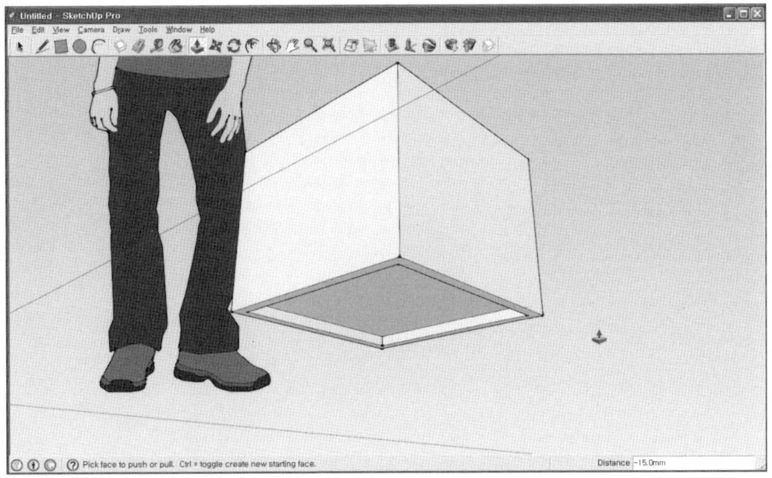

⑦ 이 경우에는 “Push/Pull”을 실행할 때 ‘Ctrl’ 키를 눌러서 복사 옵션을 이용해 바닥면을 복사하여 내부 면을 생성하여 작업을 완성할 수 있다.

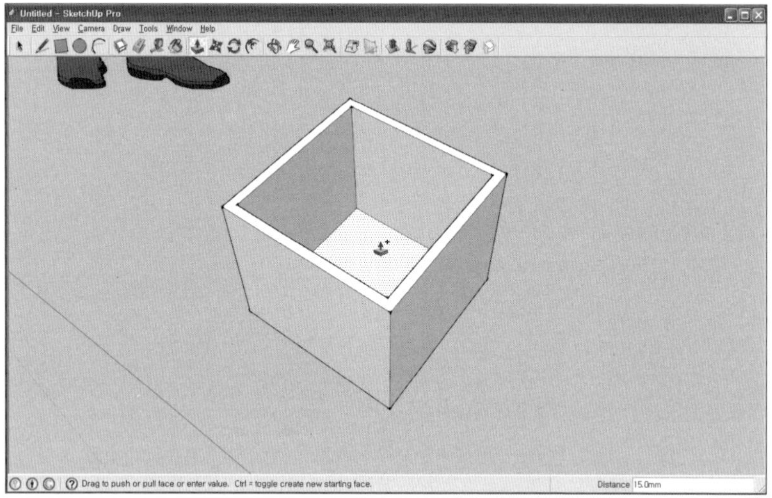

(2) 3D 간격 띄우기

① 이번에는 정사각형을 그리고 “Push/Pull” 툴을 먼저 적용하여 3차원 객체를 만들어서 “Offset”을 적용한다. 이번에는 방향을 바꾸기 위해 ‘300mm×240mm’ 크기의 직사각형을 작성한다. “Push/Pull” 툴을 이용하여 돌출거리 ‘300’을 적용한다. 결과는 다음과 같다.

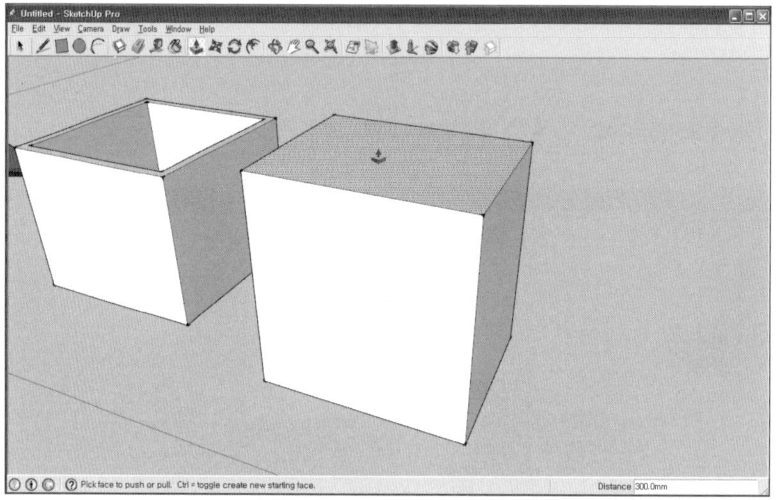

② “Offset” 툴을 실행하여 전면의 테두리를 생성한다. 간격은 ‘15’이다

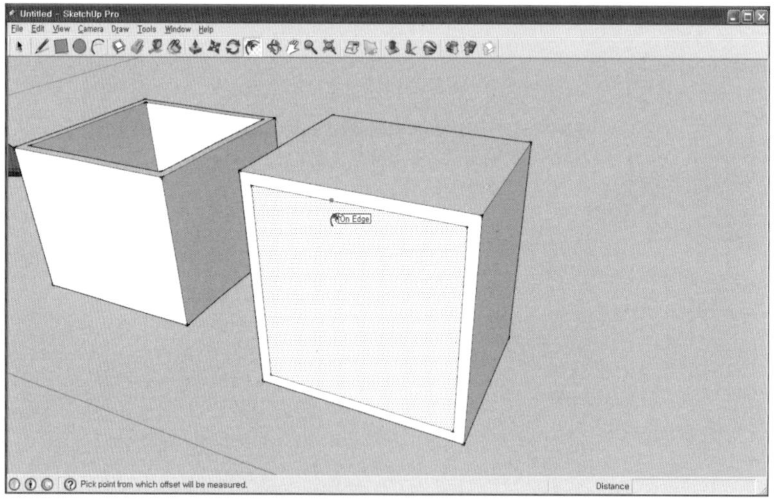

③ "Push/Pull" 툴을 이용하여 내부 정사각형을 상자 안쪽으로 '225' 만큼 밀어 넣는다. 완성된 결과는 다음과 같다.

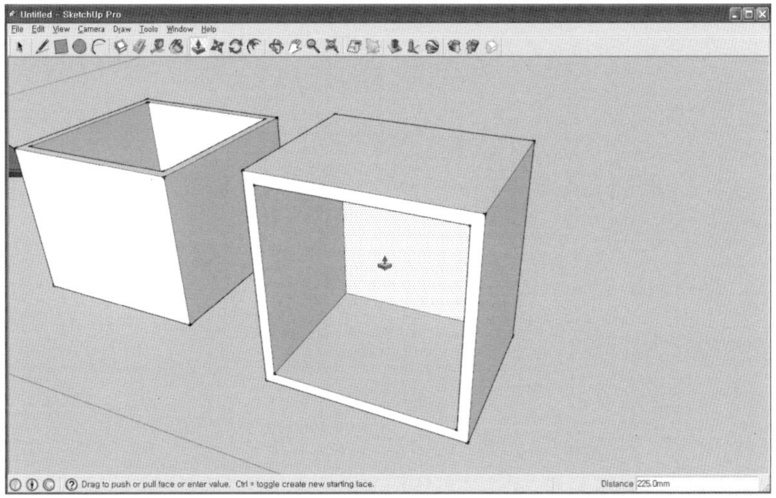

(3) 선택된 모서리 간격 띄우기

단일 직선 모서리는 간격 띄우기를 할 수 없다. 이 경우에는 복사 옵션을 적용한 "Move" 기능을 활용해야 한다. 직선이 아닌 두 개 이상의 직선들 또는 곡선요소가 간격 띄우기 대상이 될 수 있다. 다음 과정과 같이 "Offset"을 이용하여 의자를 작성한다.

① "Rectangle" 툴을 이용하여 '600mm×400mm' 크기의 직사각형을 작성한다.

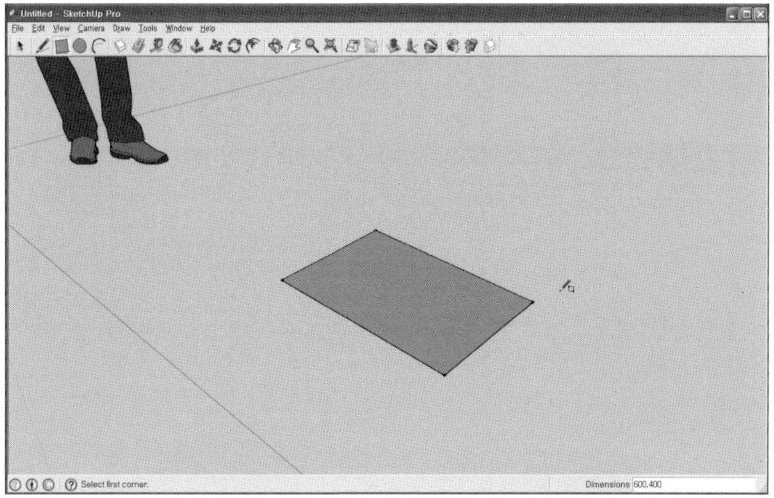

② "Push/Pull" 툴을 이용해 '400' 만큼 돌출한다. 그리고 전면에 정확하게 곡선을 그릴 수 있도록 "Tape Measure Tool"을 이용하여 '100'만큼 이격된 안내선을 표시해 둔다.

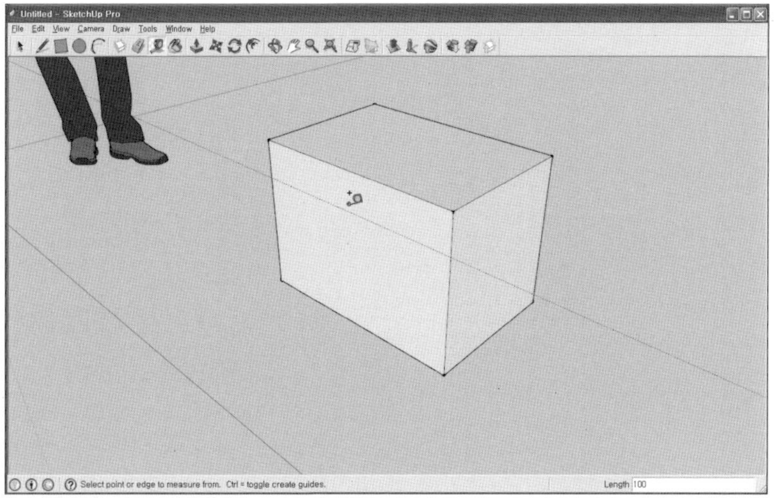

③ "arc" 툴을 실행하고 박스의 모서리와 안내선의 교차점을 호의 첫 번째 끝점으로 지정한다. 이때 'Intersection' 툴 팁이 나타날 때 정확하게 선택한다.

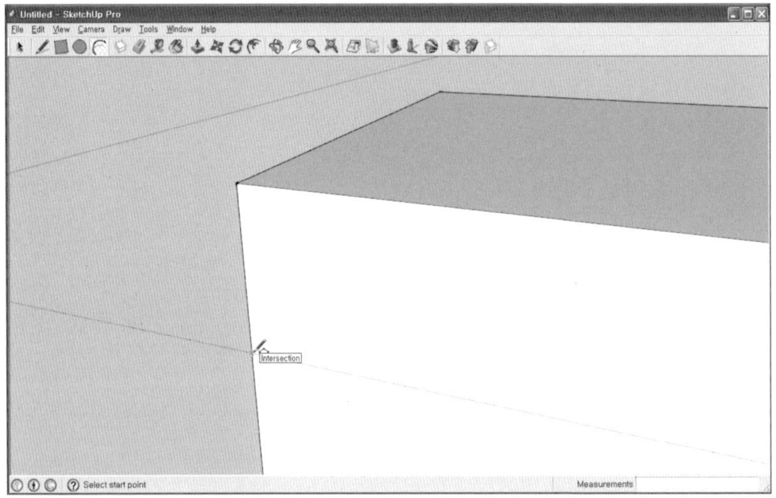

마우스를 드래그하여 윗면의 모서리에 가져가면 'On edge' 툴 팁이 나타나게 되는데, 마우스를 모서리를 따라 움직이다 보면 호의 현이 선홍색(Magenta)으로 나타나며 고정되는 부분을 찾을 수 있다. 45도 사선으로 연결되는 위치를 찾은 것으로 다음에 그리는 호가 정확한 접선이 될 수 있도록 한다. 마우스를 클릭하여 두 번째 끝점을 지정한다.

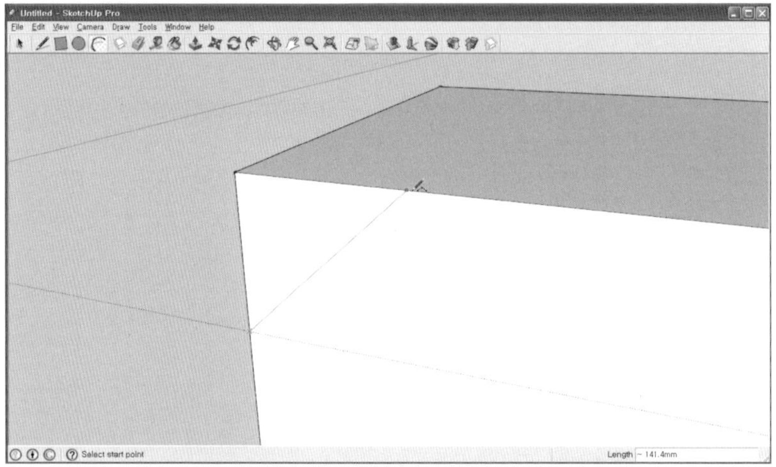

이제 마우스를 드래그하여 호의 돌출부 길이 값을 지정하는데, 마우스를 조심스럽게 움직이면 다음과 같이 작성될 호의 색상이 선홍색(Magenta)으로 바뀌며 'Tangent to Edge' 툴 팁이 나타난다. 이때 마우스를 클릭하면 두 직선에 접하는 호가 만들어진다.

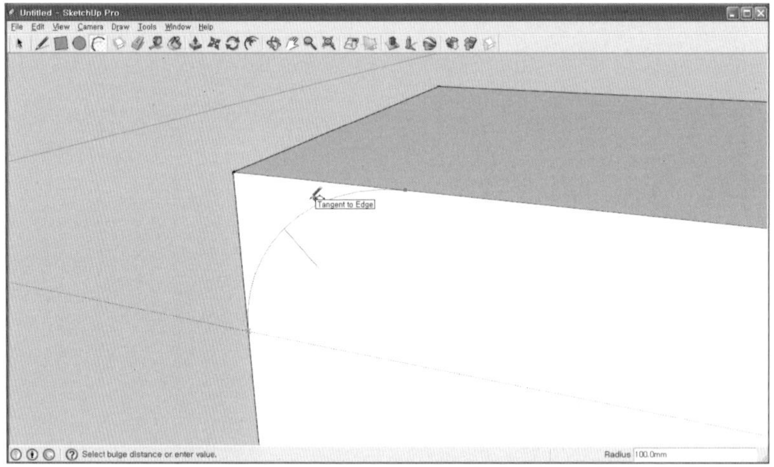

④ 다른 한쪽의 코너에도 동일한 호를 그려준다.

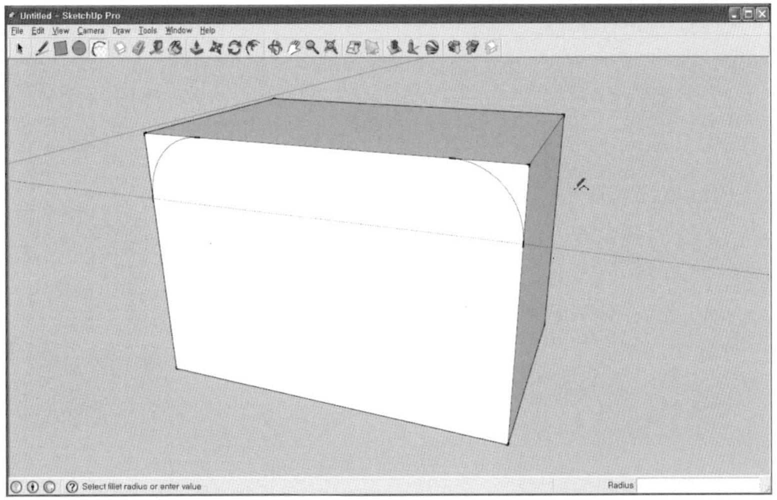

⑤ "Push/Pull" 툴을 이용하여 코너의 호 바깥부분을 반대 면까지 밀어서 제거한다.

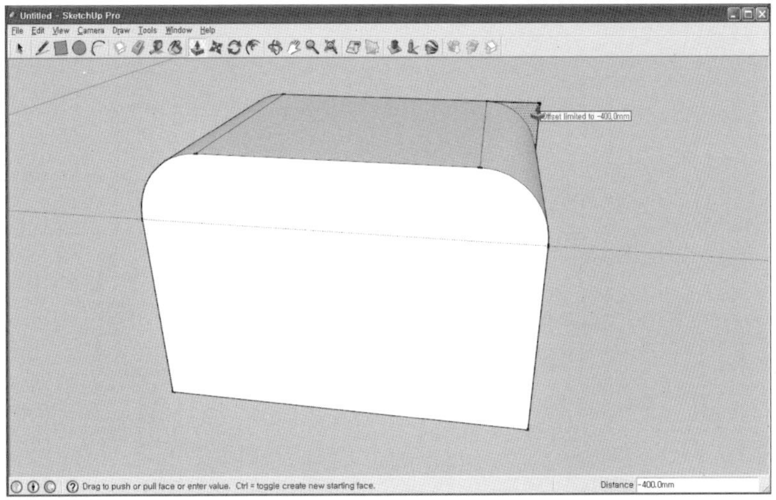

⑥ "Select" 툴을 이용하여 모서리를 선택한다. 'Shift' 키 또는 'Ctrl' 키를 이용하여 다음과 같이 전면의 모서리들을 바닥면만 제외하고 모두 선택한다.

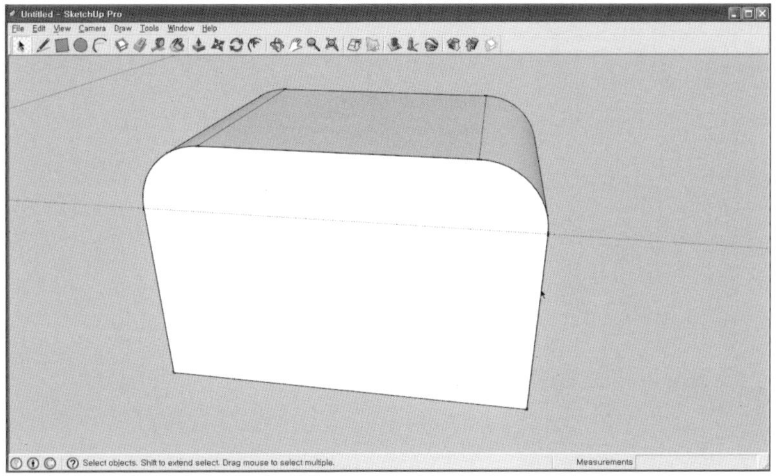

⑦ "Offset" 툴을 실행하여 선택된 모서리들을 전면 안쪽으로 간격 띄우기 한다. 간격은 '20'으로 지정한다.

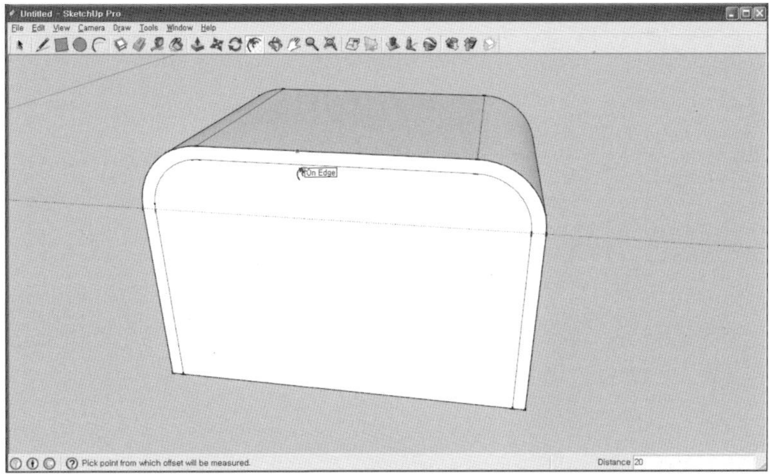

⑧ "Push/Pull" 툴을 이용해 테두리 안쪽 면을 제거한다.

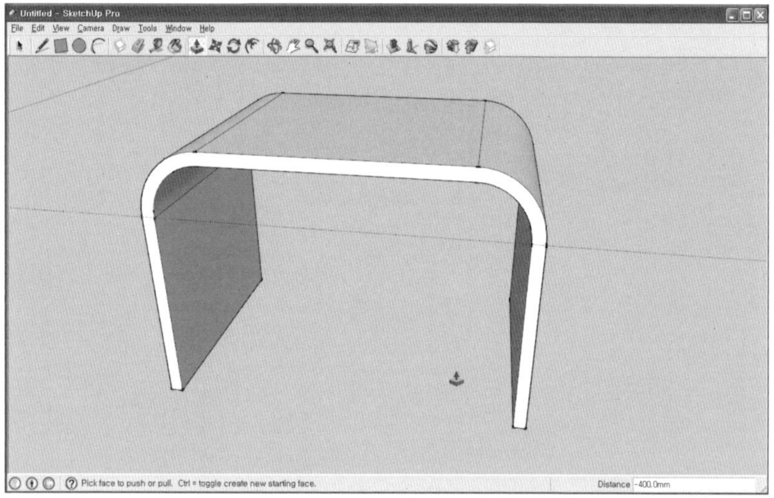

이 결과만으로도 간단한 스툴이 완성되었다. 등받이를 추가로 작업하여 의자를 완성한다.

⑨ 관찰 뷰를 뒤쪽으로 회전시켜 다음과 같이 직선을 그려준다. "Line" 툴을 실행하고 시트의 직선이 끝나는 끝점에서부터 Green Axis에 평행하게 '100'만큼, Blue Axis에 평행하게 '200'만큼 직선을 작성한다.

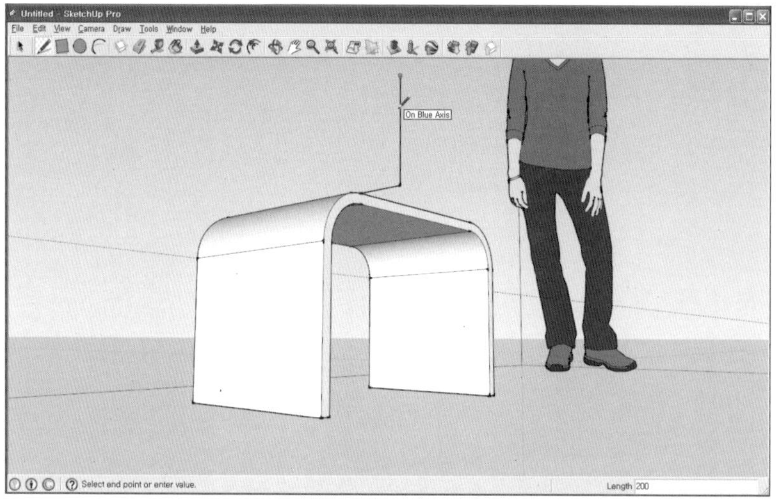

⑩ 짧은 직선의 끝점과 긴 직선의 중간점(Midpoint)을 이용하여 두 직선에 접하는 호를 작성한다.

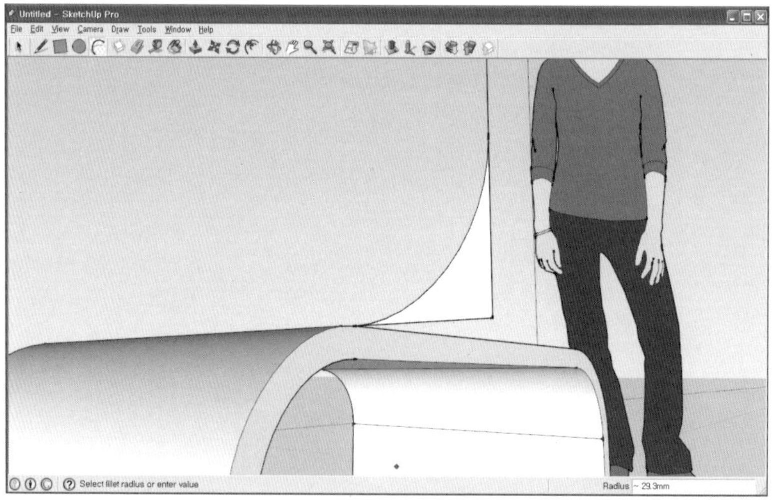

⑪ 호와 직선에 의해 생성된 면은 불필요하므로 호 바깥쪽의 직선들은 "Erase" 툴을 이용하여 삭제한다.

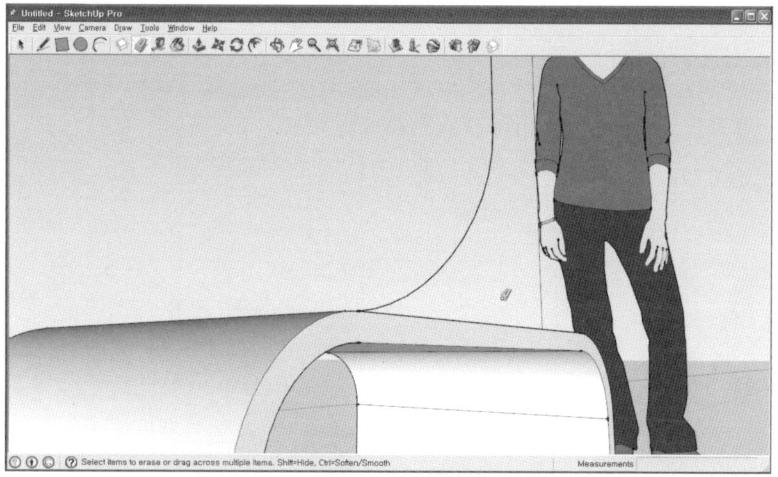

⑫ "Select" 툴을 이용하여 호와 직선의 나머지 부분을 선택한 다음 호의 바깥쪽 방향으로 "Offset" 툴을 적용하여 '20' 만큼 간격 띄우기 한다.

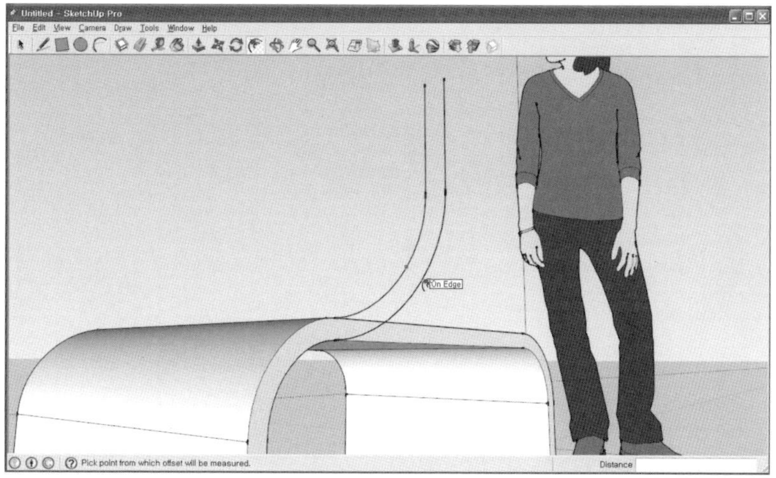

⑬ "Line" 툴을 이용하여 두 직선과 호가 세이프(Shape)가 될 수 있도록 끝점과 끝점을 연결하여 면이 생성되도록 한다.

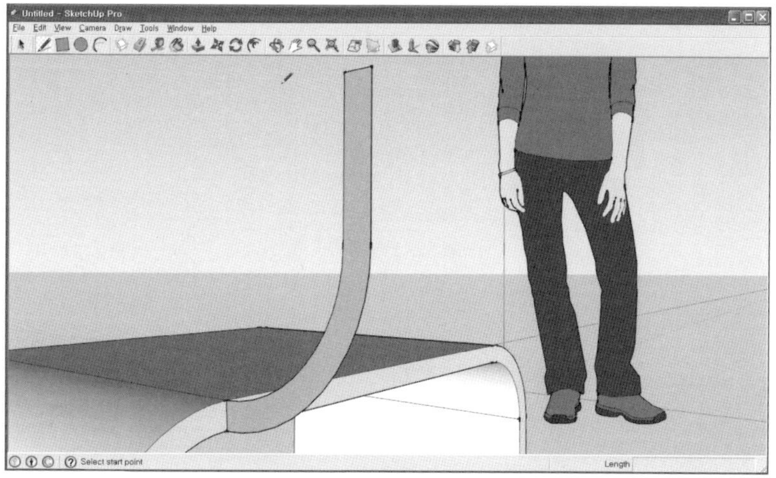

⑭ 작성된 면을 "Push/Pull" 툴을 이용하여 반대편 끝점까지 돌출하여 의자를 완성한다.

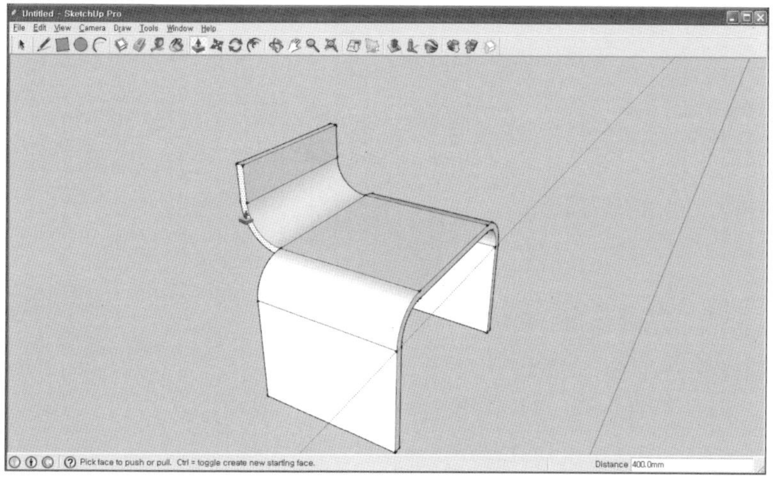

등받이의 높이가 낮다고 판단되면 "Push/Pull" 툴을 이용하여 추가적인 높이를 확보하면 된다.

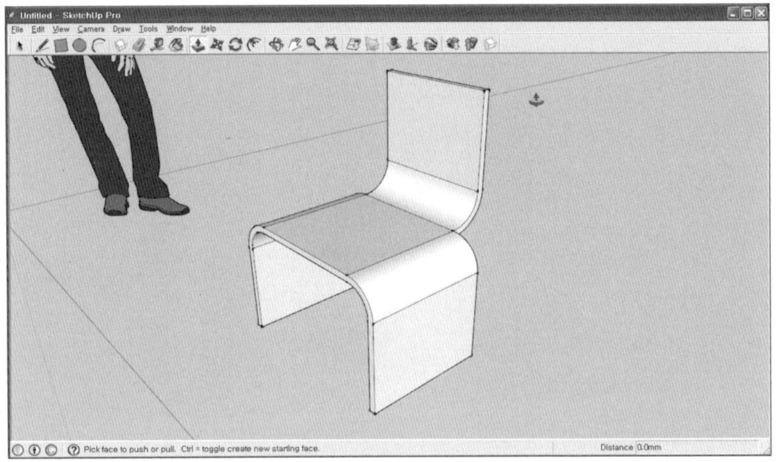

2-7. Follow Me Tool

따라가기(Follow Me) 도구를 사용하는 방법들에 대해 살펴본다. 수동으로 적용하는 방법과 자동으로 적용하는 방법이 있는데, 가능하면 자동으로 하는 방법이 오류가 적고 형태도 정확하게 나오는 편이므로 자동으로 따라가기를 적용하는 것이 바람직하다.

(1) 수동으로 따라가기

"Follow Me" 툴은 "Getting Started" 툴바에는 없기 때문에 "Large Tool Set", "Modification" 툴바, 또는 "Tools" 메뉴에서 실행할 수 있다. 특히 "Follow Me" 툴은 단축키도 없으므로 빈번하게 사용해야 할 경우에는 "Modification" 툴바를 활성화시켜서 작업하는 것이 좋다.

① "Follow Me" 툴을 연습하기 위해 다음과 같은 '1,000mm×1,000mm×1,000mm' 크기의 정육면체를 작성한다.

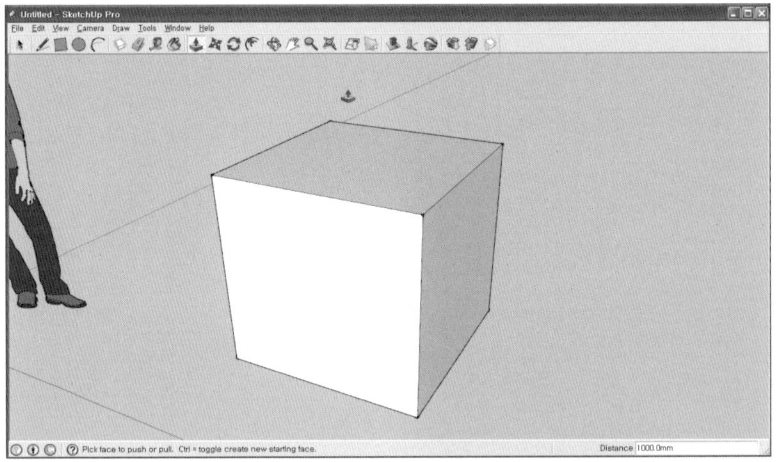

② 다음과 같이 한쪽 코너부분에 직선을 그려 면을 분할한다.

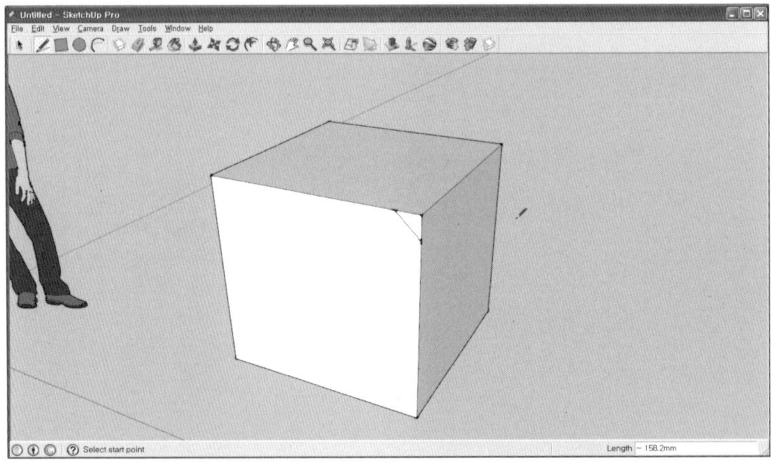

③ "Modification" 툴바에서 툴을 실행하고 따라가기가 적용될 단면을 선택한다. 마우스를 드래그하여 따라가기 경로를 따라 움직이면 다음과 같이 경로가 붉은색으로 강조되어 나타난다.

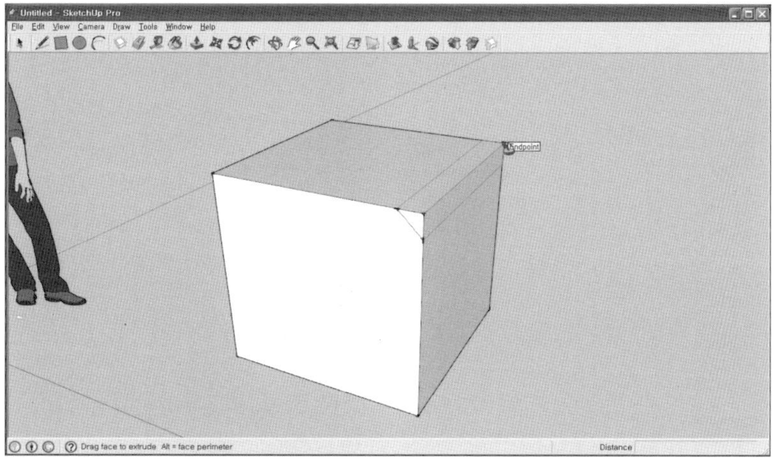

④ 다음과 같이 연결된 모서리를 마우스로 드래그하면 꺾어지는 경로를 따라 따라가기가 적용될 수 있다.

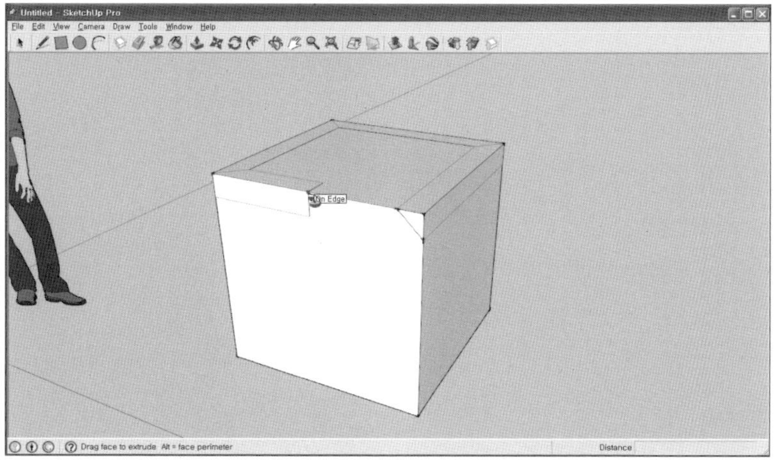

⑤ 따라가기 경로를 시작한 지점으로 다시 돌아와 루프(Loop)를 형성하도록 하여 마우스를 클릭하면 다음과 같이 모서리가 깎인 결과가 나타난다.

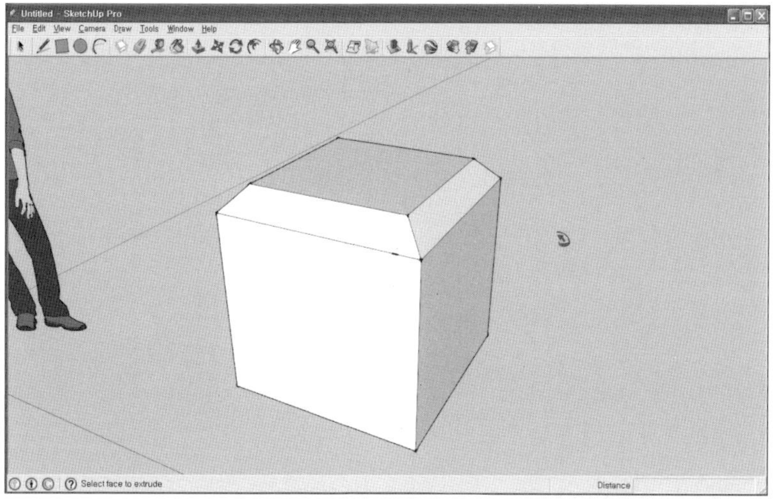

(2) 자동으로 따라가기

① 따라가기 할 단면을 선택한 다음 'Alt' 키를 누른 채로 경로에 해당하는 면 위에 마우스를 가져가면 다음과 같이 따라가기 경로와 결과를 함께 미리보기 할 수 있다.

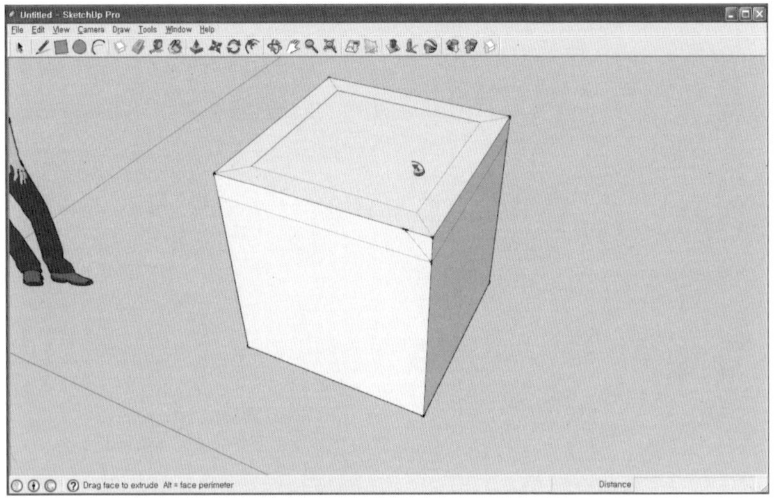

② 마우스를 이동하여 또 다른 면에 위치시키면 다음과 같이 다른 면을 경로(Path)로 하는 따라가기 결과를 보여준다.

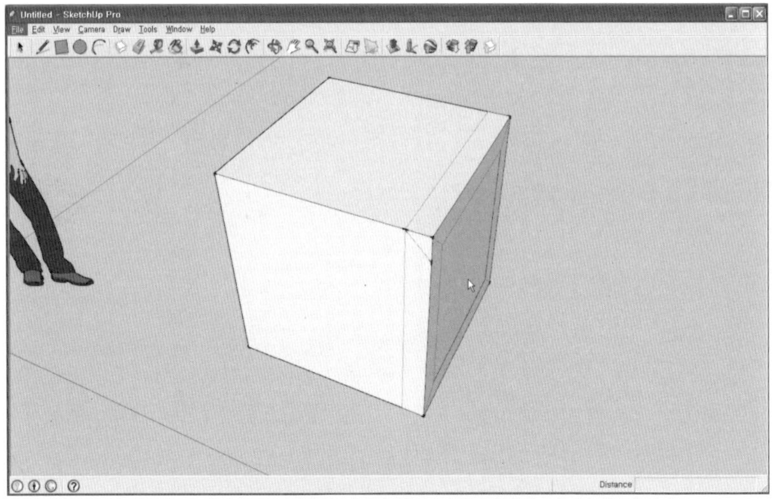

③ 면 위에서 마우스를 클릭하면 해당 면을 경로로 하여 따라가기 한 결과가 완성된다.

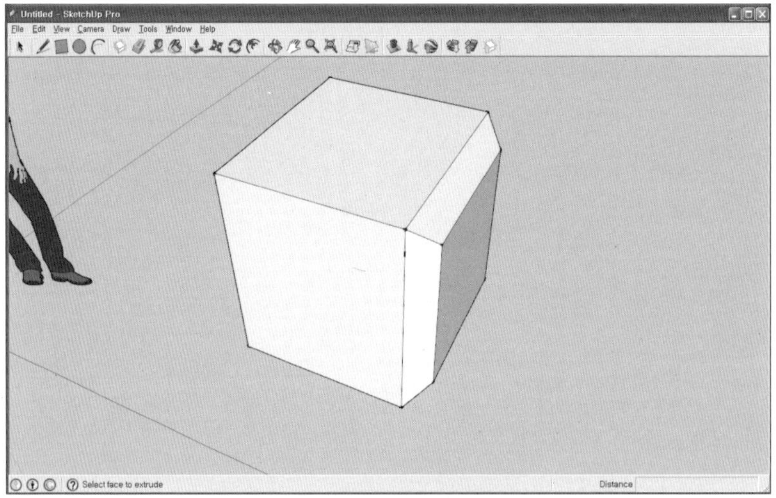

(3) 경로 사전 선택

따라가기 할 경로(Path)를 먼저 선택하여 따라가기(Follow Me)를 실행할 수 있다.

① "Select" 툴을 이용하여 정육면체의 윗면을 선택한다.

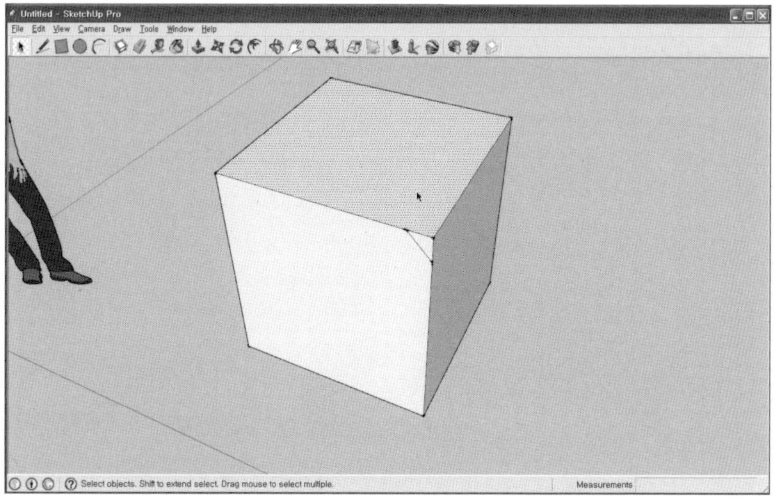

② "Follow Me" 툴을 실행한 다음 마우스 커서를 따라가기 할 단면에 가져간다.

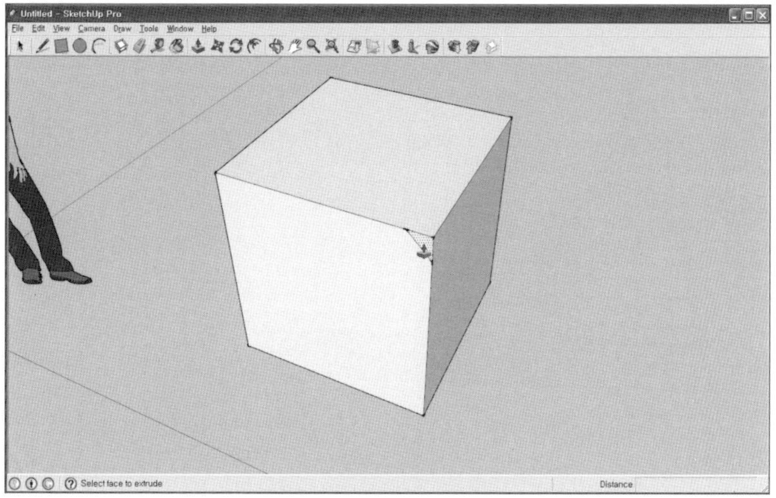

③ 마우스를 클릭하면 다음과 같이 따라가기(Follow Me)한 결과가 나타난다.

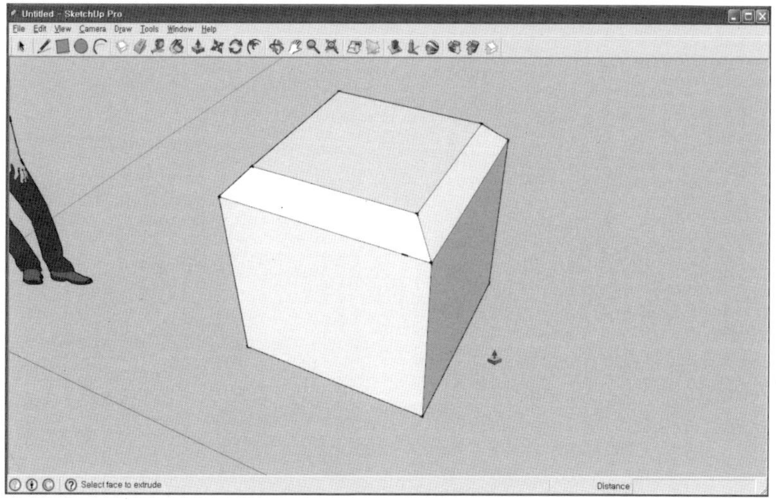

(4) Lathe

일반적으로 Lathe는 선반을 이용해 만들어지는 형태를 모델링하는 방법이다. SketchUp에서는 별도의 Lathe 명령이 있는 것이 아니라 "Follow Me" 툴을 이용해 원형의 경로(Path)를 따라가기 하여 Lathe 모델의 형태를 모델링한다.

① 다음과 같이 경로로 사용할 원(Circle)을 작성하고 그 원의 면에 직교하는 평면상에 Lathe 모델의 단면을 작성한다.

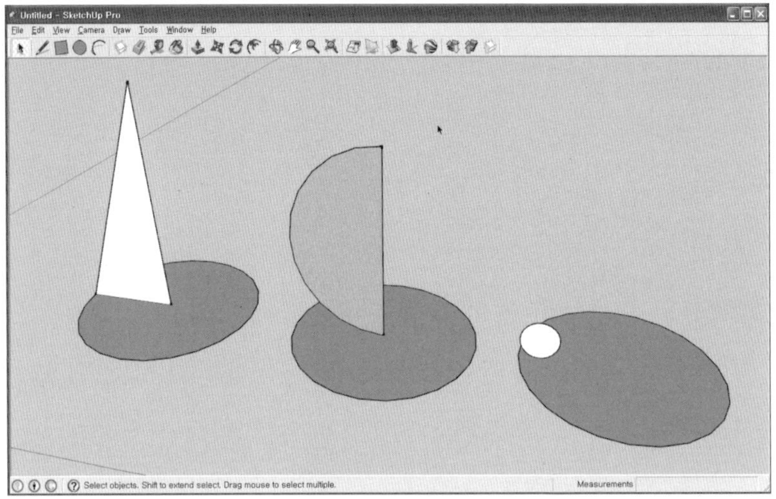

② "Select" 툴을 이용하여 경로로 사용할 원을 먼저 선택한다.

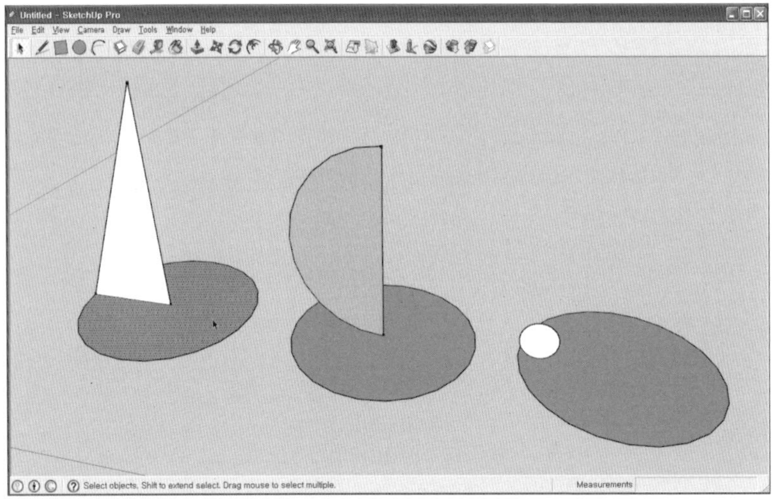

③ "Follow Me" 툴을 실행한 다음 따라가기를 적용할 단면을 선택한다.

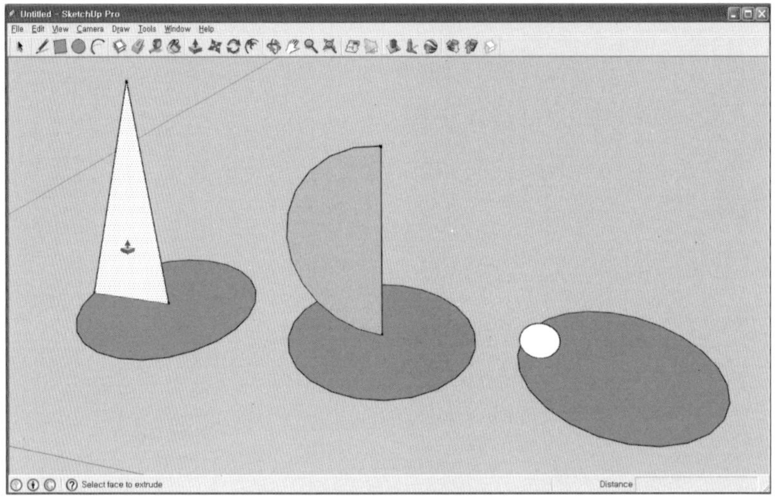

④ 다음과 같이 원뿔(Cone) 형태가 완성된다.

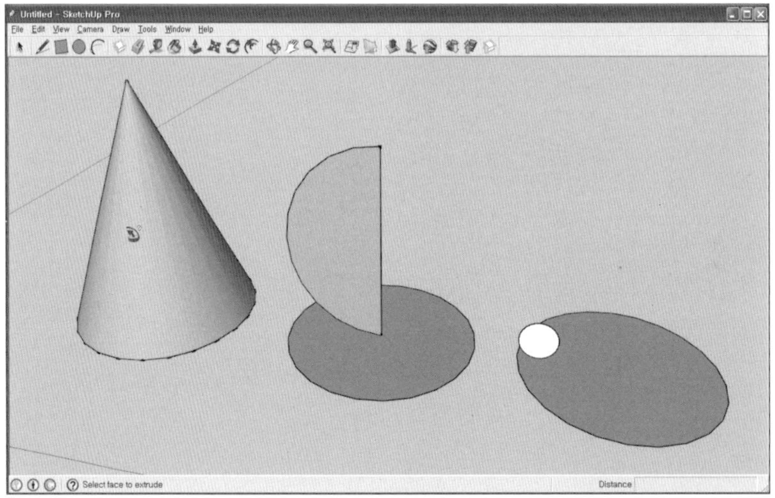

⑤ 나머지 형태들도 동일한 방법으로 "Follow Me"를 적용하여 형태를 완성한다. 직각삼각형 단면을 회전하여 원뿔을 완성하고 반원을 회전하여 구(Sphere)를 완성한다. 원을 원 밖의 중심을 이용하여 회전하면 링의 형태를 만들 수 있다.

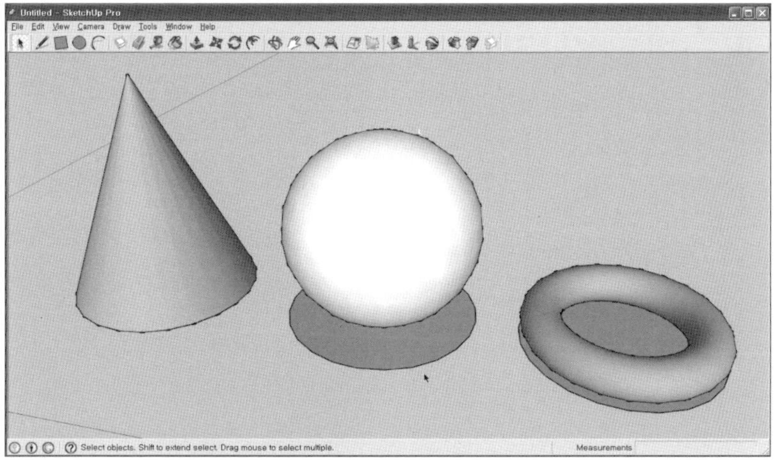

⑥ 경로(Path)로 사용된 원을 삭제한 최종 완성결과는 다음과 같다.

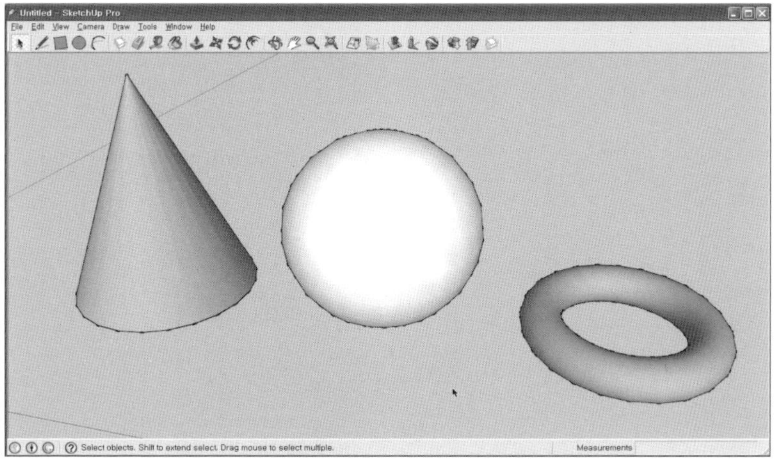

(5) 선을 경로로 이용하는 따라가기

복잡한 파이프라인이나 휘어진 형태 등을 모델링할 경우 직선, 곡선 또는 직선과 곡선의 연결된 선을 경로로 하여 따라가기(Follow Me) 명령을 이용할 수 있다.

① 다음과 같이 '1,000mm×1,000mm×600mm' 크기의 직육면체를 작성한다.

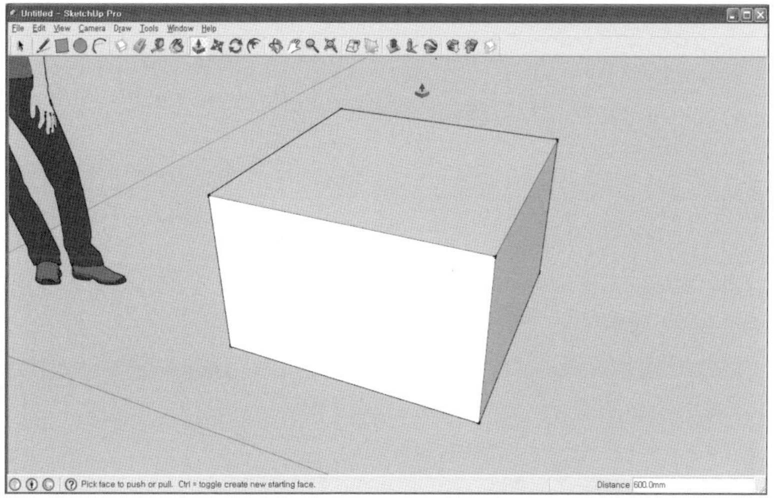

② "Tape Measure Tool"을 이용하여 다음 각 모서리에서 '200'만큼 이격된 안내선을 생성한다.

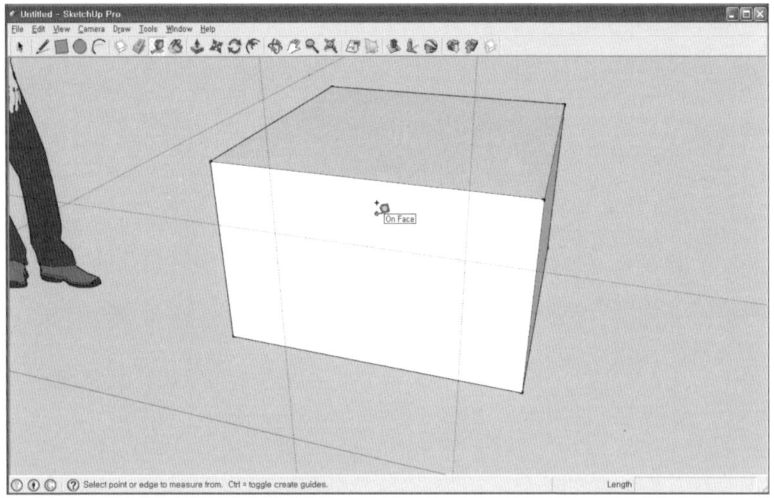

③ 안내선과 모서리의 교차점(intersection)을 이용하여 각 코너에 접하는 호(Arc)를 작성한다.

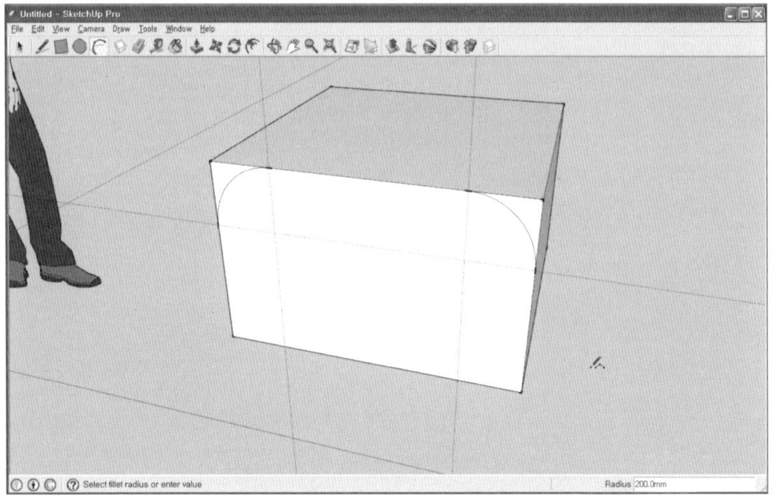

④ 라운드된 면을 "Move" 툴을 이용하여 복사한다.

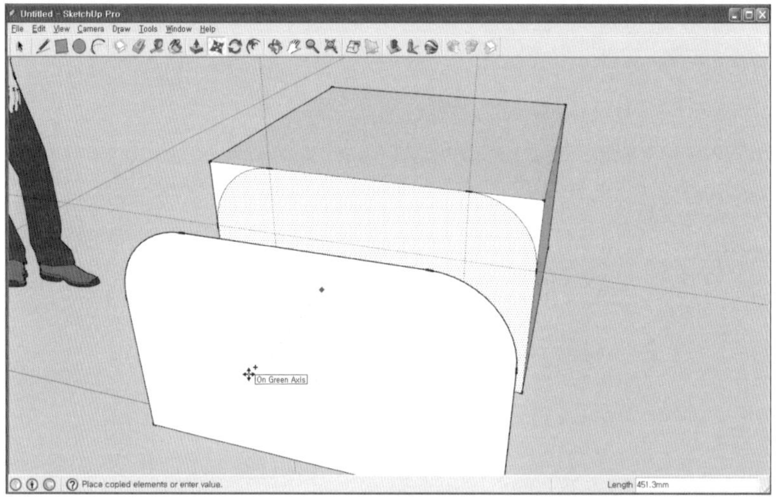

⑤ 복사된 면의 아랫부분 모서리를 삭제하여 경로(Path)를 완성한다.

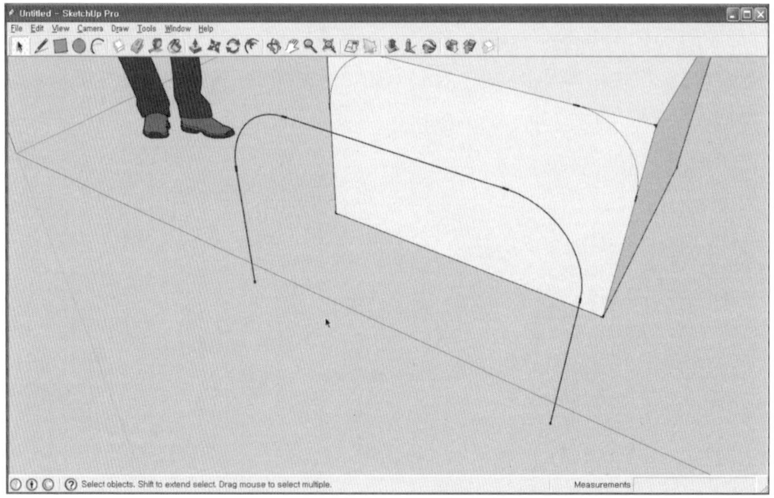

⑥ 경로의 한쪽 끝점을 중심으로 하는 원(Circle)을 작성한다. 반지름은 '50'으로 지정한다.

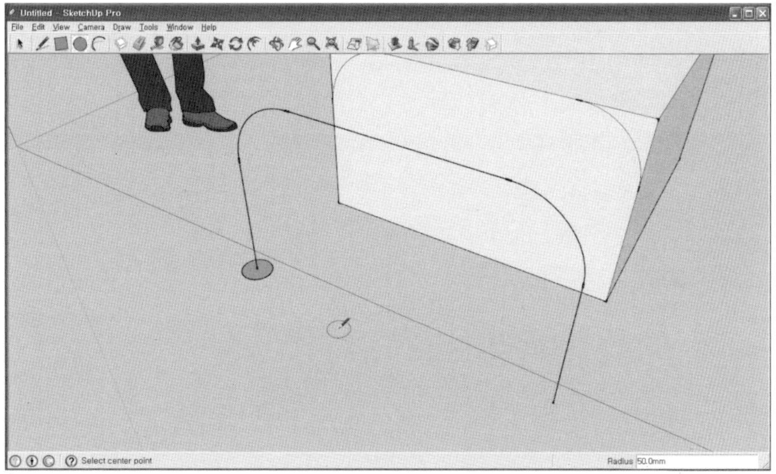

⑦ 경로를 더블 클릭하여 모두 선택한다. "Follow Me" 툴을 실행한 다음 따라가기 할 단면인 원을 선택한다.

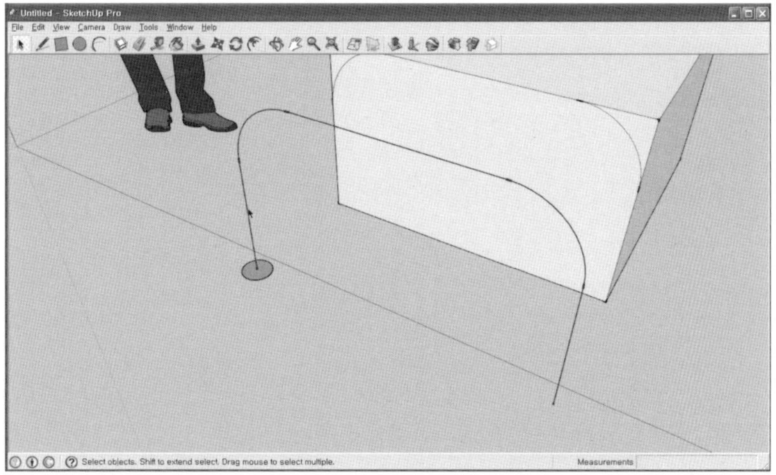

⑧ 완성된 결과는 다음과 같다.

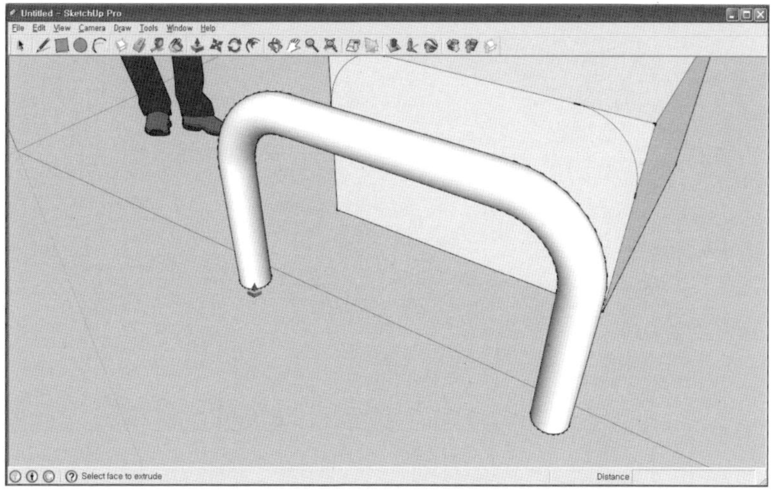

⑨ 다음과 같이 경로(Path)가 동일한 평면상에 있지 않은 경우에도 "Follow Me"를 실행할 수 있다.

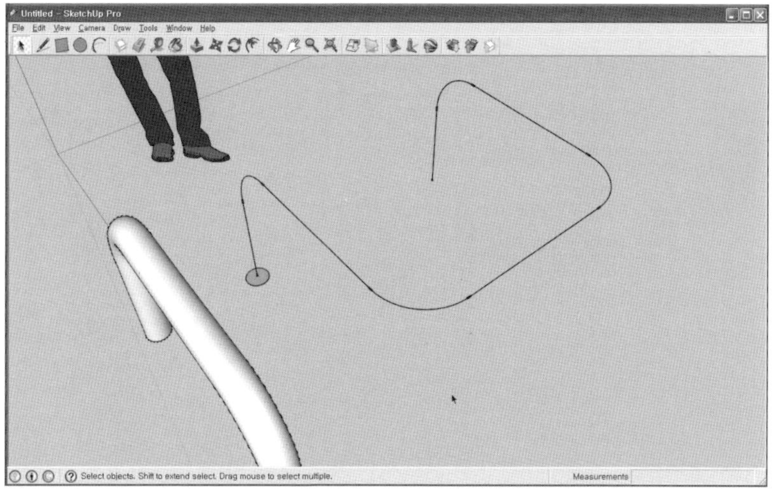

⑩ 결과는 다음과 같다.

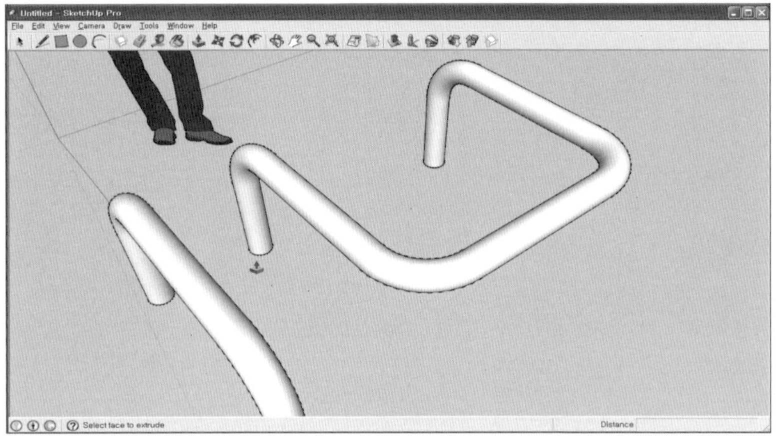

(6) Follow Me 툴을 이용한 의자 만들기

"Push/Pull" 툴을 학습하면서 만들어본 의자를 "Follow Me"를 이용하여 다시 만들어본다. 치수 관련 내용은 "Push/Pull" 부분을 확인하여 작업한다.

① "Rectangle" 툴을 이용하여 '600mm×400mm' 크기의 직사각형을 작성한다.

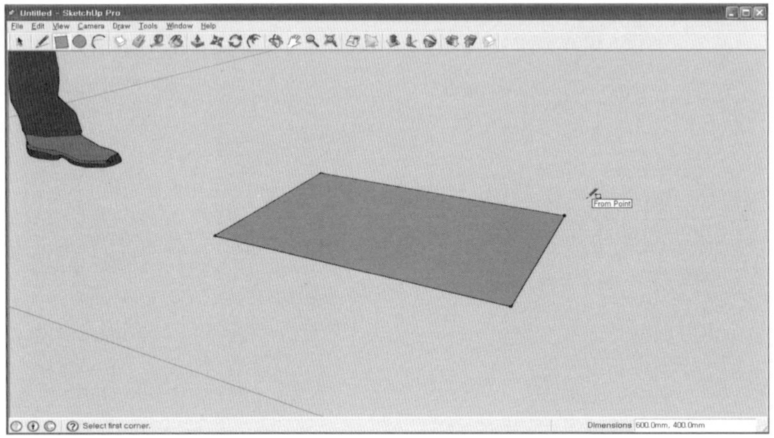

"Rotate" 툴을 이용하여 작성된 면을 수직으로 세워준다. 이 경우 마우스를 이용해 회전의 중심점을 지정하게 되면 각도기의 평면이 Red-Green 평면에 맞춰지기 때문에 세울 수가 없다. "Select" 툴을 실행하고 면을 더블 클릭하여 전체 선택한다. 회전의 중심을 먼저 클릭한 채로 마우스를 드래그하여 회전축을 지정한다. 다음과 같이 Red Axis를 회전축으로 하는 각도기가 표시된다.

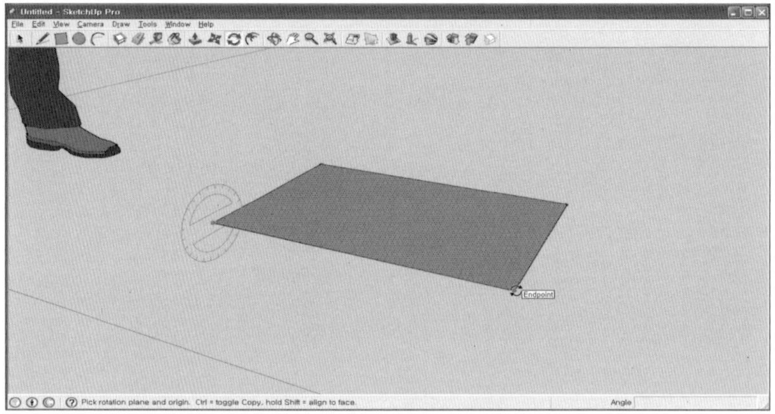

시작 각도와 회전각도를 지정하여 다음과 같이 평면이 수직으로 세워지도록 수정한다.

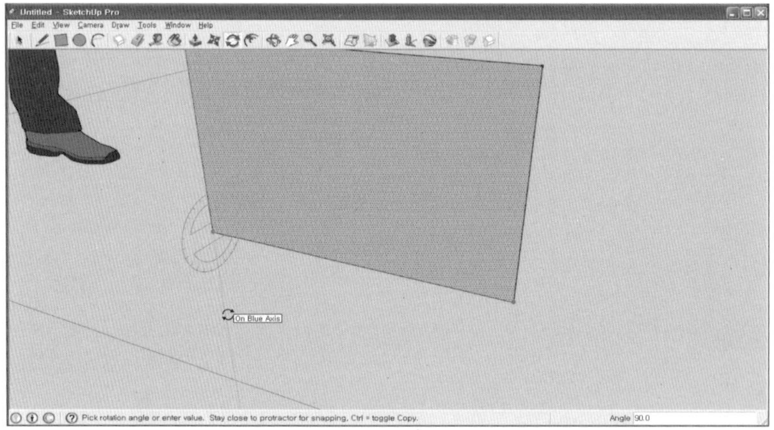

② 면의 위쪽과 좌우의 모서리에 '10'만큼 이격된 안내선을 생성하고 안내선과 모서리의 교차점을 이용하여 각 코너에 접하는 호(Arc)를 작성한다.

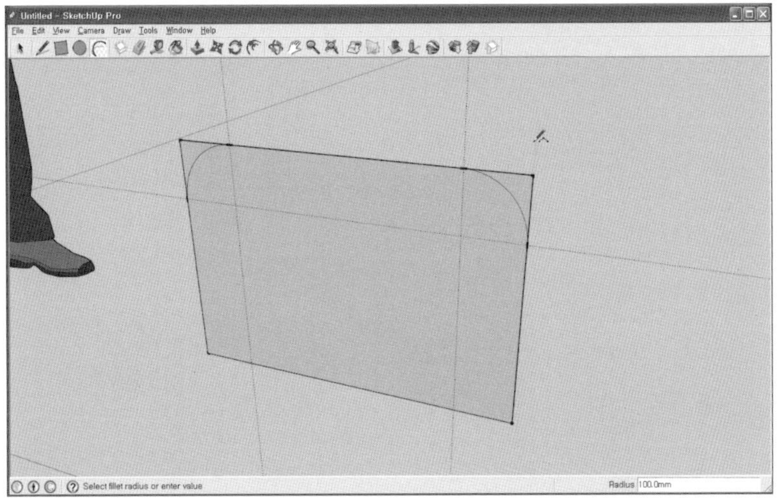

③ 다음과 같이 경로(Path)부분만 제외하고 모두 삭제한다.

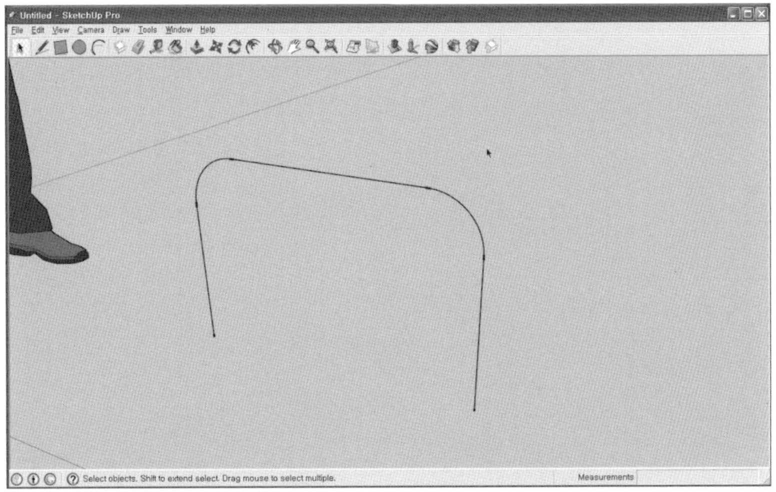

④ 따라가기(Follow Me) 할 단면을 다음과 같이 작성한다. '20mm×400mm' 크기의 직사각형을 "Rectangle" 툴을 이용하여 그려준다.

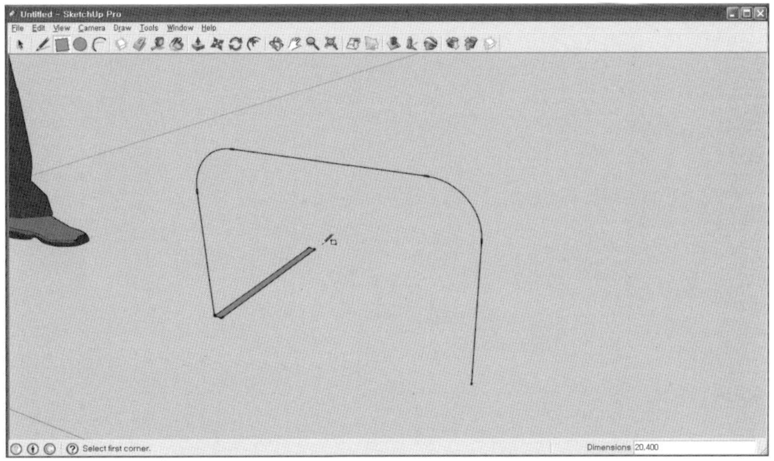

⑤ "Select" 툴을 이용하여 경로에 해당하는 직선과 곡선을 모두 선택한다. 'Ctrl' 키를 눌러서 추가선택 작업을 한다. "Follow Me" 툴을 실행한 다음 따라가기 할 단면인 직사각형을 선택하면 다음과 같이 결과가 완성된다.

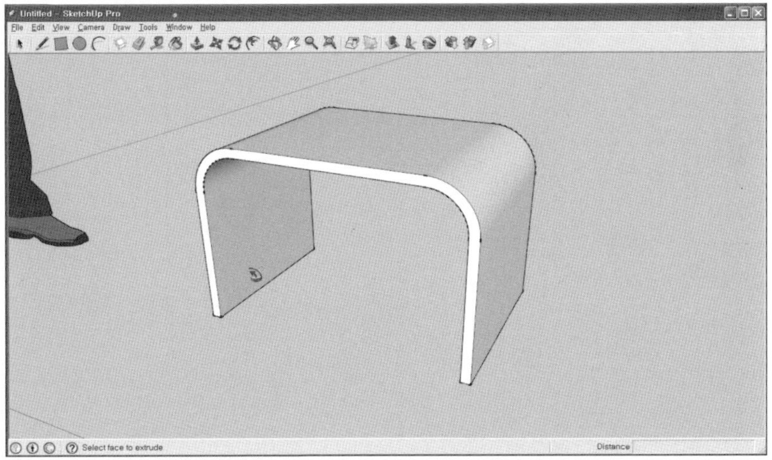

⑥ 등받이부분의 따라가기 할 단면을 지정하기 위해 “Line” 툴을 이용하여 뒷면의 직선부분에 선을 그려 면을 분할한다.

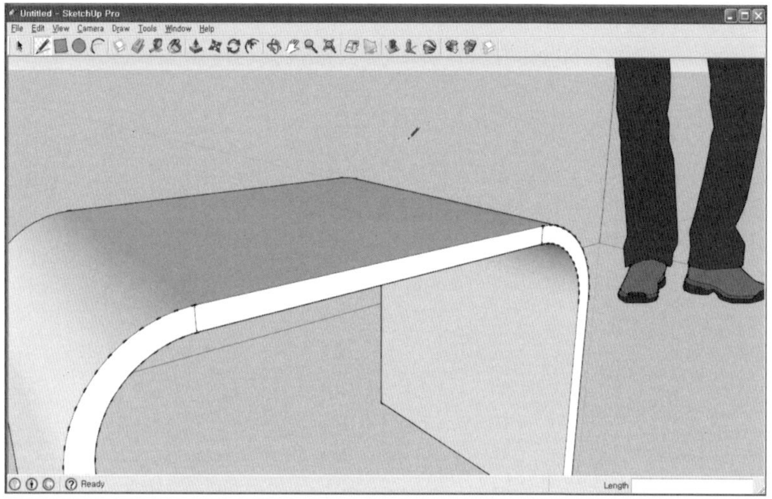

⑦ 경로(Path)로 사용할 곡선과 직선을 작성하고 선택한다.

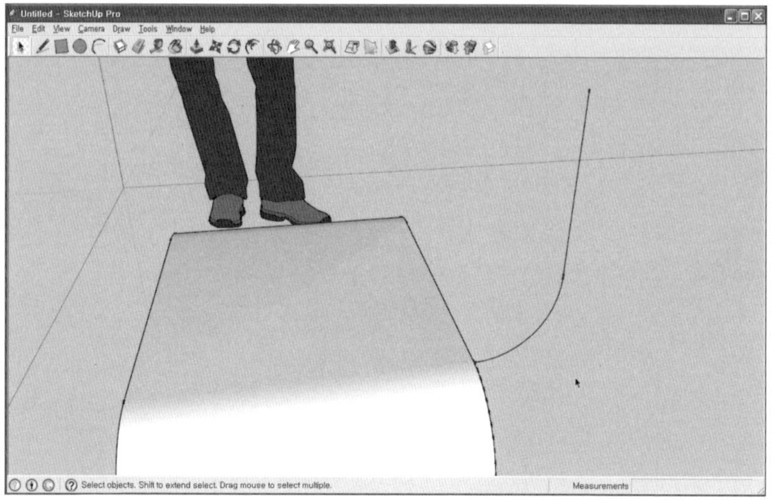

⑧ “Follow Me” 툴을 실행한 다음 미리 분할했던 평면부분을 클릭하면 다음과 같이 따라가기 작업이 완성된다.

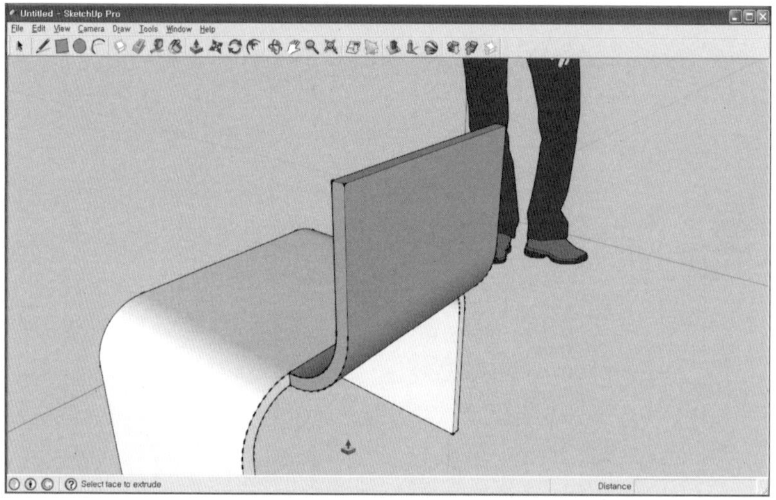

⑨ 최종 완성된 결과는 다음과 같다.

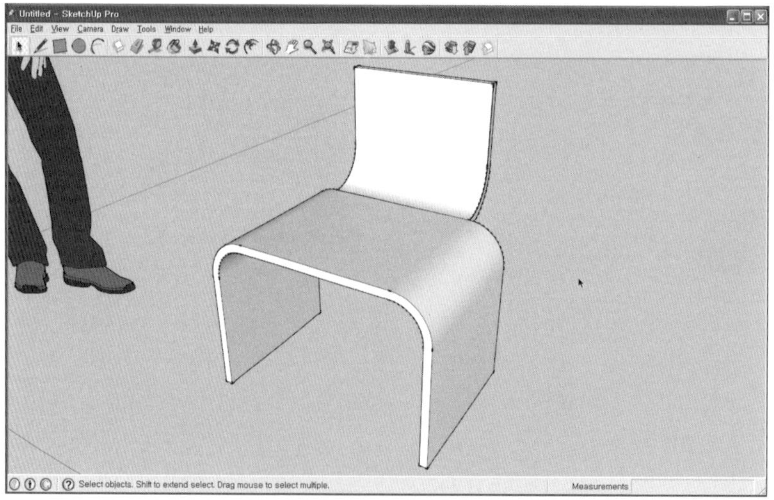

Chapter

4

그룹과 컴포넌트

본 장에서는 SketchUp을 이용한 3D 모델링 작업에서 꼭 필요한 그룹과 컴포넌트에 대해 살펴본다. 앞서 배운 것처럼 SketchUp 모델을 구성하는 최소단위 요소는 가장자리(Edge)와 면(Face)이다. 이러한 세부요소를 이용해 완성된 모델을 관리하기 위해 하나의 묶음으로 만들어 다른 요소들과 분리시켜줄 필요가 있다. SketchUp에서 사용하는 이러한 묶음이 바로 그룹(Group)이다. 컴포넌트는 그룹과 유사하지만 고유의 이름과 특성 값들을 동일 컴포넌트들 간에 공유하며 훨씬 광범위하게 공유하여 사용할 수 있다.

1. 그룹

1-1. 그룹의 필요성

SketchUp의 모델링은 선(Line)과 면(Face)에 의해 구성되는 아주 단순한 구조이다. 선에 의해 면이 만들어지고 또 선에 의해 면이 분할되는 과정이 반복된다. 이러한 단순한 과정을 통해 누구나 손쉽게 모델링을 진행할 수 있지만, 반면에 작업이 복잡해질수록 분할되는 면이 증가하게 되므로 이를 손쉬운 단위로 묶어서 관리하는 기능이 필요하게 된다.

이처럼 선 또는 면 요소들을 특정 작업단위로 모두 묶어서 하나의 객체(Object)처럼 다룰 수 있게 하는 기능이 그룹(Group)이다. 뒤에서 배우게 되는 컴포넌트(Component)도 동일한 기능이지만 컴포넌트가 좀 더 기능이 복잡하고 활용범위가 광범위하다.

그룹은 훨씬 더 단순하고 손쉽게 사용할 수 있다. 다음의 사례를 통해 그룹(Group)의 개념과 필요성에 대해 살펴보도록 한다.

'5,000mm×5,000mm' 크기의 직사각형(Rectangle)을 다음과 같이 작성한다.

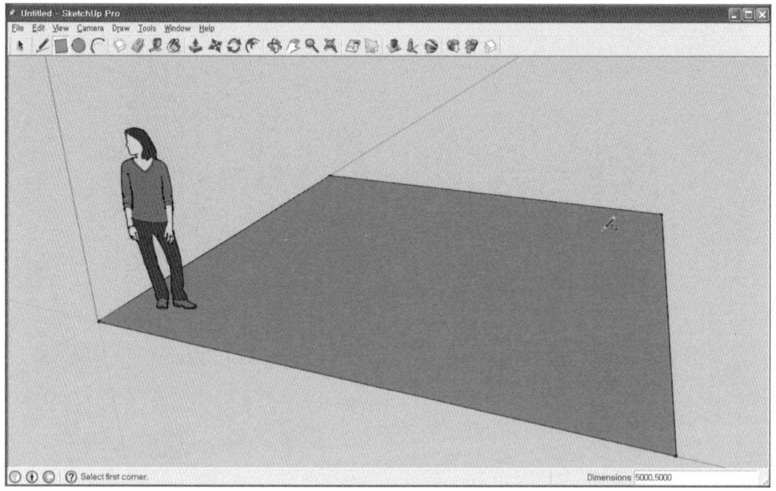

이 직사각형을 바닥이라 가정하였을 때, 바닥 위에 박스 모양의 가구를 추가로 작성한다. "Rectangle" 툴을 이용하여 '1,000mm×1,000mm' 크기의 직사각형을 그려준다.

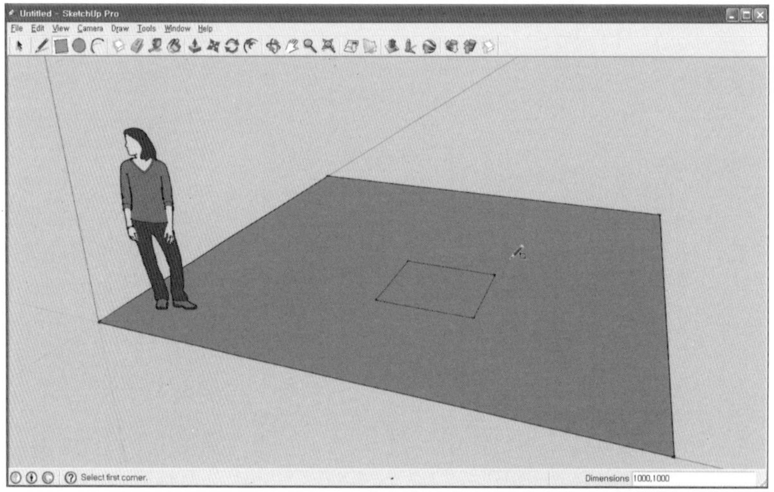

여기서부터 문제가 발생하였다. 면(Face) 위에 직사각형을 그리게 되므로 면 분할이 일어나 본래의 바닥영역 중 일부가 제거된 것과 마찬가지다. "Push /Pull" 툴을 이용하여 '1000'만큼 돌출시켜 준다.

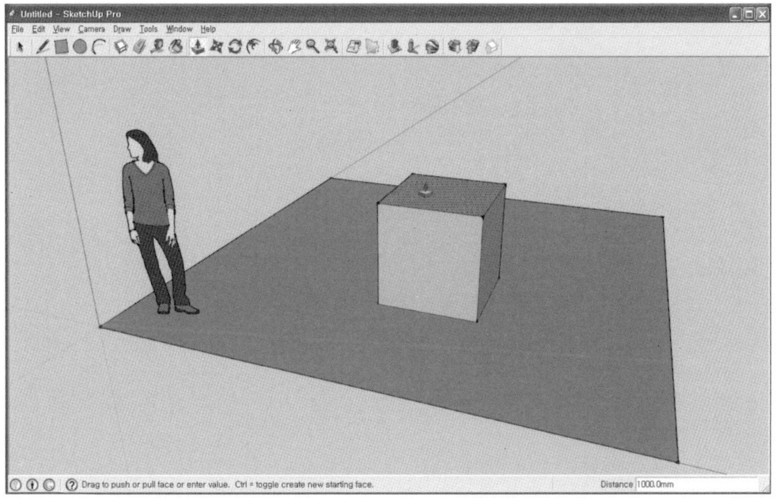

관찰 뷰를 회전하여 바닥의 아랫면을 살펴보면 다음과 같이 바닥의 일부가 제거된 것을 확인할 수 있다. 즉, SketchUp은 사용자가 그린 작은 직사각형을 가구로 인식하는 것이 아니라, 바닥의 일부로 인식하고 "Push/Pull" 툴을 적용한 부분에 대해서는 바닥 면의 높이차로 인식해 버리는 것이다. 그렇기 때문에 사용자는 바닥, 벽체, 천장, 가구 등과 같이 독립된 단일요소에 대해서는 그룹(Group)을 지정하여 인접한 면에 의해 영향을 받지 않도록 분리시켜 작업해야 한다.

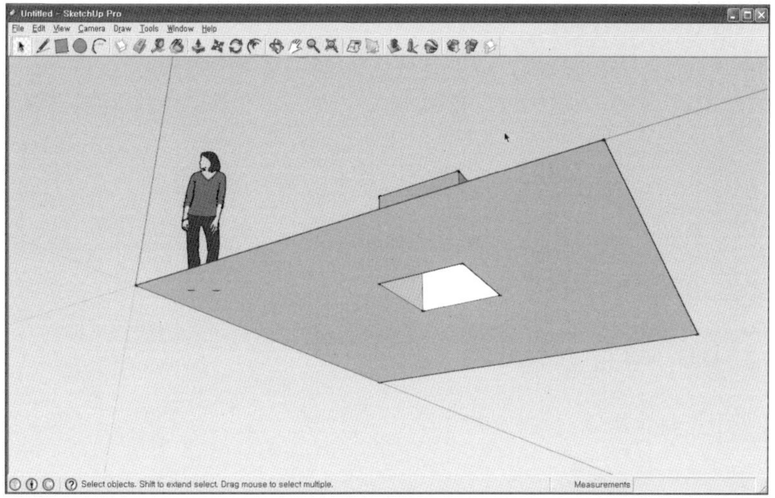

돌출된 박스의 윗면을 트리플 클릭하면 다음과 같이 바닥을 비롯한 모든 면이 선택되는 것을 확인할 수 있다. 즉, 모두 연결된 면이 된다.

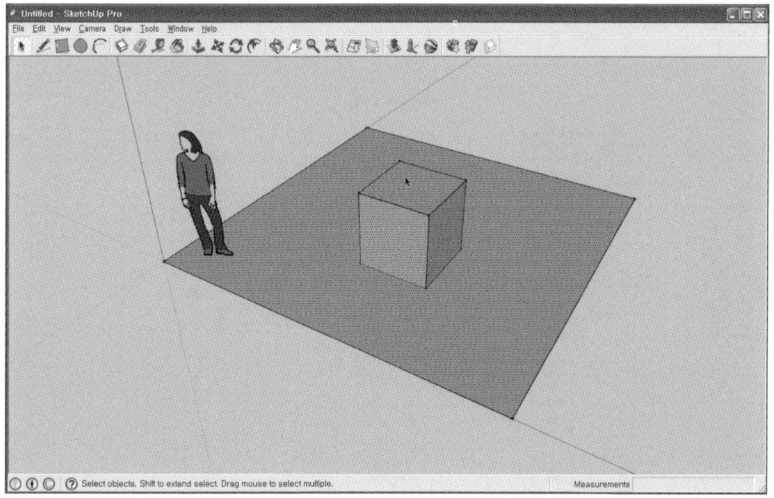

1-2. 그룹 만들기

다음 과정을 통해 그룹 만들기(Make Group)를 실행하는 과정과 방법들을 살펴본다.

① 앞서 작성한 것처럼 '5,000mm×5,000mm' 크기의 직사각형(Rectangle)을 다음과 같이 작성한다.

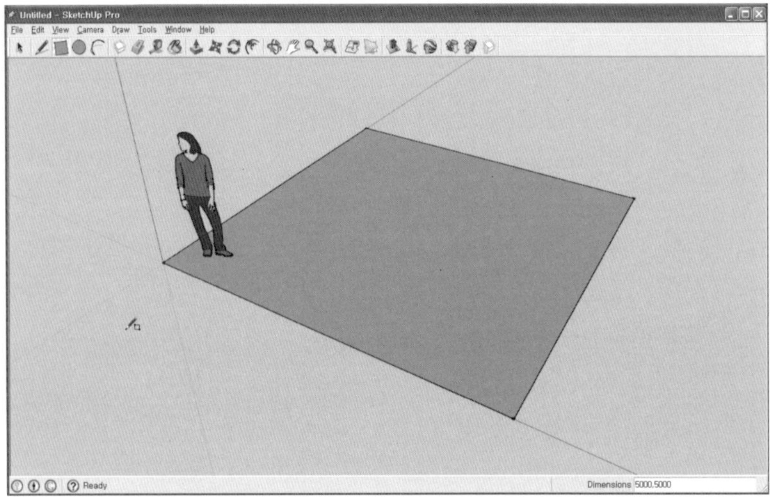

② "Select" 툴을 실행한 다음 면을 더블 클릭하여 모든 요소를 선택한다. 선택된 면 위에서 마우스 오른쪽 버튼을 클릭하여 나타나는 "Context Menu"에서 "Make Group"을 선택한다.

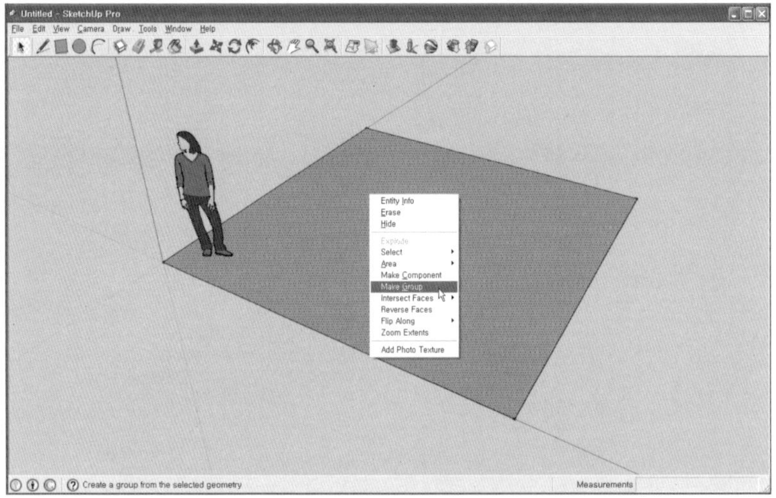

이 결과 4개의 모서리와 이 모서리에 의해 생성되는 1개의 면이 그룹으로 묶여지게 된다.

③ 다음은 앞서 작성해 보았던 1인용 소파의 평면도이다. 치수를 참고하여 소파를 작성한다.

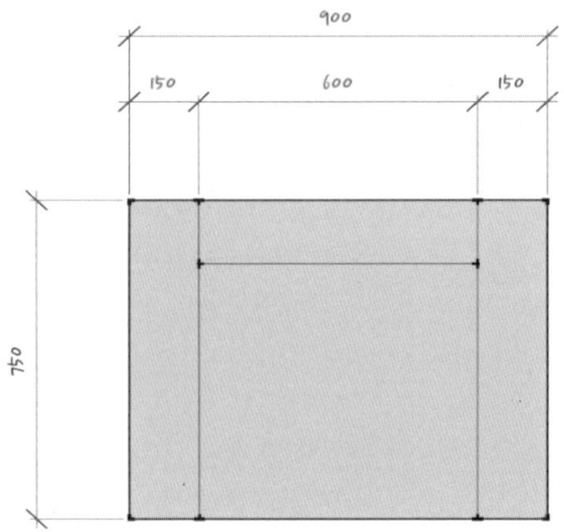

"Rectangle" 툴을 이용하여 '900mm×750mm' 크기의 직사각형을 바닥 위에 그려준다.

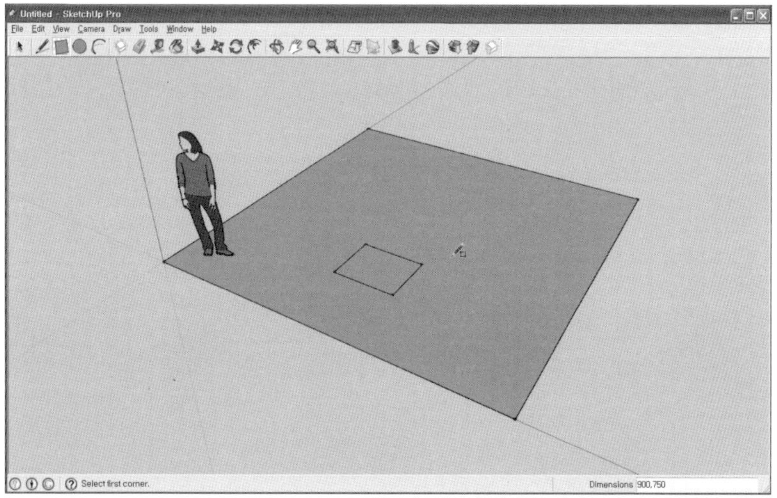

④ 만약 바닥을 그룹으로 만들지 않았다면 앞에서 살펴본 것처럼 바닥면을 분할하는 결과로 나타났을 것이다. 현재의 결과는 바닥과 무관하게 독립된 '900mm×750mm' 크기의 직사각형이 만들어졌다.
치수를 참고하여 다음과 같이 모서리를 복사한다. "Move" 툴을 사용하면서 'Ctrl' 키를 눌러서 복사할 수 있다.

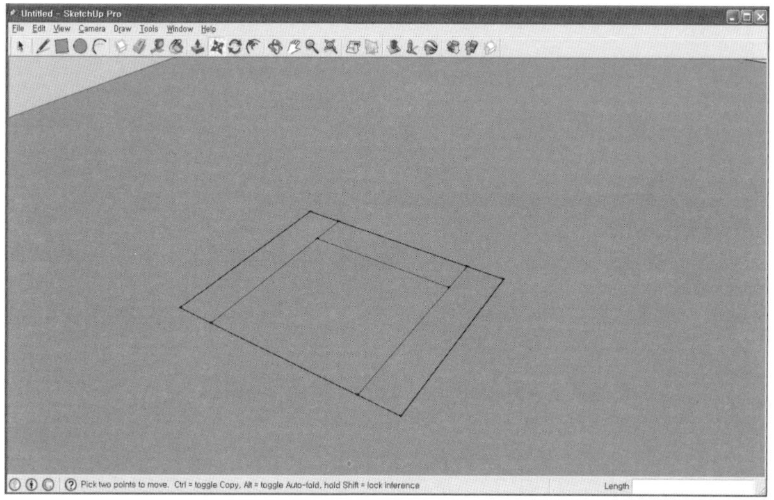

"Push/Pull" 툴을 이용하여 각 부분을 돌출하여 소파를 완성한다.

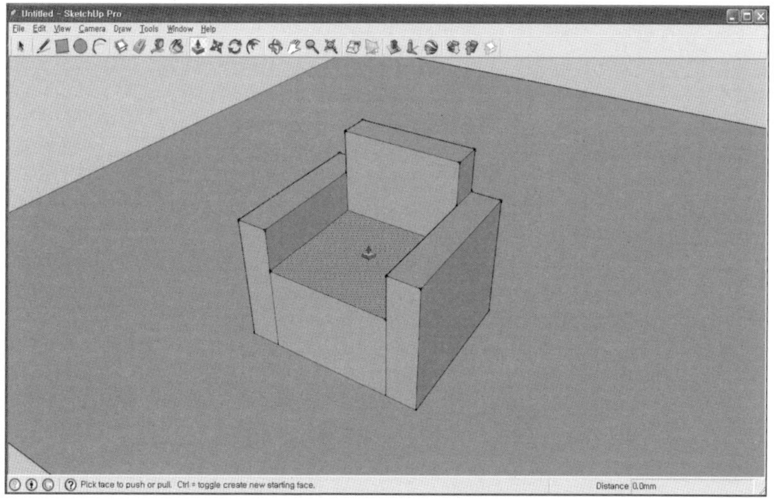

⑤ 완성된 소파를 그룹으로 만들어준다. "Select" 툴을 이용하여 소파의 한 면에서 트리플 클릭을 하면 모든 요소가 선택된다. 이때 먼저 그룹으로 지정한 바닥은 선택되지 않는다. 마우스 오른쪽 버튼을 클릭하여 나타나는 Context menu에서 "Make Group"을 실행한다.

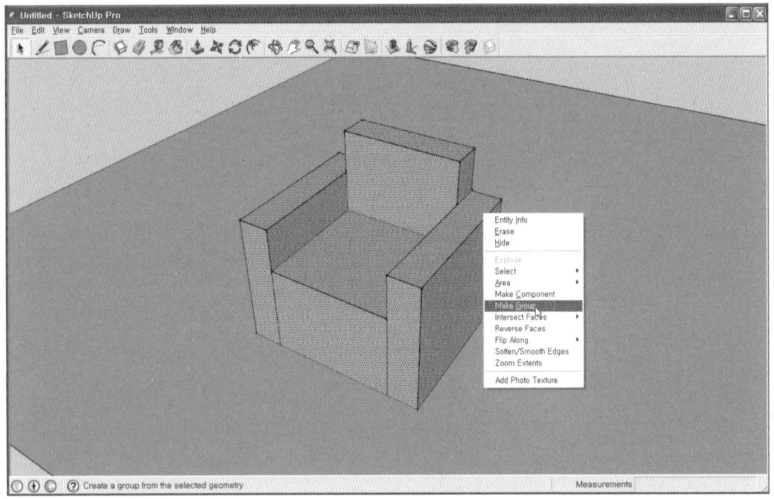

⑥ 그룹이 된 소파요소들은 다음과 같이 바운딩 박스(Bounding Box)가 생성되며 모두 선택된 상태가 된다.

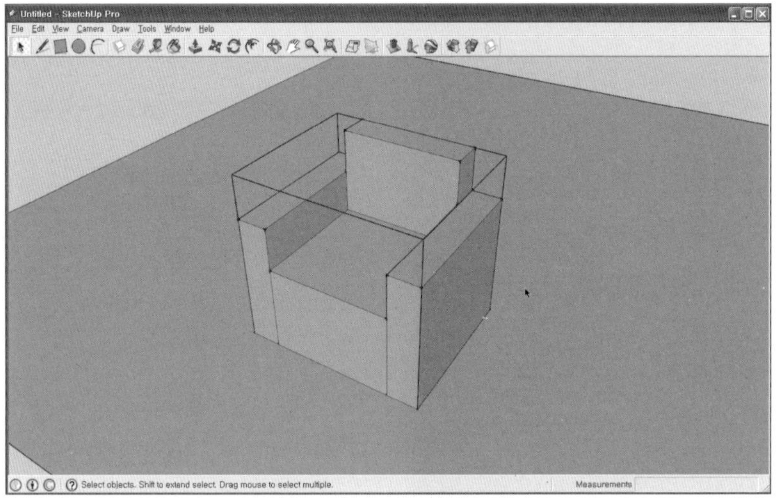

⑦ "Move" 툴을 이용하여 이동하거나 복사하여도 바닥과는 아무런 관계가 없음을 알 수 있다. 소파를 복사하여 옆에 나란히 붙여두어도 인접한 면이 병합되지 않는다.

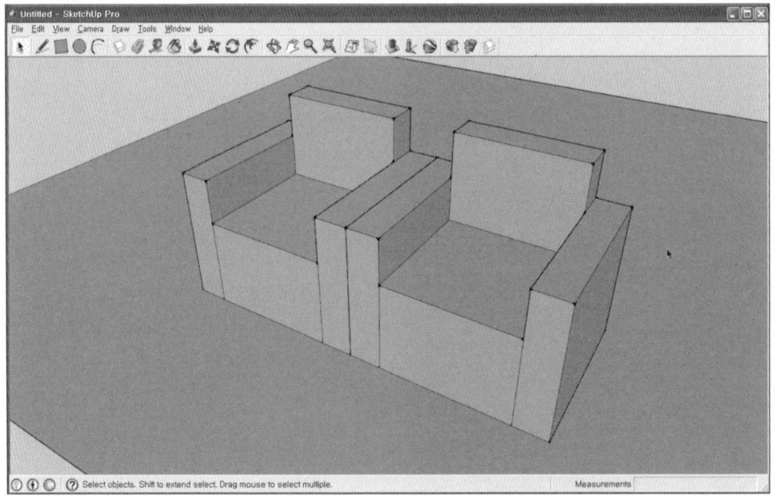

1-3. 그룹의 편집과 해체

그룹 내의 선 또는 면 요소에 대해 편집하기 위해서는 "Edit Group" 모드로 변환하여 작업할 수 있다.

① 편집할 그룹을 선택하고 마우스 오른쪽 버튼을 클릭한다. Context Menu에서 "Edit Group"을 선택한다.

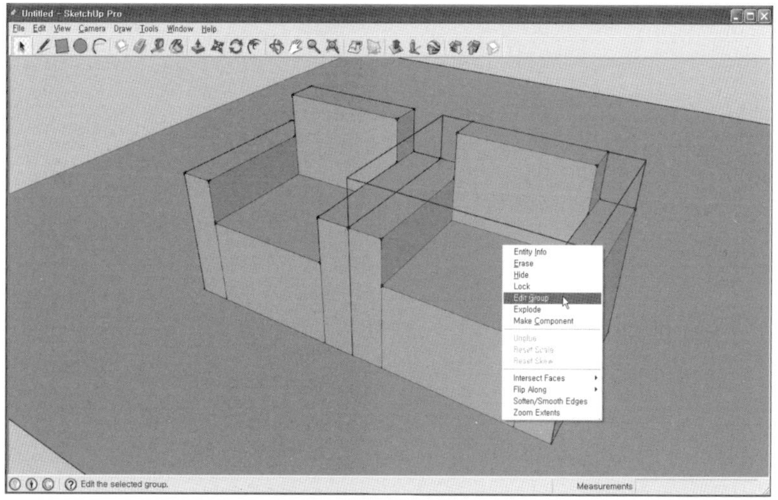

다음과 같이 편집모드로 들어가게 되면 편집대상에 해당하는 소파를 제외한 나머지 요소들은 모두 흐리게 표현된다.

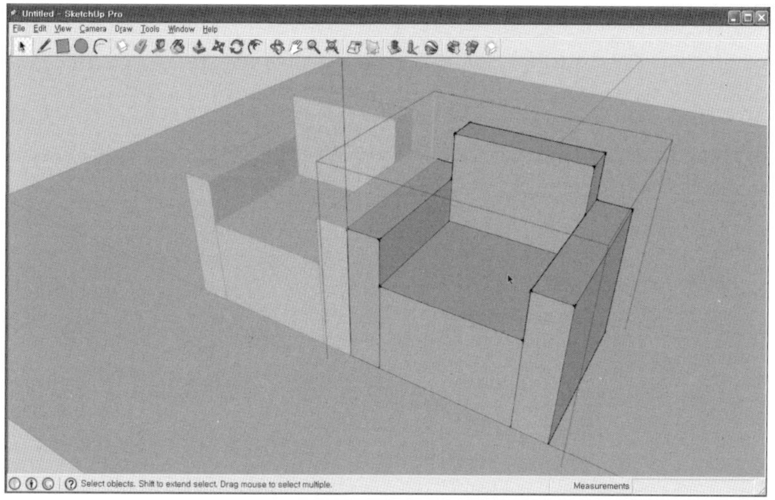

② "Push/Pull" 툴을 이용하여 시트 전면을 '50'만큼 돌출시켜 준다.

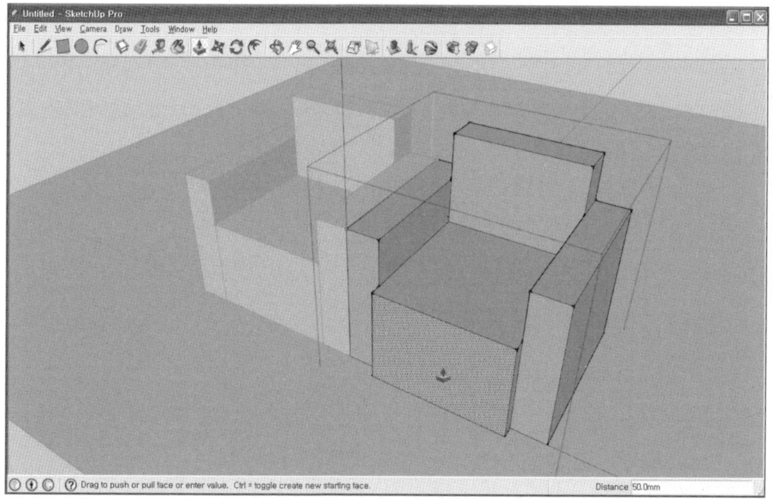

③ 편집이 끝나고 본래의 전체 편집모드로 돌아가기 위해서 편집 중인 그룹의 바깥쪽에서 마우스 오른쪽 버튼을 클릭하여 나타나는 Context Menu에서 "Close Group"을 선택한다.

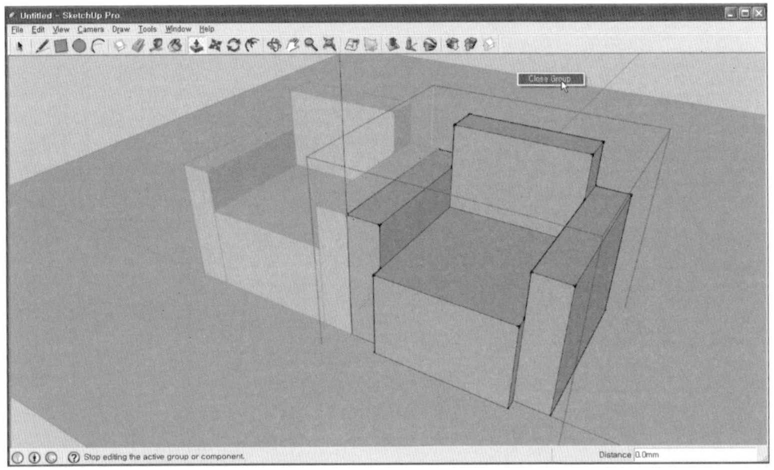

④ 나머지 소파에 동일한 편집을 적용하기 위해 같은 방법으로 작업한다.

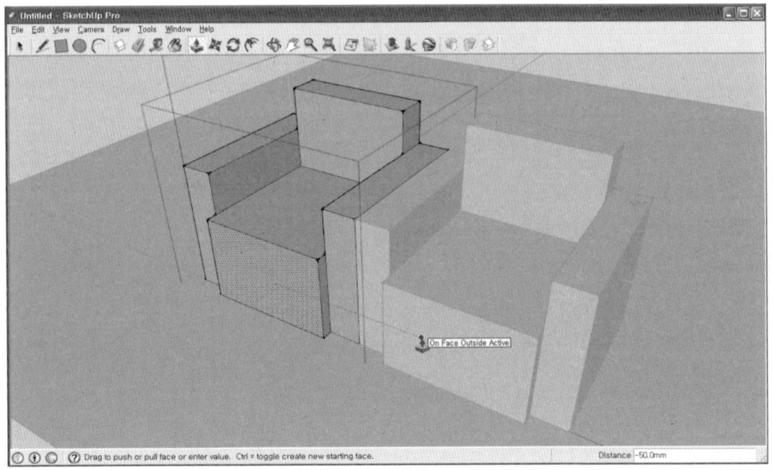

⑤ 그룹을 만드는 방법이 간단한 만큼 그룹을 해체하여 본래의 모서리와 면 요소로 되돌리는 것 또한 간단하다.

"Select" 툴을 실행하고 그룹을 선택한다. 마우스 오른쪽 버튼을 클릭하여 나타나는 Context Menu에서 "Explode"를 선택하여 실행하면 그룹이 분해된다.

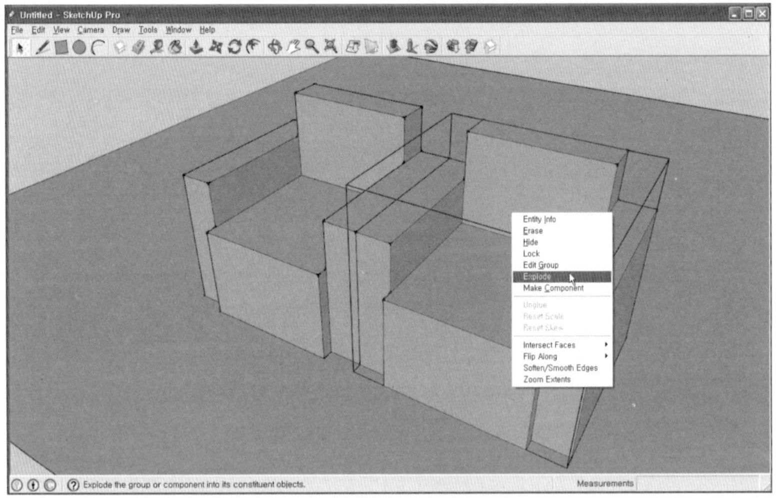

2. 컴포넌트(Component)

2-1. 컴포넌트 만들기

(1) 컴포넌트란?

컴포넌트는 앞서 배운 그룹(Group)과 매우 유사하다. 선과 면들로 구성된 묶음객체라는 부분에서는 동일하지만, 이보다 더 많은 부분에서 편리한 기능들을 포함하고 있으므로 그룹과 컴포넌트의 차이점을 분명히 알고 필요에 따라 적절히 사용하도록 해야 한다.

(2) 컴포넌트 만들기

앞서 그룹 편집에서 각 그룹에 대해 각각 시트 앞부분을 돌출시켰다. 만약 똑같은 소파가 100개 정도라고 한다면 100번의 작업을 거쳐 동일한 과정을 수행해야 한다. 하지만 그룹이 아닌 컴포넌트에서는 하나의 컴포넌트에 발생하는 변화가 동일 컴포넌트 전체에 영향을 미치기 때문에 100개든 10,000개이든 한 개의 컴포넌트에만 작업해주면 된다.

① 앞서 그룹을 해체한 소파요소들을 이용하여 컴포넌트를 만들어 보겠다. "Select" 툴을 이용하여 전체 선택한 다음 마우스 오른쪽 버튼을 클릭하여 나타나는 Context Menu에서 "Make Component"를 선택하여 실행한다.

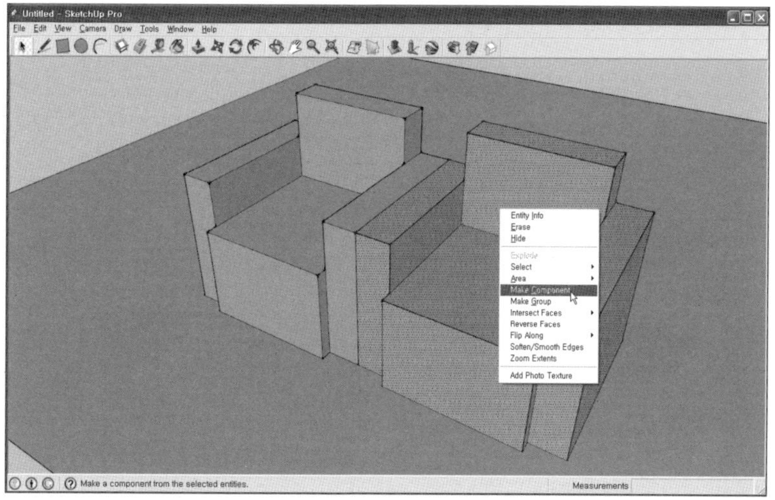

② 다음과 같이 [Create Component] 대화상자가 나타난다. 우선 간단하게 이름만 지정하고 컴포넌트를 생성한다. 'Name' 부분에 '1인용 소파'와 같이 알기 쉬운 이름을 입력하고 "Create" 버튼을 클릭한다.

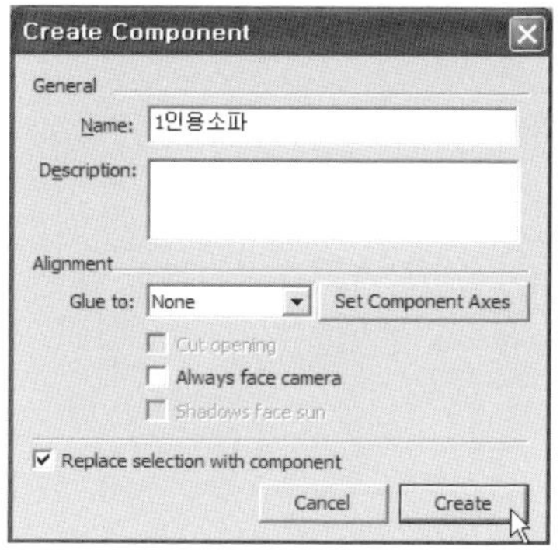

③ 컴포넌트가 생성된 결과는 그룹과 동일한 모습을 나타낸다. 바운딩 박스(Bounding Box)에 의해 둘러싸인 소파를 우선 복사하도록 한다.

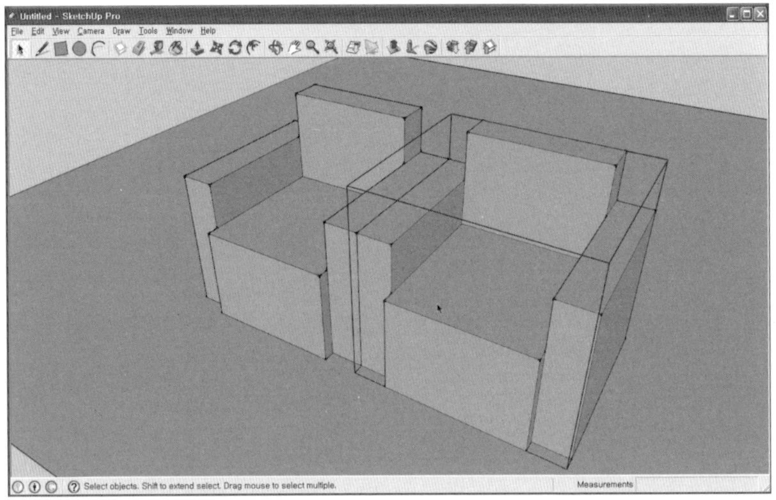

④ "Move" 툴을 실행하고 'Ctrl' 키를 눌러 소파를 복사한다. 복사를 하자마자 '2x'를 입력하고 Enter↵ 키를 누르면 다음과 같이 두 개의 복사본이 생성된다.

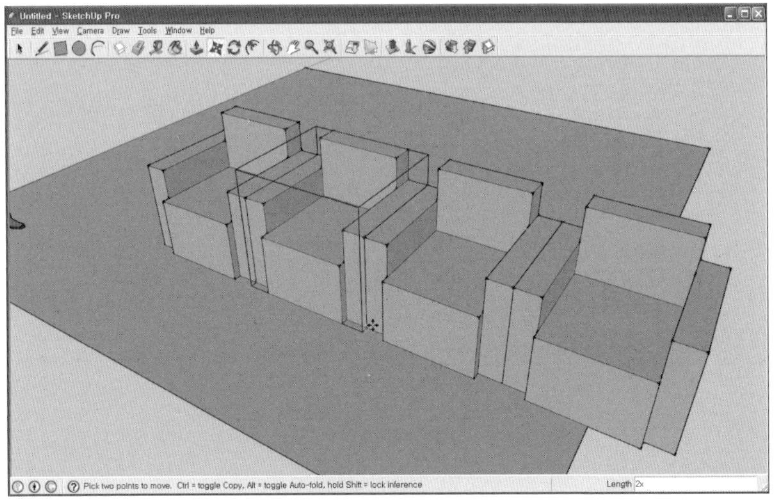

2-2. 컴포넌트 편집

① 생성된 컴포넌트 중 하나를 무작위로 선택하여 편집한다. 컴포넌트 위에서 마우스 오른쪽 버튼을 클릭하여 "Edit Component"를 실행한다. 편집 모드로 선택된 소파를 제외한 나머지 그룹 및 컴포넌트는 모두 흐리게 표시된다.

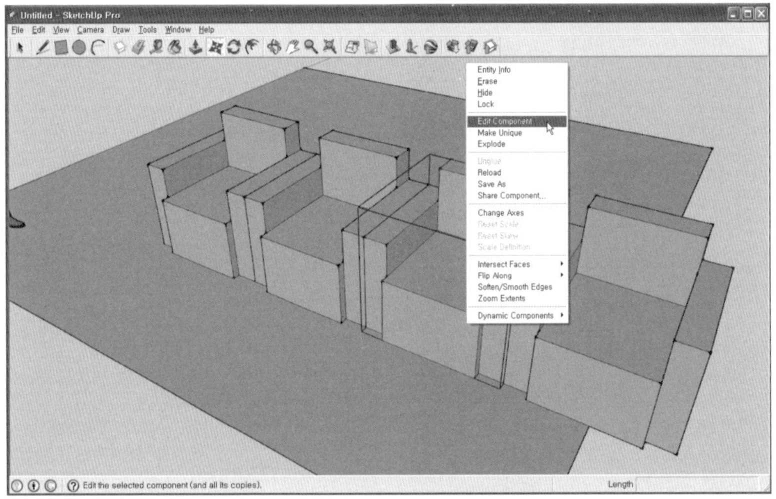

② 다음과 같이 시트의 돌출 면에 코너에 접하는 호(Arc)를 작성한다. 필요한 경우 "Tape Measure Tool"을 이용하여 안내선을 생성하여 그릴 수 있다. 옆의 소파를 살펴보면 안내선, 호 등이 동일하게 생성되는 것을 확인할 수 있다.

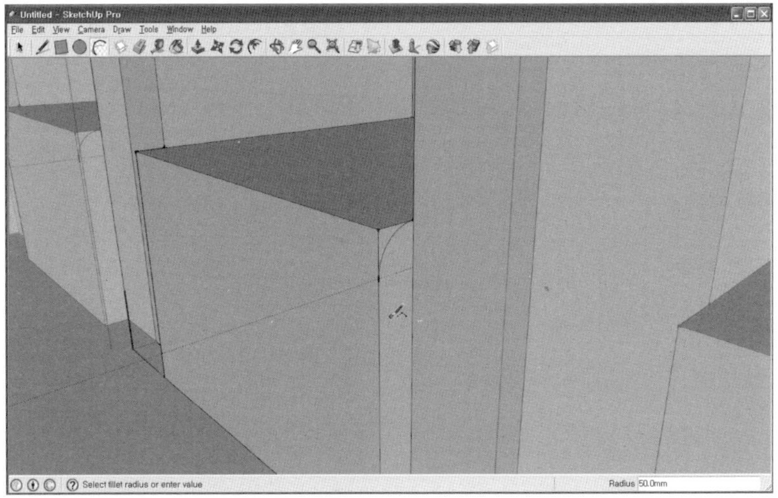

③ "Push/Pull" 툴을 이용하여 볼륨을 줄이기 시작하면 작업을 하고 있는 소파뿐만 아니라 나머지 동일 컴포넌트의 소파들에도 동일한 작업결과가 진행되는 것을 확인할 수 있다.

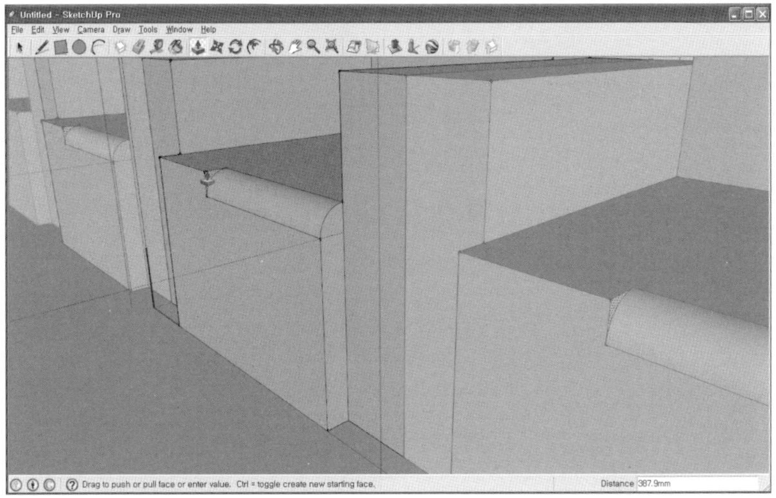

④ 끝까지 밀기를 하여 볼륨을 제거한 결과는 다음과 같다.

2-3. Make Unique

앞서 살펴본 바와 같이 복사된 컴포넌트들은 서로 연계되어 있어 하나가 편집되면 다른 것도 모두 동일한 편집결과가 적용된다. 만약 복사된 컴포넌트 중에서 하나를 이용하여 편집하되 다른 컴포넌트에는 영향을 미치지 않고 단독으로 편집하길 원한다면 "Make Unique" 기능을 활용할 수 있다.

① 마지막 소파를 선택하고 마우스 오른쪽 버튼을 클릭한다. Context Menu에서 "Make Unique"를 실행한다.

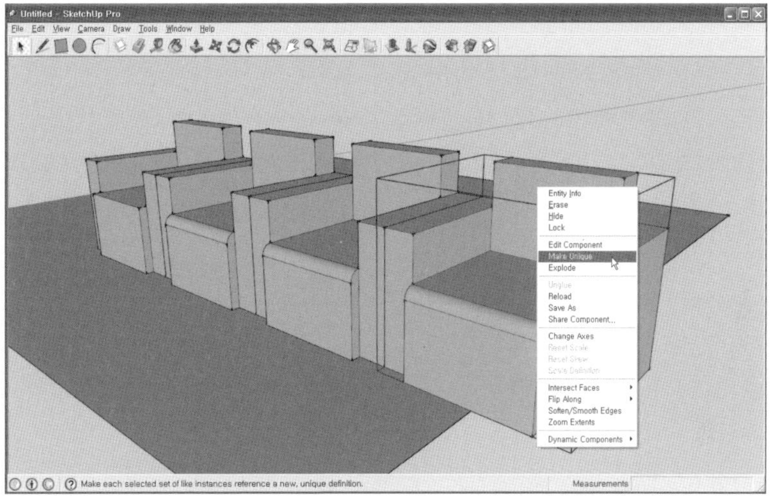

② 다시 마우스 오른쪽 버튼을 클릭하고 Context Menu에서 "Entity Info"를 실행하여 나타나는 [Entity Info] 창에서 '1인용 소파#1'이라는 변경된 이름을

확인할 수 있다.

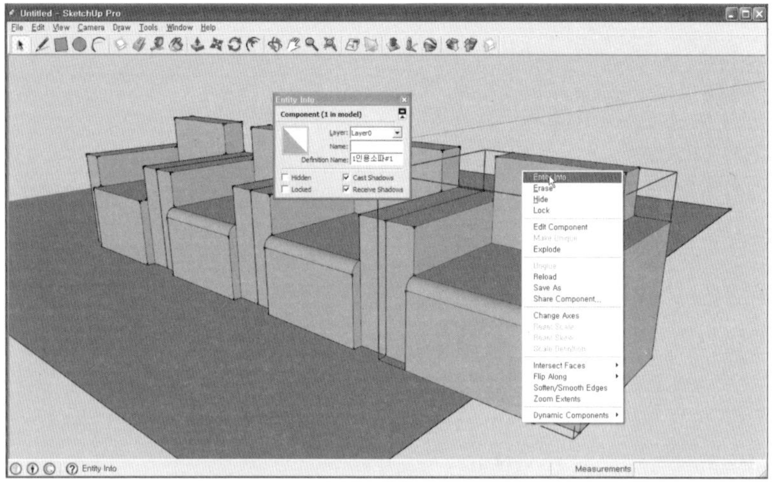

③ 독립된 컴포넌트에서 마우스 오른쪽 버튼을 클릭하여 “Edit Component”를 실행한다. 관찰 뷰를 회전하고 화면을 이동하여 다음과 같이 편집하려는 컴포넌트의 정면을 관찰하는 뷰로 만들어준다.

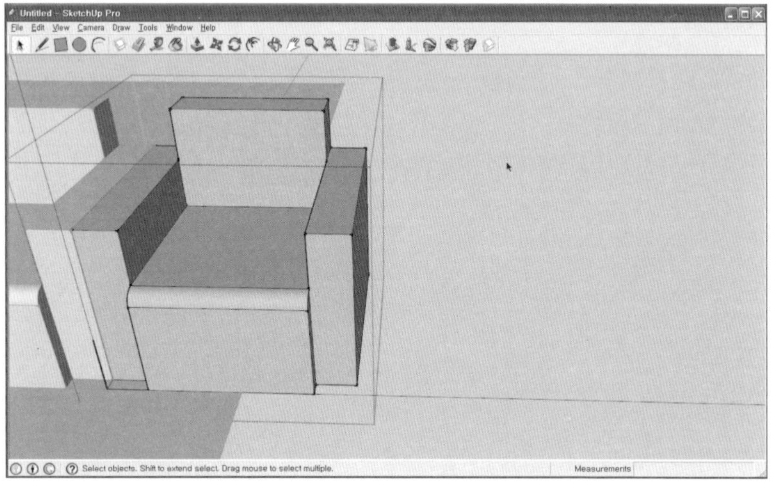

④ “Select” 툴을 이용하여 다음과 같이 소파 한쪽의 모서리들이 선택될 수 있도록 드래그하여 범위로 선택한다.

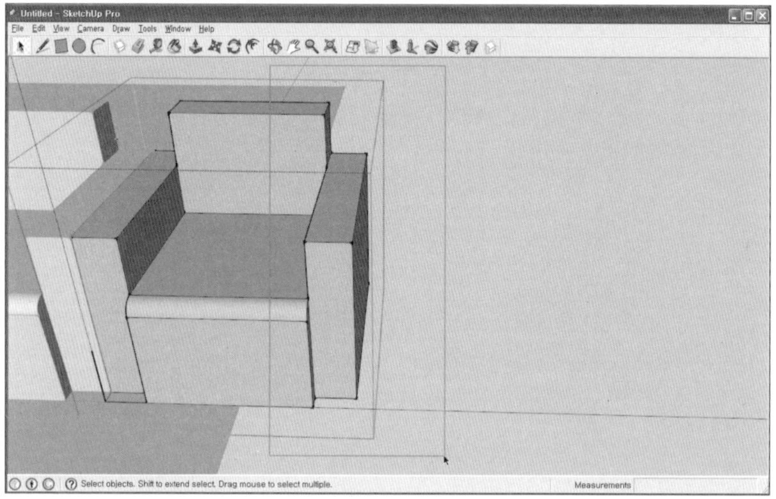

선택된 결과는 다음과 같다.

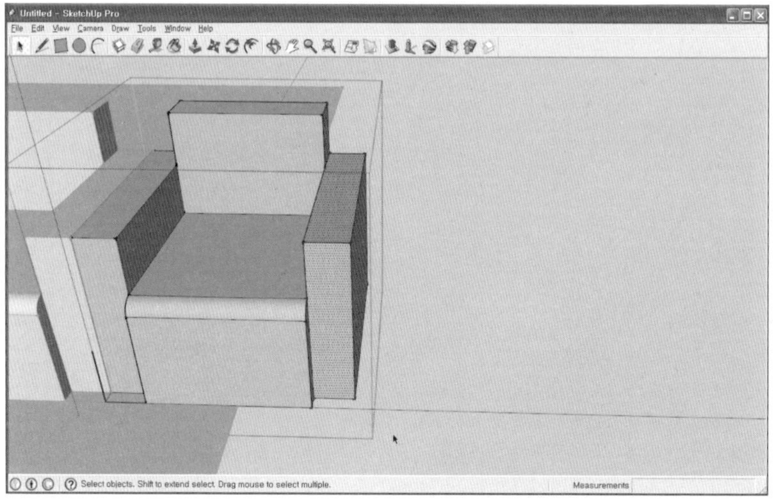

⑤ "Move" 툴을 이용하여 선택된 모서리들을 Red Axis 방향으로 이동시켜 준다. 정확한 치수를 입력하여 '900'만큼 이동한다. 1인용 소파에서 2인용 소파로 수정되었다.

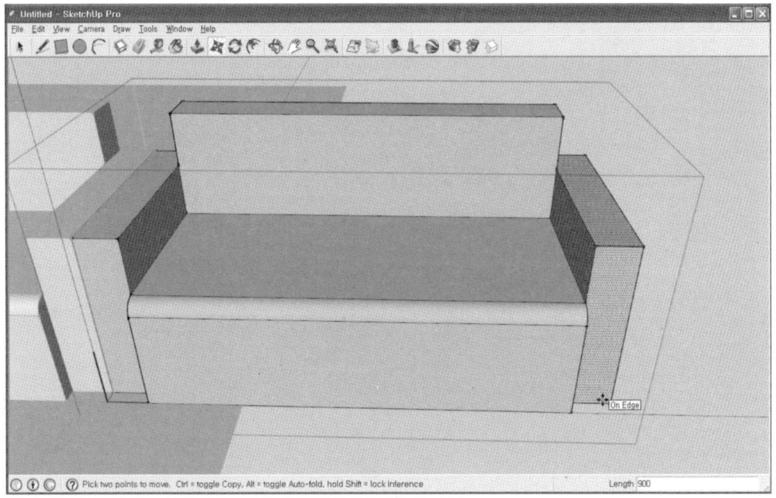

⑥ Context Menu에서 "Close Component"를 선택하거나 화면 바깥쪽을 "화살표" 툴로 더블 클릭하여 컴포넌트 편집에서 빠져나온다.

이상과 같이 "Make Unique"를 실행한 컴포넌트는 이전의 컴포넌트 그룹에서 독립적으로 분리된 것으로 독자적인 편집을 위해 사용될 수 있다.

2-4. 테이블 모델링

지금까지 완성한 소파들을 재배치하고 중앙에 테이블을 모델링하여 응접세트를 만들어 본다.

① "Rotate" 명령을 통해 2인용 소파를 회전시켜 준다.

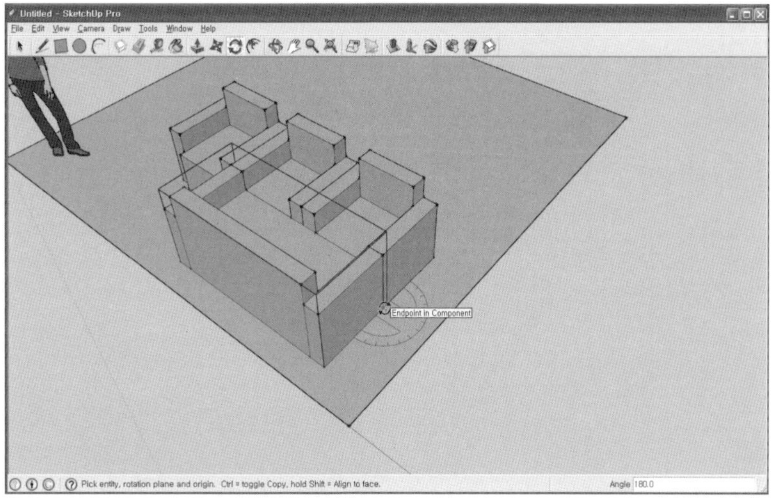

② 다음의 치수를 참고하여 "Move" 툴과 "Rotate"을 활용하여 적당하게 배치한다.

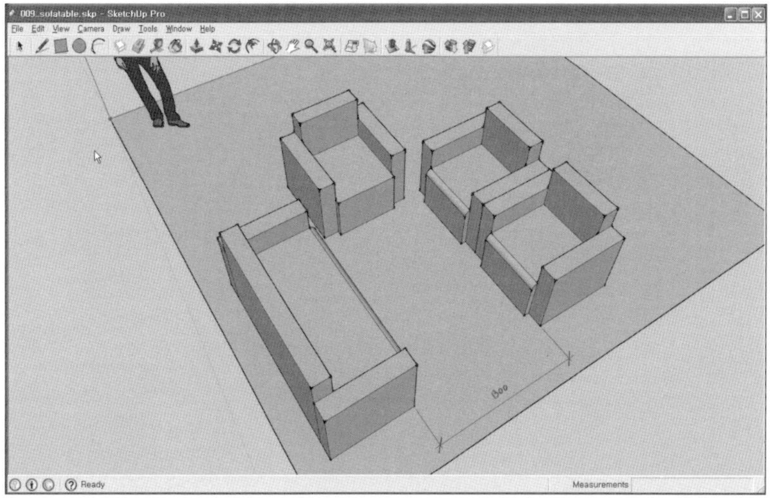

③ “Rectangle” 툴을 이용하여 다음과 같이 테이블 상판으로 모델링한 직사각형을 작성한다.

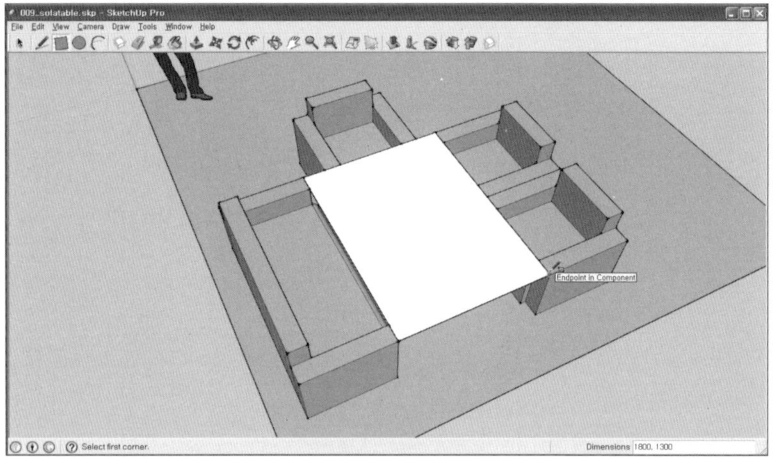

④ “Push/Pull” 툴을 이용하여 직사각형에 볼륨을 추가한다. 밀기를 하여 아래 방향으로 볼륨을 추가한다. 볼륨이 추가되어 완성되는 박스의 밑면 높이가 ‘400’이 되도록 하기 위해 소파의 시트높이까지 밀기를 하면 된다.

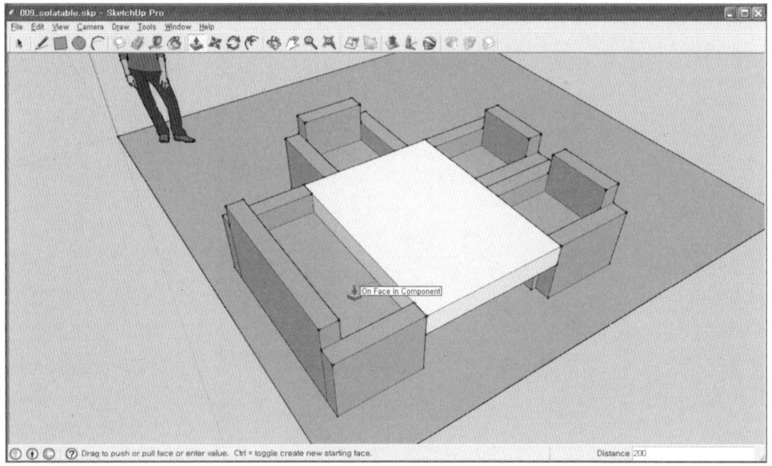

다시 박스의 윗면을 아래방향으로 밀기하고 돌출높이 값은 ‘150’을 지정한다. 결국 테이블 상판의 두께 값을 ‘50’으로 조정하게 된다.

테이블 상판의 각 측면을 “Push/Pull”을 이용하여 안쪽으로 밀어 넣는다. 4개의 측면 모두 ‘200’만큼 안쪽으로 밀어 볼륨을 축소한다. 테이블 상판이 완성되었다.

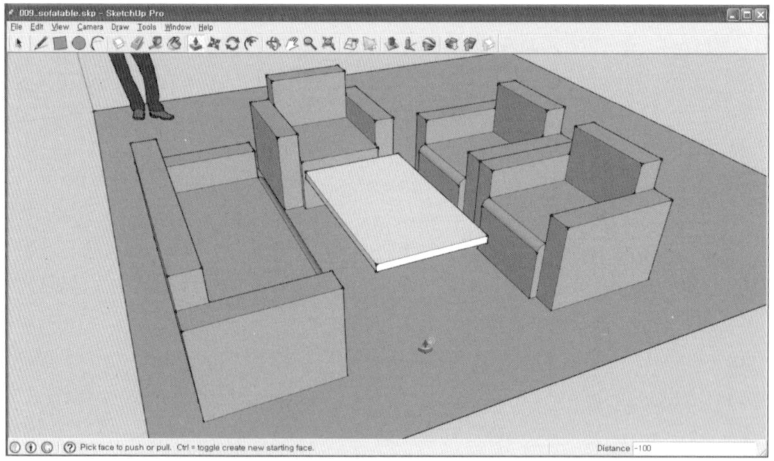

완성된 테이블 상판을 그룹으로 지정한다. “Select” 툴을 이용하여 테이블 상판을 트리플 클릭하여 모든 요소를 선택한 다음 그룹으로 지정한다.

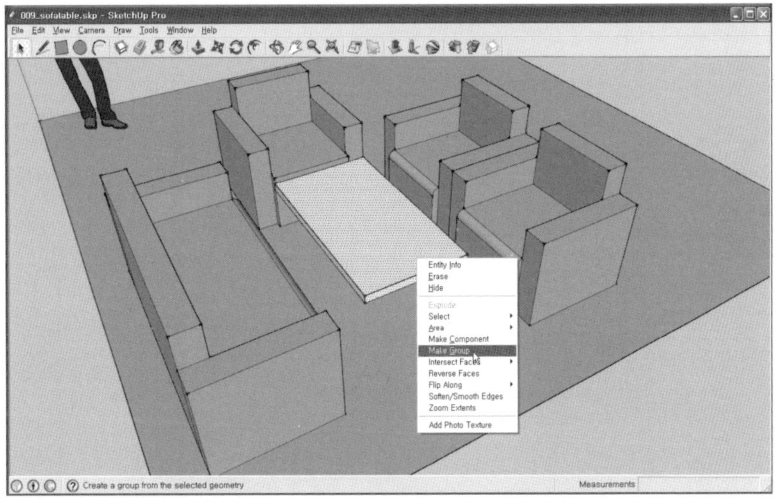

⑤ 테이블 상판의 밑면에 테이블 다리를 작업한다. 밑면을 작업하기 편하도록 관찰 뷰를 회전한다. 뷰를 변경한 결과 최초에 만든 바닥그룹으로 인해 테이블 아랫부분이 잘 보이지 않는다. 이때 바닥을 비롯하여 작업에 지장을 주는 요소를 숨김(Hide)으로써 작업을 용이하게 할 수 있다. “Select” 툴을 이용하여 바닥그룹을 선택한 다음 마우스 오른쪽 버튼을 클릭하여 Context Menu를 나타나게 한다. “Hide”를 선택하면 바닥그룹이 화면에서 숨게 된다.

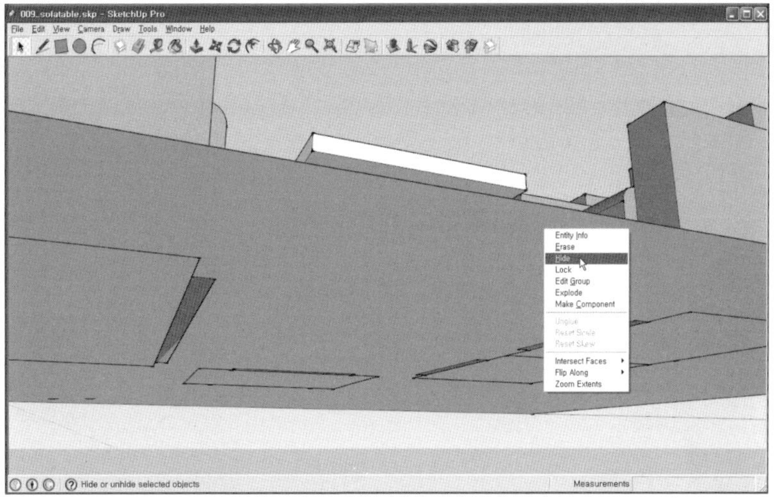

⑥ “Tape Measure Tool”을 이용하여 테이블 다리가 위치할 지점을 표시한다. 각 모서리에 ‘100’만큼 간격을 띄워서 안내선을 생성한다.

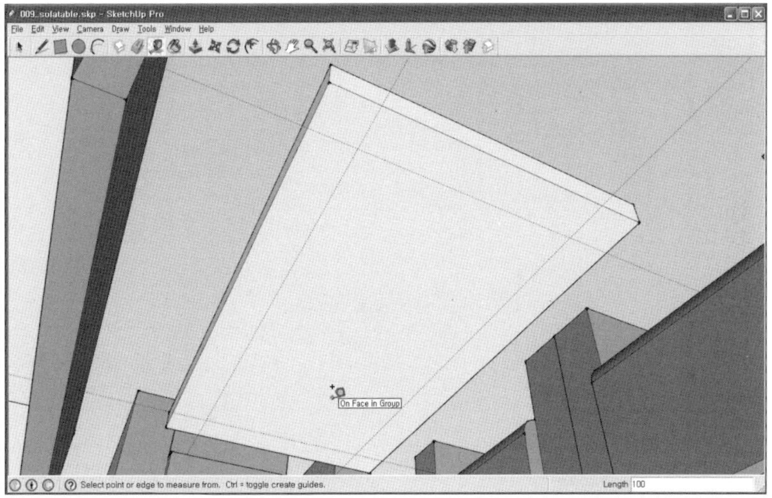

⑦ "Rectangle" 툴을 이용하여 한쪽 코너에 '100mm×100mm' 크기의 정사각형을 그려준다.

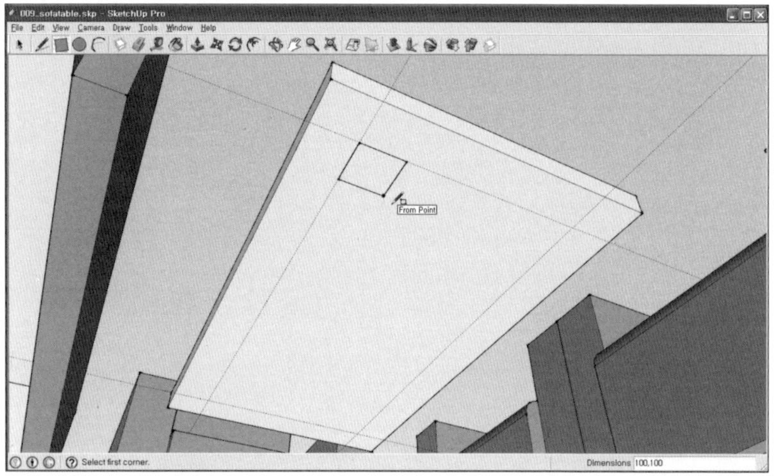

⑧ 작성된 정사각형을 트리플 클릭한 다음 마우스 오른쪽 버튼으로 Context Menu를 실행하여 "Make Component"를 실행한다.

[Create Component] 대화상자에서 이름(Name)부분만 '응접테이블 다리'라는 이름을 지정해주고 'Create' 버튼을 클릭한다.

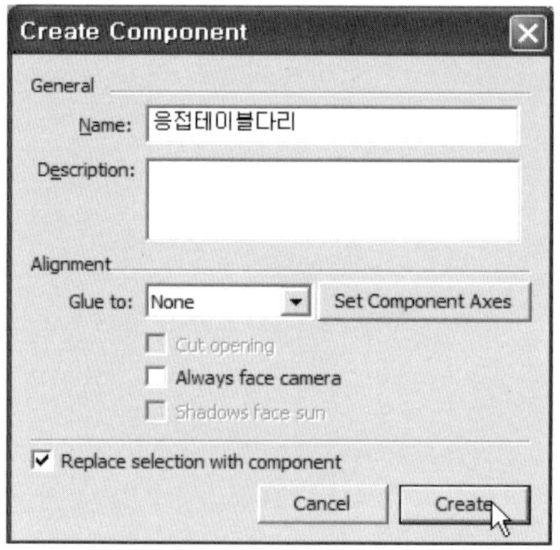

⑨ 컴포넌트로 지정된 테이블 다리를 복사하여 모두 네 개의 테이블 다리가 배치되도록 한다.

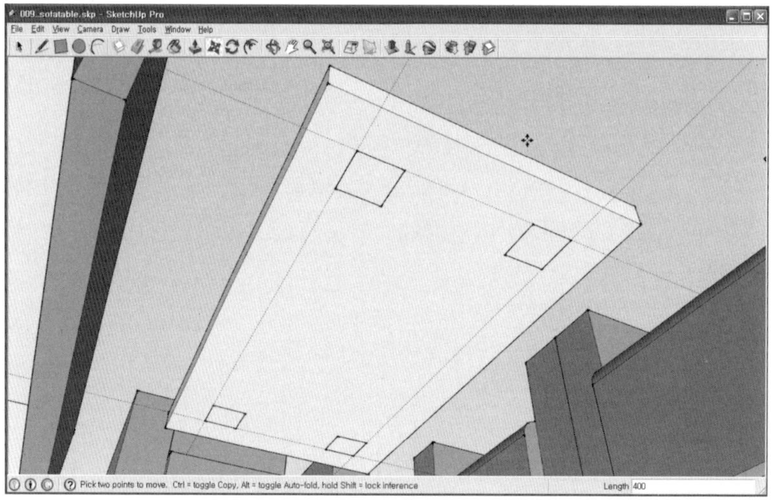

⑩ 편집할 테이블 다리 컴포넌트들 중에서 하나를 "Select" 툴로 더블 클릭한다. Context Menu에서 "Edit Component"를 실행하여 편집모드로 전환할 수도 있고 마우스로 더블 클릭하여 편집모드로 전환할 수 있다.

"Push/Pull" 툴을 이용하여 정사각형에 볼륨을 추가한다. 다음과 같이 테이블의 모든 다리에 동일한 작업이 적용되는 것을 확인할 수 있다. 바닥 위치까지 드래그하여 완성한다.

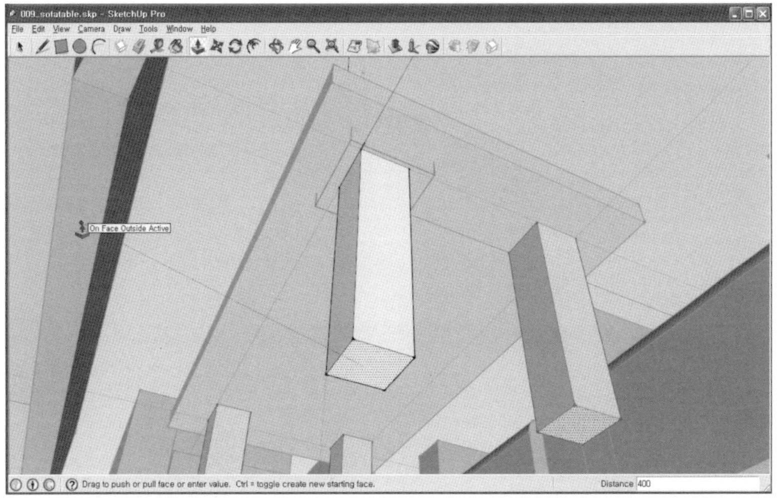

⑪ 또한 테이블 다리에 디테일한 장식을 추가할 수도 있다. 다음과 같이 "Line" 툴과 "Arc" 툴 등을 이용하여 테이블 다리의 단면을 그려준다.

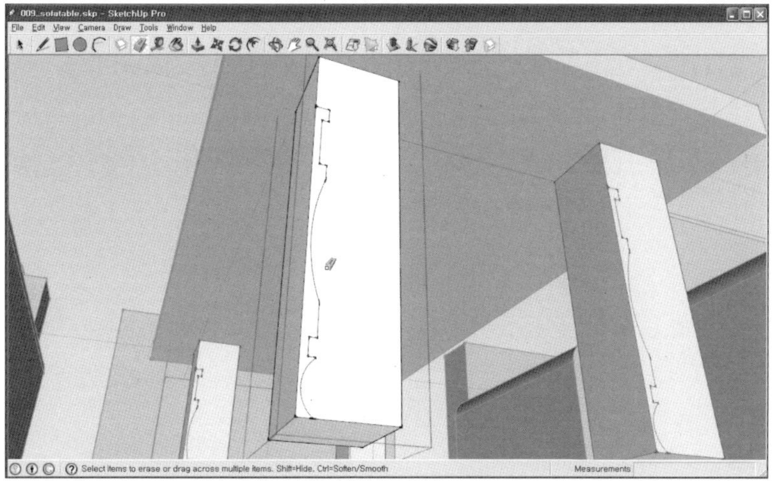

"Follow Me" 툴을 실행하여 단면부분을 깎아주면 보다 디테일하고 클래식한 테이블에 어울리는 테이블 다리가 완성된다. "Select" 툴을 이용하여 테이블 다리의 밑면을 먼저 선택한다. 선택된 밑면(정사각형)이 경로(Path)의 역할을 하게 된다.

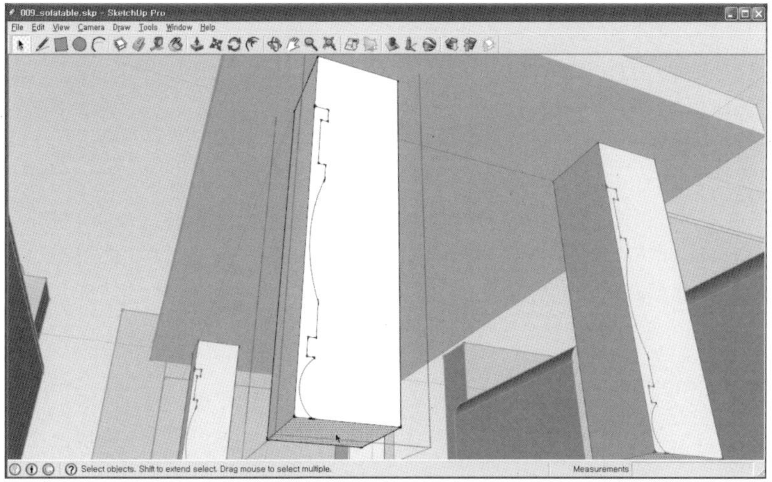

"Follow Me" 툴을 실행하고 작성된 단면을 선택하면 다음과 같이 따라가기가 적용된 결과를 확인할 수 있다. 나머지 테이블 다리도 컴포넌트로 구성되어 있으므로 모두 동일한 편집결과를 얻을 수 있다.

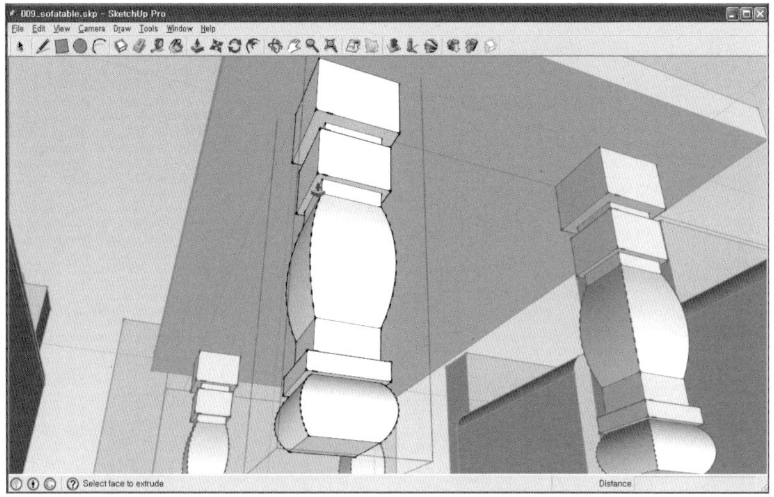

컴포넌트 편집모드에서 본래 화면으로 돌아오기 위해 마우스 오른쪽 버튼을 누르고 "Close Component"를 실행한다. 다른 방법으로는 "Select" 툴을 실행하고 화면의 빈 곳을 더블 클릭할 수도 있다.

⑫ 관찰 뷰를 변경하고 테이블 작업을 위해 숨김(Hide)을 한 바닥을 다시 보이도록 한다. [Edit] 메뉴에서 [Unhide → All]을 실행하면 숨겨진 요소들이 모두 화면에 다시 나타나게 된다.

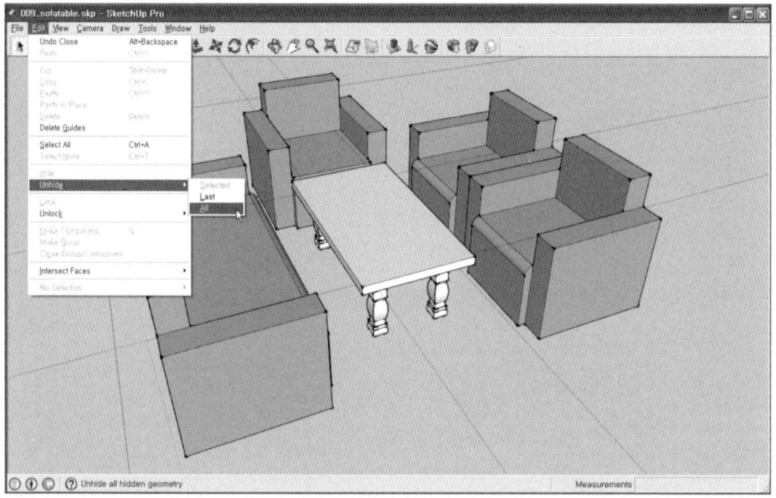

⑬ 최종 완성된 결과는 다음과 같다.

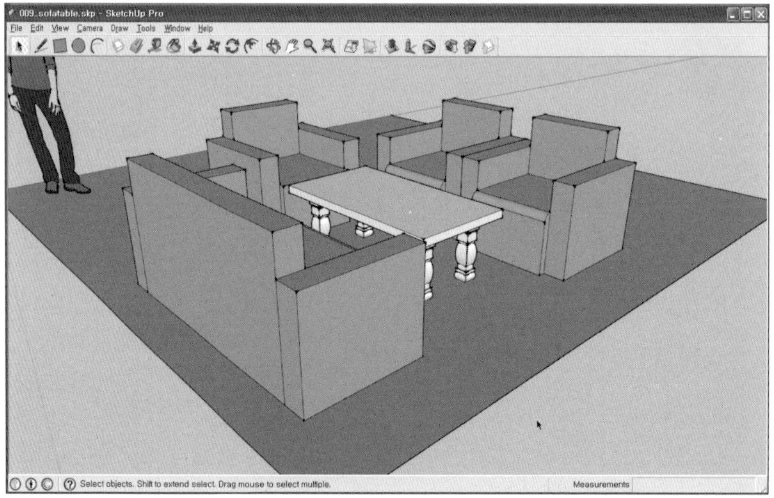

2-5. Components Window

컴포넌트로 작성된 요소들은 소파나 테이블처럼 하나하나의 완성된 형태를 가진다. 이러한 작업들을 AutoCAD의 블록(Block)처럼 하나의 객체로 관리하고 사용할 수 있다. 특히 SketchUp은 이런 컴포넌트들을 인터넷을 활용하여 무제한으로 공유하기 때문에 전 세계의 SketchUp 유저들의 협업에 의해 작업을 진행할 수 있다.

(1) Component window에서 가져오기

다음과 같이 "Rectangle" 툴을 이용하여 벽체를 만들어준다. 벽체의 높이는 '2400'으로 지정한다.

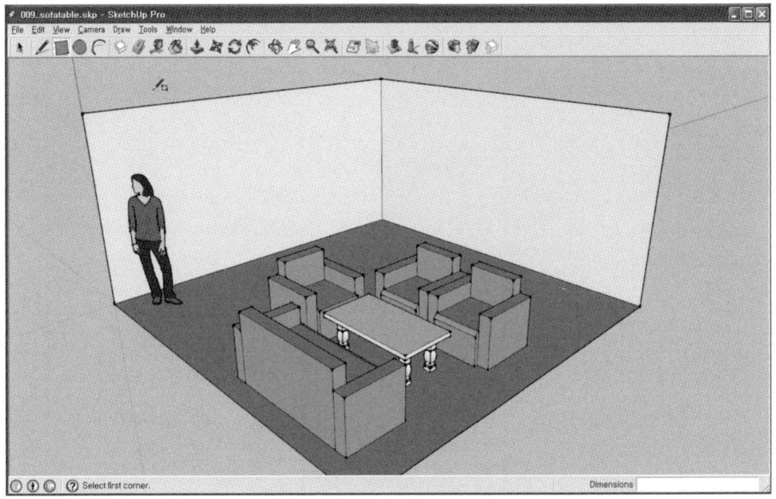

[Window] 메뉴에서 "Components"를 실행하면 다음과 같은 [Components] 윈도우가 나타난다.

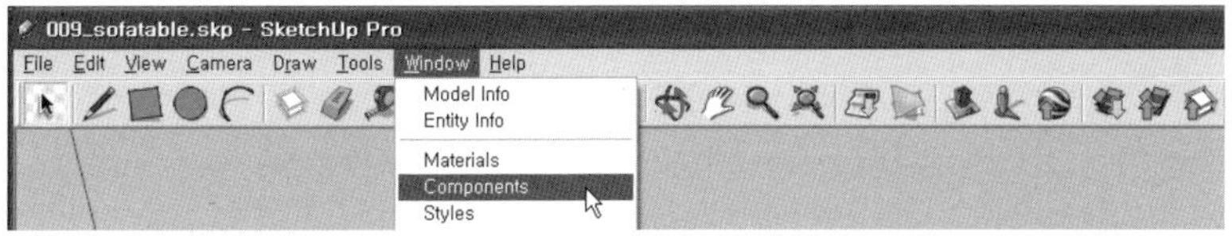

최초로 [Components] 윈도우가 실행되면 "Components Sampler"와 "Dynamic Components Training"의 두 가지 항목이 나타난다. 먼저 "Components Sampler"를 클릭하면 다음과 같이 '2D Girl's Dog'을 비롯하여 가져올 수 있는 컴포넌트의 목록이 나타난다. [Components] 윈도우의 크기를 늘리면 더 많은 리스트들을 확인할 수 있다.

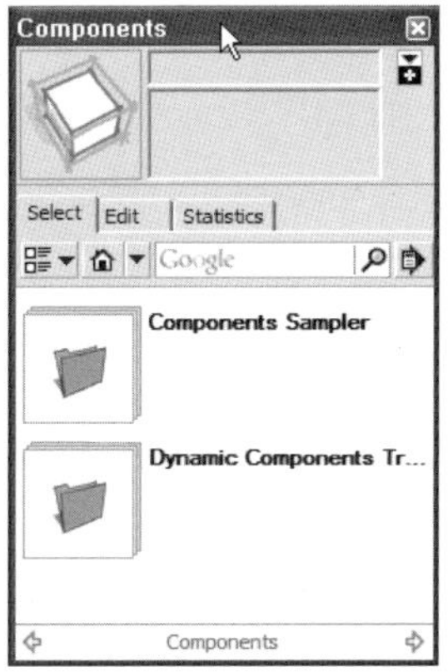

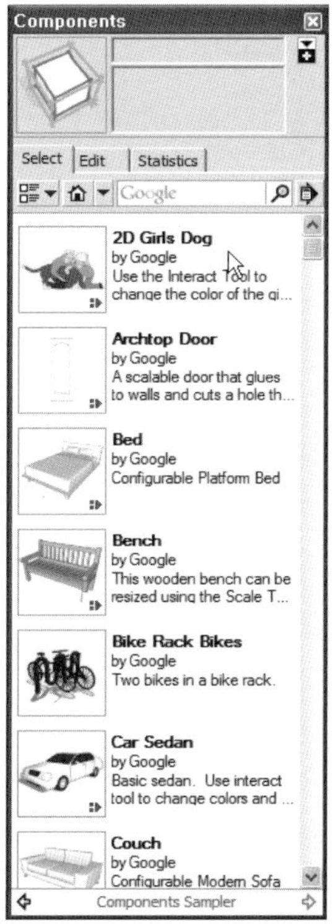

우선 "Couch" 항목에서 미리보기 이미지(Thumbnail)를 선택하고 마우스를 화면으로 가져오면 다음과 같이 카우치 모델이 삽입된다.

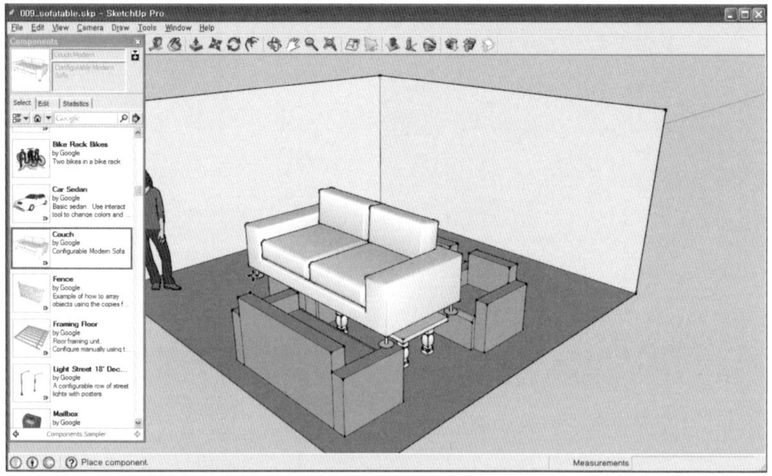

마우스를 이동하여 적절한 위치를 잡아준 다음 삽입점을 마우스 클릭으로 지정하면 삽입이 완료된다.

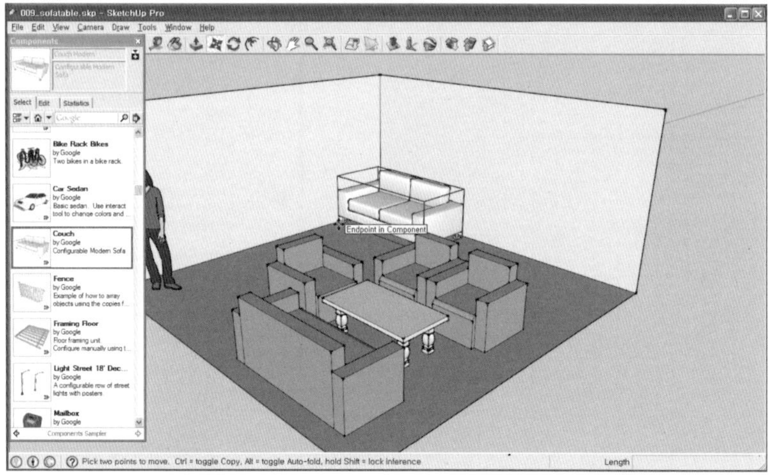

이번에는 앞서 작성한 벽체에 창문을 삽입하도록 한다. [Components] 윈도우의 "Navigation" 버튼을 클릭한 다음 "Architecture" 항목을 선택한다.

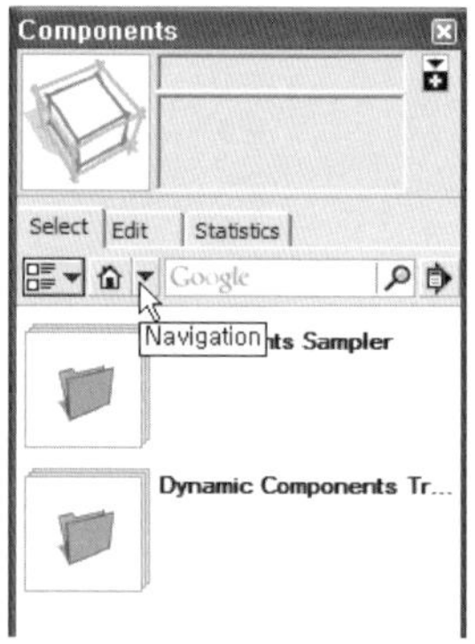

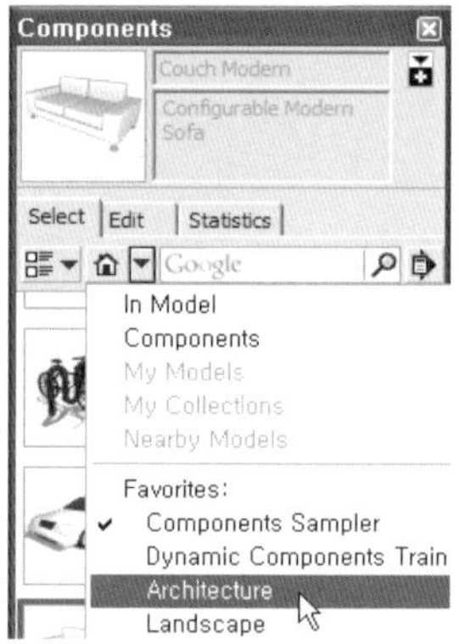

다음의 "Architecture" 항목 중에서 "Windows" 항목을 선택하면 다음과 같이 삽입할 수 있는 창문의 목록이 표시된다.

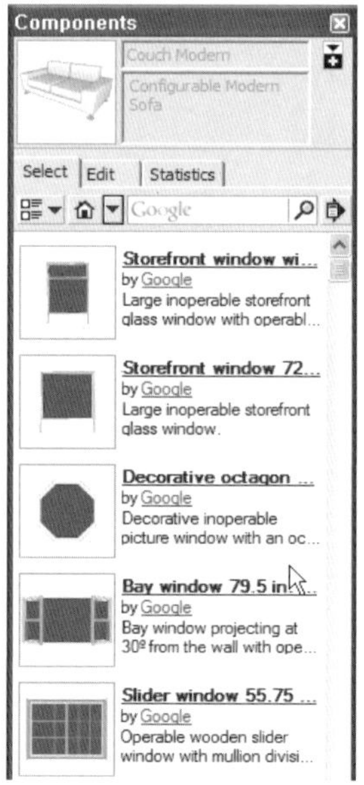

이 중에서 일단 "Slider window 55,75..."을 선택한다. 마우스를 화면으로 가져오면 다음과 같이 창문이 나타나고 벽체에 반쯤 묻힌 모습을 확인할 수 있다.

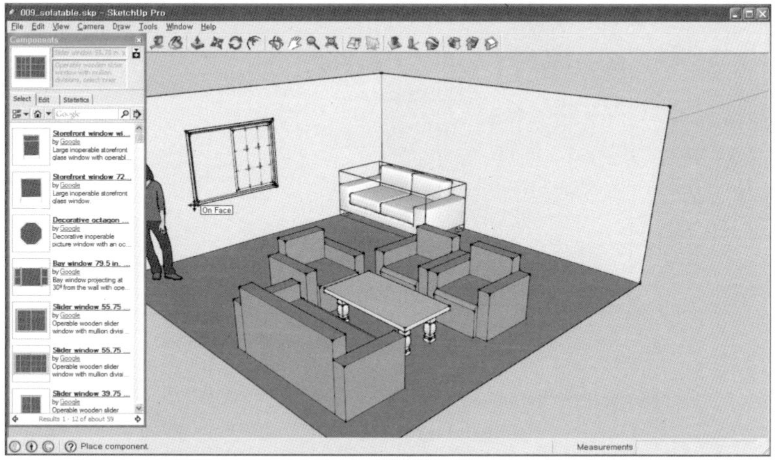

적당한 위치에서 마우스를 클릭하여 삽입을 완료하면 벽체에 창문이 포함되고 삽입 전까지 반쯤 묻힌 것처럼 나타난 창문의 전체 모습이 정확하게 표현된다.

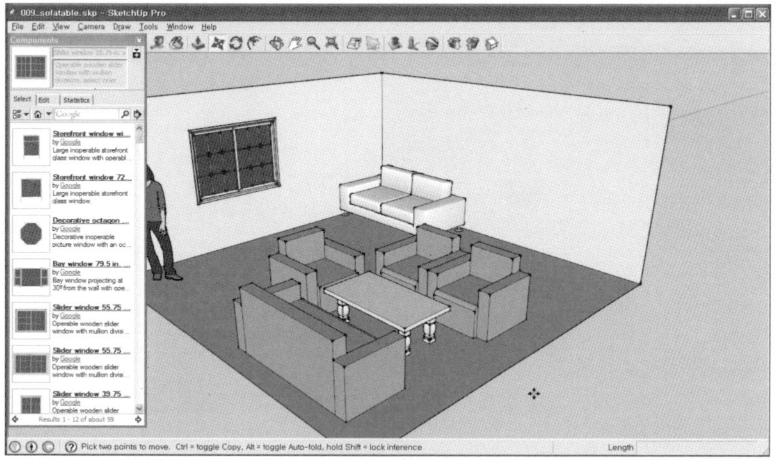

관찰 뷰를 회전하여 바깥쪽에서 창문의 삽입상태를 확인하면 다음과 같이 창문의 유리부분이 투명한 것을 확인할 수 있다. 물론 안쪽에서도 투명한데 좀 더 어두운 색이어서 투명도가 바깥에서 보는 것보다 낮게 나타난다. 즉, 창문과 같은 컴포넌트들은 삽입이 되면서 삽입의 기준이 되는 면 요소의 면 중 일부를 제거하고 삽입될 수 있다.

따라서 SketchUp에서는 문 또는 창을 삽입할 부분의 개구부를 미리 확보하여 모델링을 하는 것이 아니라, 해당 컴포넌트를 삽입하면 자동으로 개구된 벽체를 만들어주기 때문에 아주 편리하게 작업할 수가 있다.

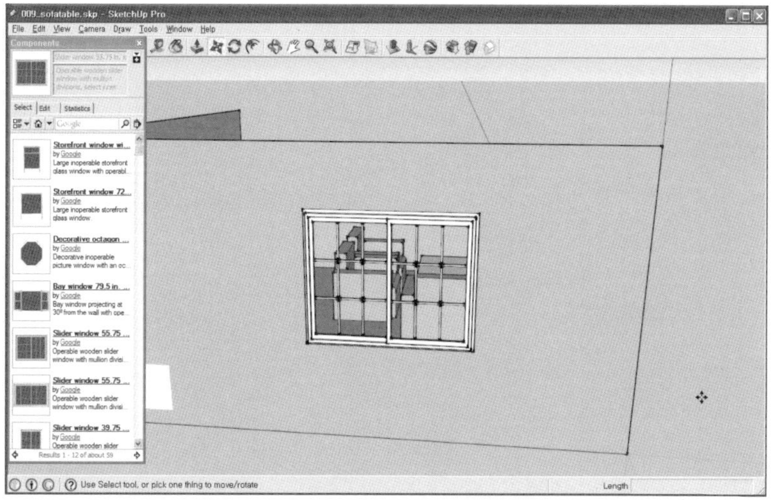

물론, 이처럼 삽입되는 위치의 면을 제거하도록 해당 컴포넌트의 옵션으로 설정되어 있어야만 가능하다.

(2) 검색하여 불러오기

[Componenets] 윈도우의 검색 창에 사용자가 필요로 하는 컴포넌트를 검색하여 불러올 수 있다. 이는 전 세계의 SketchUp 유저들이 등록해둔 컴포넌트들 중에서 조건이 맞는 목록들을 빠르고 쉽게 찾을 수 있도록 한다. 'interior lighting'을 입력하고 Enter↵ 키를 누르면 검색을 시작한다. 검색결과는 다음과 같이 나타난다.

화면을 스크롤하여 마음에 드는 컴포넌트를 선택하면 작업으로 불러올 수 있다. 이때 미리보기 이미지(Thumbnail)를 선택해야 바로 불러올 수 있다. 다음은 'Arco Floor Lamp'를 선택하고 바닥 위에 삽입하는 결과이다.

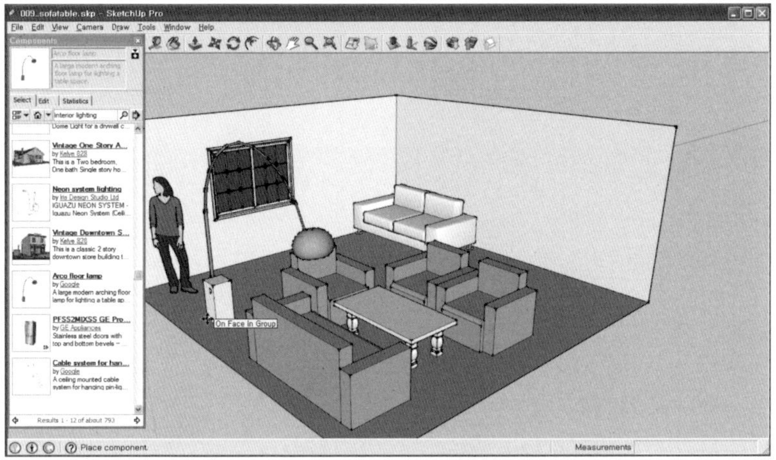

(3) 3D Warehouse Browser

'interior lighting'을 검색한 리스트에서 좌측의 미리보기 이미지가 아니라 'Arco Floor Lamp'라는 글씨를 클릭하게 되면 다음과 같이 [3D Warehouse] 브라우저가 나타난다.

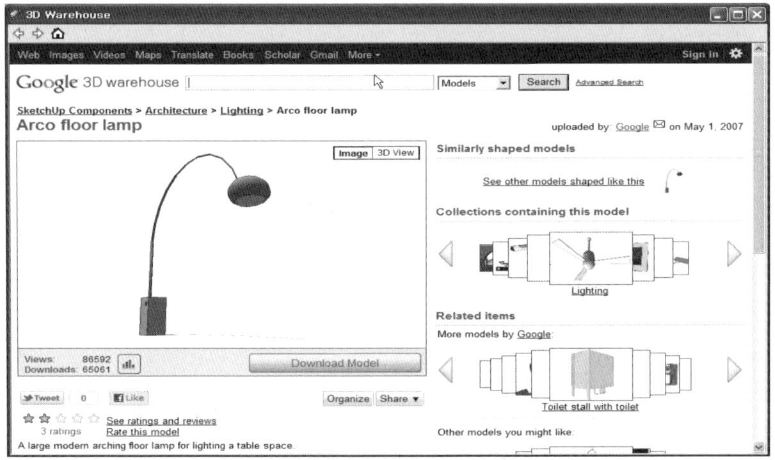

좀 더 큰 이미지로 확인할 수 있어 선택에 많은 도움이 되며, 우측의 유사 검색 결과 및 'Arco Floor Lamp'의 제작자가 만든 다른 컴포넌트들을 검색할 수 있어 더 나은 결과물 및 추가적인 컴포넌트를 사용할 수 있다.

(4) Dynamic Components

다이내믹 컴포넌트는 컴포넌트들 중에서 세부 구성요소에 대한 함수 값을 가지고 있는 것이다. 다음의 예에서 살펴보겠지만, 쉽게 설명하자면 선반 컴포넌트를 삽입하려고 할 때 사용자가 필요로 하는 규격에 딱 맞는 선반이 있을 가능성은 매우 희박하다. 그러면 가장 유사한 선반을 삽입해 와서 사용자가 필요로 하는 크기로 조절한다면 분명히 선반을 구성하고 있는 각 부재의 두께들도 변하게 될 것이다. 다이내믹 컴포넌트는 이러한 편집 가능성을 예측하여 크기가 변하더라도 각 부재의 두께는 바뀌지 않도록 절대적인 값으로 고정하는 등 특정한 함수 값에 대해 미리 정의해 두는 것이다. 다음 사례를 통해 다이내믹 컴포넌트에 대해 살펴보도록 한다.

① [Components] 윈도우의 "Navigation" 버튼을 클릭한 다음 "Components"를 선택하면 [Components] 윈도우의 초기화면으로 돌아간다. "Dynamic Components Training" 항목을 선택하면 다음의 우측과 같이 다이내믹 컴포넌트 샘플들이 나타난다.

② 가장 위에 있는 'Basic Shelving Unit'을 선택하고 현재 작업의 바닥 위에 삽입한다.

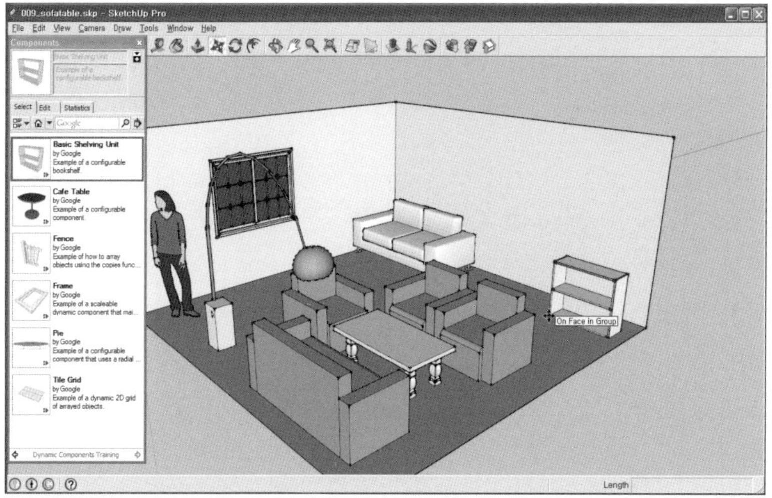

③ 삽입된 선반을 확대하고 선택된 상태에서 마우스 오른쪽 버튼으로 Context Menu를 나타낸다. "Dynamic Components"를 선택하고 "Component Options"를 실행한다.

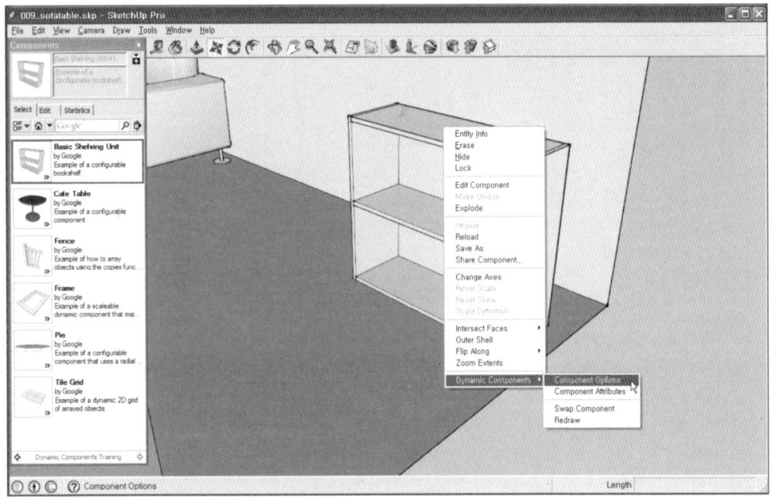

④ 다음과 같이 [Component Options] 대화상자가 나타난다. 좌측의 기존 옵션 값을 확인하고 우측과 같이 값을 변경한다. 'Material' 항목은 'Red'로 변경하고 나머지 'Depth', 'Height', 'Width', 'Thickness'를 변경한다. 현재 값은 '″(inch)'로 표기되어 있는데 변경 값을 입력할 때 숫자 뒤에 치수단위를 입력하면 자동으로 변경되며 인식된다. 'Depth' 값은 '300mm'를 입력하고 Enter↵ 키를 누르면 다음과 같이 '11.8111″'로 변환되어 표기된다. 'Height'는 '2,000mm', 'Width'는 '800mm'로 입력한다. 'Thickness'는 우측의 화살표 버튼을 눌러서 희망하는 두께 값을 선택한다.

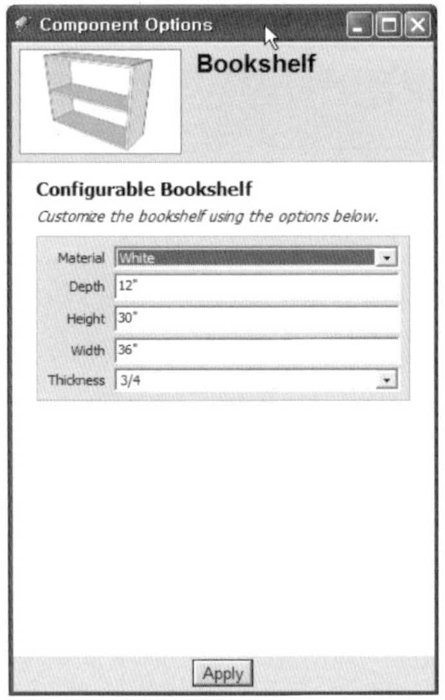

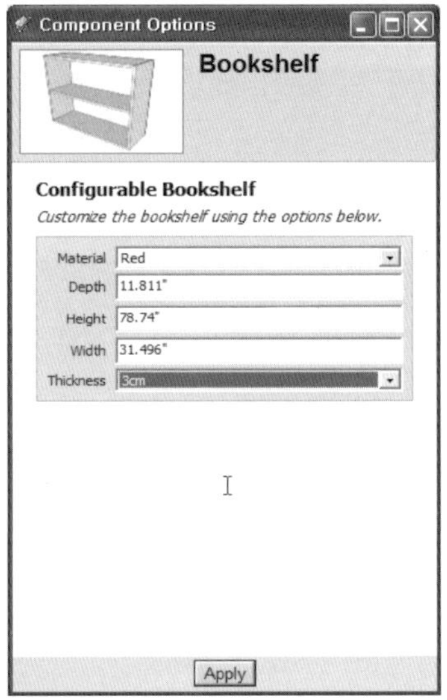

⑤ "Apply" 버튼을 클릭하면 변경 값들이 모두 적용되어 다음과 같이 다이내믹 컴포넌트가 변경된 것을 확인할 수 있다.

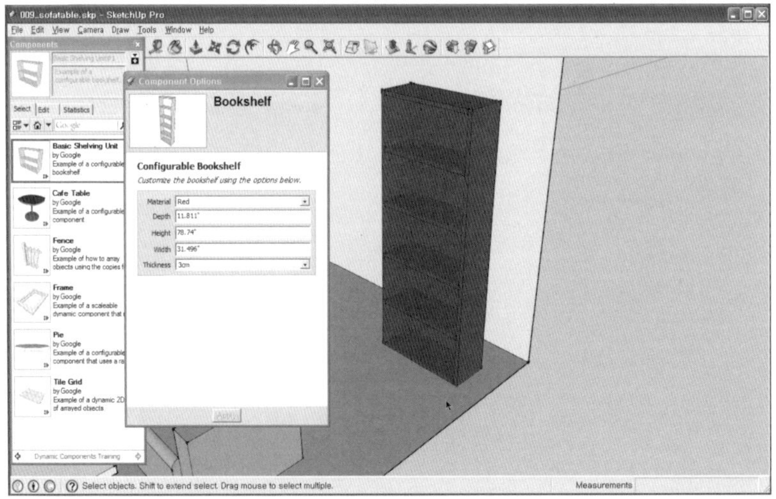

⑥ 다시 "Component Options"에서 'Material' 항목을 'Cherry wood'로 변경한 결과는 다음과 같다.

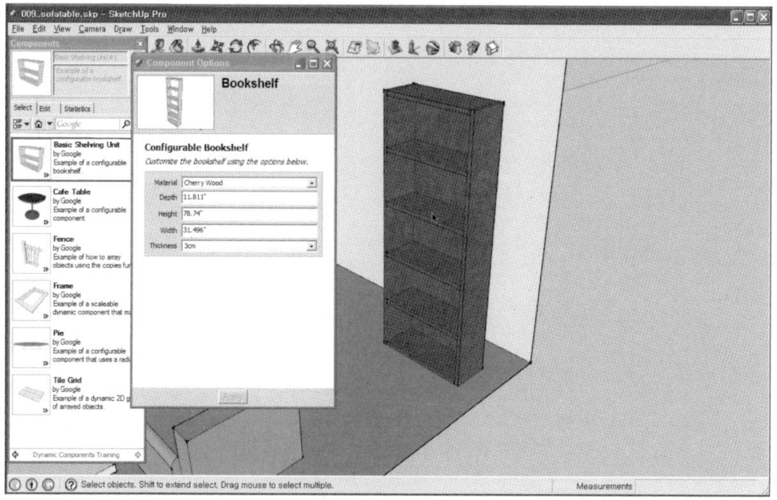

이외에도 다양한 다이내믹 컴포넌트에 대한 사례들이 있으므로 "Dynamic Components Training" 항목들을 최대한 활용하여 연습하기 바란다.

memo

Chapter

5

재질과 스타일

본 장에서는 완성된 SketchUp 모델 또는 작업중인 SketchUp 모델에 대해 색상이나 무늬를 가지는 재질을 적용하는 방법에 대해 살펴본다. 특히 무늬와 같이 텍스처를 가지는 재질은 사실적인 표현을 위해 필수적인 작업과정이다. 또한 SketchUp의 가장 큰 특징이자 장점 중 하나인 스타일 기능에 대해 살펴본다. 스타일의 변화를 통해 다양한 모델의 표현을 나타낼 수 있다. 점, 선, 면에 대한 표현과 배경에 대한 표현을 다르게 조합함으로써 수천만 가지의 표현방식을 만들어 낼 수 있다. 그림자를 추가하여 더욱 입체적이고 사실적인 표현을 가능하게 할 수 있다.

1. 재질(Materials)

1-1. 재질 적용하기

(1) Paint Bucket tool

페인트 버킷 툴은 재질(Material) 또는 색상(Color)을 모델의 요소에 적용하는 명령이다. 재질이 적용되는 주요 요소는 면(Face)이 되며, 여러 면에 동시에 재질이나 색상을 적용하거나 그룹이나 컴포넌트의 경우에는 전체에 적용할 수도 있다.

페인트 버킷 툴을 실행하는 방법은 "Getting Started Toolbar"에서 실행하거나 [Window] 메뉴에서 실행할 수도 있다.

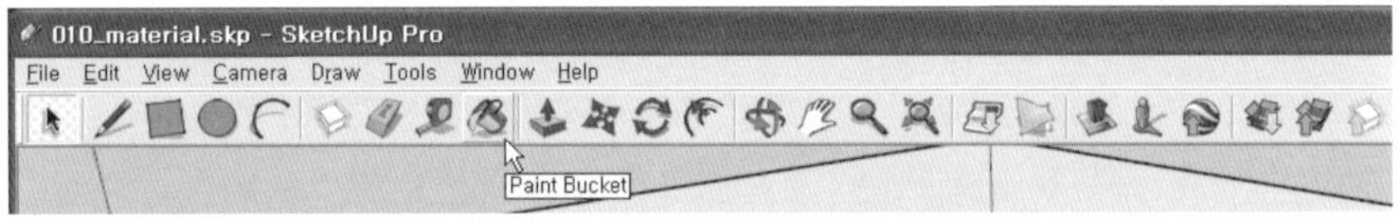

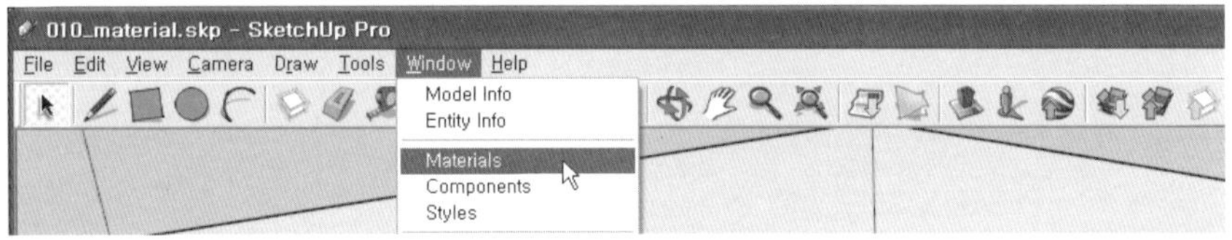

하지만 가장 간단한 방법은 페인트 버킷 툴의 단축키인 'B'를 눌러서 실행하면 된다. 컴포넌트 작업에서 완성한 결과를 이용하여 모델에 재질을 적용하도록 한다. 그리고 작업의 편의를 위해 후반부에 삽입한 선반, 카우치, 조명, 창은 삭제하여 사용한다. 결과는 다음과 같다.

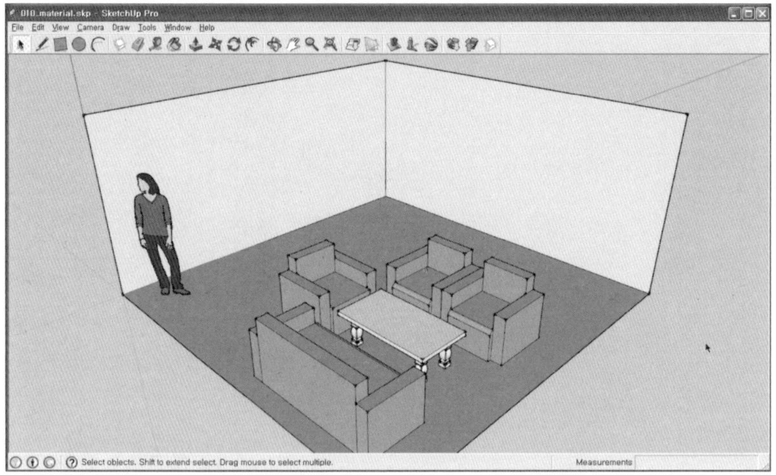

(2) 색상(Color) 적용하기

① 재질을 적용하기 위해 "Paint Bucket" 툴을 실행하면 다음과 같은 [Materials] 브라우저가 나타난다. [Materials] 브라우저는 각 요소에 적용할 재질이나 색상을 선택하고, 선택한 재질을 편집하거나 새로운 재질을 추가하는 등 재질과 관련된 모든 기능을 담고 있다.

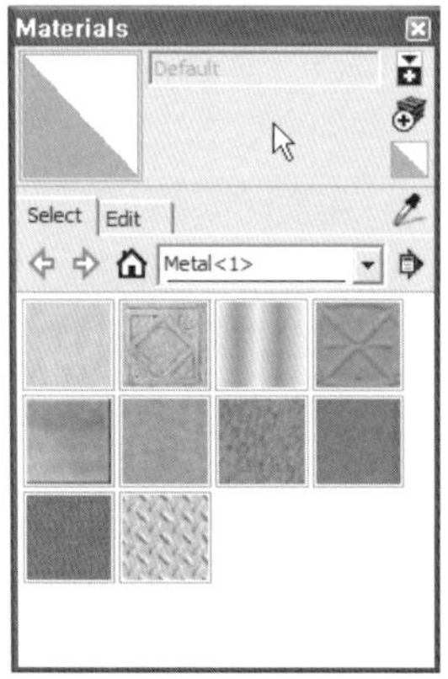

② 일단 현재 나타난 재질들이 모두 금속(Metal) 관련 재질이므로 재질 라이브러리를 변경하도록 한다. 드롭다운 버튼을 클릭하여 나타나는 드롭다운 목록상자의 재질 라이브러리에서 'Colors'를 선택한다.

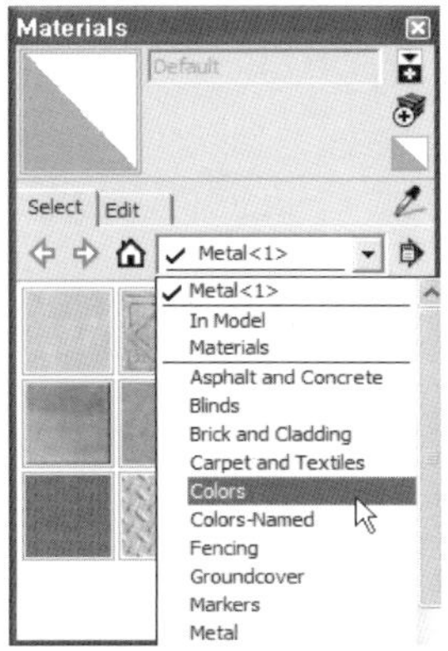

③ 벽체에 어울리는 색상을 선택하고 마우스를 작업공간으로 가져가면 페인트 버킷 커서가 나타난다. 벽체 한쪽을 클릭하면 다음과 같이 벽체를 이루고 있는 단일 벽면에 색상이 적용된다.

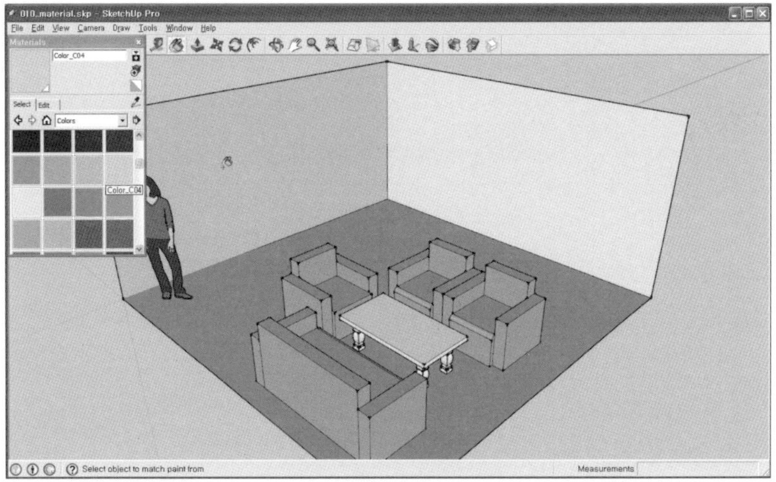

나머지 벽면도 클릭하여 동일한 색상을 적용한다. 결과는 다음과 같다.

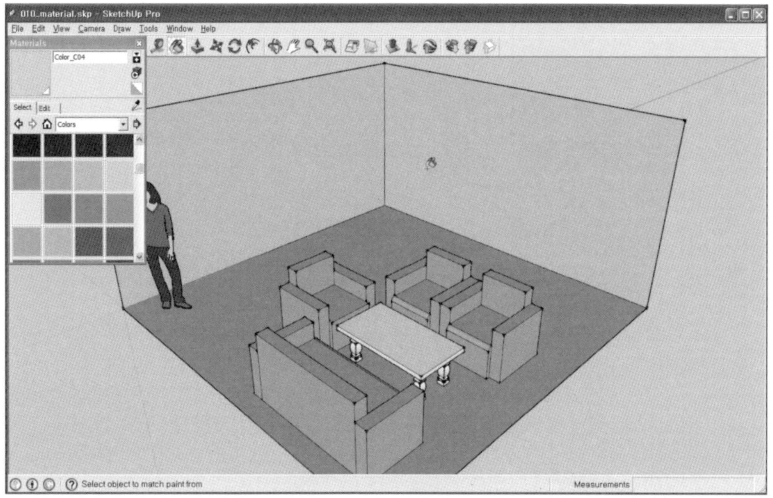

(3) 재질(Material) 적용하기

엄격하게 재질(Material)과 색상(Color)은 대등한 관계로 구분될 수 있지만 대부분 색상을 재질의 일부분으로 보는 경향이 많다. [Materials] 브라우저 내에 색상목록을 포함한 것을 보더라도 색상(Color)은 재질의 일부로 보아야 하며, 오히려 재질을 구분한다면 색상 재질(Color Material)과 텍스처 재질(Texture Material)로 구분하는 것이 편리하다.

① 이번에는 바닥에 카펫 재질을 적용하도록 한다. [Material] 브라우저의 재질 라이브러리 목록에서 "Carpet and Textiles"를 선택한다.

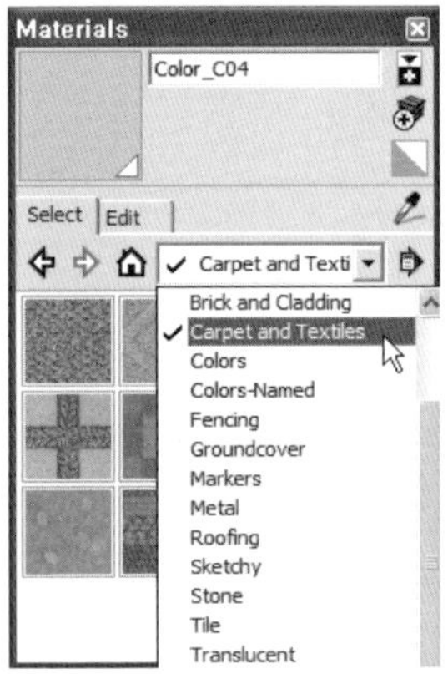

② 카펫 재질 중에서 미리보기 이미지를 보고 선택하거나 하나하나 적용하면서 적당한 재질을 찾아볼 수도 있다. 다음은 'Carpet_Pattern_ Squares_Multi'를 선택하여 바닥 그룹에 적용한 결과이다.

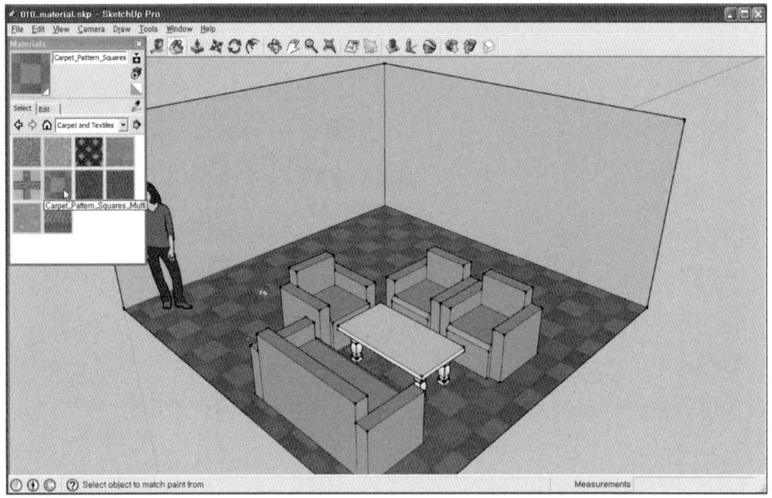

(4) 그룹 또는 컴포넌트에 재질 적용하기

앞서 재질을 적용한 바닥도 그룹 객체이다. 하지만 단일 면을 가지는 그룹 객체여서 벽체에 색상 재질을 적용하는 것과 큰 차이점을 느끼지 못하였을 것이다.

① 카펫 재질 중에서 'Carpet_Loop_Pattern'을 선택한 다음 2인용 소파 위에서 페인트 버킷 툴을 클릭한다. 결과는 다음과 같이 소파 전체에 동일한 재질이 적용된 것을 확인할 수 있다.

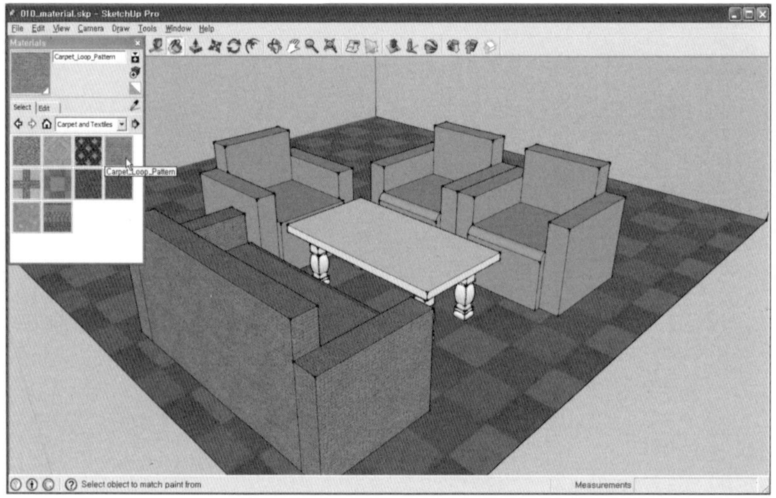

② 동일한 재질을 2인용 소파 맞은편에 있는 1인용 소파 컴포넌트 하나에만 적용한다. 결과는 재질을 적용한 소파에만 전체적으로 재질이 적용되었다.

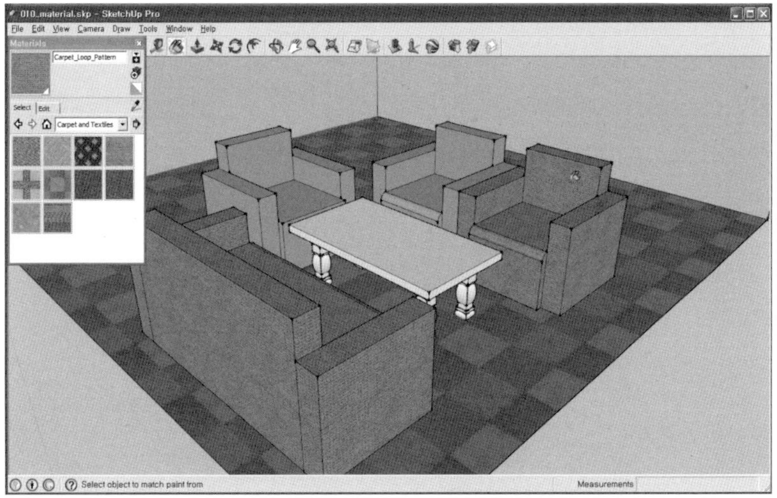

재질을 적용한 소파와 인접한 소파는 동일한 컴포넌트이므로 재질이 동시에 적용될 것으로 생각할 수 있으나 결과는 하나의 컴포넌트에만 적용되었다. 100개의 소파 컴포넌트가 있다면 앞으로 100번 페인트 버킷을 실행하여야 한다는 문제가 발생한다. 'Ctrl+z'를 눌러서 실행을 취소한다.

③ 컴포넌트 전체에 대한 재질 적용은 지정한 컴포넌트에만 적용된다. 동일한 컴포넌트 전체에 대한 재질변경은 컴포넌트가 아닌 컴포넌트 편집으로 들어가 그 세부 구성요소인 면(Face)에 적용해야 한다.
"Select" 툴을 이용하여 1인용 소파 컴포넌트를 더블 클릭한다. 컴포넌트 편집모드로 전환된다.

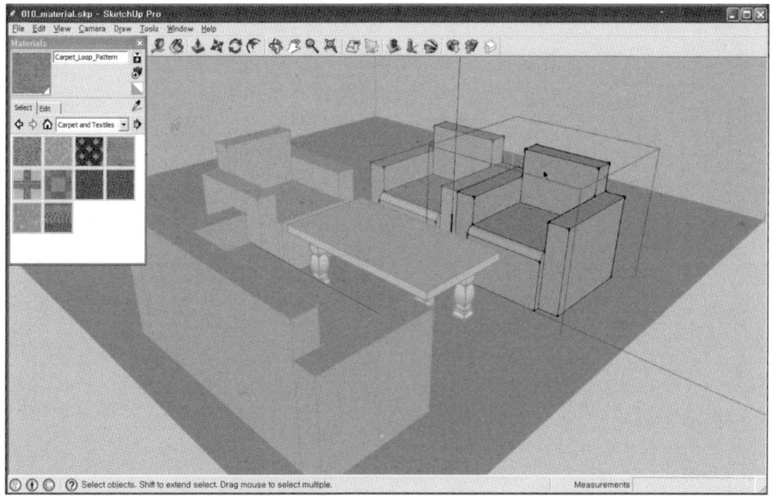

④ "Paint Bucket" 툴을 실행하고 소파의 등받이 전면을 클릭해본다. 다음과 같이 모든 동일 컴포넌트의 등받이 전면에 재질이 적용된 것을 확인할 수 있다.

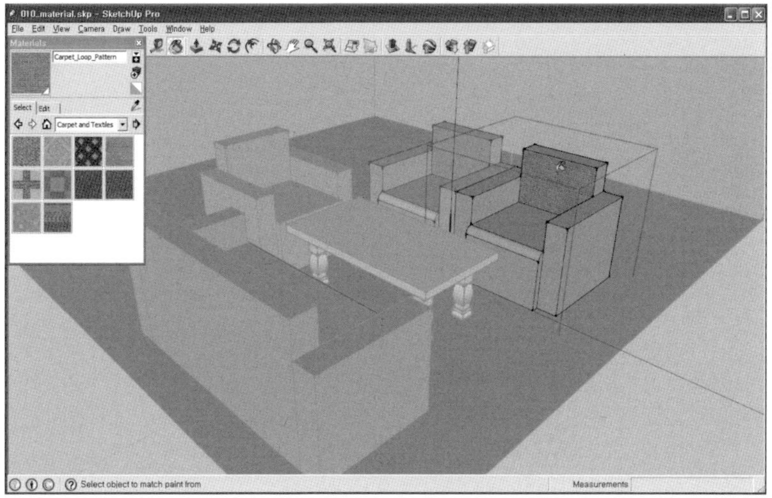

⑤ 다시 "Select" 툴로 소파를 트리플 클릭하여 모든 요소를 다 선택한다.

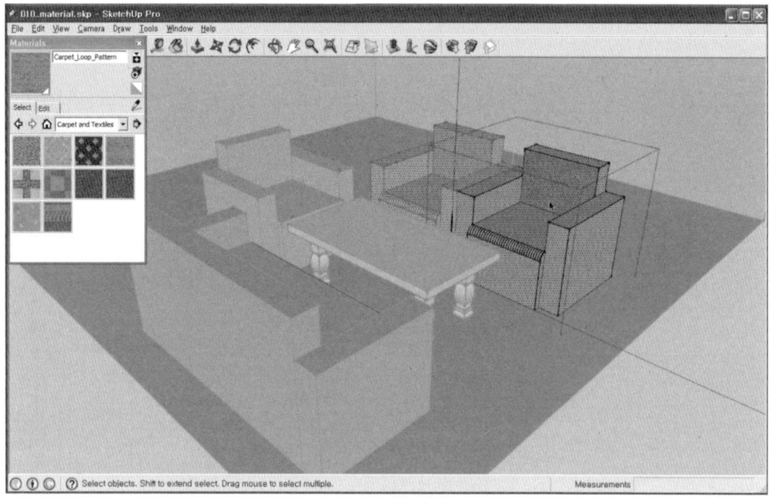

⑥ "Paint Bucket" 툴을 실행하고 소파의 한 부분을 클릭한다. 다음과 같이 모든 동일 컴포넌트의 소파 전체에 재질이 적용된 것을 확인할 수 있다.

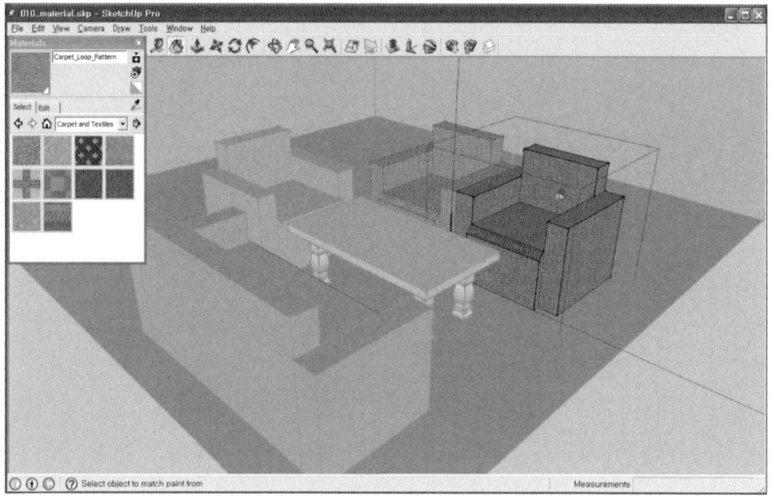

⑦ "Select" 툴로 빈 공간을 더블 클릭하여 컴포넌트 편집모드에서 빠져나온다. 마지막으로 남은 소파에도 같은 재질을 적용한다.

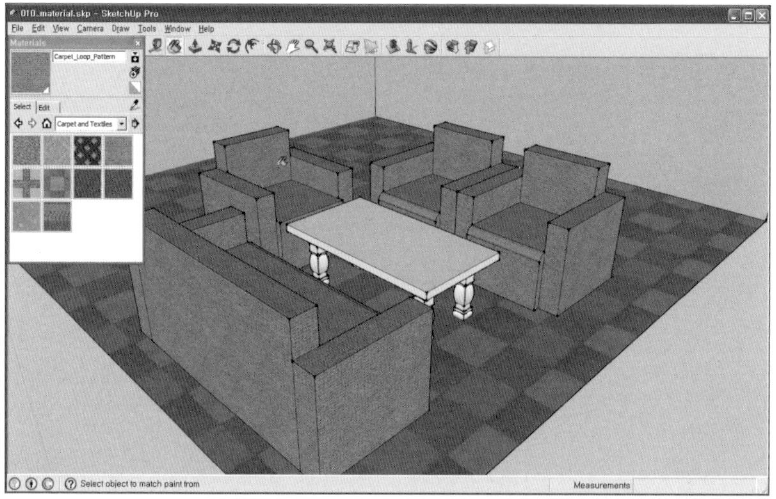

⑧ 마지막으로 테이블에 재질을 적용한다. 테이블에 사용할 재질은 'Wood' 라이브러리에서 선택한다.

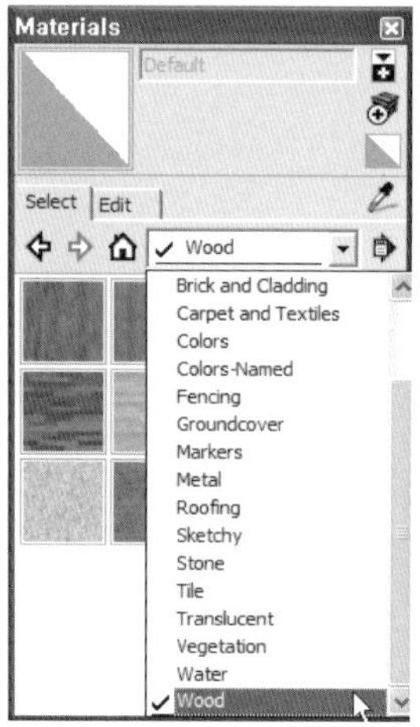

⑨ 'Wood_Cherry_Original' 재질을 선택하고 테이블 상판에 "Paint Bucket" 툴을 적용하면 다음과 같이 테이블 상판 전체에 체리우드 재질이 적용된다.

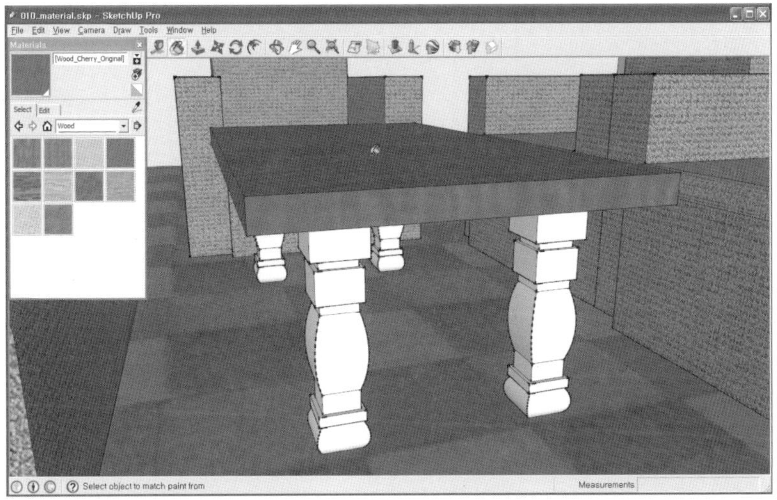

컴포넌트로 작업된 4개의 다리에는 각각 재질을 적용하여 4번 작업을 할 수도 있으며, 앞서 소파에서 적용한 것처럼 컴포넌트 편집모드로 들어가서 전체 면에 재질을 적용하는 방법도 사용할 수 있다.

하지만 지금 사용하는 테이블처럼 단 하나의 동일한 재질이 사용되는 경우라면 테이블 상판 그룹과 테이블 다리 컴포넌트를 분리시켜 두지 말고 모두 하나의 그룹으로 다시 묶어두면 한꺼번에 편집할 수 있어 작업의 편리성에 더 도움이 된다.

⑩ 'Ctrl+z'를 눌러서 실행을 취소한다. "Select" 툴을 이용하여 테이블 상판과 4개의 테이블 다리를 모두 선택한다.

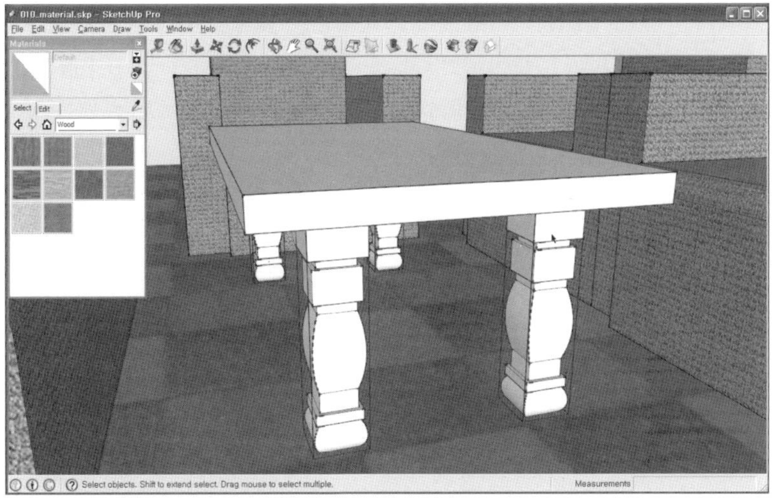

마우스 오른쪽 버튼을 클릭하여 'Make Group'을 실행한다. 다음과 같이 하나의 바운딩 박스에 묶인 그룹 객체가 되었다.

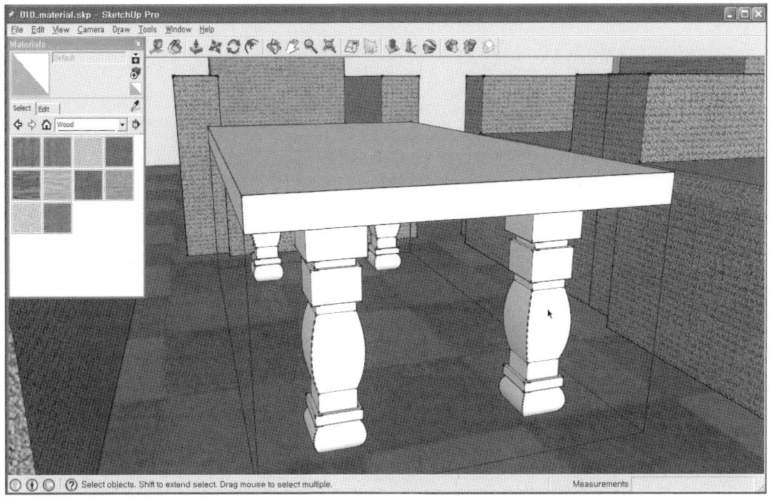

⑪ 'Wood_Cherry_Original' 재질을 선택하고 테이블 그룹에 "Paint Bucket" 툴을 적용하면 다음과 같이 테이블 전체에 체리우드 재질이 적용된다.

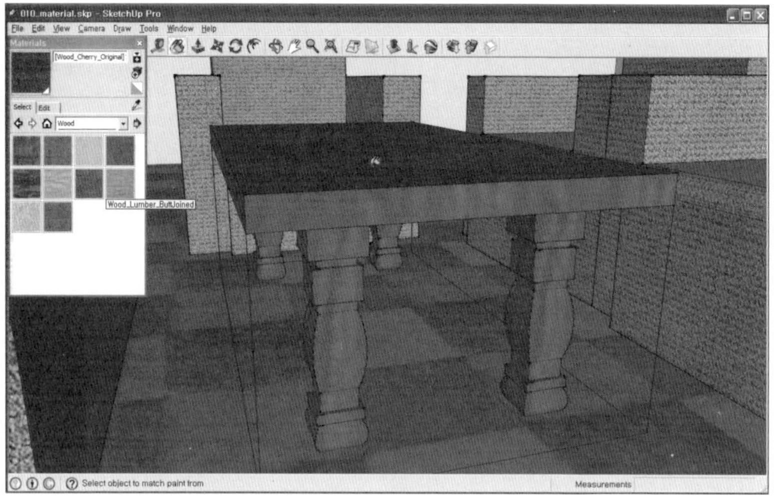

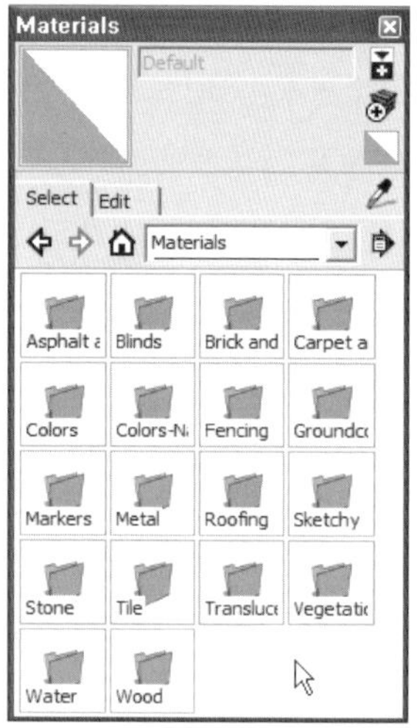

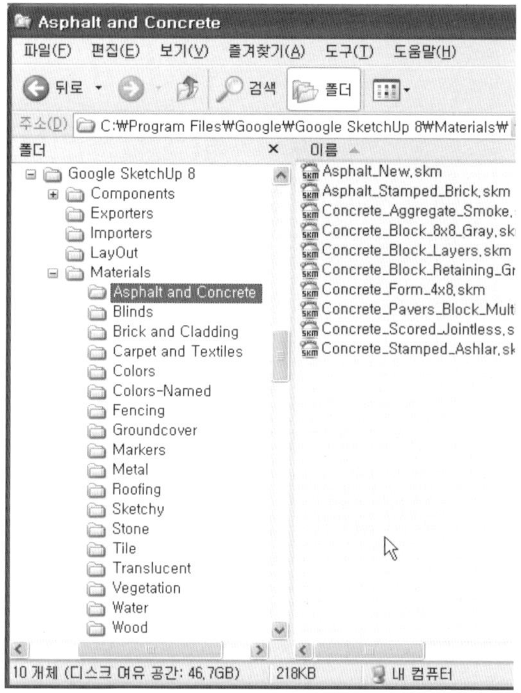

1-2. 재질 만들기

(1) 벽지 라이브러리 만들기

다음과 같이 [Material] 브라우저의 드롭다운 박스 목록에서 'Materials'를 선택하면 각 재질별 라이브러리들을 확인할 수 있다. 이 목록은 SketchUp이 설치된 폴더 내의 'Materials' 폴더 안의 세부 폴더로 존재하며, 각 폴더 안의 skm 파일들이 각각의 재질로 나타나게 된다.

새로운 재질을 만들게 될 경우, 그 재질이 현재 재질 라이브러리 목록이 있는 분류라면 해당 재질 라이브러리 내에 만들고 현재 없는 분류라면 재질 라이브러리(폴더)를 만들고 그 안에 새로운 재질을 저장하면 된다.

① [Material] 브라우저 드롭다운 박스 우측의 (Details) 버튼을 클릭하여 나타나는 명령 중에서 "Open or create a collection..."을 실행한다.

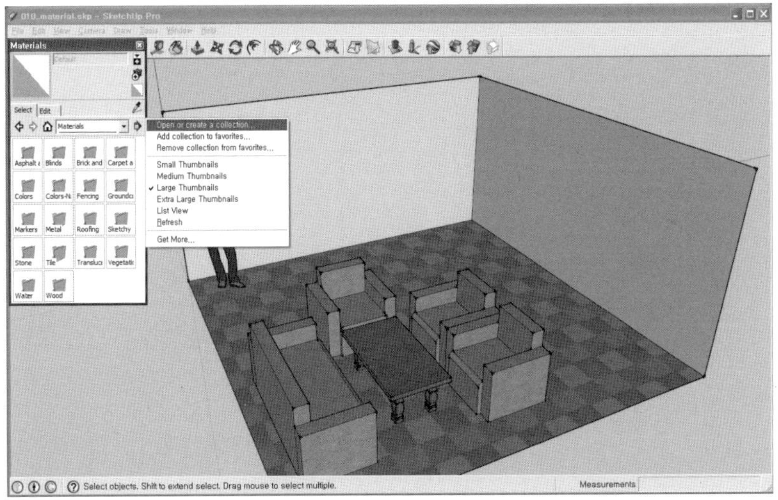

② 다음과 같이 [폴더 찾아보기] 대화상자가 나타나면 SketchUp이 설치된 폴더를 찾아 'Materials' 폴더를 선택한다. 대화상자 좌측 하단에 있는 "새 폴더 만들기" 버튼을 클릭한다.

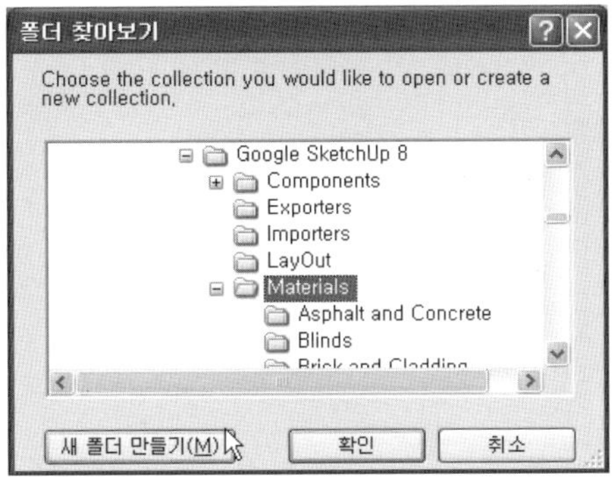

③ 새 폴더가 만들어지고 이름을 입력할 수 있게 입력상태로 나타난다. 새로운 재질이 벽지라고 한다면 'Wallpaper'와 같은 이름이 적당할 것이다. 이름을 입력하고 Enter↵ 키를 누른다. [폴더 찾아보기] 대화상자의 '확인' 버튼을 클릭하면 [폴더 찾아보기] 대화상자가 닫히게 된다.

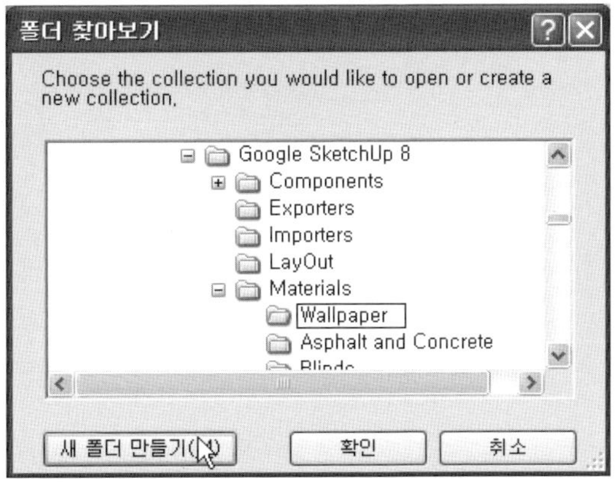

④ [폴더 찾아보기] 대화상자를 닫게 되면 [Materials] 브라우저에 새롭게 생성된 'wallpaper' 라이브러리가 나타나게 된다. 현재는 만들어서 저장된 재질이 없기 때문에 비어 있다.

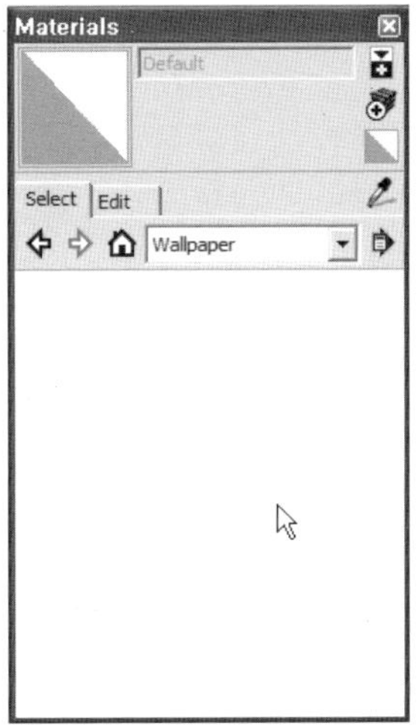

[Materials] 브라우저 우측 상단의 (Set Material to Paint with to Default) 버튼을 클릭하여 재질을 초기화시켜 준다.

⑤ 방금 실행한 (Set Material to Paint with to Default) 버튼의 바로 위에 있는 (Create Material...)버튼을 클릭하여 새로운 재질을 생성한다. [Create Material...] 대화상자가 나타난다.

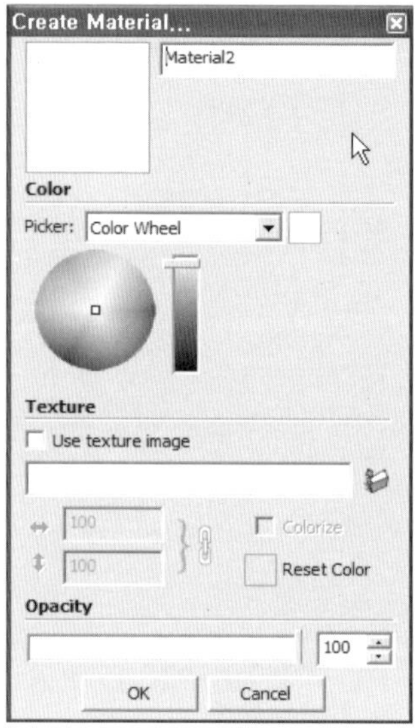

⑥ 가장 상단에 재질의 이름을 입력한다. 앞서 사용한 재질처럼 정확한 재질의 이름을 사용하는 것이 좋다. 직접 벽지로 만들고 싶은 이미지에 맞는 이름을 지정한다. 색상 재질이 아닌 텍스처 재질을 생성하기 위해서는 'Color' 부분은 현재 그대로 두고 'Texture' 부분에서 그림 이미지를 지정해 주면 됩니다. (Browse for Material Image File) 버튼을 클릭하여 벽지로 사용할 그림 이미지를 선택한다.

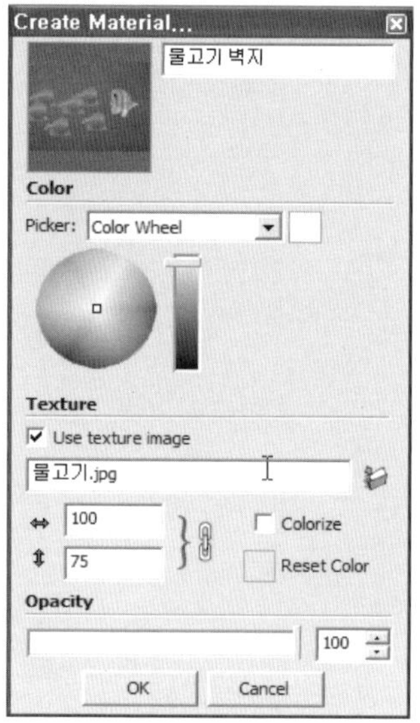

지정한 그림 이미지가 재질로 적용되어 나타날 크기가 표시되어 있다. 현재 지정한 이미지의 적용 크기는 폭(Width)이 '100', 높이(Height)가 '75'로 지정되어 있다. 즉, '100mm×75mm'의 크기로 그림 타일 하나가 적용되는 것이다.

⑦ 재질이 적용된 결과는 다음과 같이 매우 조밀한 타일로 표현된다.

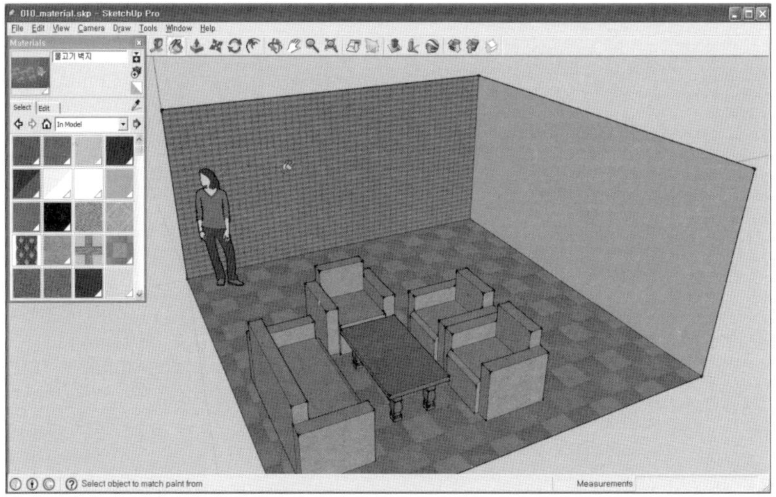

⑧ 이미지의 적용 크기를 폭(Width)이 '500', 높이(Height)는 '375'로 변경한다. 변경된 결과는 즉시 작업공간에 적용되어 나타나는 것을 확인할 수 있다.

⑨ 우선 이 정도 크기로 재질을 완성시키도록 한다. 'In Model' 라이브러리에 생성된 '물고기 벽지' 재질을 'Wallpaper' 라이브러리에 저장한다. 재질에서 오른쪽 마우스 버튼을 클릭하고 "Save As"를 실행한다.

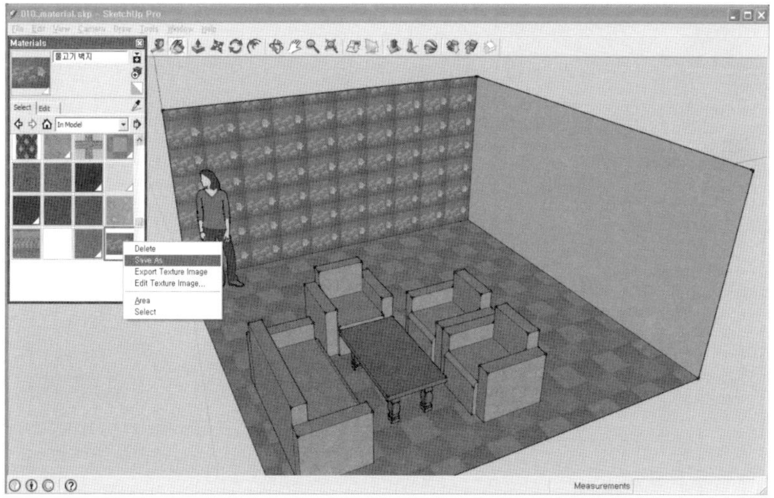

'Wallpaper' 폴더 안에 "물고기 벽지.skm" 파일을 저장한다.

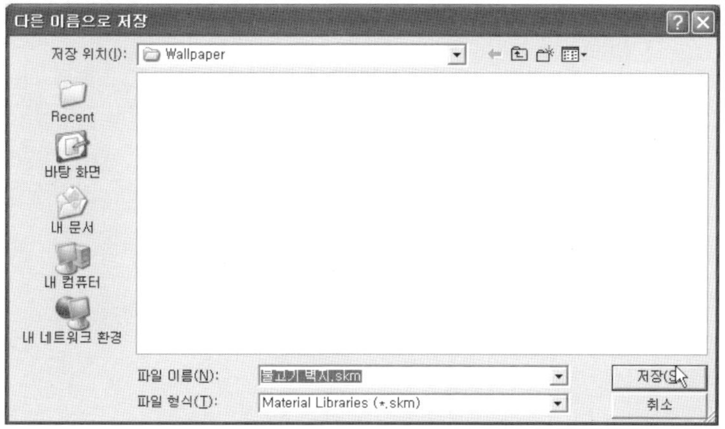

133

⑩ 다음과 같이 'Wallpaper' 라이브러리 안에 '물고기 벽지' 재질이 추가된 것을 확인할 수 있다.

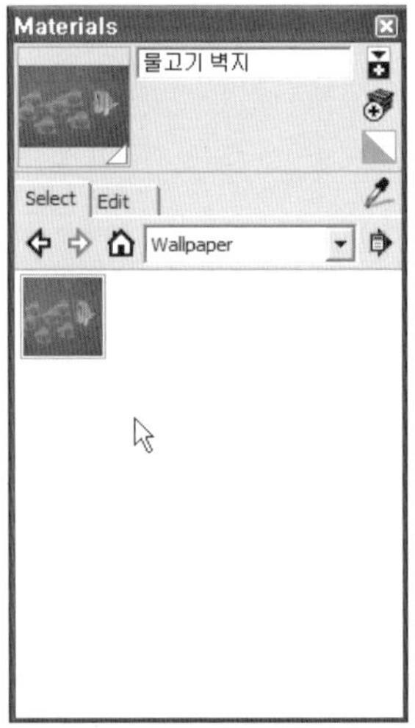

1-3. 재질 조정

(1) 텍스처 조정하기

텍스처 재질의 경우 적용된 재질의 최소 타일단위 이미지의 크기와 형태를 사용자가 임의로 조정하여 변경할 수 있다.

① 재질이 적용된 면을 선택하고 마우스 오른쪽 버튼을 클릭하여 컨텍스트 메뉴를 나타나게 한다. [Texture → Position]을 선택하면 텍스처 조정모드로 변경된다.

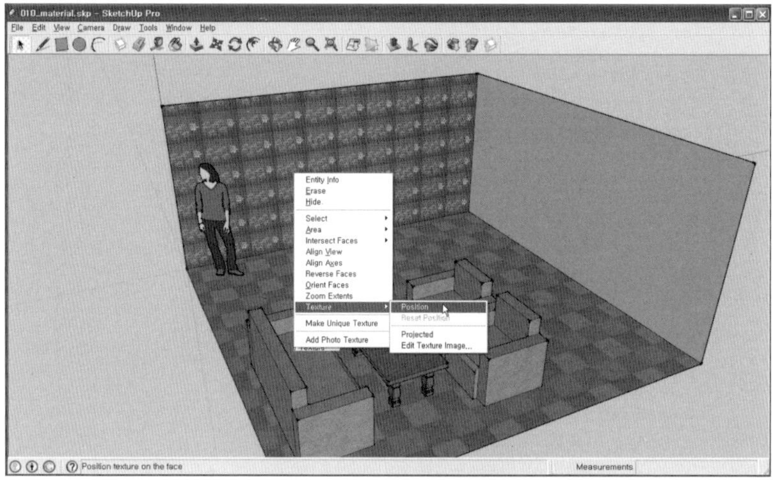

② 텍스처 조정모드로 바뀌면 네 가지 색깔의 핀이 최소단위 이미지의 각 코너에 나타나게 된다. 마우스 커서의 모양도 손바닥으로 변경되는데 툴팁에 'Drag to move texture'로 표시된다. 손바닥 모양일 때 클릭하여 드래그하면 재질이 이동한다.

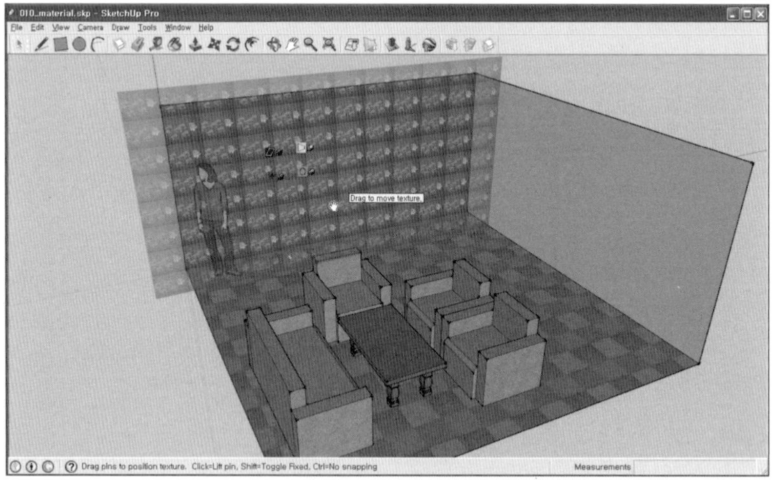

③ 손바닥을 드래그하여 이동하거나 또는 이동 핀(Move Pin, Red Pin)을 드래그하여 움직이면 텍스처 이미지의 좌측 하단 코너를 정확한 위치로 이동할 수 있다. 'Drag pin to move texture. Click to lift pin' 툴 팁이 나타난다. 이동 핀(Move Pin)이 벽체의 좌측 하단에 일치하도록 드래그한다.

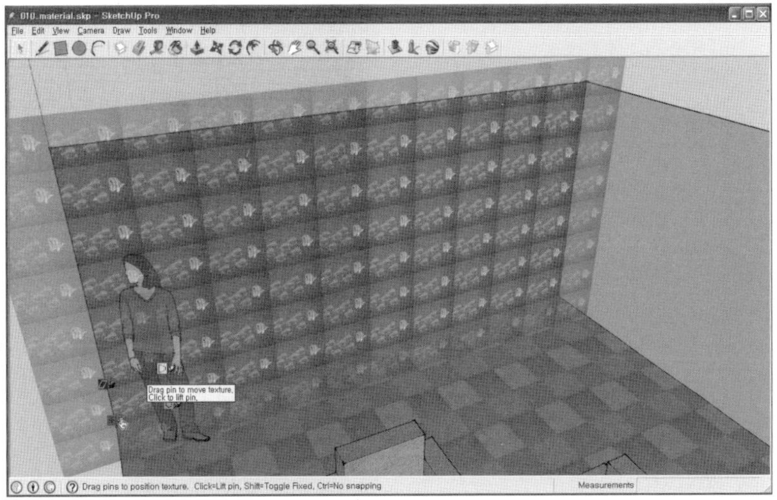

④ 스케일/회전 핀(Scale/Rotate Pin, Green Pin)은 이미지의 크기와 회전을 조정한다. 스케일/회전 핀 위에 마우스를 가져가면 'Drag pin to scale/rotate texture. Click to lift pin' 툴 팁이 나타난다. 스케일/회전 핀을 드래그하여 실시간으로 확대되는 이미지를 확인할 수 있다. 다음은 벽체의 중간점까지 드래그한 결과이다.

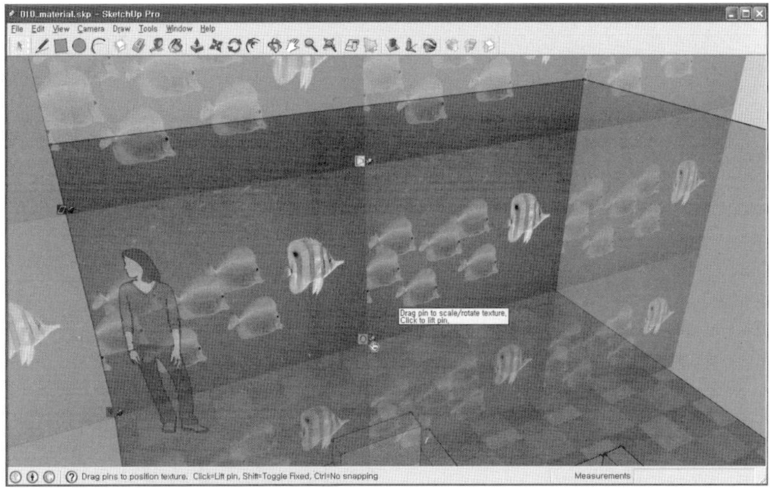

⑤ 스케일/회전 핀을 회전시키면 이동 핀(Move Pin)을 회전의 중심으로 하는 회전된 이미지 결과가 나타난다. 또한 회전과 동시에 스케일 조정이 같이 이루어지는 것을 확인할 수 있다.

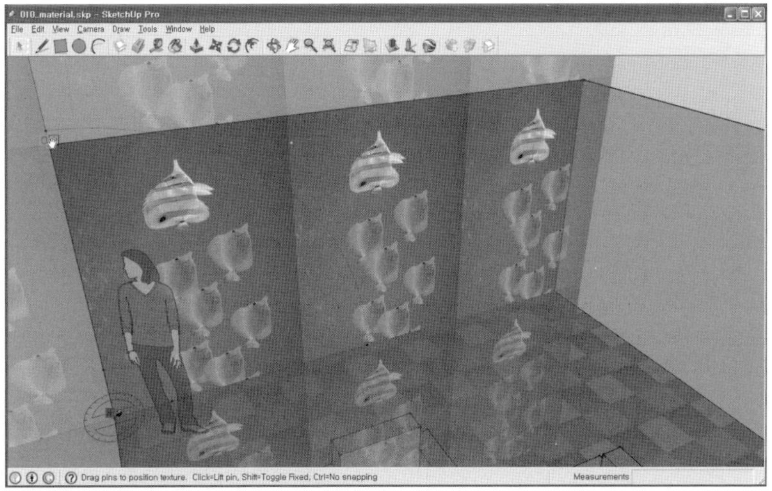

⑥ 회전된 이미지를 다시 원래대로 돌려놓고 스케일/변형 핀(Scale/Shear Pin, Blue Pin)을 조정한다. 스케일/변형 핀 위에 마우스를 가져가면 'Drag pin to scale/shear texture. Click to lift pin' 툴 팁이 나타난다. 스케일/변형 핀을 옆으로 움직이면 직사각형 이미지가 평행사변형의 이미지로 기울어지게 된다.

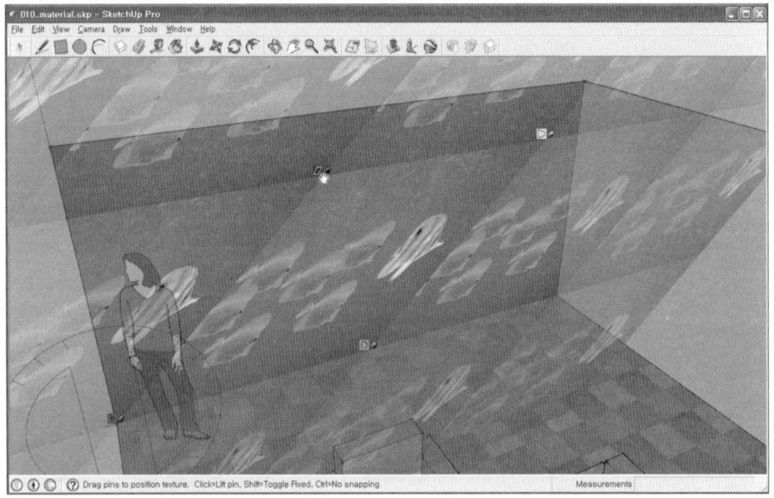

⑦ 스케일/변형 핀을 아래 또는 위로 움직이면 다음과 같이 이미지의 가로 세로 비율이 고정되지 않은 채 늘어나거나 납작하게 조정된다. 다음은 스케일/변형 핀을 벽체 상단까지 올려 위치한 결과이다.

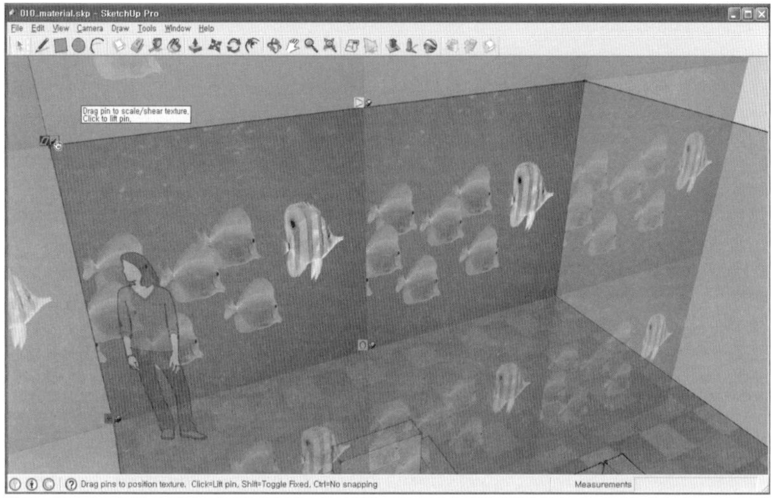

⑧ 왜곡 핀(Distort Pin, Yellow Pin)은 이미지를 찌그러지게 만드는 기능이다. 왜곡 핀 위에 마우스를 가져가면 'Drag pin to distort texture. Click to lift pin' 툴 팁이 나타난다. 왜곡 핀을 드래그하면 다음과 같이 이미지가 찌그러지게 된다. 왜곡 핀은 재질에서 원근감을 보정하는 데 사용되며, 이미지 사진을 도형에 적용할 때 유용하다.

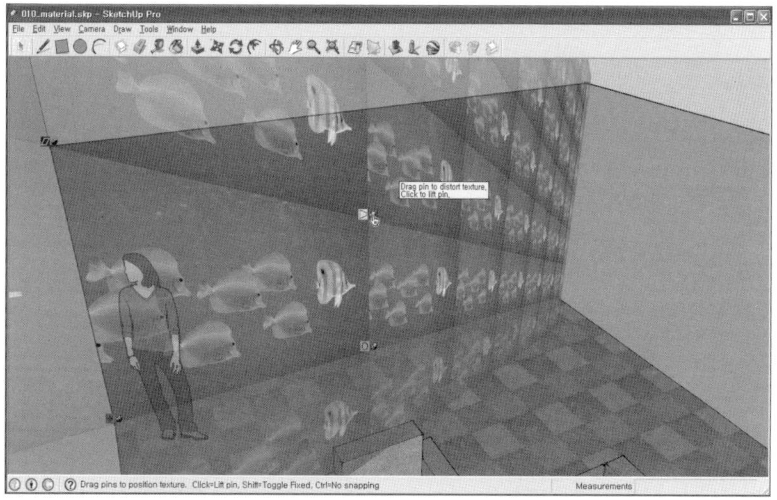

⑨ 조정 핀들을 이용하여 다음과 같이 텍스처 이미지가 벽면에 가득 차게 만들 수 있다.

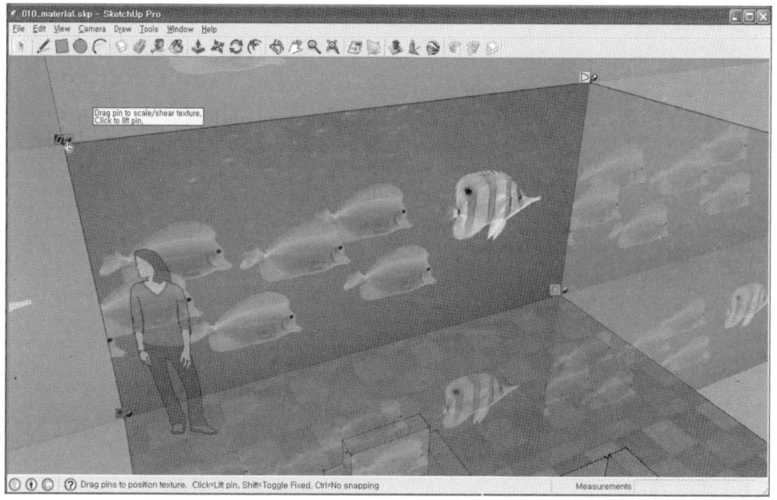

⑩ 텍스처 조정모드에서 오른쪽 버튼을 클릭하여 컨텍스트 메뉴를 나타나게 한다. [Flip] 명령은 텍스처 이미지의 좌우 또는 상하 반전을 하는 기능이다. “Left/Right”를 클릭하면 다음과 같이 좌우가 바뀌어 나타난다.

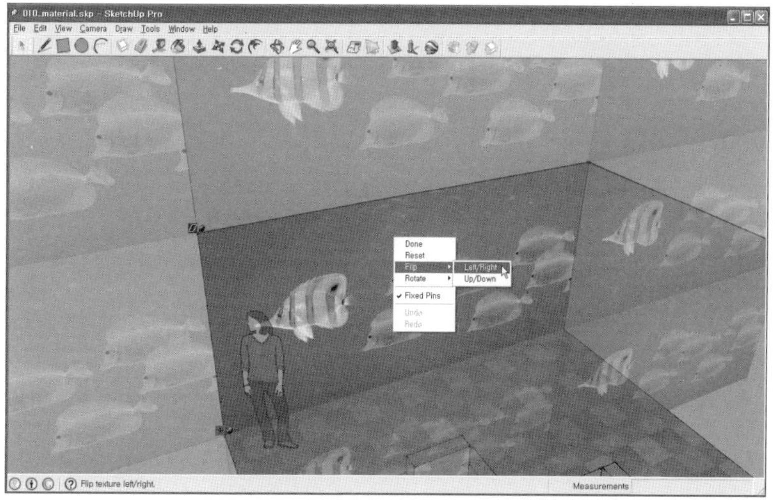

텍스처 조정모드에서 작업이 완료되면 오른쪽 버튼을 클릭하여 컨텍스트 메뉴를 나타나게 한다. “Done”을 클릭하면 원래의 작업화면으로 돌아가게 된다.

(2) 모서리에 연결해서 재질 적용

① 다시 텍스처 조정모드로 들어간다. 조정모드에서 오른쪽 버튼을 클릭하여 컨텍스트 메뉴에서 [Flip → Left/Right]를 실행하여 원래대로 좌우를 바뀌게 한다. 스케일/회전 핀(Scale/Rotate Pin) 및 스케일/변형 핀(Scale/ Shear Pin)을 이용하여 다음과 같이 이미지를 더 크게 확대한다.

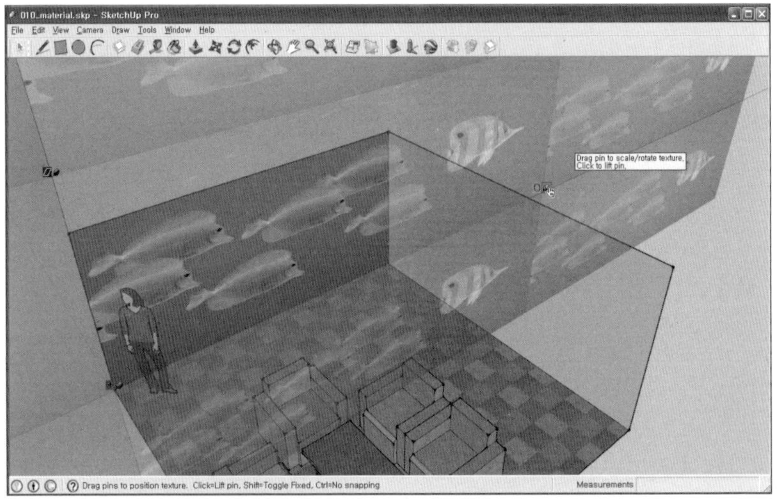

② 텍스처 조정모드에서 빠져나오면 결과는 다음과 같이 나타난다. 선두의 줄무늬 고기는 나타나지 않는다.

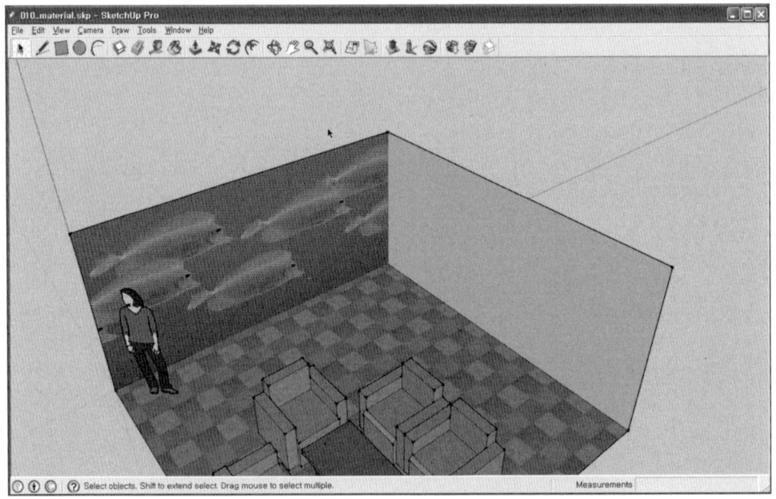

③ "Paint Bucket" 툴을 실행하면 [Material] 브라우저가 나타난다. [Material] 브라우저에서 아이 드롭퍼(eye dropper) 모양의 "Sample Paint"를 선택하고 방금 조정한 재질을 클릭하면 [Material] 브라우저 상단에 물고기 벽지 재질이 나타난다.

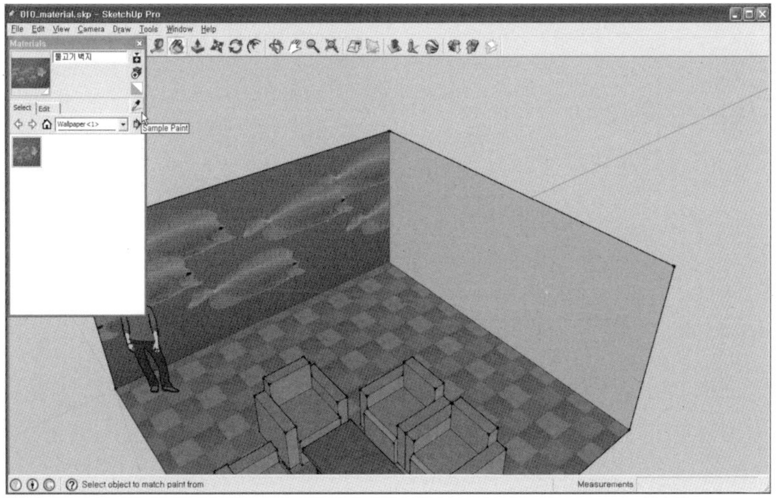

④ "프린트 버킷" 툴을 이용하여 나머지 벽체를 클릭하면 다음과 같이 이미지가 연결된 벽지가 완성된다.

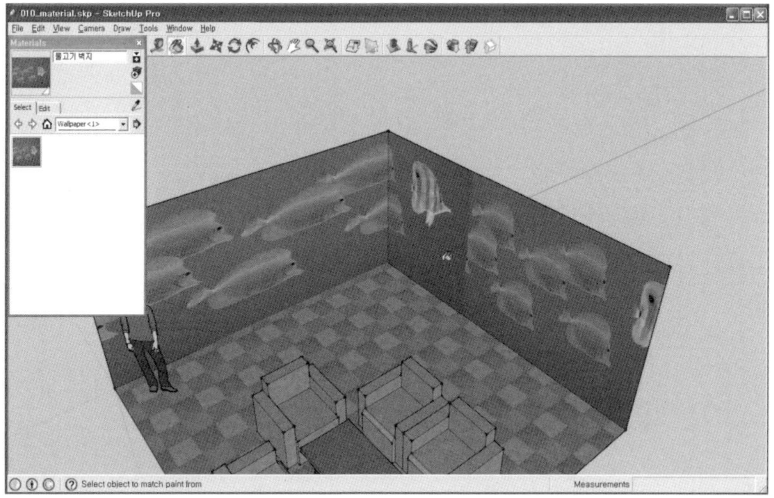

memo

2. 스타일

스타일은 SketchUp의 독특한 모델 표현방법이다. 모델의 선(Edge), 면(Face)을 비롯하여 배경(Background)의 표현방법을 정의하는 기능이다. 간편하게는 스타일스 툴바에서 면의 스타일을 변경하는 방법이 있으며, 보다 더 상세하게 스타일을 조정하기 위해서는 [Style] 브라우저를 사용할 수 있다.

2-1. Styles Toolbar

"Styles" 툴바는 [View → Toolbars → Styles] 메뉴를 선택하여 실행할 수 있다.

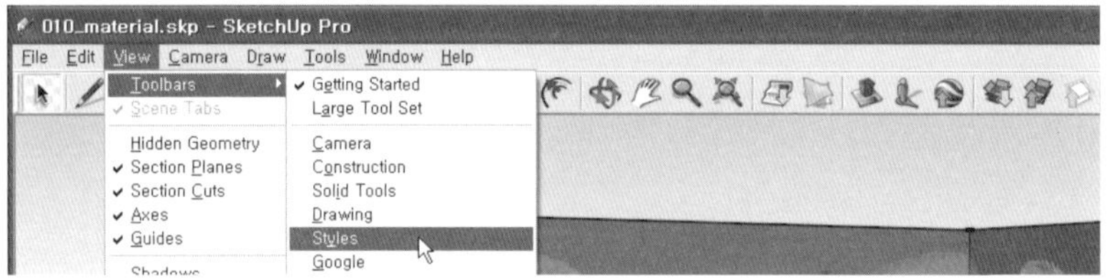

"Styles" 툴바는 다음과 같이 모두 7개의 툴로 구성되어 있다. 좌측 두 개의 툴과 우측 다섯 개의 툴은 분리선으로 구분되어 있다. 각각 독립적으로 사용하는데 좌측 두 개의 툴은 사용하지 않거나 또는 둘 중 하나만 사용할 수 있다. 우측 다섯 개의 툴은 반드시 하나만 사용할 수 있다.

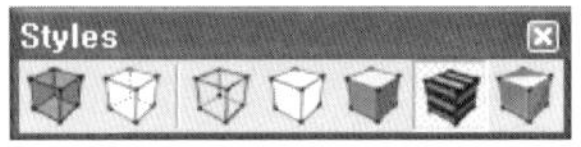

'Styles" 툴바에서 각 툴의 명칭과 기능은 다음과 같다.

툴	기능
X-ray	모든 면을 반투명으로 표시한다.
Back Edges	숨겨져서 보이지 않는 모서리를 점선으로 표시한다.
Wireframe	면을 표시하지 않고 모서리만 표시한다.
Hidden Line	모든 면을 동일한 색상으로 표시하고 숨겨진 모서리를 표시하지 않는다.
Shaded	모든 면을 고유의 색상으로 표시한다. 숨겨진 모서리를 표시하지 않는다.
Shaded with Texture	모든 면에 적용된 재질을 표시한다. 숨겨진 모서리를 표시하지 않는다.
Monochrome	모든 면을 초기 재질로 표시한다. 숨겨진 모서리를 표시하지 않는다.

(1) Wireframe

와이어프레임, 즉 선으로만 모델을 표시하는 스타일이다. 면을 표시하지 않기 때문에 작성된 모든 모서리들이 나타난다. 선의 모양은 [Styles] 브라우저에서 변경할 수 있다.

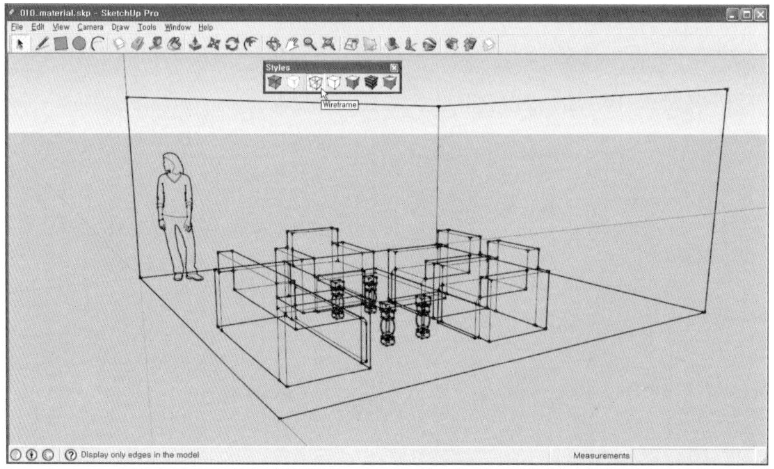

(2) Hidden Line

모든 면을 동일한 색상으로 나타내며, 면에 의해 숨겨진 모서리는 표시하지 않는다. 면을 나타내는 색상은 [Styles] 브라우저에서 변경할 수 있다.

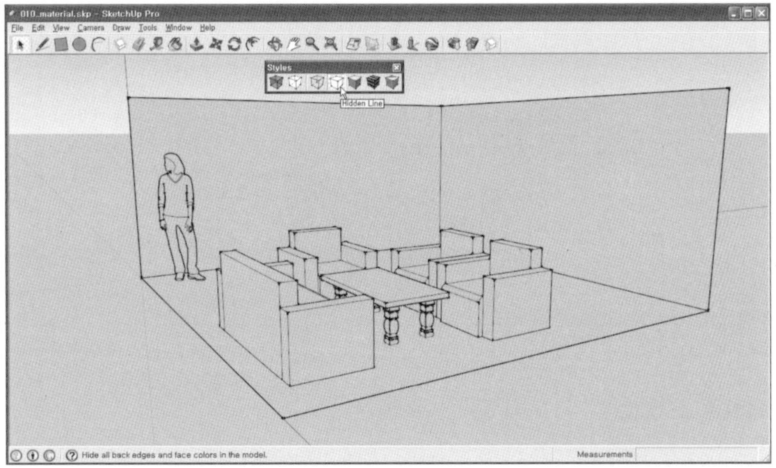

(3) Shaded

모든 면에 적용된 재질을 반영하지만 재질의 대표 색상으로만 나타낸다. 면에 의해 숨겨진 모서리는 표시하지 않는다.

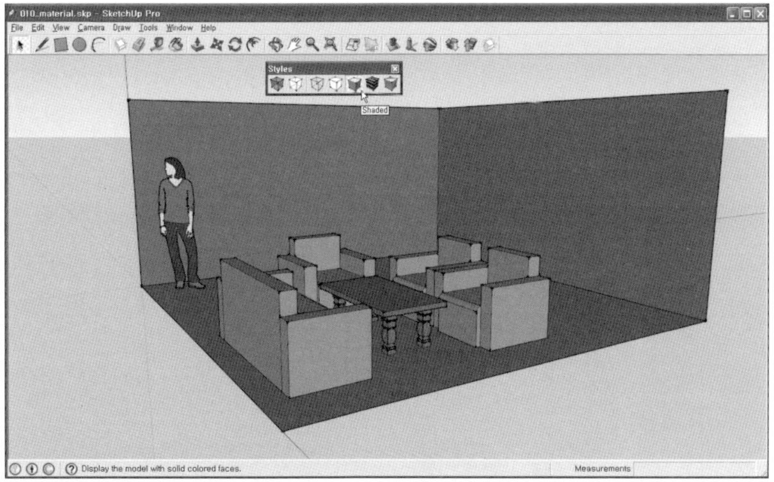

(4) Shaded with Texture

모든 면에 적용된 재질을 그대로 표시한다. 면에 의해 숨겨진 모서리는 표시하지 않는다.

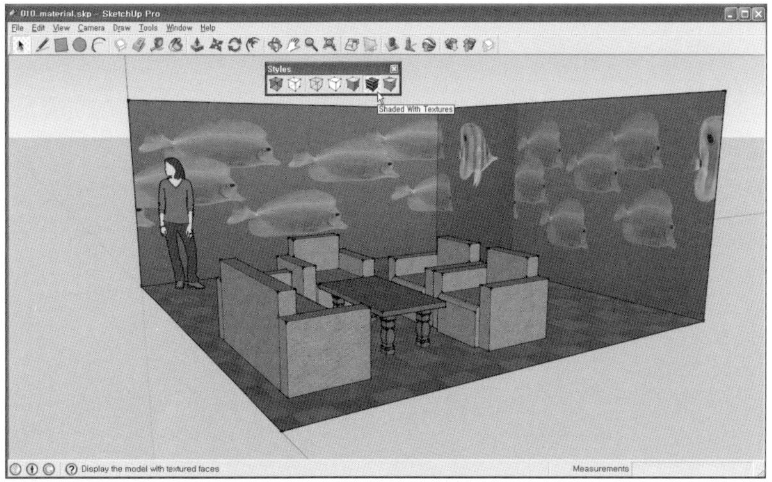

(5) Monochrome

모든 면을 재질 적용 이전의 초기 상태의 면으로 표시한다. 앞면과 뒷면의 색상이 구분되므로 두 가지 색상으로 모든 면이 나타난다. 앞면과 뒷면의 색상은 [Styles] 브라우저에서 변경할 수 있다.

(6) X-ray

모든 면을 반투명하게 나타내는 스타일이다. 반투명해진 면을 통해 숨겨진 면과 모서리를 모두 확인할 수 있다. 다음은 "Shaded with Texture" 스타일과 함께 적용한 결과이다.

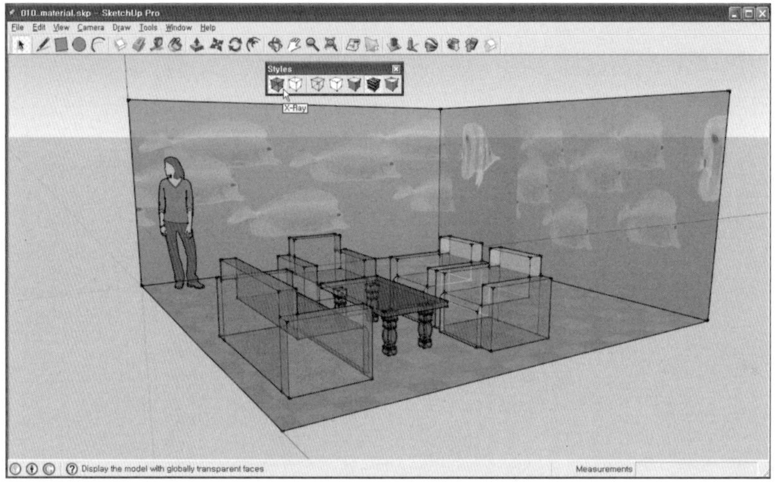

(7) Back Edges

숨겨진 모서리를 점선으로 표시하는 방법이다. 이때 면 자체의 투명도는 달라지지 않는다.

2-2. Styles Browser

[Styles] 브라우저는 “Styles” 툴바에서 변경한 면의 스타일보다 더 다양한 부분들을 변경하거나 세부적으로 편집할 수 있는 기능을 포함하고 있다. [Window → Styles] 메뉴를 선택하면 [Styles] 브라우저가 실행된다.

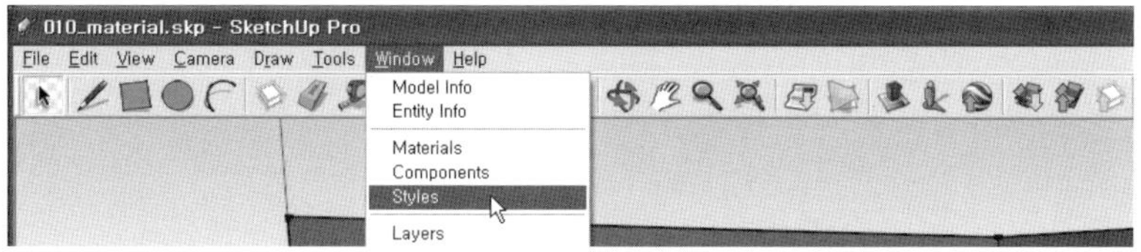

실행된 [Styles] 브라우저는 다음과 같다. 현재 사용되는 스타일은 ‘Architectural Design Style’이며 좌측에 미리보기 이미지와 아래에 세부적인 설명이 나타난다.

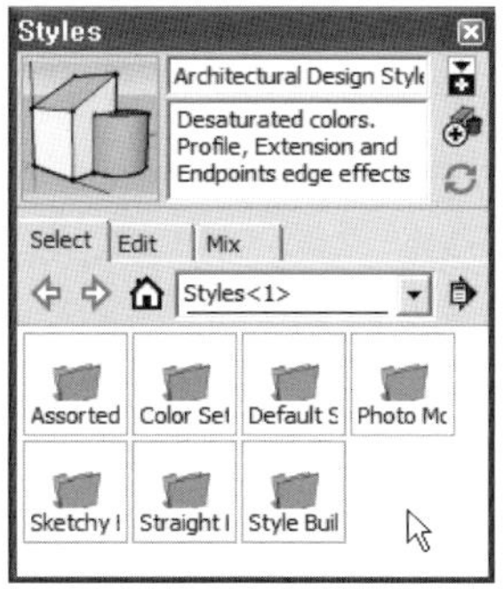

(1) Select 탭

“Select” 탭에서는 미리 설정된 다양한 스타일을 선택하여 작업화면에 적용시킬 수 있다.

① 아랫부분의 폴더를 클릭하거나 드롭다운 박스 목록에서 스타일 라이브러리를 선택한다. ‘Default Styles’를 선택한다.

② 다음과 같이 ‘Default Styles’에 포함된 스타일들의 미리보기 이미지들이 나타난다. 첫 번째 스타일이 현재 사용하고 있는 ‘Architectural Design Style’이다.

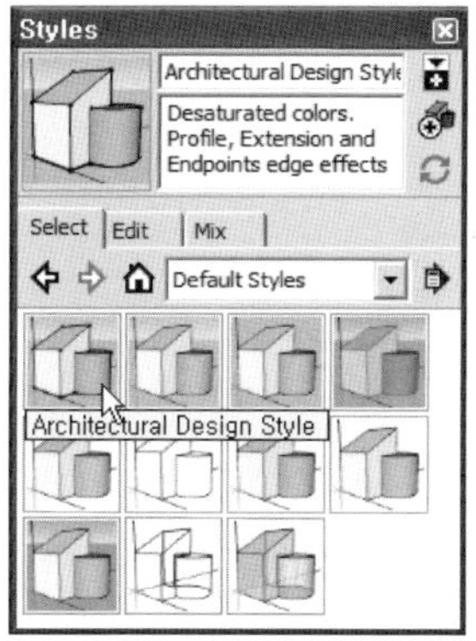

③ 여러 가지 스타일들을 선택해본다. 선택과 동시에 현재 작업화면에 선택한 스타일이 즉시 적용되는 것을 확인할 수 있다. 다음은 ‘Simple Style’을 선택한 결과이다. 모든 면에 재질이 적용된 것은 차이가 없지만 선(Edge)의 형태(선 굵기와 끝 점의 모양)가 변경된 것을 확인할 수 있다.

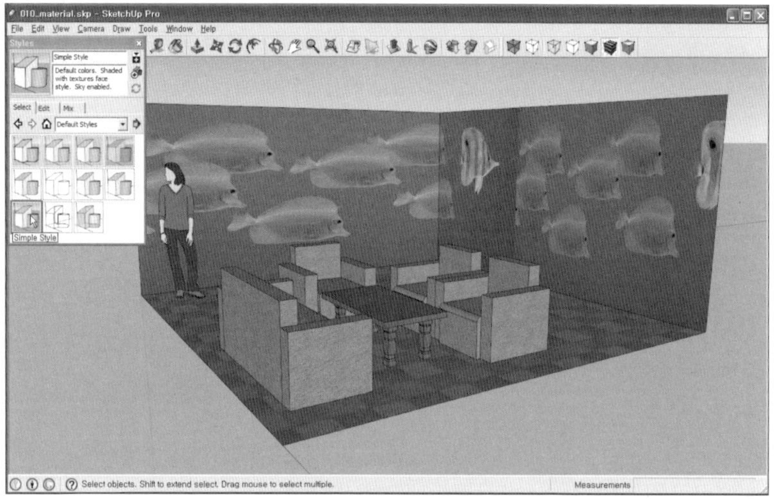

④ 다음은 'Assorted Style' 라이브러리에서 'Brush Strokes on Canvas'를 선택한 결과이다. 'Assorted Style'의 다양한 스타일들을 적용해본다.

⑤ 다음은 'Style Builder Competition Winners'의 'Pencil on Graph Paper' 스타일을 적용한 결과이다.

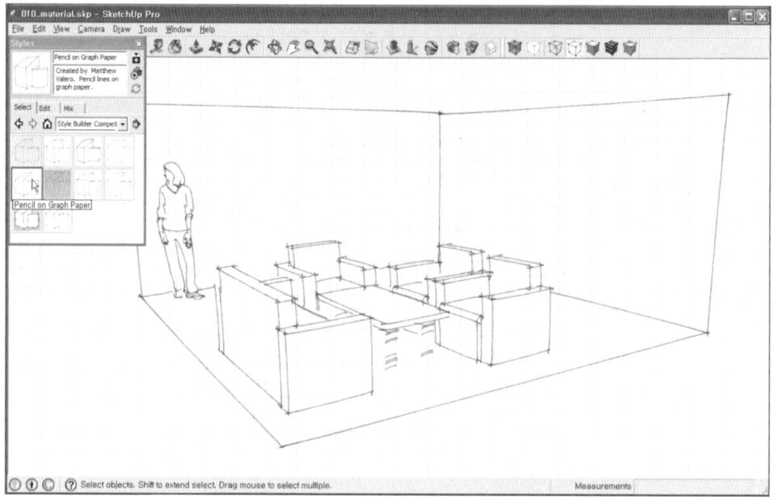

(2) Edit 탭

앞서 살펴보았던 다양한 스타일들처럼 모서리(Edge)와 면(Face) 등의 형태를 직접 변경할 수 있다. 연습을 위해 현재 작업의 스타일을 최초 상태인 'Architectural Design Style'로 변경한다. [Styles] 브라우저의 'Edit' 탭을 선택하면 하면 다음과 같이 변경된다.

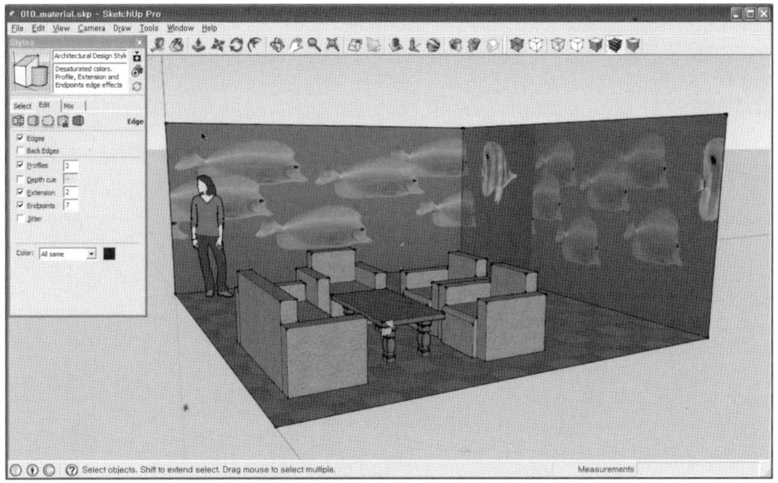

현재의 상태를 기준으로 여러 설정들을 변경하면서 비교해보아야 한다.

(3) Edge Settings

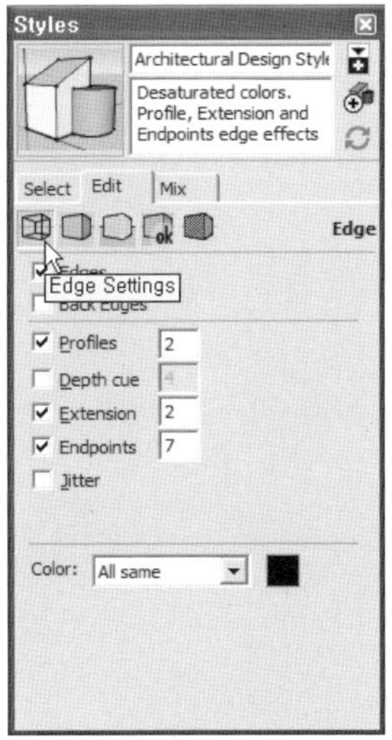

① Edges : 모서리 표시를 선택할 수 있다. 체크를 해제하면 다음과 같이 모서리 선들이 나타나지 않는다. 다음 결과에서 일부 모서리 선들만 사라지고 굵은 선들이 남아 있는데 이는 모서리 선이 아니라 프로필 선들이다.

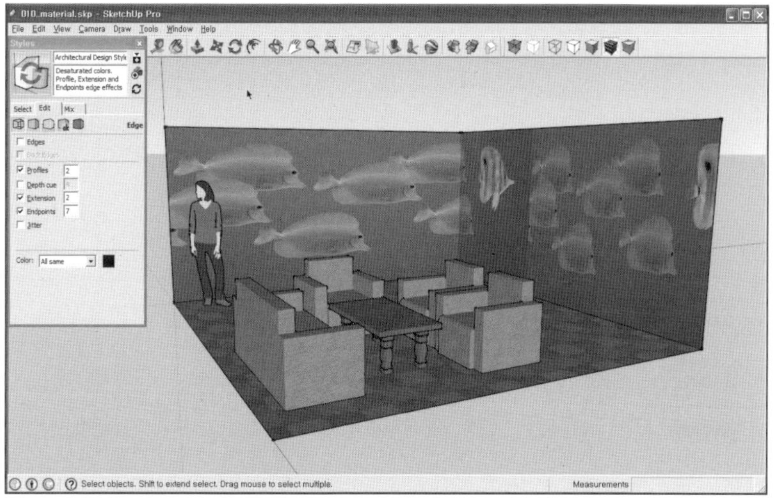

② Back Edges : 숨겨진 모서리를 점선으로 표시한다. 'Edges' 항목을 사용하지 않으면 'Back Edges' 항목은 자동으로 활성화되지 않는다.

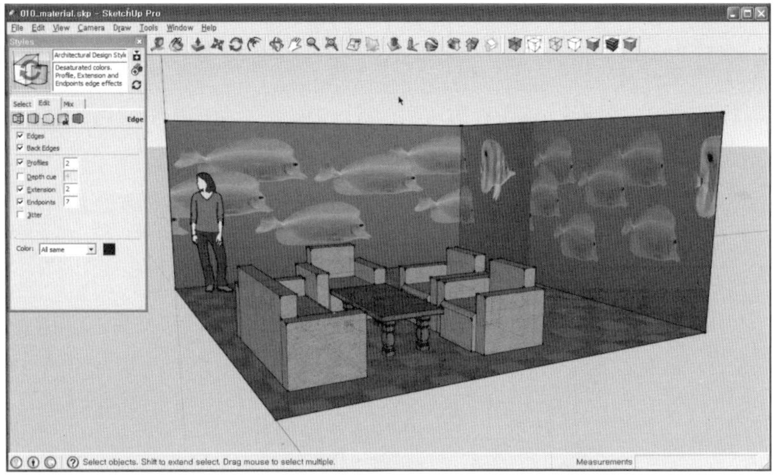

③ Profiles : 프로필 선들은 쉽게 설명하자면 외곽선, 즉 실루엣 선으로 이해하면 된다. 소파 또는 탁자의 모서리 선들을 자세히 비교해 가며 프로필 선을 확인하기 바란다. 다음은 'Edges'와 'Profiles'를 모두 해제(Off)한 결과이다.

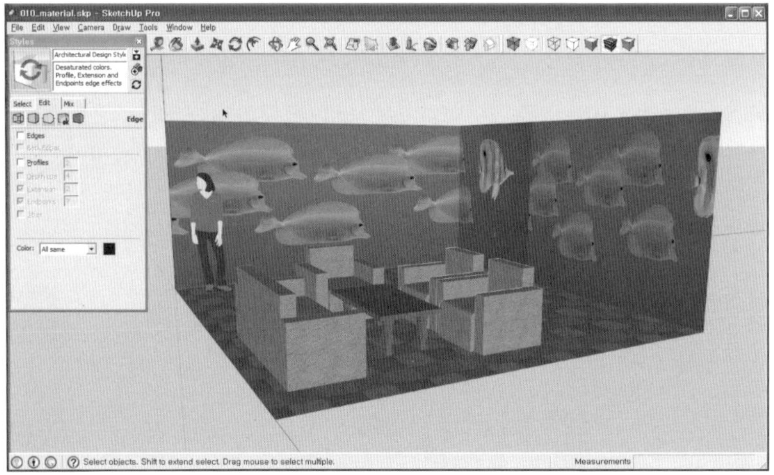

'Profiles'를 다시 켜고(On) 굵기를 변경한다. '6'으로 변경한 결과는 다음과 같다. 'Profiles'의 굵기는 'Edge'의 굵기와는 아무런 상관이 없다.

④ Depth Cue : 현재 관찰 뷰를 기준으로 화면에서 가깝게 위치한 모서리를 더 굵게 표현하는 기능이다. 'Depth Cue'의 효과를 잘 표현하기 위해서는 반드시 'Edge'가 켜져 있어야 하며, 'Profiles'는 사용하지 않는 것이 좋다. 결과는 다음과 같다.

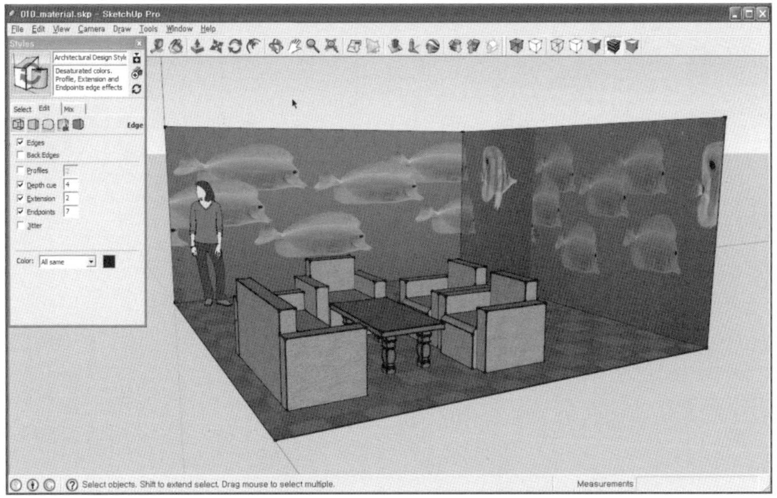

⑤ Extention : 모서리를 표현하는 선의 끝을 바깥으로 확장하는 기능이다. 값을 '20' 정도로 높여주면 확인이 용이하다.

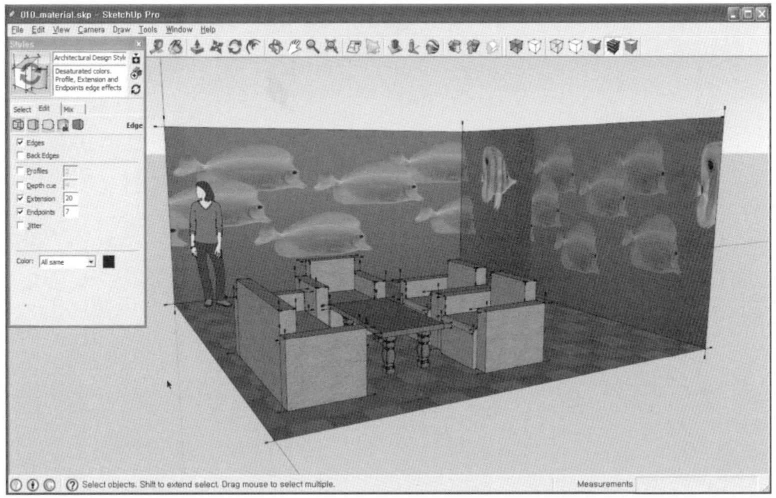

⑥ Endpoints : 모서리를 표현하는 선의 끝부분에 점처럼 표현하는 기능이다. 기능을 해제(Off)하면 다음과 같이 끝점이 표시되지 않는다.

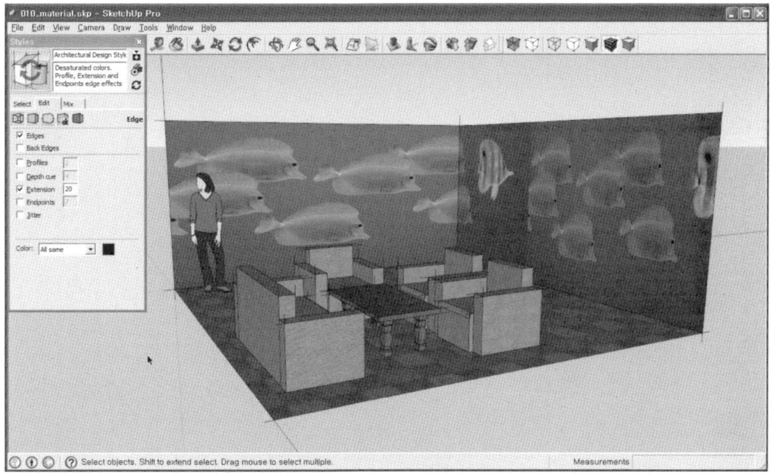

다시 켜고(On) 그 크기를 증가시키면 끝점이 길어지는 것을 확인할 수 있다.

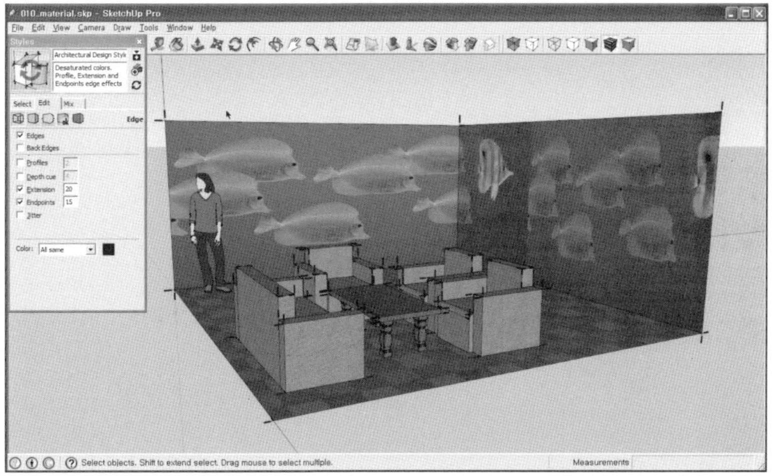

⑦ Jitter : 모서리를 표현하는 선이 약간씩 겹치거나 움직이며 떨리는 듯한 표현을 만들어준다. 다음은 'Endpoints'를 해제(Off)하고 'Jitter'를 적용한 결과이다.

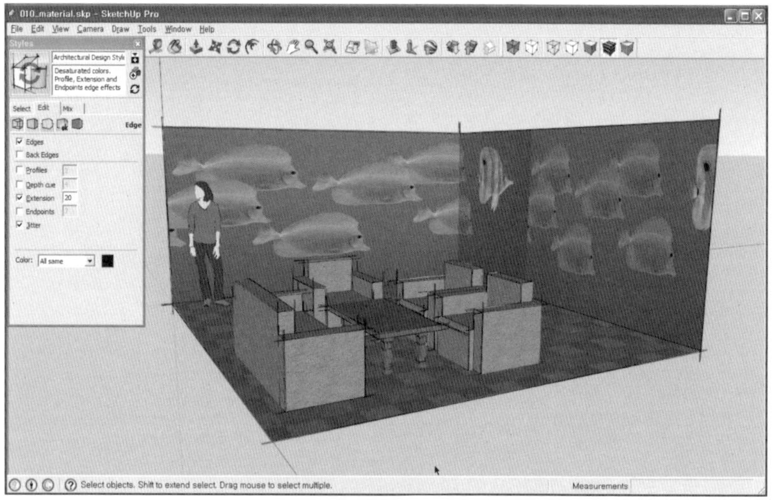

⑧ Colors : 선의 색상을 변경한다.

(4) Face Settings

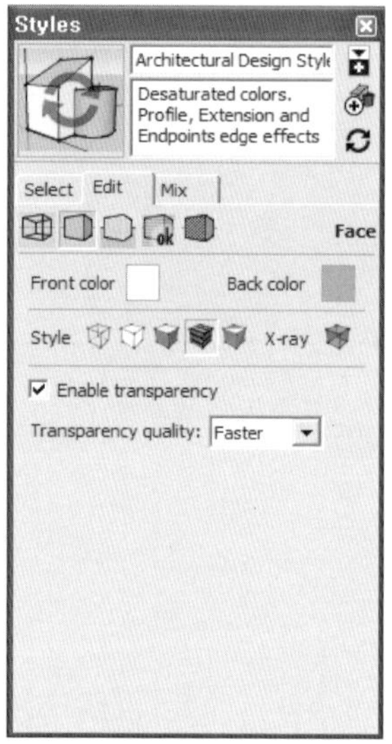

① Front color, Back color : 면의 앞면과 뒷면의 색상을 지정하는 기능이다. 기존의 값을 그대로 사용하는 것이 편리하다.

② Style : 앞서 'Styles' 툴바에서 다루었던 내용과 동일하다.

③ Enable Transparency : 유리와 같이 투명한 재질을 사용한 경우에 투명하게 볼 수 있도록 할 것인지를 결정하는 기능이다.

다음과 같이 "Rectangle" 툴을 이용하여 전면에 직사각형을 만든 다음, 생성된 면의 안쪽에 "Offset" 툴로 간격 띄우기를 '100' 정도 실행한다.

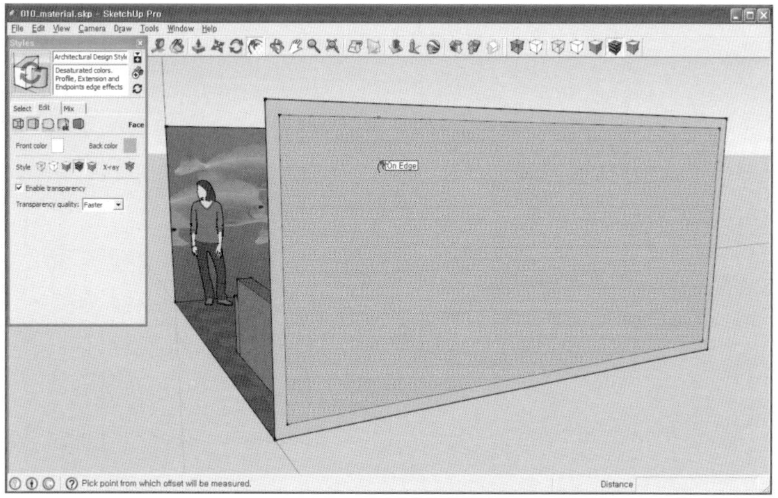

"Paint Bucket" 툴을 실행하고 [Materials] 브라우저에서 'Translucent' 라이브러리를 선택한다.

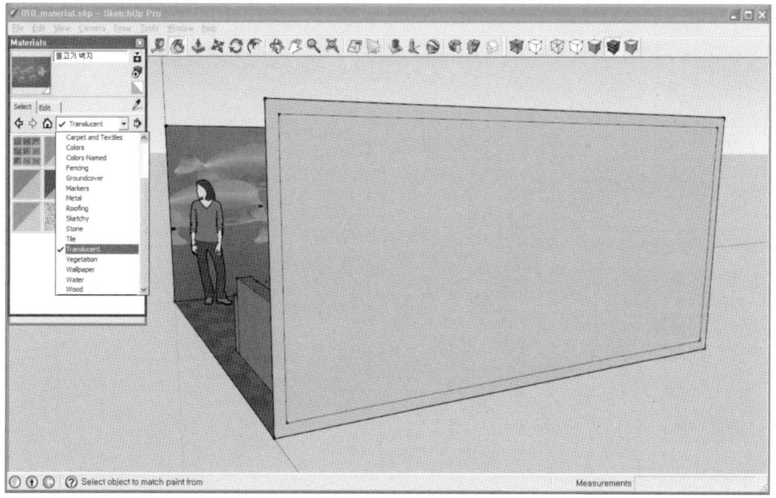

'Translucent_Glass_Blue' 재질을 적용한 결과는 다음과 같다.

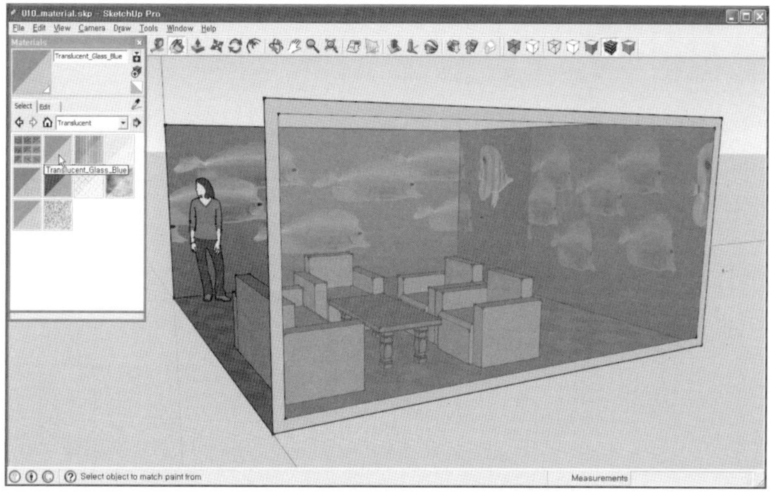

[Styles] 브라우저에서 'Enable Transparency'를 해제(Off)한 결과는 다음과 같다.

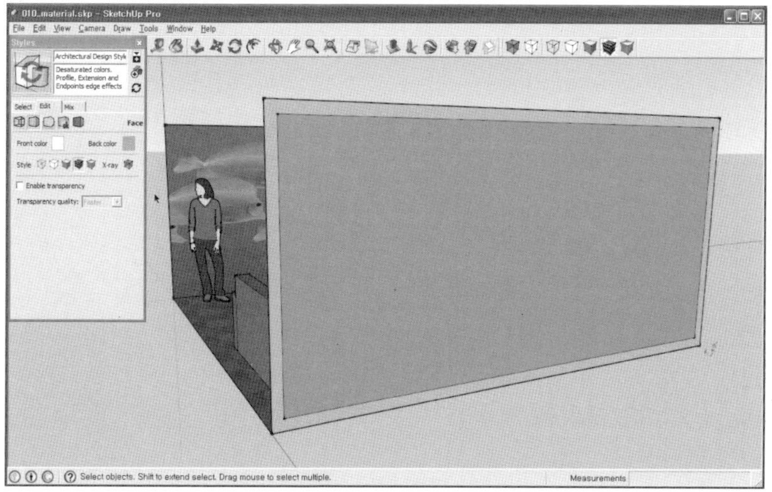

(5) Background Settings

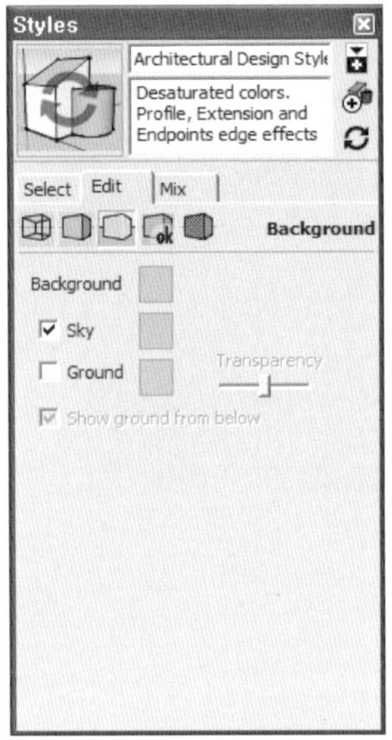

① Background : 배경색상을 지정한다. 사각형의 샘플색상을 클릭하면 [Choose Color] 대화상자가 나타나며 색상을 선택할 수 있다.

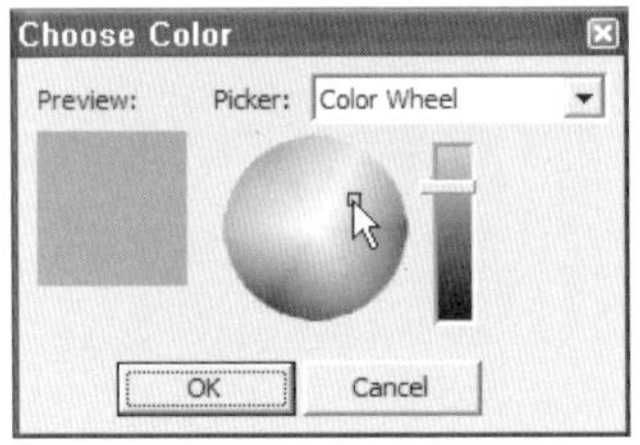

② Sky : 하늘의 색상을 지정한다. 해제(Off)하면 'Background'가 무한대로 나타난다. 다음은 'Sky'를 해제한 결과이다.

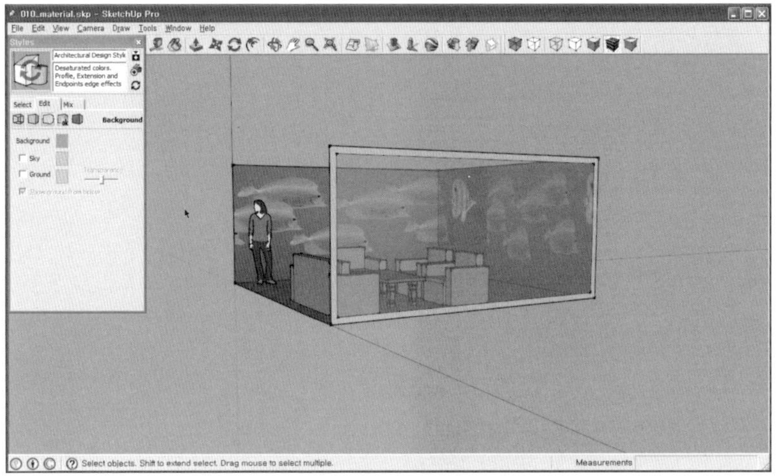

③ Ground : 지면의 색상을 지정한다. 기본값은 해제(Off)된 상태여서 'Background'가 지면을 대신해주었다. 'Ground'를 적용한 결과는 다음과 같다. 'Sky'가 해제된 상태라면 'Background'가 하늘을 대신하고 있다.

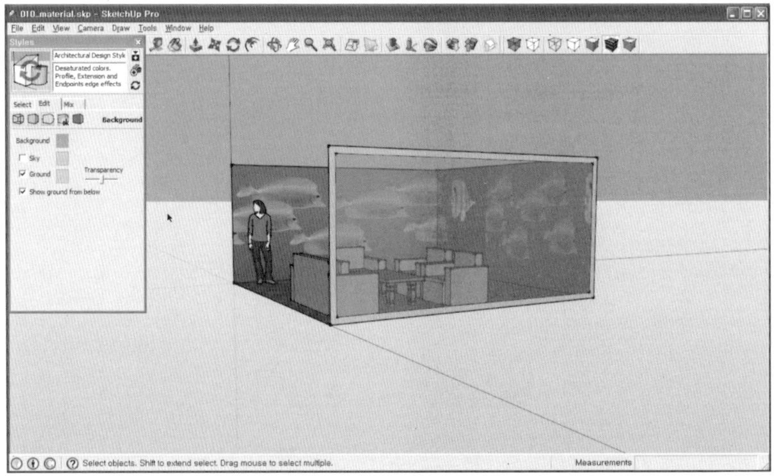

④ Transparency와 Show ground from below : 이 두 가지 옵션은 서로 연동된 것으로 'Ground'를 사용하지 않을 때는 필요가 없지만 'Ground'가 사용이 되면 모델을 지면 밑에서 올려다 볼 때 설정하는 기능이다. 다음은 모델을 올려다 볼 때 'Ground'의 'Transparency'를 완전히 불투명하게 만든 결과이다. 'Show ground from below'가 적용되면 지면에 의해 막혀 모델을 볼 수가 없다.

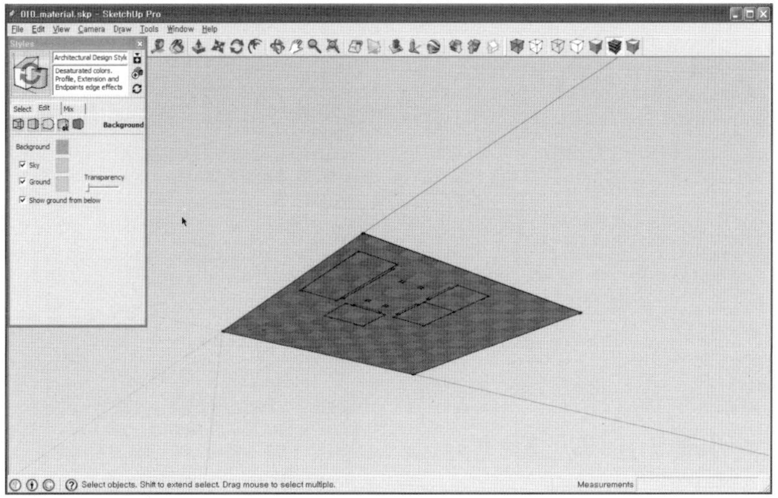

memo

3. 그림자 만들기

3-1. Shadows Toolbar

SketchUp에서는 간단하게 버튼하나 클릭으로 그림자를 표현할 수 있다. [View → Toolbars → Shadows] 메뉴를 실행하면 "Shadows" 툴바를 표시할 수 있다.

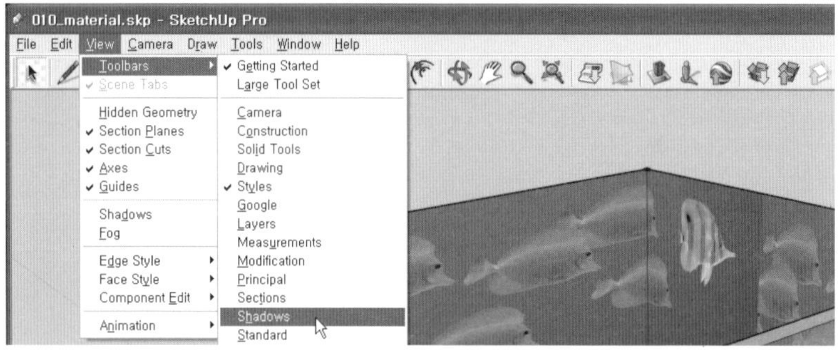

"Shadows" 툴바는 다음과 같이 두 개의 툴과 두 개의 슬라이더 바로 구성되어 있다. "Shadows" 툴바의 첫 번째 툴은 "Shadow Settings" 툴로 실행하면 [Shadows Setting] 윈도우가 나타난다. 이는 [Windows → Shadows] 메뉴를 실행하는 것과 동일하므로 다음에 설명하도록 한다.

(1) 그림자 적용하기

"Shadows" 툴바의 두 번째 툴이 바로 그림자를 적용시키는 기능이다. "Show/Hide Shadows" 툴을 클릭하면 다음과 같이 그림자가 생성된다.

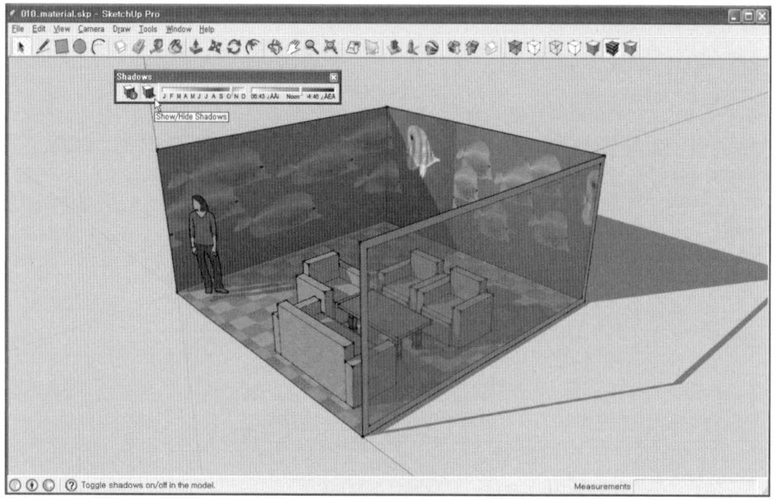

(2) 날짜에 따른 그림자 변경

영어 대문자 알파벳이 표시된 슬라이더 바는 날짜를 설정하는 기능으로 "Date" 슬라이더 바이다. 1월(January)에서 12월(December)까지를 슬라이더의 위치를 조정하여 설정한다. 마우스로 드래그하면 실시간으로 변하는 그림자를 확인할 수 있다.

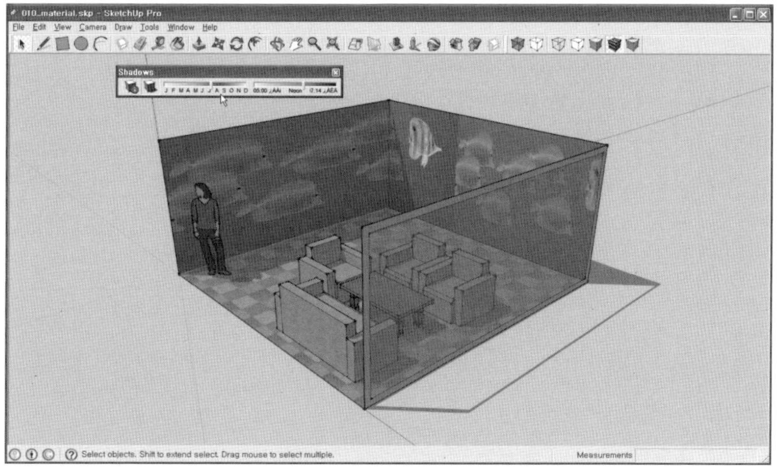

(3) 시간에 따른 그림자 조정

두 번째 슬라이더 바는 시간을 조정하는 기능으로 'Time' 슬라이더 바이다. 'Date' 슬라이더 바에서 설정한 날짜에 따라 일출, 일몰 시간이 나타나 시간대별 그림자를 조정할 수 있다.

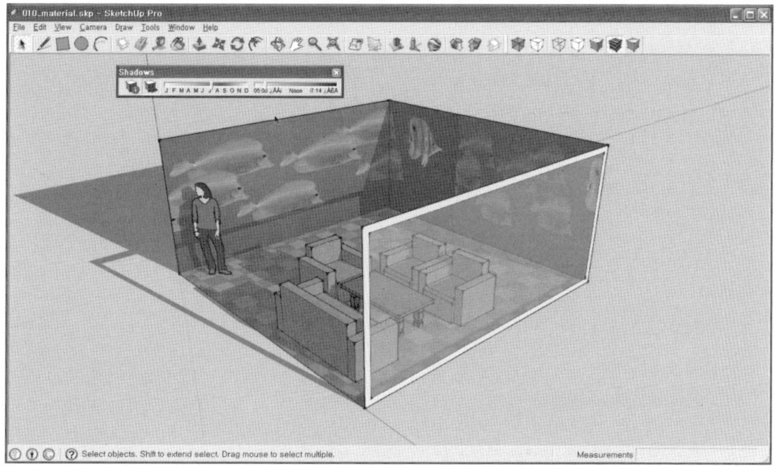

일출 또는 일몰 시간대에 마우스를 드래그하면 해가 없는 시간대이므로 어둡게 표시된다.

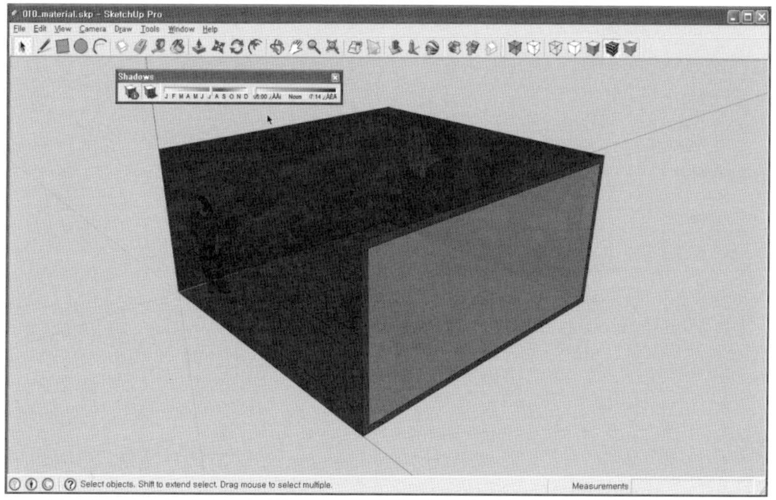

3-2. Shadow Settings

"Shadows" 툴바의 첫 번째 툴인 "Shadow Settings" 툴을 실행하거나 [Windows → Shadows] 메뉴를 실행하면 [Shadows Setting] 윈도우가 나타난다.

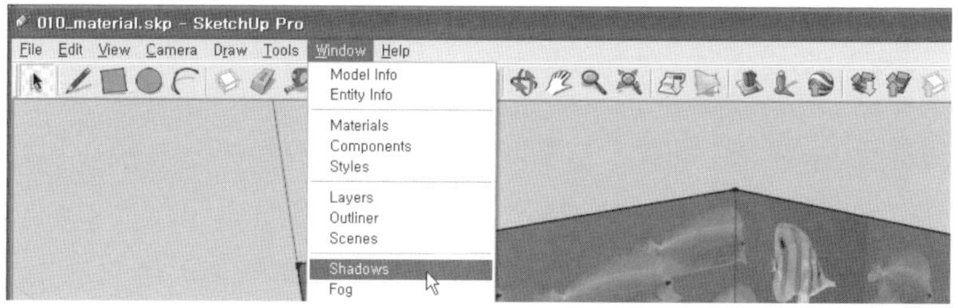

[Shadows Setting] 윈도우에서는 "Shadows" 툴바에서 조정하였던 설정을 포함하여 보다 더 상세하게 그림자의 형태를 조정할 수 있다.

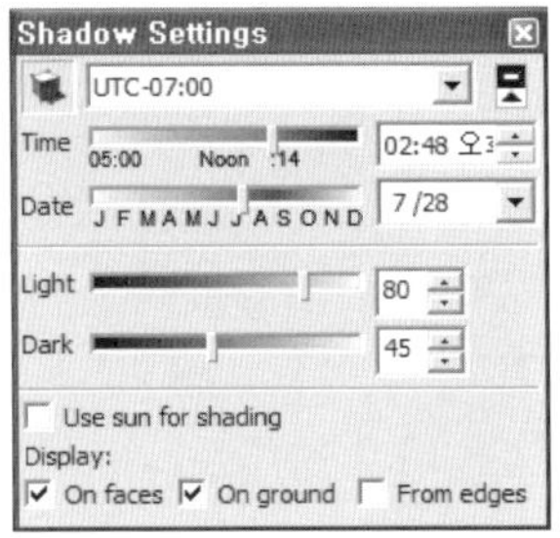

(1) 표준시간대 설정

[Shadows Setting] 윈도우의 좌측 상단에 "Show/Hide Shadows" 툴이 위치하고 있다. 옆의 드롭다운 박스에서는 표준시간대를 설정하여 실제 지리적 위치에 해당하는 정확한 그림자를 표현할 수 있다.

(2) Time/Date

'Time' 슬라이더와 'Date' 슬라이더에서 시간과 날짜를 설정한다. [Shadows Setting] 윈도우에서는 보다 더 정확하게 설정할 수 있다.

(3) Light/Dark

'Light' 슬라이더를 사용하여 빛을 받는 영역의 밝은 정도를 조절할 수 있다. 즉, 그림자가 나타나는 경우 그림자가 아닌 빛을 받는 부분의 밝은 정도를 조정하는 기능이다. 다음은 'Light' 슬라이드를 드래그하여 그 값을 '0'으로 설정한 결과이다. 그림자가 생기는 면과 빛을 받는 면의 밝은 정도의 차이가 없다.

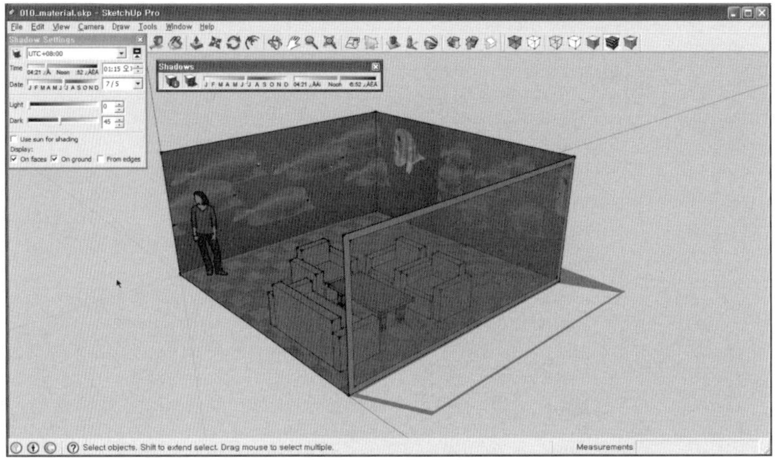

'Dark' 슬라이더를 사용하여 그림자의 밝은 정도를 조절할 수 있다. 즉, 그림자가 나타나는 경우 그림자가 생기는 부분이 어둡게 표현되는데 이 그림자 부분의 밝은 정도를 조정하는 기능이다. 다음은 'Dark' 슬라이드를 드래그하여 그 값을 '100'으로 설정한 결과이다. 그림자가 생기는 면의 밝은 정도가 최대가 되어 빛을 받는 면과 밝은 정도의 차이가 없다.

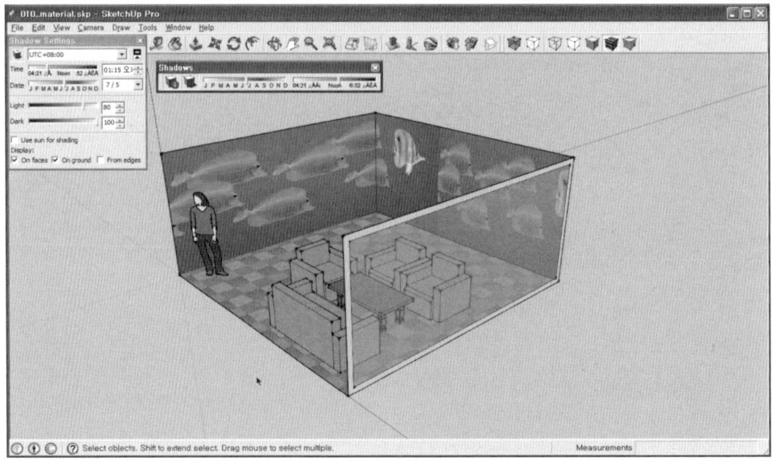

(4) Use Sun for Shading

이 기능은 그림자를 사용하지 않을 때 태양에 의한 음영의 차이를 표현할 때 사용하는 기능이다. "Show/Hide Shadows"를 클릭하여 그림자가 생기지 않도록 한 상태에서 "Use Sun for Shading"을 활성화하면 다음과 같이 그림자는 없으나 그림자가 있을 때의 방향에 따라 면의 밝기 차이를 두는 것이다. 다음과 같이 'Light' 슬라이더를 최대, 'Dark' 슬라이더를 최소로 설정하면 차이를 쉽게 확인할 수 있다.

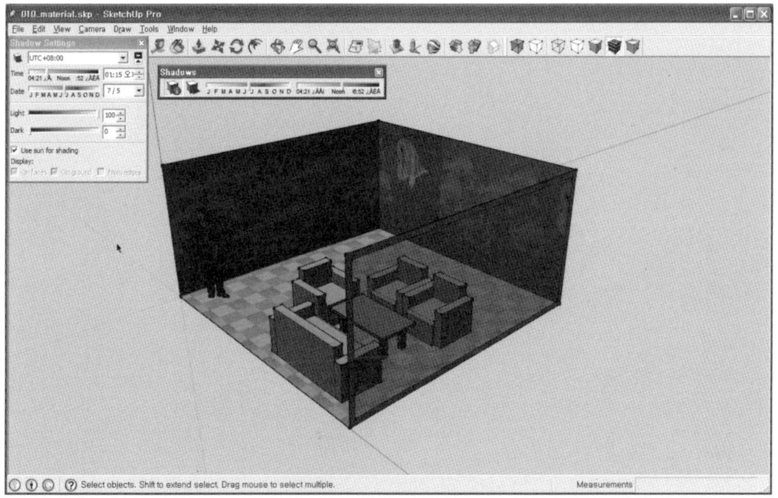

나머지 기능을 살펴보기 위해 "Use Sun for Shading" 실행 이전의 상태로 되돌린다.

(5) Display : On faces

"On faces"는 그림자가 면에 표시할 것인지를 결정하는 기능이다. 다음은 "On faces"를 해제(Off)한 상태이다.

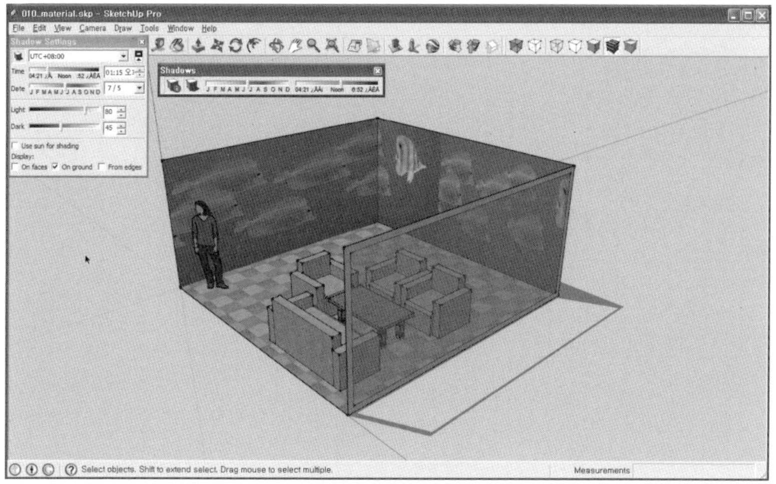

(6) Display : On Ground

"On Ground"는 그라운드에 그림자를 표시할 것인지를 선택하는 기능이다. 다음은 "On Ground"를 해제(Off)한 상태이다.

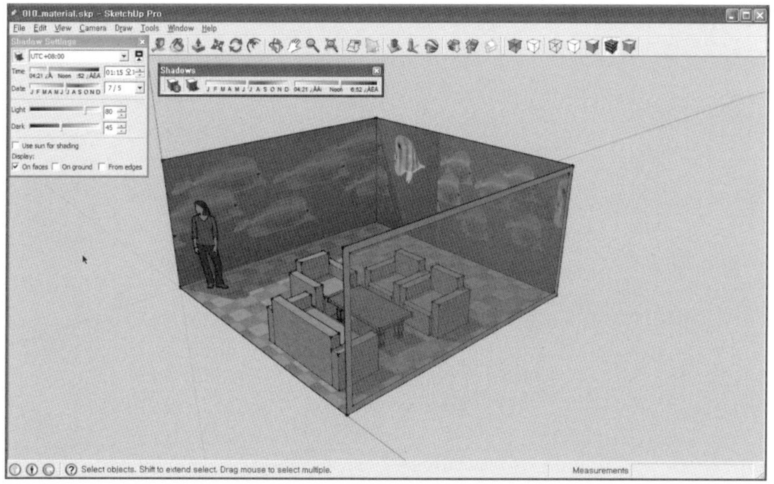

Chapter

6

기타 주요기능

본 장에서는 앞서 학습한 SketchUp의 기초적인 3D 모델링 방법보다는 좀 더 복잡하고 복합적인 모델링 기능에 대해 살펴본다. 먼저 완성된 3D 모델들의 교차 및 중첩을 활용하여 새로운 모델을 생성하는 기능들에 대해 살펴볼 것이다. 좀 더 수학적인 개념이 포함된 집합연산 과정을 사용하게 된다. 다음으로 SketchUp에서 자유로운 곡면을 생성하고 편집하는 기능에 대해 살펴본다. 콘타(Contour)를 이용하여 곡면을 생성하거나 TIN 표면을 이용하여 자유로운 형태의 곡면을 생성할 수 있다.

1. 교차된 개체의 편집

1-1. Intersect

(1) 교차

교차는 겹쳐진 모델들 사이의 면 분할이 자동으로 이루어지지 않는 경우 강제적으로 모델의 면 사이의 겹쳐진 모서리를 생성하는 기능이다. 다음과 같이 '1,000mm×500mm' 크기의 직사각형을 작성한다.

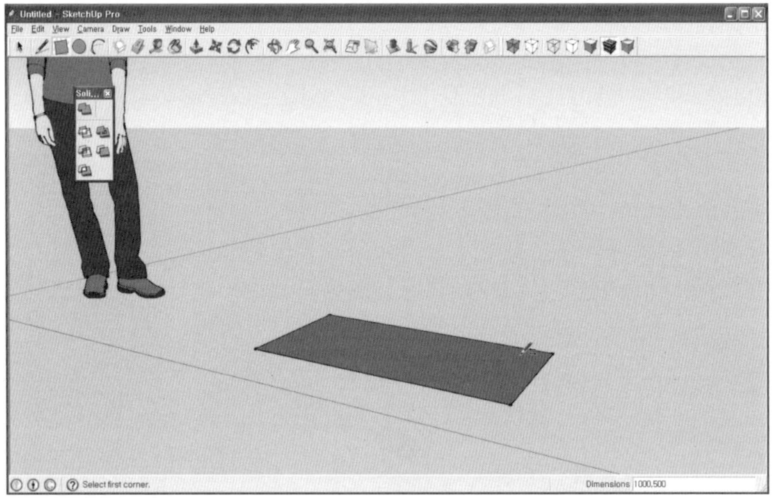

"Push/Pull"을 실행하여 '1000' 만큼 돌출한다.

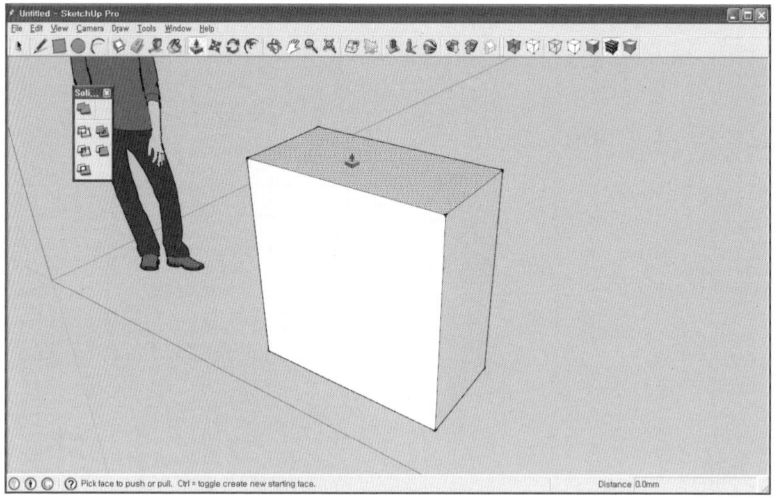

"Move" 툴을 이용하여 직육면체 상단의 모서리를 '250'만큼 안쪽으로 이동한다.

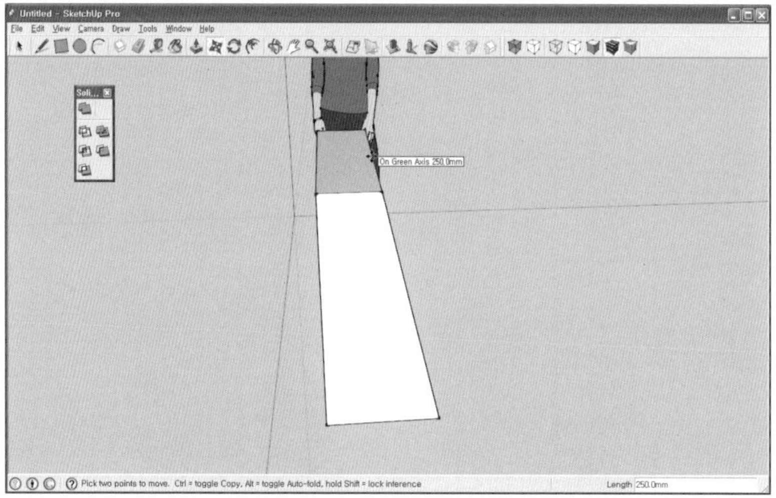

수직인 앞면에 원을 작성한다. 반지름은 '300'으로 지정하였다.

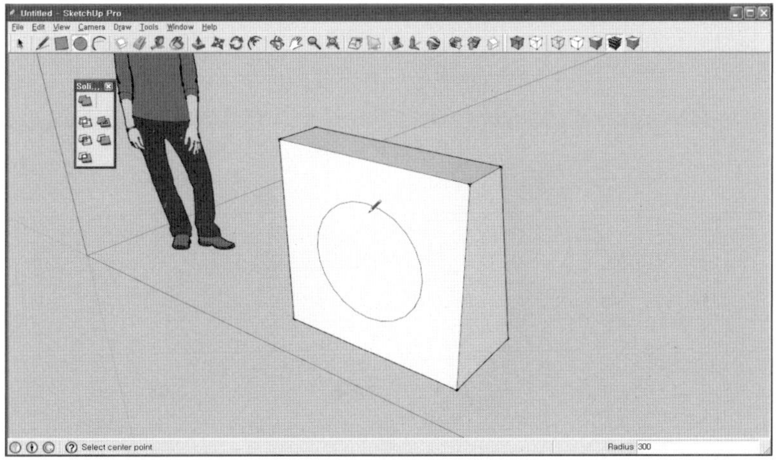

"Push/Pull" 툴을 이용하여 원을 밀기하여 구멍을 만들어본다.

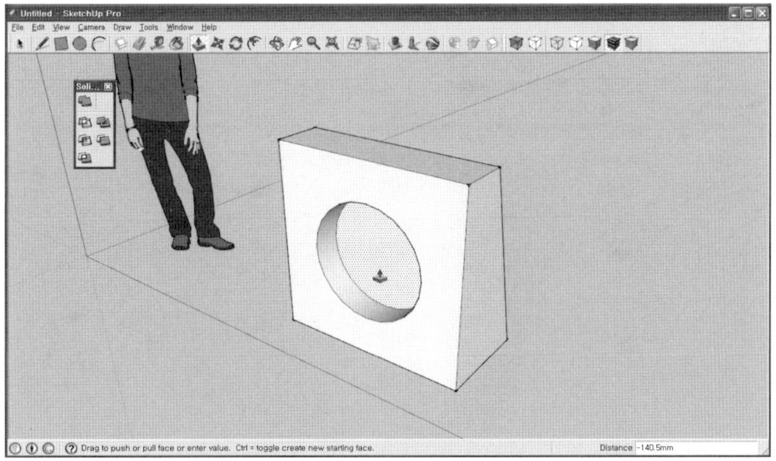

경사진 뒷면과 수직의 원이 동일 평면으로 만날 수 없기 때문에 결과는 다음과 같이 경사면을 지나쳐서 다시 돌출되는 형태가 된다.

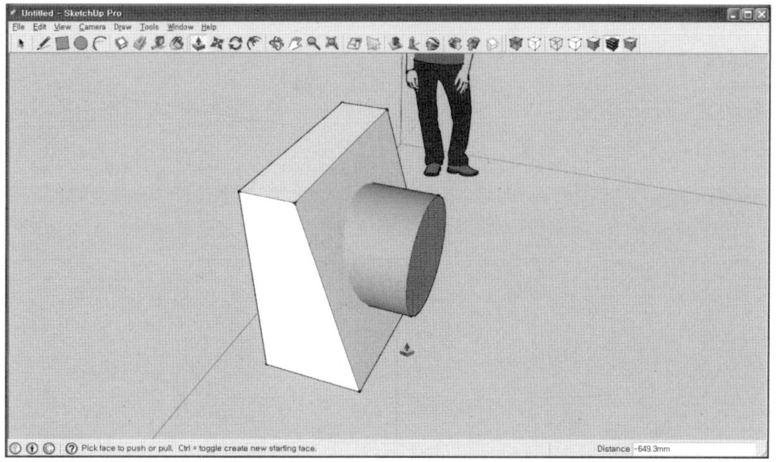

(2) Intersect Faces

마우스로 트리플 클릭을 하여 모든 요소를 선택한 다음 오른쪽 버튼을 클릭하여 컨텍스트 메뉴를 나타낸다.

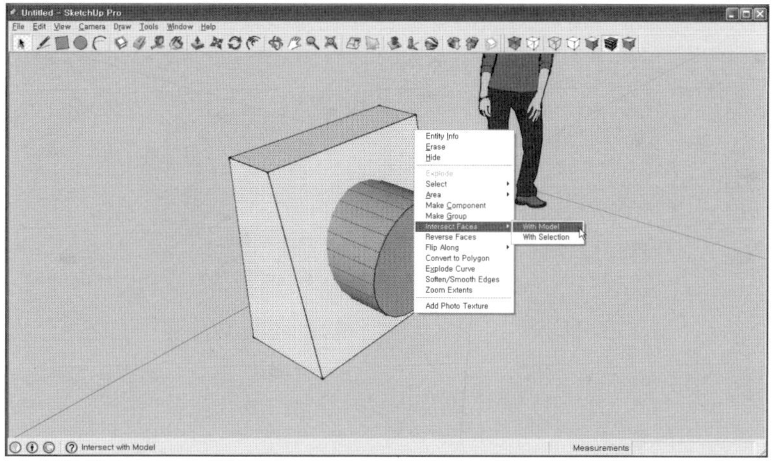

"Intersect Faces"가 바로 겹쳐진 모델 요소의 교차(Intersect) 모서리를 생성시키는 명령이다. "Intersect Faces"에 "With Model"과 "With Selection"의 두 가지 옵션이 있는데, 지금과 같은 경우는 둘 다 동일하게 겹쳐진 부위의 모서리를 생성한다. 결과는 다음과 같다.

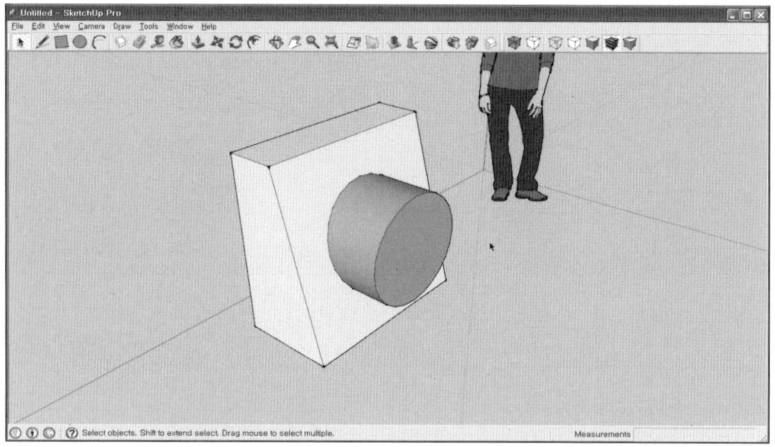

"Select" 툴을 이용하여 불필요하게 돌출된 부분을 삭제하면 최종 완성 모델은 다음과 같다.

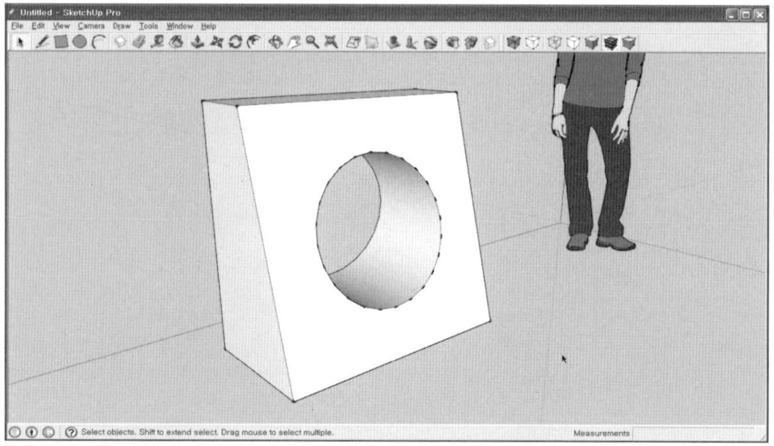

(3) 간단한 키오스크 만들기

① 간단한 키오스크를 작성하면서 "Intersect Faces"에 대해 살펴보도록 한다. 다음과 같이 반지름 '200'인 원을 작성한다.

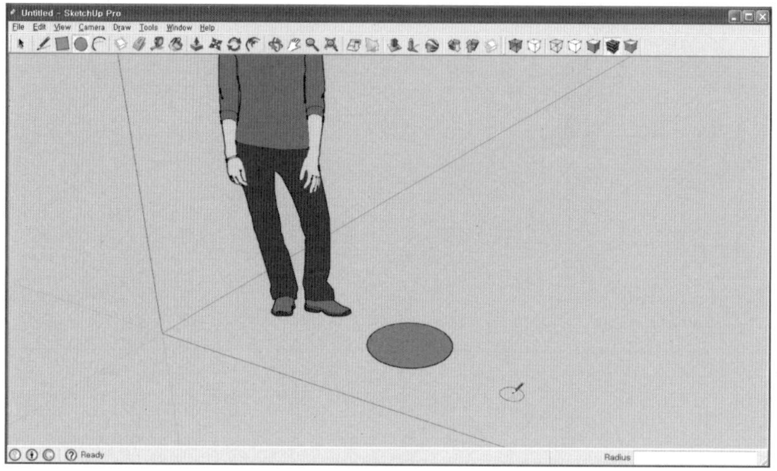

② "Push/Pull"을 이용하여 '1200' 만큼 돌출시켜준다

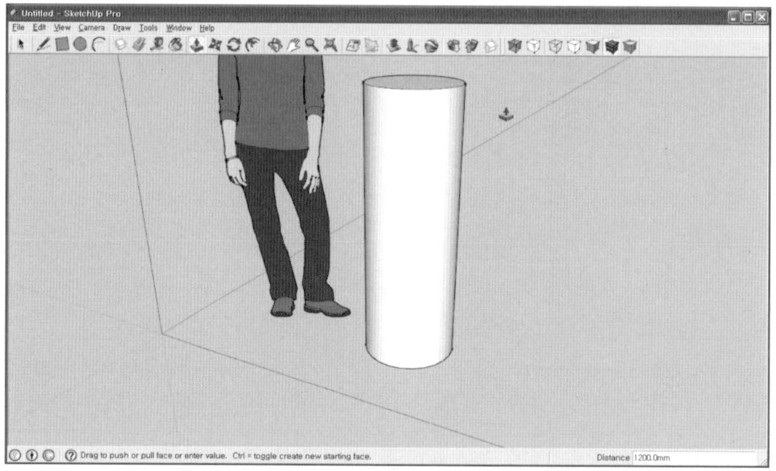

③ “Rectangle” 툴을 이용하여 ‘600mm×600mm’ 크기의 정사각형을 작성한다.

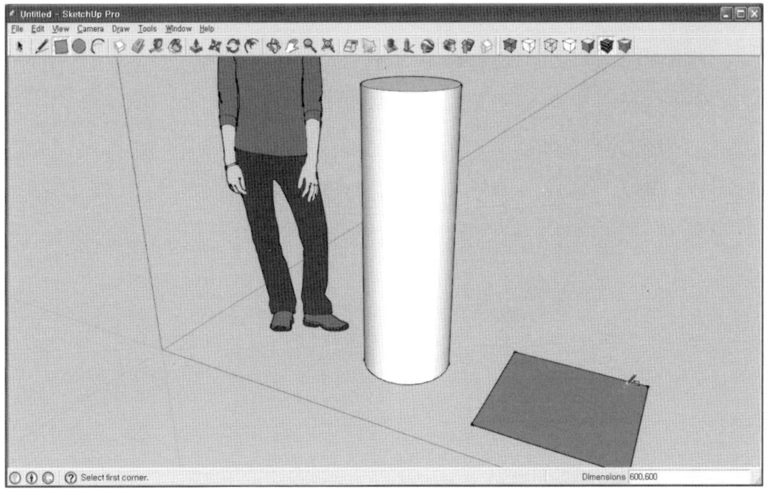

④ “Select” 툴을 이용하여 정사각형 요소를 모두 선택하고 Red Axis와 평행한 모서리를 회전축으로 지정하여 30° 각도로 회전한다.

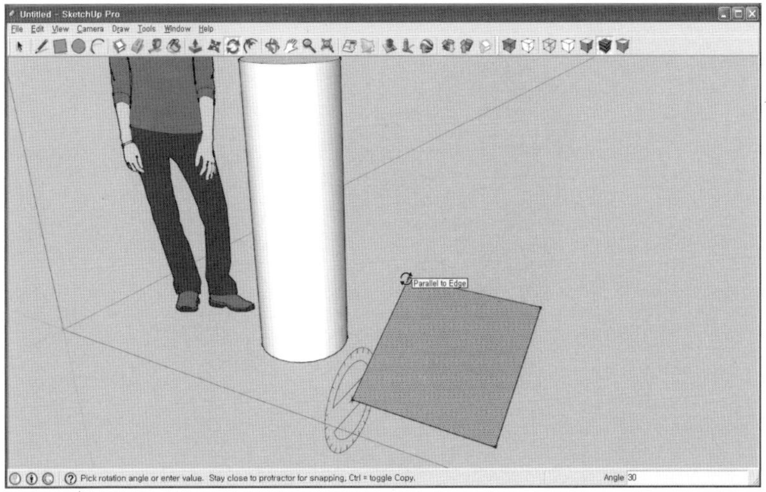

⑤ “Move” 툴을 이용하여 다음과 같이 기울어진 평면이 원통의 경사면을 형성할 수 있도록 겹치게 이동한다.

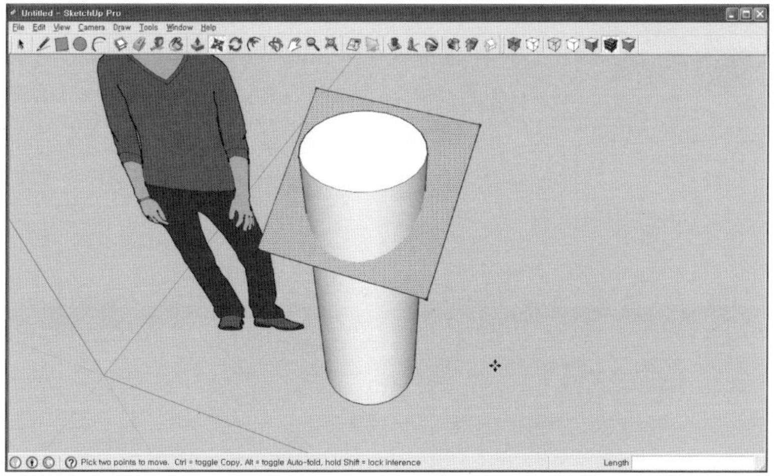

⑥ 경사면이 선택된 상태에서 마우스 오른쪽 버튼을 클릭하면 컨텍스트 메뉴가 나타난다.

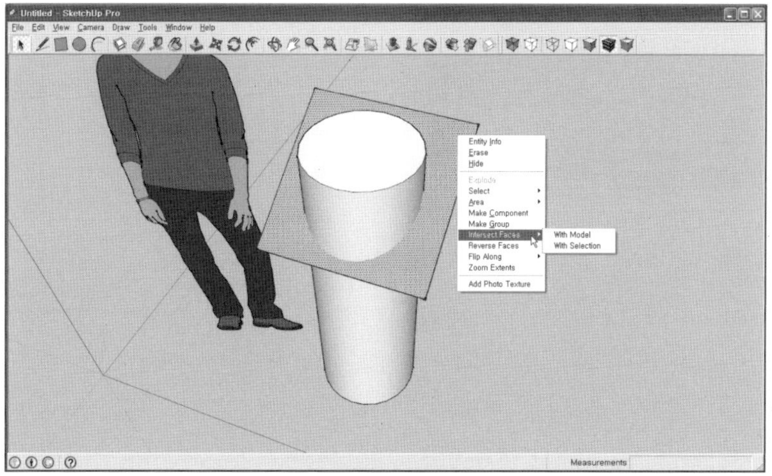

"Intersect Faces"에서 "With Selection"을 선택하면 다음과 같이 에러 메시지가 나타난다. 겹쳐진 모델을 함께 선택하지 않아 대상을 찾을 수 없다는 것이다.

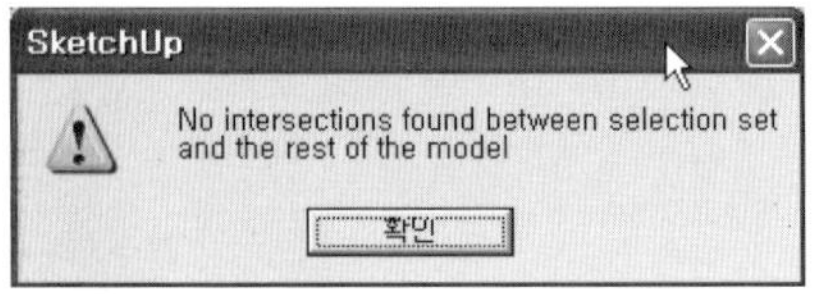

"With Model"을 선택하면 교차된 모서리가 나타난다. 경사진 면에 겹쳐진 모델을 자동으로 인식하여 겹쳐진 부위의 모서리를 추출한다.

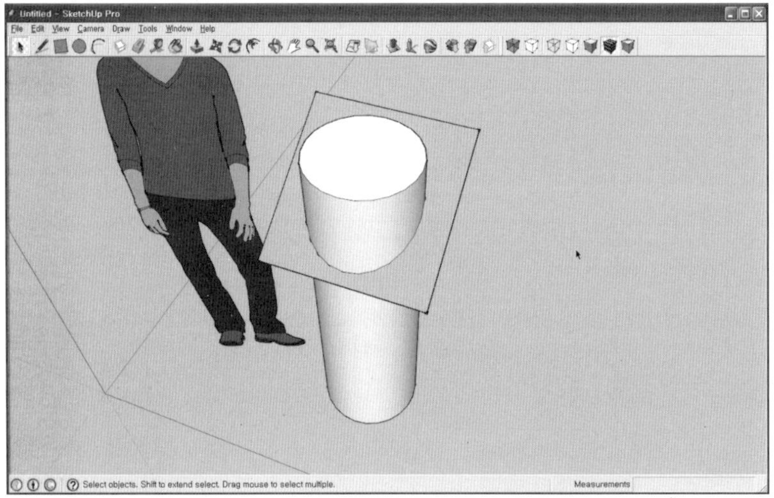

⑦ 'Ctrl+z'를 실행하여 방금 전의 작업을 취소한다. "Select" 툴을 이용해 crossing 방식으로 모든 모델을 선택한다. 마우스 오른쪽 버튼을 클릭하여 "Intersect Faces" 명령의 "With Selection" 옵션을 선택한다.

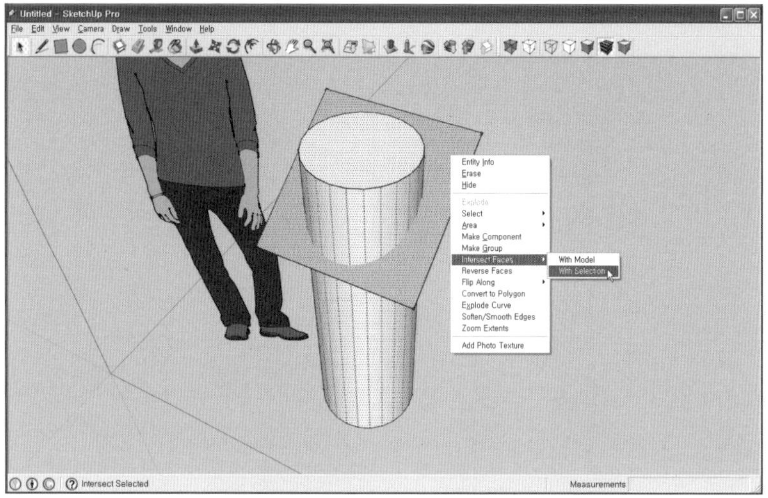

결과는 성공적으로 겹쳐진 모서리를 추출한다.

⑧ 키오스크의 몸체가 되는 부분을 제외하고 모두 삭제한다.

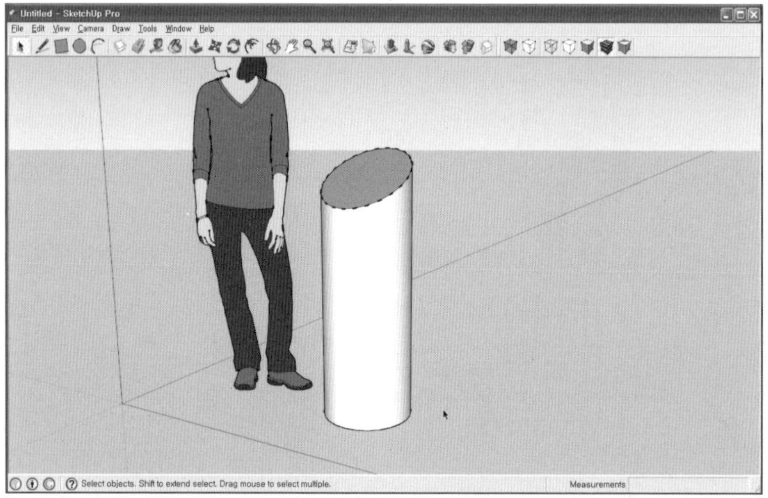

⑨ 경사면에 다음과 같이 직사각형을 작성한 다음 "Offset" 툴을 이용하여 안쪽으로 간격 띄우기 한다.

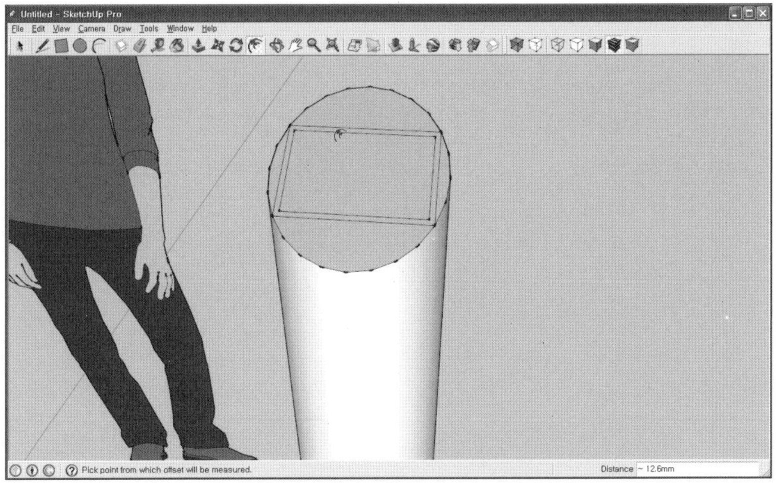

⑩ 바깥쪽 선을 삭제하고 "Push/Pull" 툴을 이용하여 직사각형을 안쪽으로 넣어주면 간단한 키오스크가 완성된다.

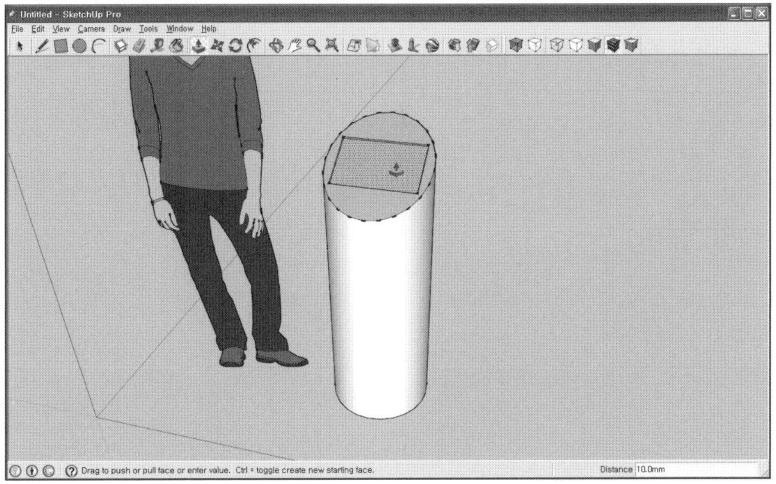

1-2. Solid Tools

(1) 솔리드 모델

SketchUp에서 솔리드 모델은 그룹(Group)과 컴포넌트(Component)를 말한다. 하지만 모든 그룹과 컴포넌트가 솔리드 모델이 되는 것은 아니다. 솔리드 모델은 3차원 매스이며 열려진 부분이 없는 모델이면 가능하다.

다음의 그림에서 두 모델은 모두 그룹으로 지정되어 있다. 우측의 모델은 솔리드 모델이지만 좌측의 박스는 한쪽 면이 열려있기 때문에 솔리드 모델이 될 수 없다.

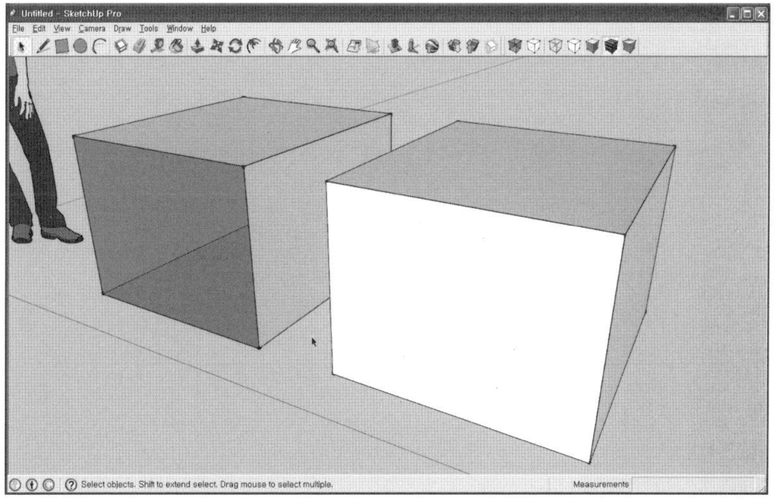

"Solid Tools"은 솔리드 모델이 서로 겹쳐진 경우 서로 합치거나, 빼거나, 공통부분의 추출 등과 같은 작업을 할 수 있다. 흔히 알고 있는 합집합, 차집합, 공집합의 개념과 같다고 보면 된다.

"Solid Tools"은 다음과 같이 6개의 툴로 구성되어 있다. 'Outer shell', 'Intersect', 'Union', 'Subtract', 'Trim', 'Split'의 순서이다.

(2) Union

두 개의 솔리드 모델을 합쳐서 하나의 솔리드 모델로 만들어주는 명령이다. 다음과 같이 같은 크기의 원통을 서로 십자가 형태로 교차하도록 배치한다. 이때 각각의 원통은 그룹 또는 컴포넌트로 지정되어 있어야만 한다.

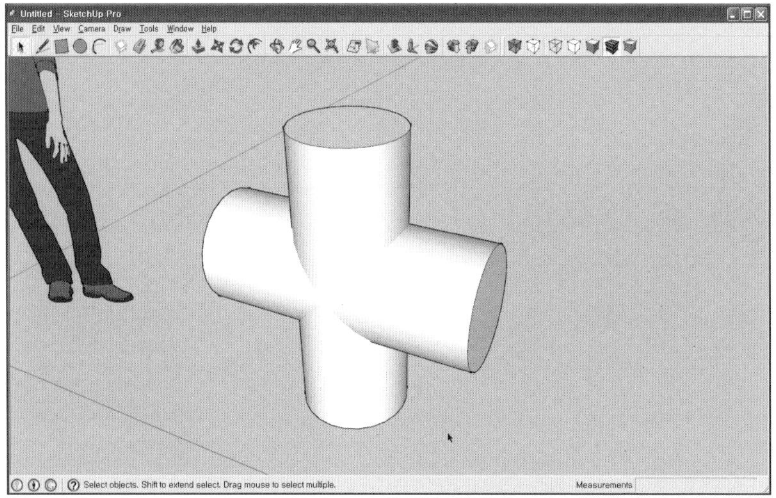

툴을 클릭하여 "Union" 툴을 실행한다. 다음과 같이 마우스 커서가 화살표 위에 '1'이 기록된 흰색 원과 함께 나타나 "Union"을 적용할 첫 번째 솔리드 모델을 지정할 수 있다.

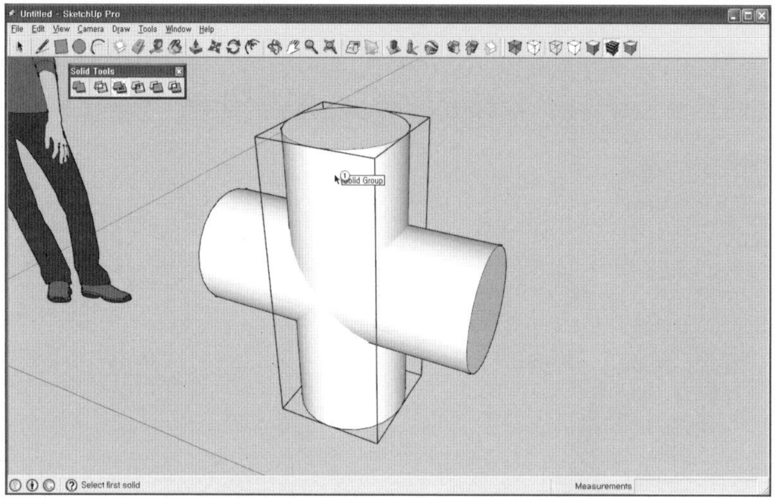

원통 하나를 첫 번째 대상으로 선택하면 이번에는 '2'가 기록된 검은색 원을 가지는 커서가 나타난다. 나머지 원통을 선택한다.

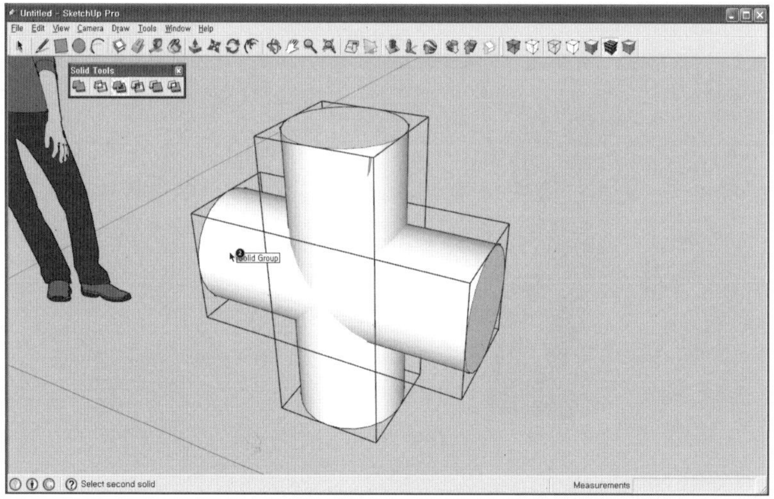

결과는 다음과 같이 두 개의 원통이 합쳐지게 된다. 겹쳐진 부분의 모서리가 표시되며, 이동시 하나의 모델로 이동하는 것을 확인할 수 있다.

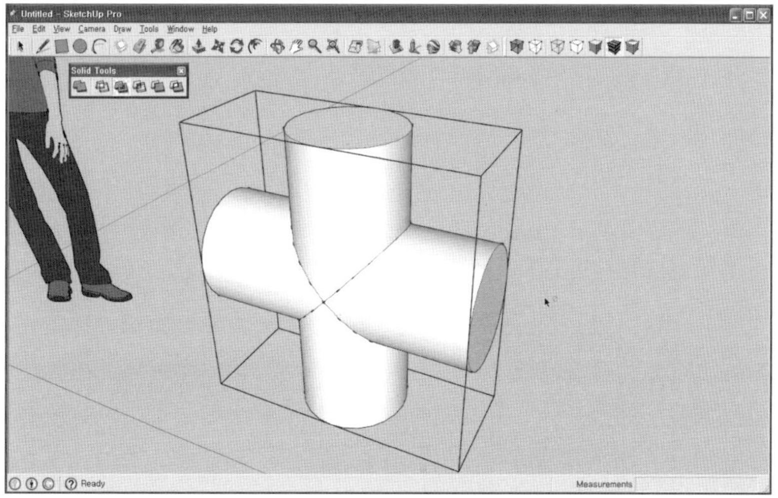

(3) Subtract

앞선 작업에서 "Union" 실행 이전으로 되돌려서 "Subtract" 명령을 진행한다. "Subtract"은 하나의 솔리드 모델에서 다른 솔리드 모델과 겹쳐진 부분을 제거하는 기능이다.

버튼을 클릭하여 "Subtract" 툴을 실행하고 그룹 하나를 선택한다. 또는 선택된 상태에서 툴을 실행하면 즉시 두 번째 솔리드 모델 선택으로 넘어가게 된다. 다음은 세로로 세워진 원통을 먼저 선택하고 가로로 누워있는 원통을 두 번째로 선택한 결과이다.

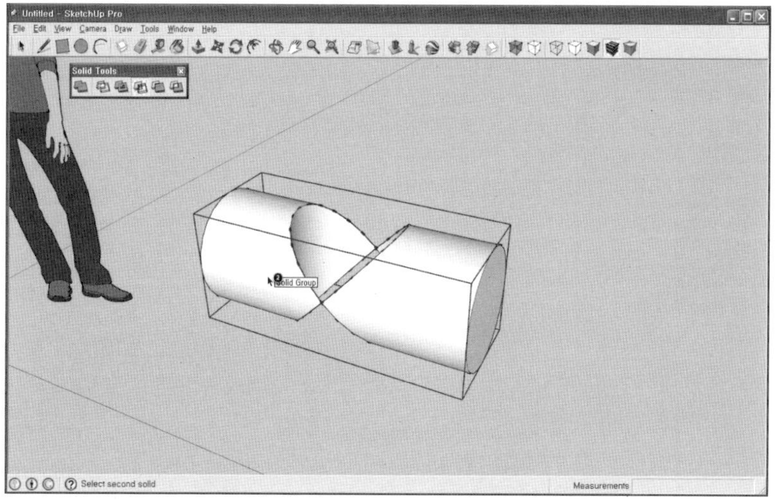

결과와 같이 SketchUp에서 "Subtract"는 먼저 선택한 솔리드 모델을 두 번째 선택한 솔리드 모델에서 제거하는 순서이다.

(4) Intersect

솔리드 모델끼리 서로 겹쳐진 부분만 남기고 나머지는 제거하는 기능이다. 공통부분만 결과로 남게 된다. 이번에는 원통 솔리드 모델 두 개를 미리 동시에 선택한다.

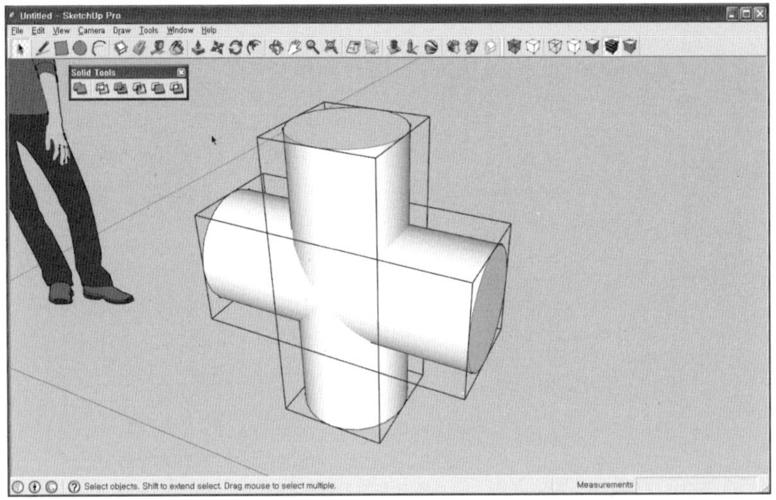

버튼을 클릭하여 “Intersect” 툴을 실행하면 다음과 같이 두 원통의 공통으로 겹친 부분만 남게 된다.

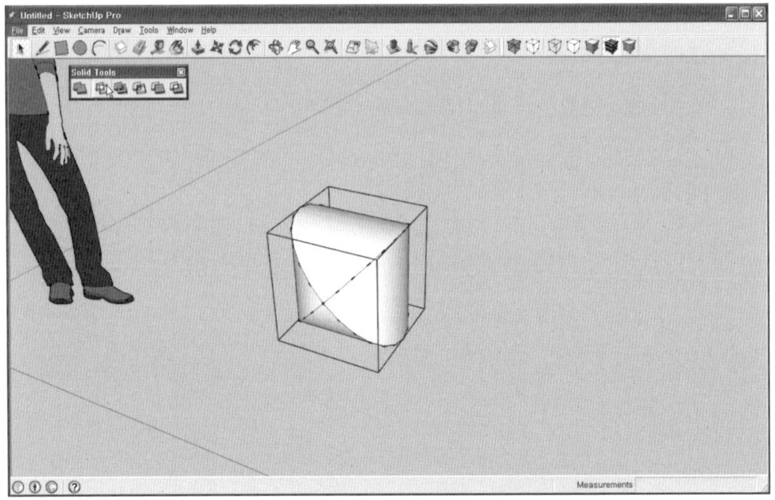

(5) Trim

“Trim” 툴은 앞서 배운 “Subtract”과 유사한 기능이다. “Subtract”은 먼저 선택한 모델을 두 번째 선택한 모델에서 제거하는 기능으로 첫 번째 선택한 모델 전체가 사라지게 된다. “Trim”은 “Subtract”과 똑같은 결과이면서 먼저 선택한 모델이 그대로 남아있는 기능이다.

버튼을 클릭하여 “Trim” 툴을 실행한다. “Subtract” 때와 같이 세워진 모델을 먼저 선택하고 누워있는 모델을 두 번째로 선택한다. 결과는 다음과 같이 먼저 선택한 모델이 기존의 선택상태 모습으로 남아있다.

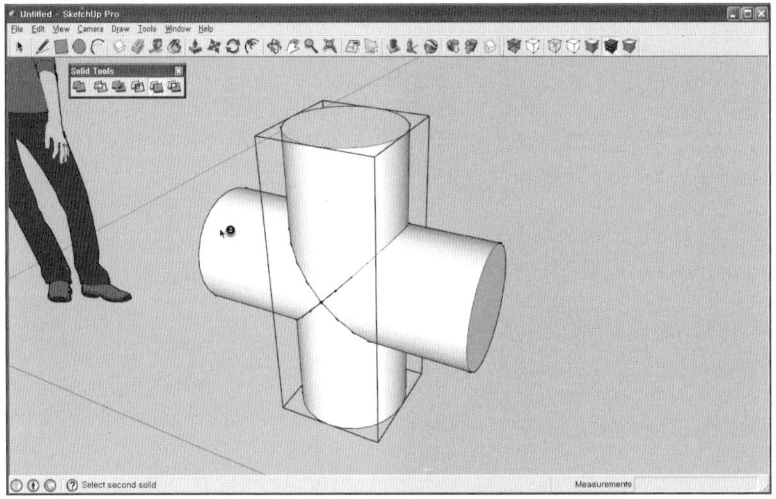

“Move” 툴을 이용하여 선택된 원통을 이동하면 다음의 결과와 같이 첫 번째 원통은 아무런 변화가 없이 두 번째 선택한 모델만 변화된 것을 확인할 수 있다.

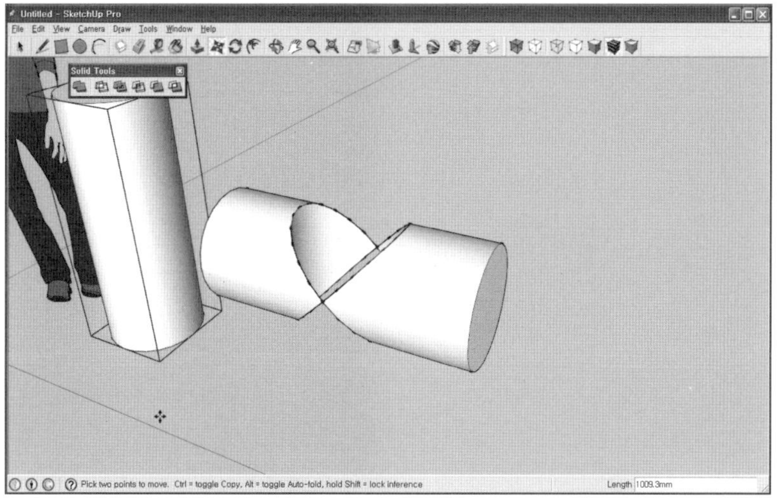

(6) Split

“Split”은 겹쳐진 부분을 기준으로 모두 분할하는 기능이다. “Split” 툴 역시 선택하는 순서가 결과와는 무관하기 때문에 먼저 두 개의 그룹을 미리 선택하고 작업할 수 있다.

 버튼을 클릭하여 “Split” 툴을 실행한다. 다음의 결과와 같이 겹쳐진 모서리가 표시된다.

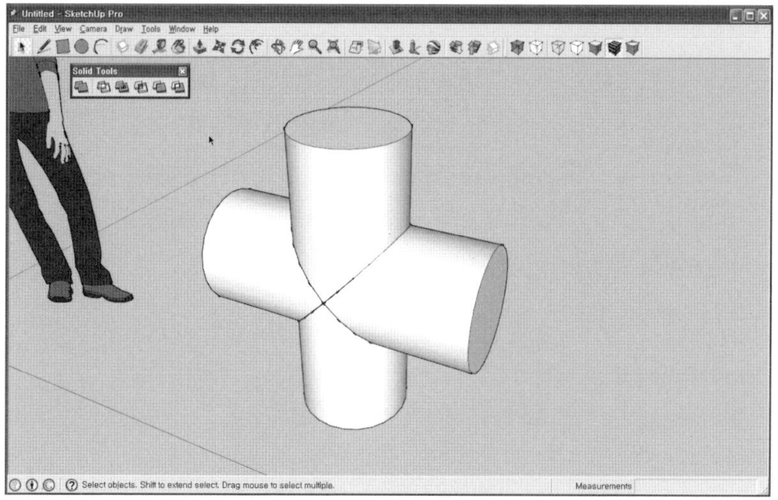

“Move” 툴을 이용하면 다음과 같이 모두 분할된 결과를 얻을 수 있다는 것을 확인할 수 있다.

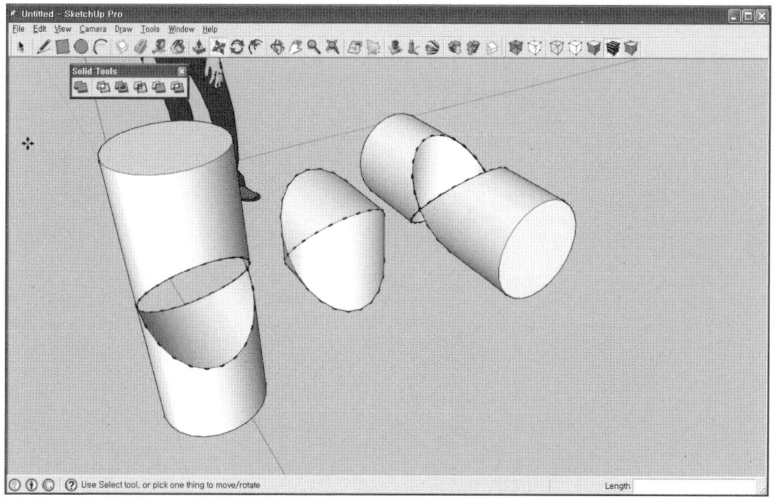

(7) Outer Shell

"Outer Shell"은 "Union"과 비교하여 진행해야 한다. "Outer Shell" 기능이 만들어진 이유는 구글 어스의 3D 빌딩 모델의 용량을 최소화하기 위해 개발된 기능이다. "Union" 기능이 사용자가 만든 솔리드 모델의 형태를 있는 그대로 합치는 데 비해서 "Outer Shell"은 자동으로 드러나지 않는 내부의 공간은 삭제하고 외부에 드러나는 껍데기만을 가지고 솔리드 모델을 만드는 기능이다. 다음의 예를 이용해 두 명령의 결과물을 비교한다.

① "Rectangle" 툴을 이용하여 '10,000mm×10,000mm' 크기의 정사각형을 생성한다.

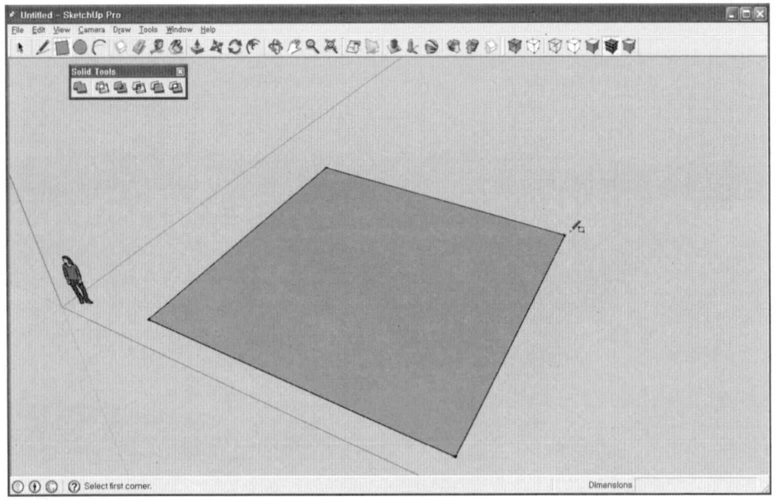

② "Offset" 툴을 이용하여 벽체 두께 '300' 만큼 안쪽으로 간격 띄우기 한 다음 내부의 정사각형을 삭제한다.

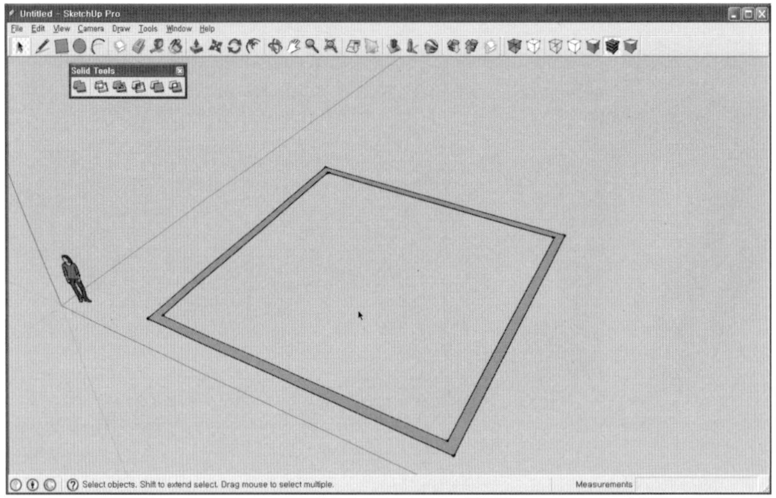

③ 벽체부분을 더블 클릭하여 모두 선택하고 그룹으로 지정한다.

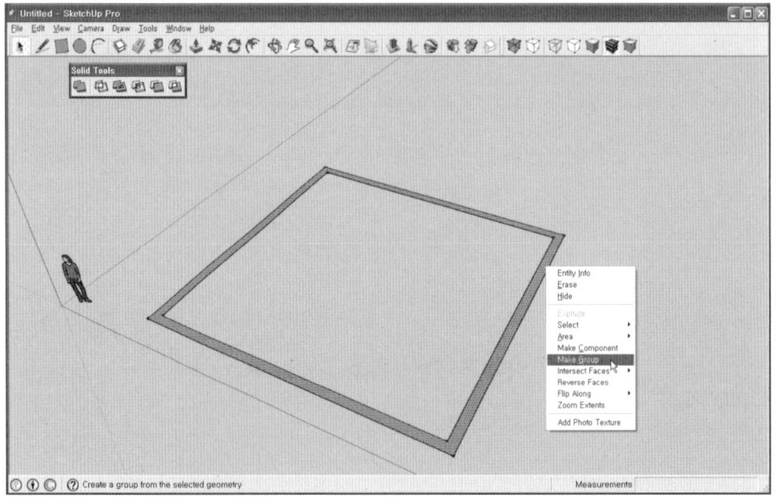

④ "Rectangle" 명령으로 다시 내부에 정사각형을 그려준다. "Push/Pull" 툴을 이용하여 '200' 만큼 볼륨을 추가하여 바닥을 완성한다.

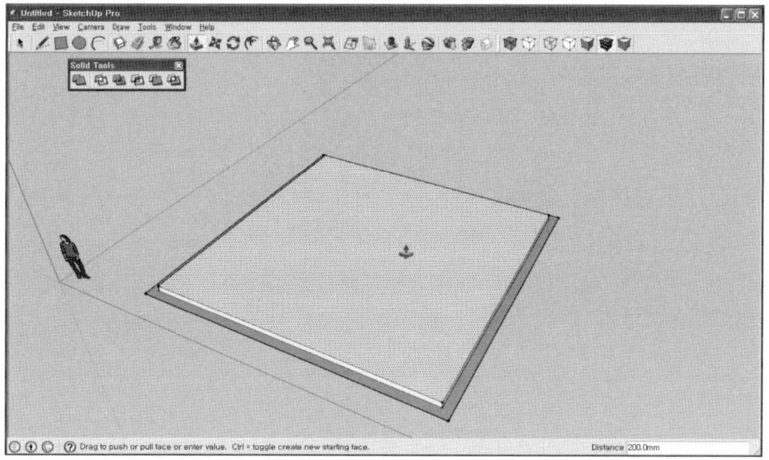

⑤ "Select" 툴을 이용하여 트리플 클릭으로 바닥요소를 모두 선택한다. "Move" 툴을 이용하여 Blue Axis와 평행하게 높이 방향으로 복사한다. 층고를 간단하게 '3,000'으로 설정한다.

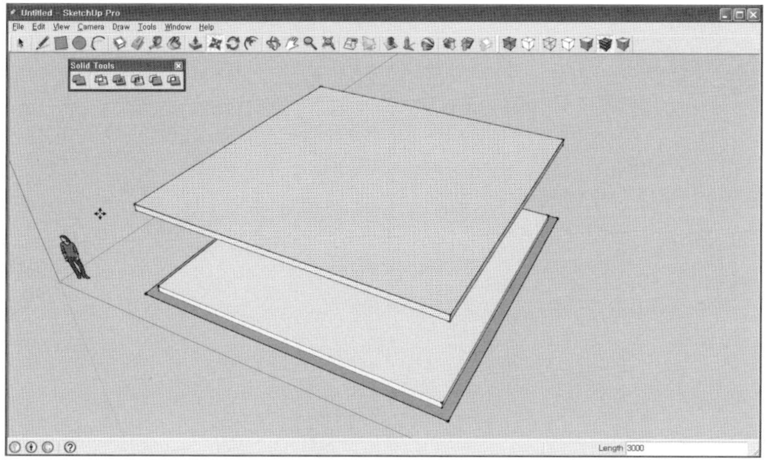

복사가 되자마자 '5x'를 입력하고 Enter↵ 키를 눌러서 다음과 같이 5층으로 배열이 되도록 한다.

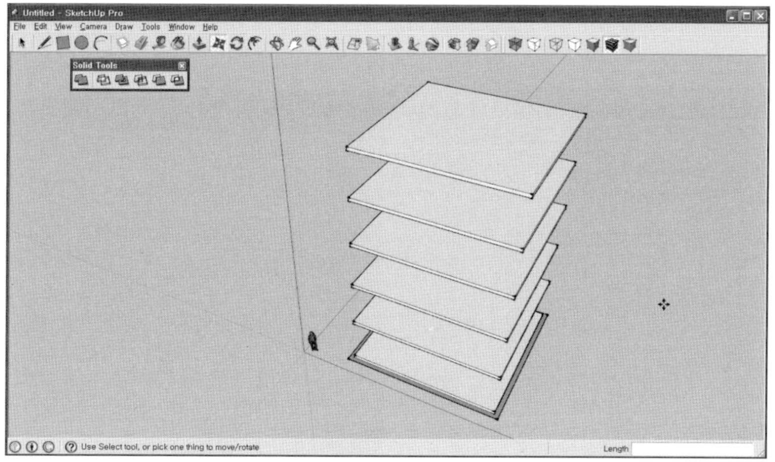

⑥ "Select" 툴을 실행하고 'Ctrl' 키를 활용하여 1층 바닥에서 5층 천장까지 모든 바닥요소를 선택한다. 그리고 선택된 바닥요소들을 그룹으로 지정한다.

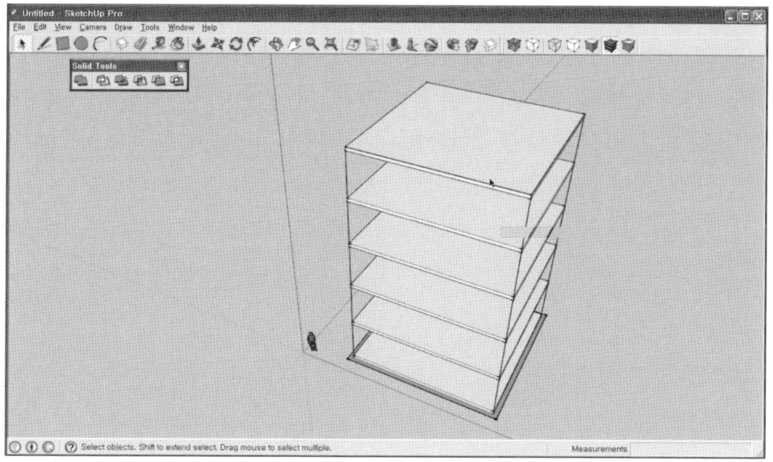

⑦ 벽체를 더블 클릭하여 그룹 편집모드로 들어간다. 테두리 면을 “Push/Pull” 툴로 볼륨을 추가하여 벽체를 생성한다. 옥상층에서 ‘2,000’ 정도 파라펫을 추가하여 작성한다. 벽체가 완성되면 그룹 편집모드에서 빠져나온다.

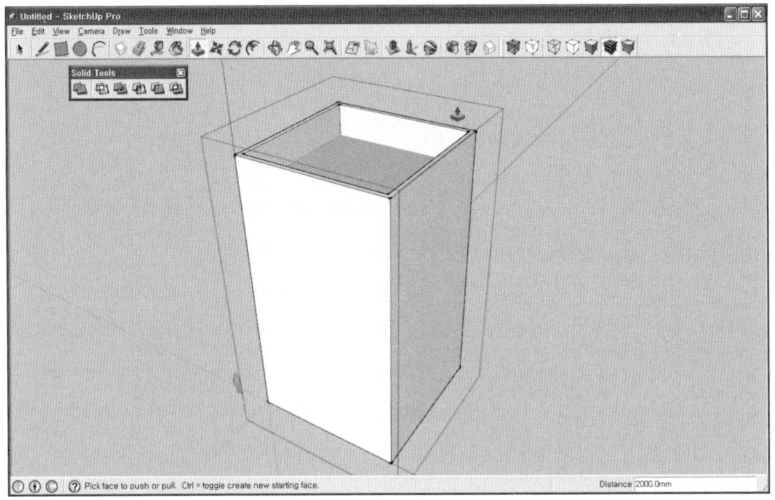

⑧ 건물을 복사하기 위해 우선 “X-ray” 모드로 변경한다. 벽체와 바닥 그룹을 모두 선택한 다음 “Move” 툴과 ‘Ctrl’ 키를 이용하여 다음과 같이 복사한다. 두 개의 건물을 이용하여 “Outer Shell”과 “Union”을 비교해 본다.

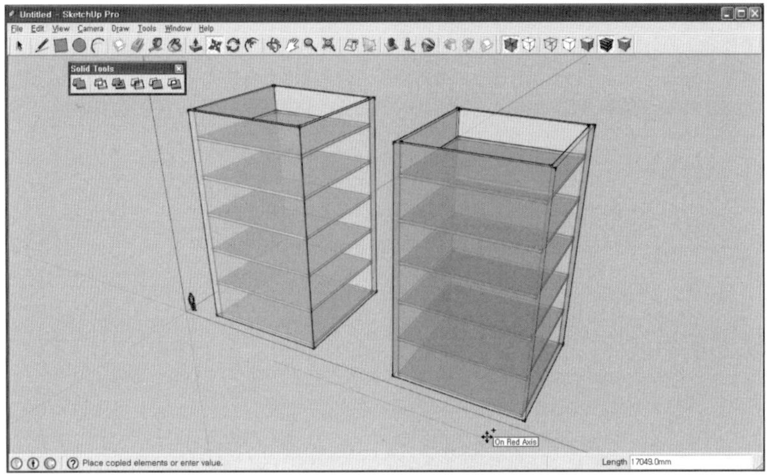

⑨ 좌측의 건물을 “Union”으로 벽체와 바닥을 합쳐서 일체화시켜준다 벽체와 바닥을 동시에 선택하고 “Union” 툴을 실행한다. 결과는 다음과 같이 겉으로는 “Union” 이전과 차이가 없지만 실제 두 개의 솔리드 모델이 하나로 합쳐져 있다.

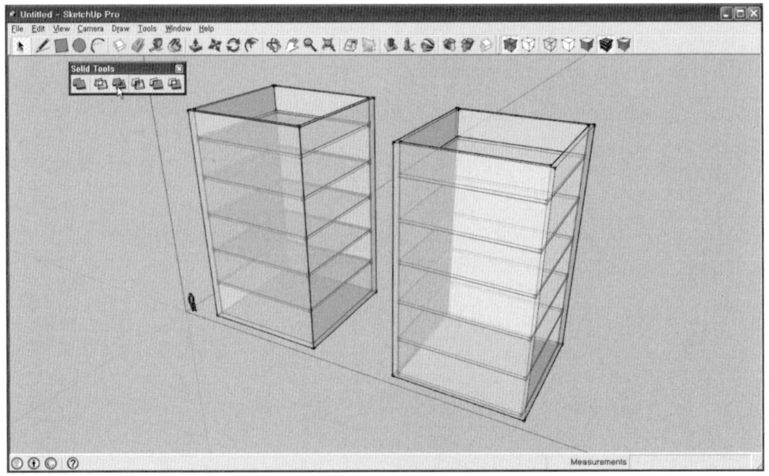

⑩ 우측의 건물을 동시에 선택하고 이번에는 버튼을 클릭하여 "Outer Shell"을 실행한다. 결과는 다음과 같이 내부의 바닥들이 모두 사라지고 외부에서 보는 형태만 남아있게 된다. 이를 통해 상당한 모델링 데이터의 감소가 이루어지게 된다.

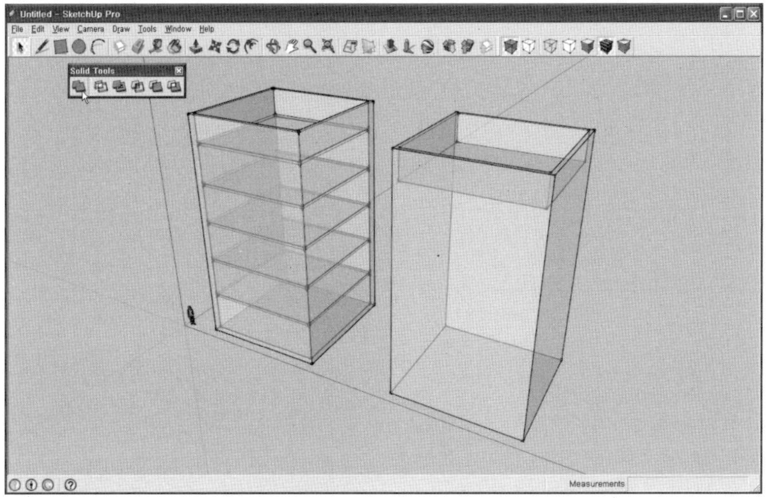

1-3. Section으로 관찰하기

"Outer Shell"과 "Union"의 결과를 단면으로 비교해 본다.

① "X-ray" 모드를 해제한 다음 "Sections" 툴바를 표시한다.

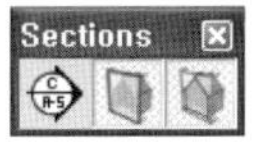

"Sections" 툴바는 "Section Planes", "Display Section Planes", "Display Section Cuts" 버튼으로 구성되어 있다.

② "Section Planes"를 실행하고 마우스를 작업화면으로 가져가면 각 방향의 평면에 녹색의 "Section Plane"이 정렬되는 것을 확인할 수 있다.

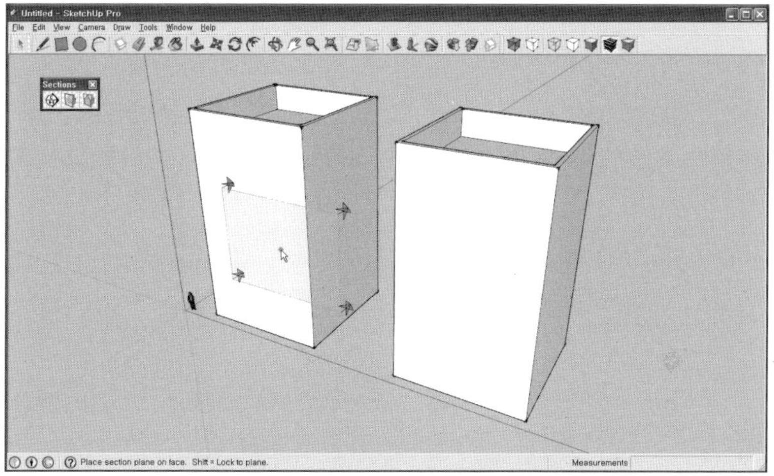

③ 단면을 지정하려는 평면에 정렬시켜 마우스를 클릭한다. 다음은 두 개의 건물이 함께 면한 정면 쪽에 "Section Plane"을 설치한 결과이다.

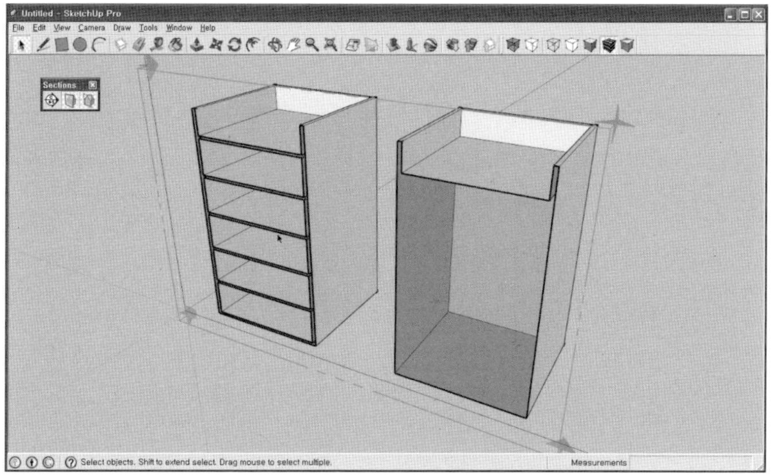

이 결과에서 “Outer Shell”과 “Union”의 차이를 확실하게 확인할 수 있다. “Union”은 바닥이 모두 남아서 각 층별 공간이 존재하지만, “Outer Shell”의 결과는 내부의 공간은 모두 무시하고 껍데기만 남기는 결과이다.

④ “Move” 툴을 이용하여 “Section Plane”의 위치를 조절할 수 있다.

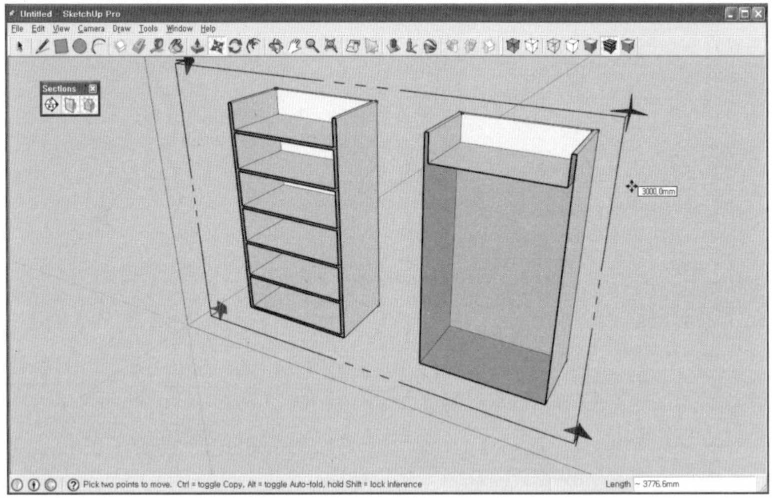

⑤ “Display Section Planes” 버튼을 클릭하면 버튼이 올라오면서 기능이 비활성화된다. 작업화면에 “Section Plane”은 나타나지 않지만 건물의 단면보기는 유효하다.

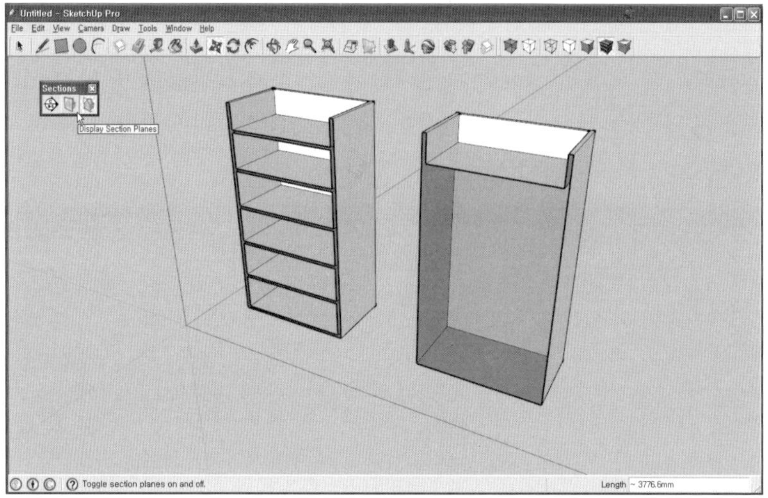

⑥ “Display Section Planes” 버튼을 다시 클릭하여 “Section Plane”을 표시한 다음 “Display Section Cuts” 버튼을 클릭하여 해제하면 다음과 같이 건물의 단면보기가 취소된다. 하지만 “Section Plane”은 유효하기 때문에 언제든지 “Display Section Cuts” 버튼만 클릭하면 다시 단면보기를 활성화 할 수 있다.

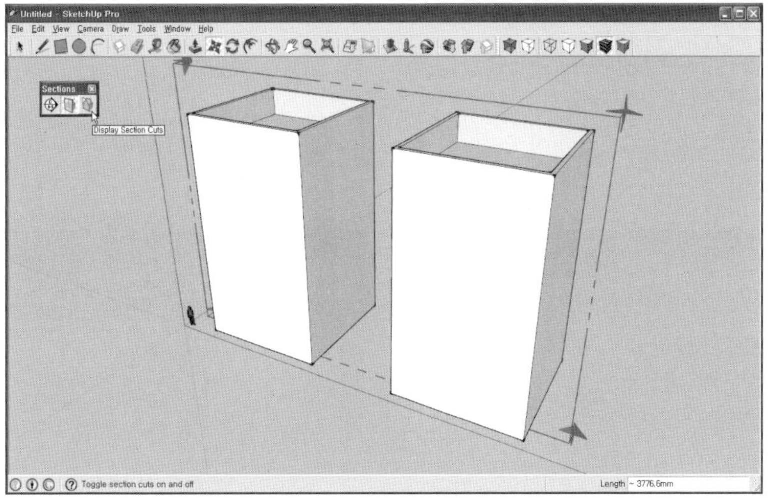

⑦ 다음과 같이 여러 개의 "Section Plane"을 동시에 작성해 둘 수도 있다. 하지만 단면보기는 주황색으로 활성화된 "Section Plane"만 가능하다.

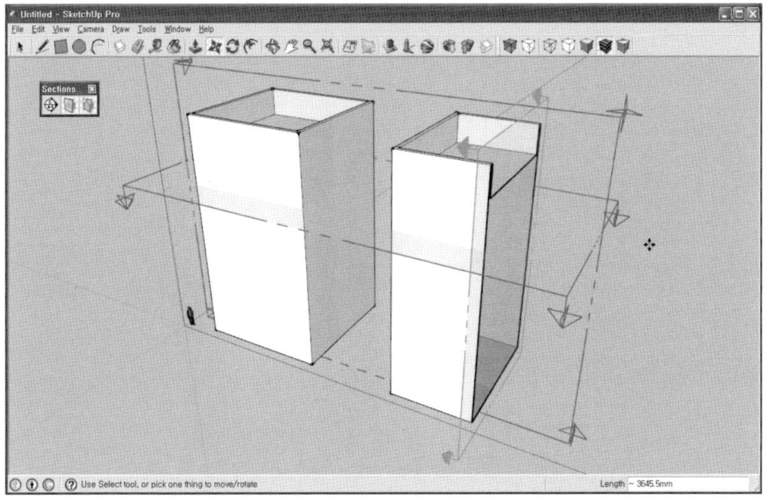

⑧ 선택하여 'Del' 키를 눌러 삭제할 수 있다. "Erase" 툴을 이용할 수도 있다.

memo

2. Sandbox

2-1. Sandbox Toolbar

샌드박스 툴은 자유로운 곡면을 생성하는 도구로 지형과 같은 곡면을 만들기 위해 사용할 수도 있다. “Sandbox” 툴바는 [View → Toolbars → Sandbox]를 실행하여 나타낸다.

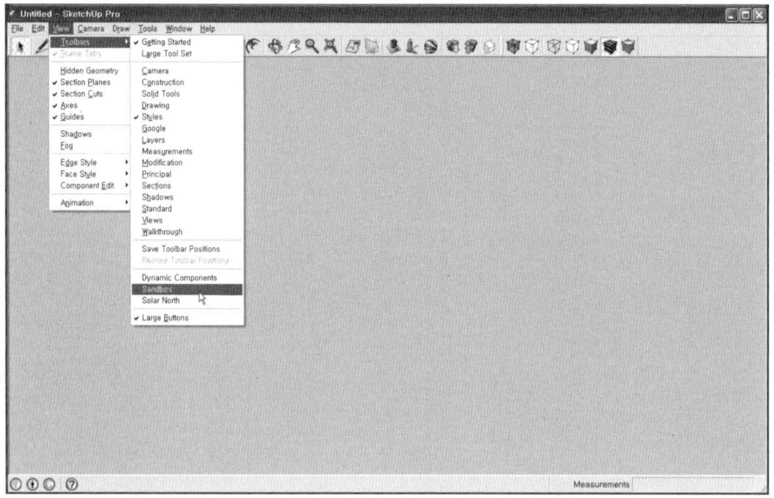

표시된 샌드박스 툴바에는 7가지의 툴이 나타나며 앞의 두 개와 나머지 다섯 개가 구분선으로 나뉘어져 있다. 좌측 두 개의 툴인 “From Contours”, “From Scratch”는 곡면을 생성하는 툴이고 나머지 다섯 개인 “Smoove”, “Stamp”, “Drape”, “Add Detail”, “Flip Edge”는 만들어진 곡면을 편집하는 기능들이다.

곡면을 생성한 두 개의 툴은 [Draw → Sandbox → From Contours] 또는 [Draw → Sandbox → From Scratch] 에서도 실행할 수 있다.

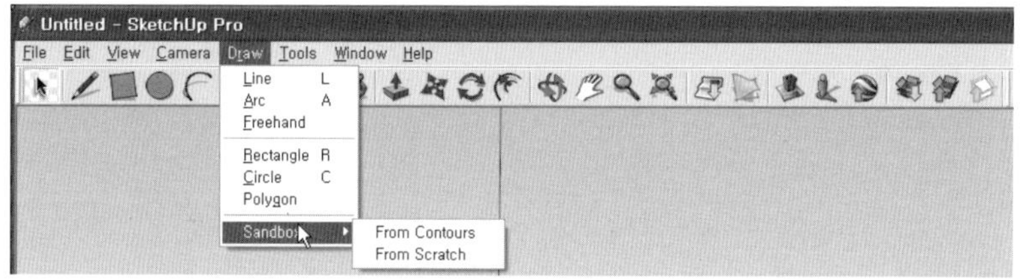

생성된 곡면의 편집기능들은 [Tools → Sandbox]에서 실행할 수 있다.

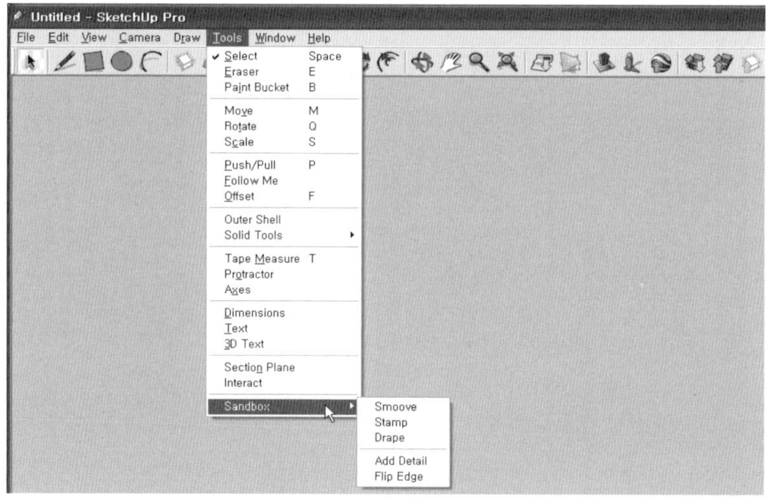

From Contours	등고선을 이용하여 지형을 생성하는 기능
From Scratch	평편한 지형(TIN, triangulated irregular network)을 만들어 주는 기능으로, 만들어진 결과물을 아래의 편집기능들을 이용하여 자유로운 곡면체로 변경할 수 있다.
Smoove	만들어진 TIN의 선택된 점들, 모서리들 또는 면들을 수직적으로 이동시켜 지형의 변화를 주는 기능
Stamp	만들어진 TIN을 변형하여 편평한 바닥면을 만들어주는 기능
Drape	만들어진 TIN 위에 도로와 같은 선을 수직투영한 모서리를 만들어주는 기능
Add Detail	TIN을 구성하는 삼각형 면을 추가적으로 더 작은 삼각형들로 세분하는 기능
Flip Edge	사각형을 형성하는 인접 삼각형의 방향을 뒤집어주는 기능

2-2. 곡면 객체 만들기

(1) From Contours

등고선을 이용하여 곡면을 생성하는 기능이다. 반드시 높이 또는 위상이 다른 선들이 미리 생성되어 있어야 한다.

① 먼저 직접 간단하게 등고선을 그려서 연습해본다. 다음과 같이 '1,000mm×1000mm' 크기의 정사각형을 만들어 그 내부에 "Freehand" 툴을 이용하여 등고선을 그려준다.

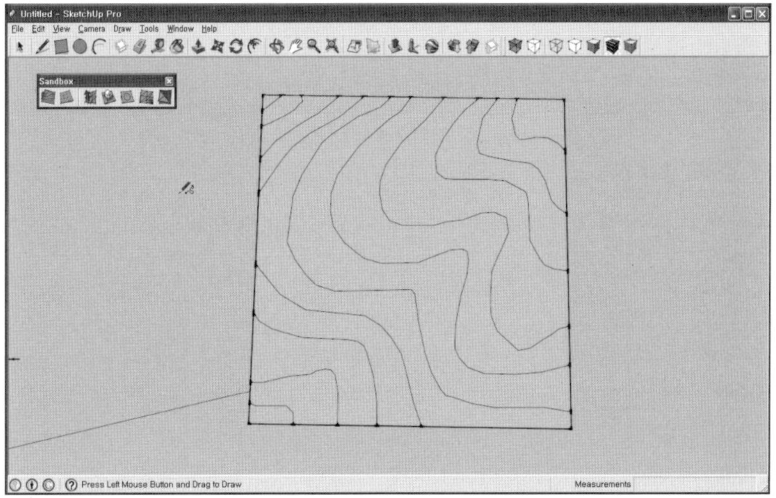

② 면과 정사각형의 모서리를 모두 삭제한다.

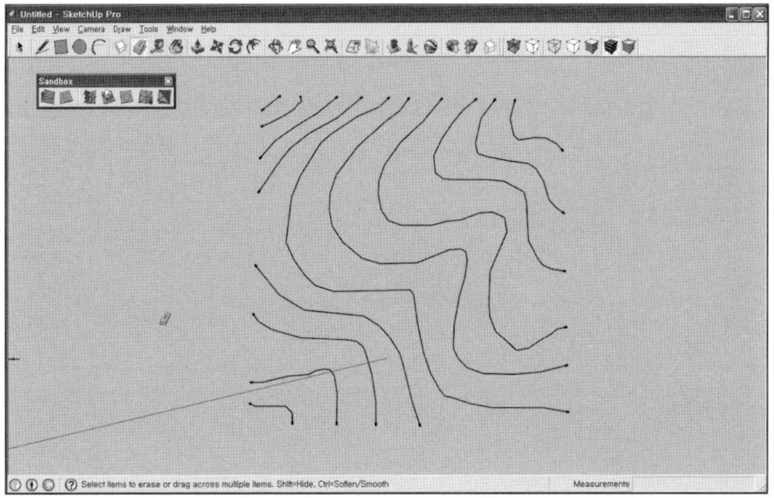

③ "Move" 툴을 이용하여 등고선들의 높이를 지정한다. 각 등고선의 간격은 '50' 정도로 간주하여 작업한다.

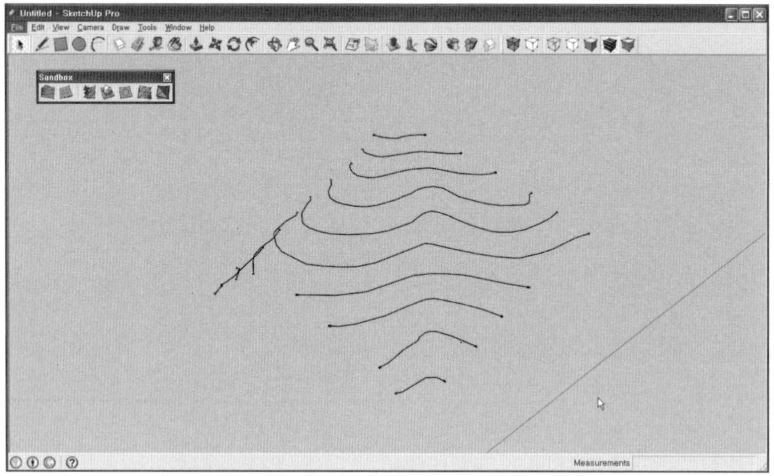

④ "Select" 툴을 이용하여 작성된 등고선을 모두 선택한다. "From Contours"를 실행하면 다음과 같이 자동으로 지형이 만들어진다.

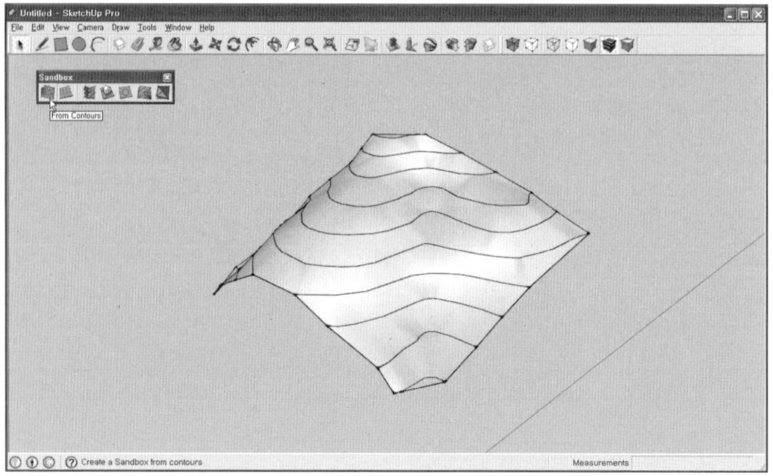

⑤ 관찰 뷰를 회전하여 다양한 방향에서 완성된 지형을 살펴본다. "Erase" 툴을 이용하여 지형을 만들기 위해 작성하였던 자유곡선(Freehand)은 삭제해도 무관하다.

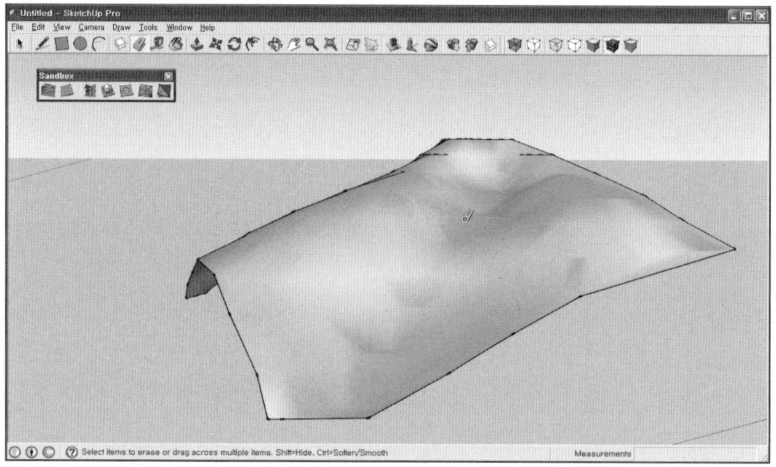

⑥ 다음은 일반적으로 사용되는 지형도에서 등고선만을 별도로 불러온 결과이다.

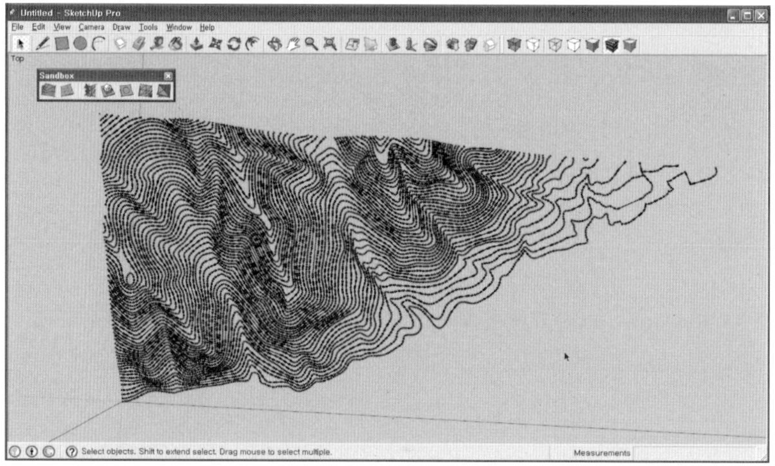

불러온 선 모두를 선택하고 "From Contours"를 실행한다. 등고선이 많은 경우 상당한 시간이 소요된다. 완성된 결과는 다음과 같다.

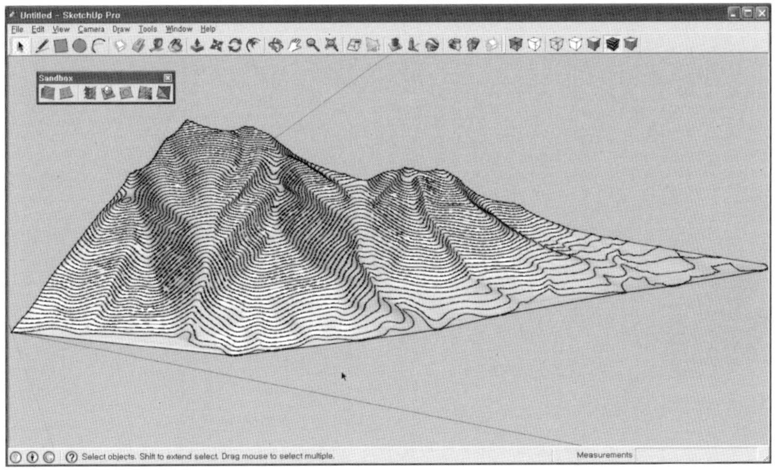

지형이 완성된 다음 등고선이 필요 없는 경우 삭제하는 것이 편리하다. 이 경우 선을 하나하나 지울 수 없기 때문에 한꺼번에 선택해야 한다. 완성된 지형을 "Hide"시킨 다음 나머지 선을 모두 지워주고 다시 "Unhide"하면 된다.

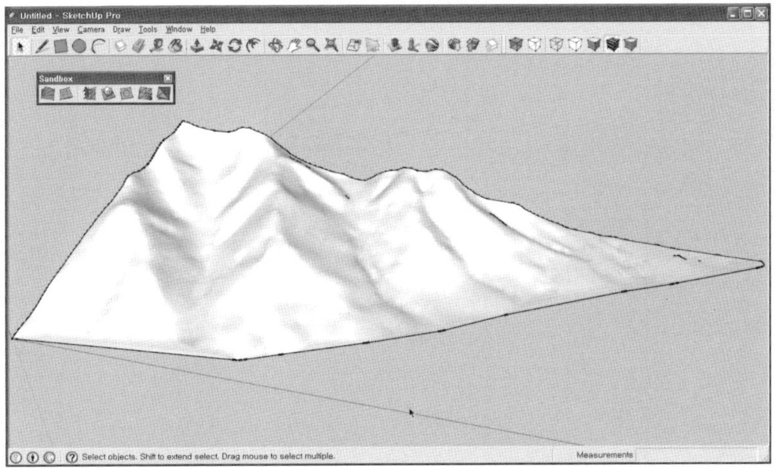

(2) From Scratch

"From Scratch"는 샌드박스를 만들 때 평면형태의 TIN을 작성하는 명령이다. 최초에 만들어진 TIN은 평면이지만 3차원 샌드박스 편집명령에 따라 부드러운 곡면으로 변경될 수 있다.

① "From Scratch"를 실행한다. 다음과 같이 마우스 커서의 모양이 그리드가 표시된 연필 모양이 된다.

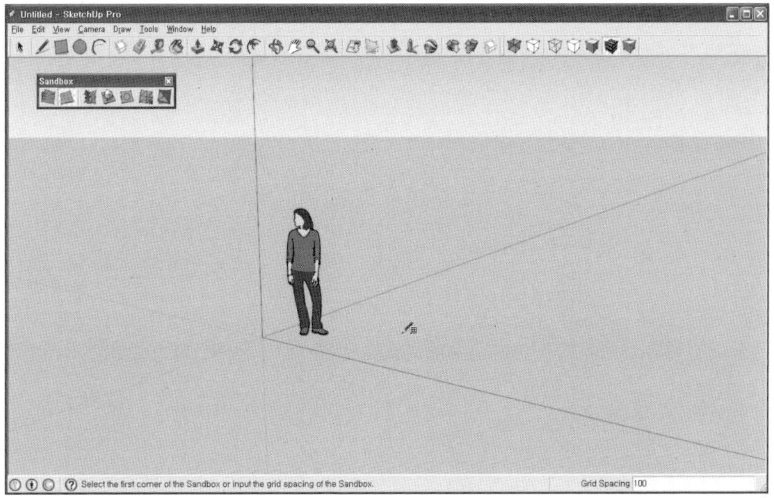

② 먼저 그리드의 간격을 입력한다. '100'을 입력하고 Enter↵ 키를 누른다. 마우스를 클릭하여 그리드의 코너를 지정한다. 마우스를 드래그하면 그림과 같이 '100' 간격의 드래그라인이 표시된다. 정확한 치수를 입력하여 작성한다. Red Axis에 평행하게 드래그한 채로 '2000'을 입력하고 Enter↵ 키를 누른다.

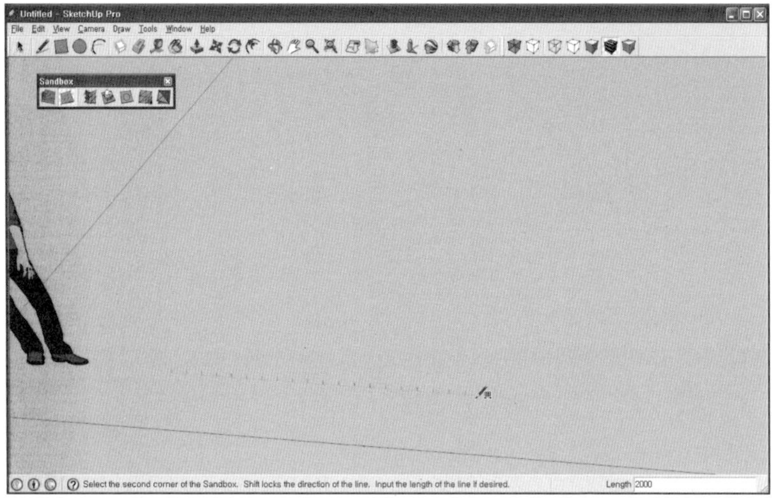

③ 마우스를 드래그하면 다음과 같이 한쪽 방향의 길이가 '2000'으로 고정된 그리드가 형성된다. 마우스를 드래그한 방향으로 격자 그리드가 생성된다.

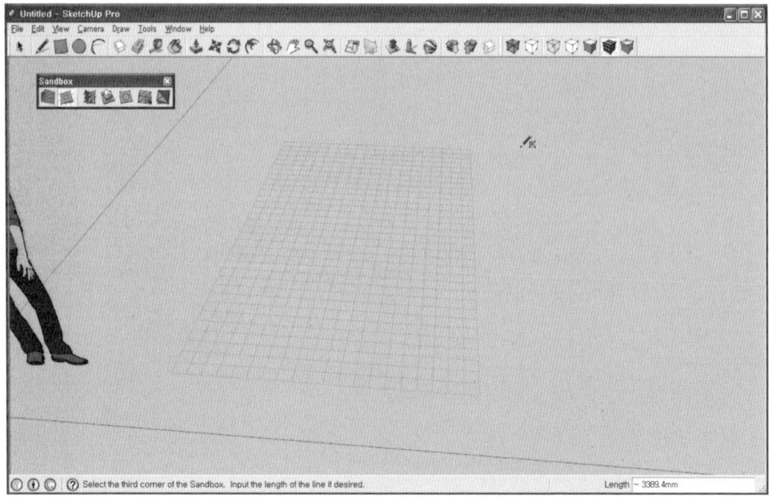

④ '4000'을 입력하고 Enter↵ 키를 누르면 다음과 같은 결과가 생성된다. "From Scratch"의 결과물은 다음과 같은 격자 그리드 형태의 평면이다.

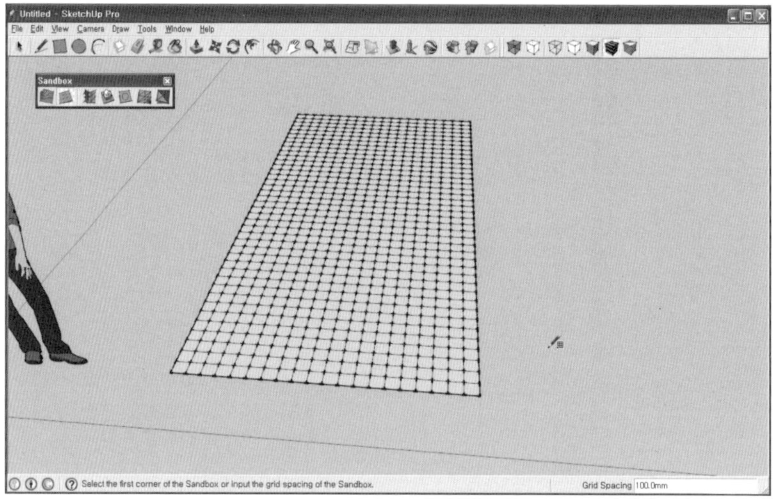

2-3. 곡면 객체 편집하기

(1) Smoove

앞서 작성된 샌드박스는 그룹으로 정의되어 있다. 편집을 위해서는 그룹 편집모드로 들어가 작업을 진행해야 한다. "Select" 툴을 이용하여 더블 클릭한다. 또는 컨텍스트 메뉴에서 "Edit Group"을 실행한다.

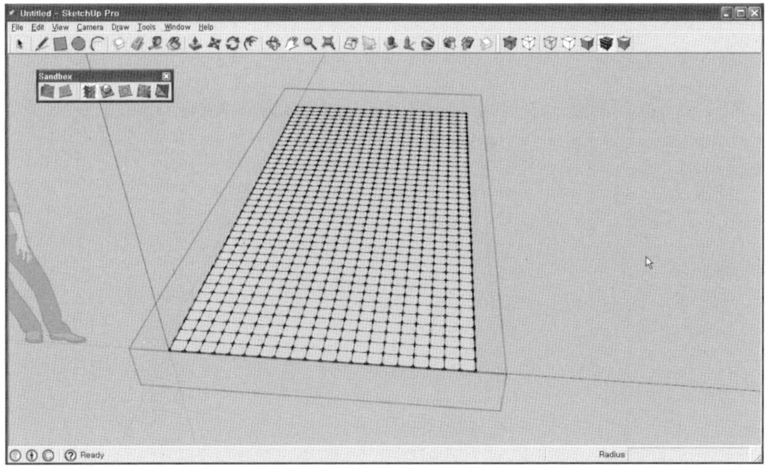

① "Smoove" 툴을 실행한다. 먼저 선택영역의 반경을 지정해야 한다. 선택영역은 원의 형태로 중심이 가장 강력한 선택 강도가 있으며 바깥쪽으로 갈수록 선택 강도가 낮아지게 된다. 먼저 '500'을 입력하고 Enter↵ 키를 누른다. 다음과 같이 "Smoove" 툴의 마우스 커서의 위치가 중심이 되는 반경 '500'의 원이 나타난다.

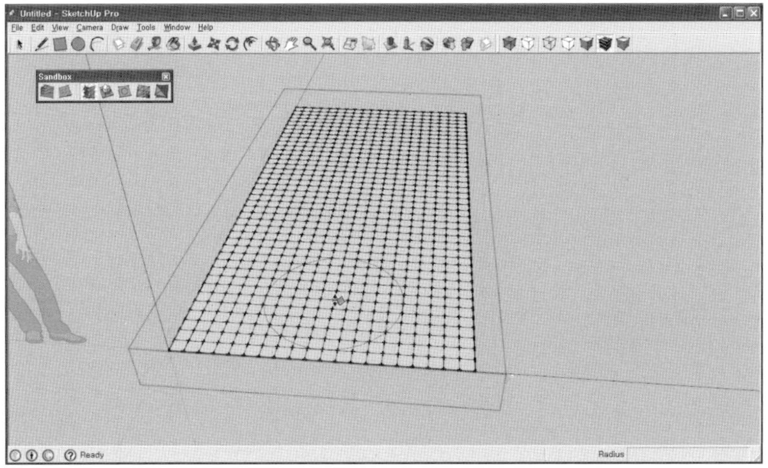

② 임의의 점을 선택하여 위로 들어 올리면 다음과 같이 불룩한 형태로 변형되는 것을 확인할 수 있다. 이때 선택한 점과 그 주변의 점들에 노란색의 사각형들이 나타나는데 바로 선택 강도를 보여주는 것으로, 바깥쪽으로 갈수록 선택 강도가 낮아지며 돌출되는 높이도 낮아지게 된다.

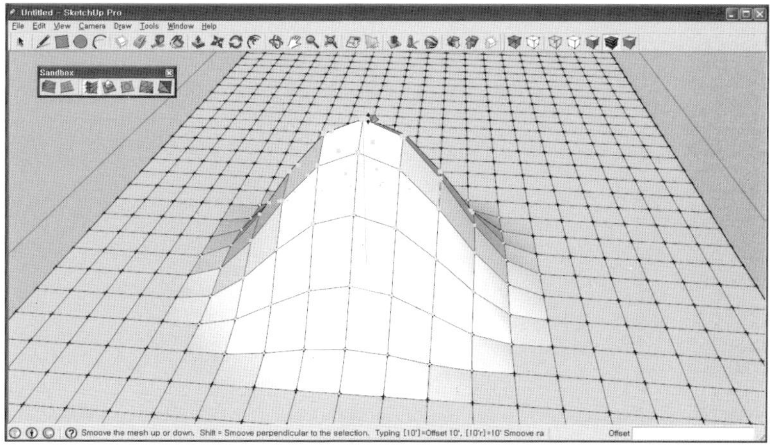

③ 솟아오르는 높이를 '500'으로 입력하고 Enter↵ 키를 누른다. 결과는 다음과 같다.

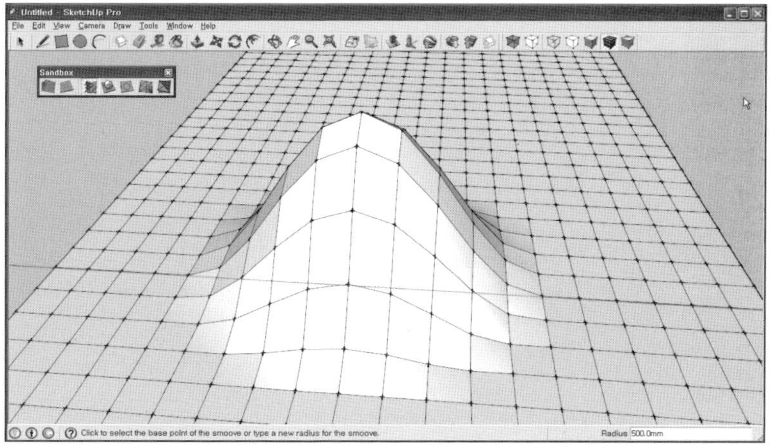

④ 선택 반경을 '300'으로 변경하고 모서리를 선택하여 변형할 수도 있다.

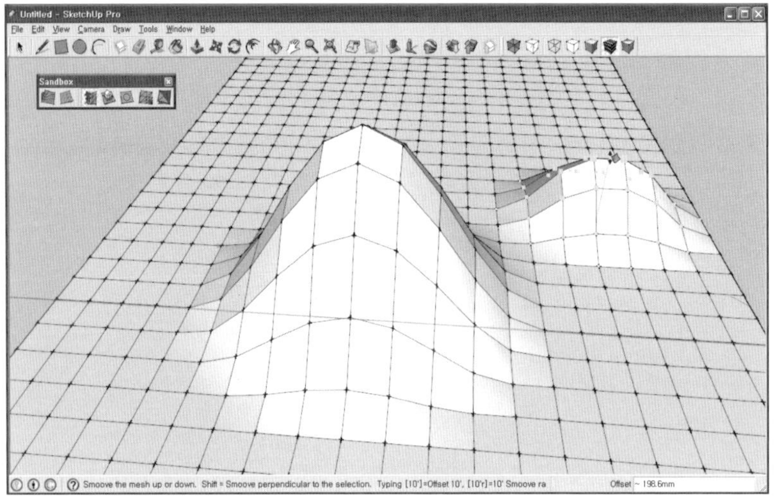

⑤ 선택 반경을 '1000'으로 지정하고 면을 선택하여 변형할 수도 있다.

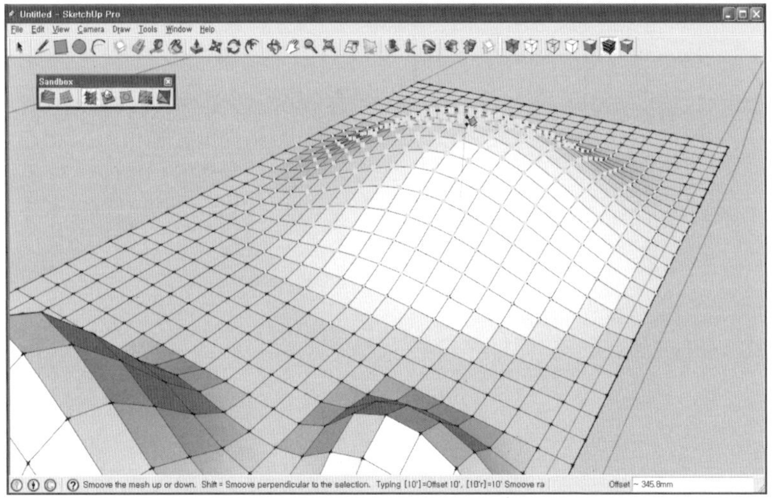

⑥ 선택 반경을 조절하면서 다양한 변형을 주어 자유로운 곡면변형을 완성한다.

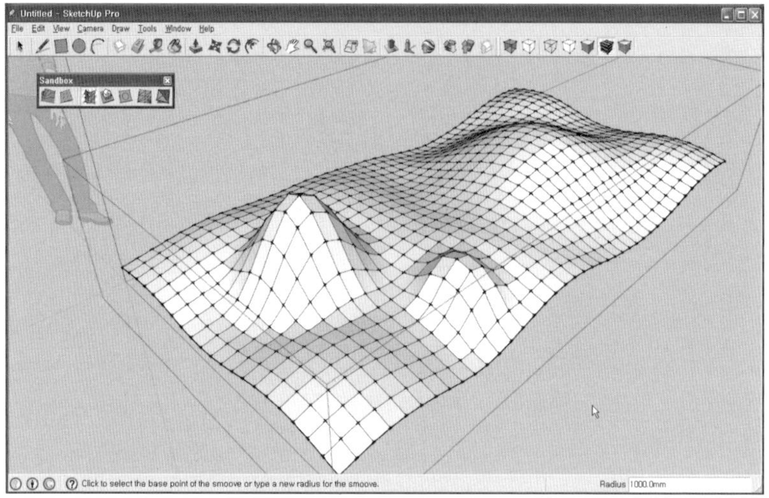

완성된 후 그룹 편집모드에서 빠져나온다.

(2) Stamp

이상과 같이 자유로운 곡면으로 변형된 TIN 객체에 평편한 면을 합체하여 곡면을 자동으로 변형하는 기능이다. 지형이라고 가정한다면 자동으로 성토와 절토를 수행하여 건축물이 들어설 편평한 대지를 형성해주는 기능이다.

① "Rectangle" 툴을 이용하여 평편한 면을 작성한다. 크기는 '500mm×500mm'으로 지정한다.

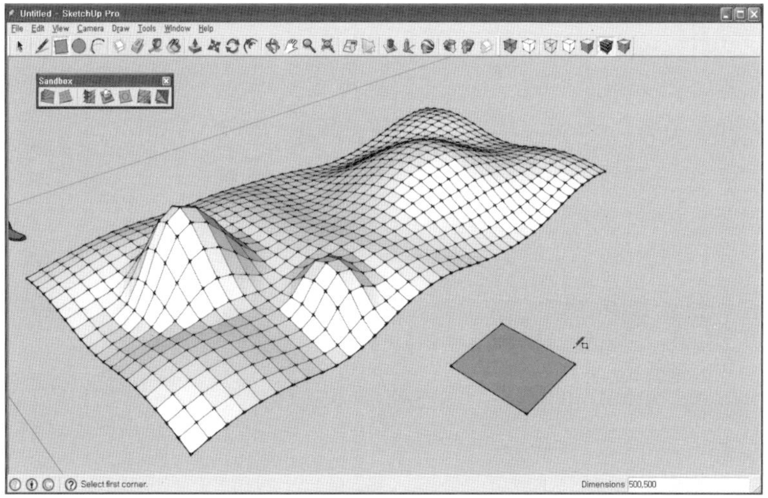

② "Move" 툴을 이용하여 평면의 삽입될 위치를 지정한다.

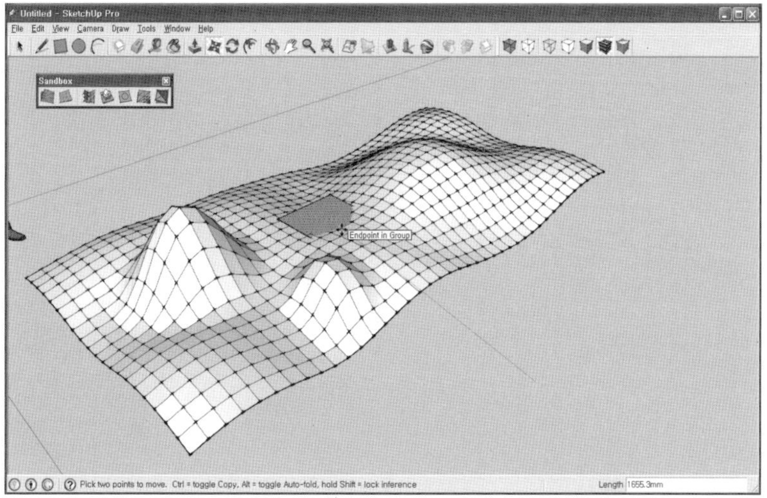

③ "Stamp" 툴을 실행한다. 먼저 스탬프 툴을 실행하면서 주변 지형의 변형 범위를 거리로 지정해야 한다. '100'을 입력하고 Enter↵ 키를 눌러준다.

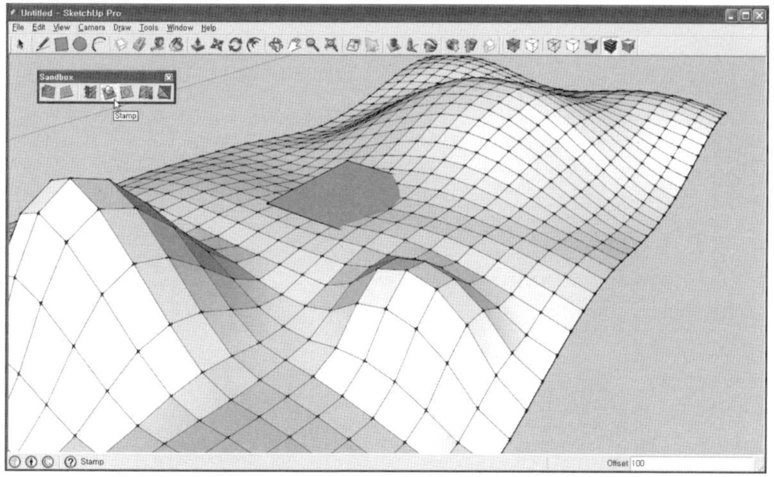

④ 먼저 사각형 평면을 선택한다. 다음과 같이 면이 선택되면서 앞서 지정한 변형 범위가 빨간색 선으로 나타난다.

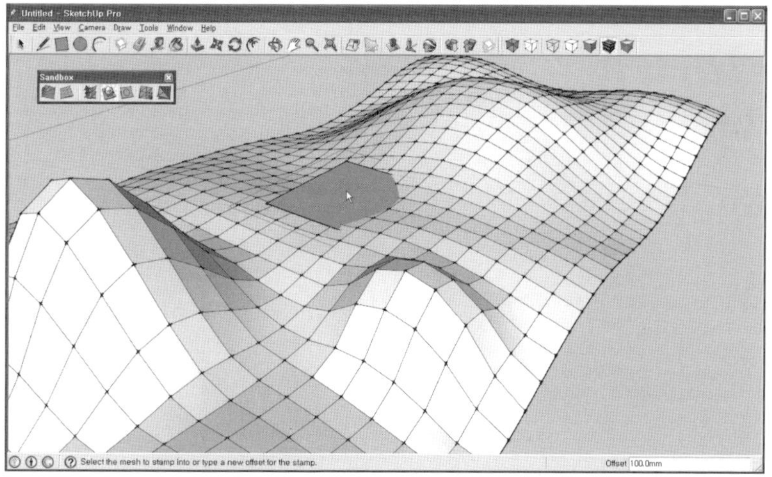

⑤ 이제 선택한 사각형 면이 합체될 메시 객체를 선택한다. 지형을 선택하고 마우스를 드래그하면 다음과 같이 지형이 위치할 높이를 지정할 수 있다.

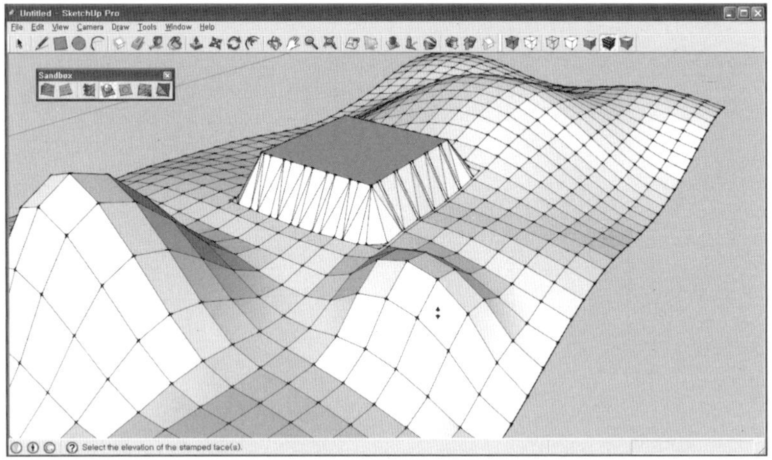

⑥ 너무 높거나 또는 너무 낮지 않게 적절한 대지의 높이를 지정한다. 완성된 결과는 다음과 같다.

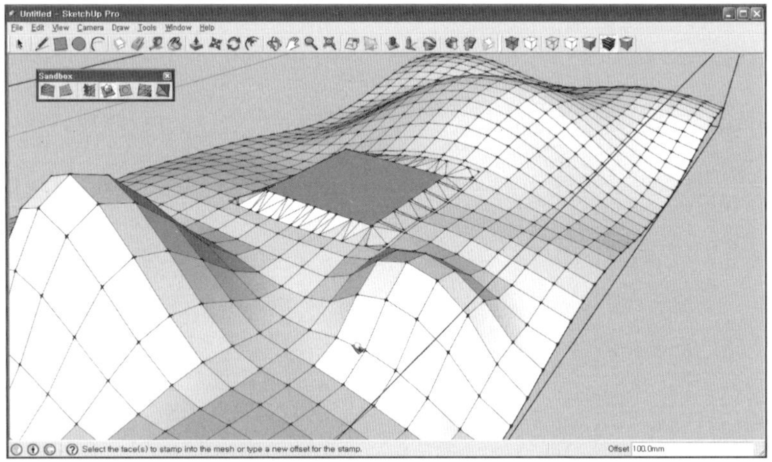

(3) Drape

지형의 형태에는 변형을 주지 않지만 지정된 모서리를 지형에 각인하여 면을 분할하는 기능이다. 도로 등을 표시할 때 유용하다.

① 작성된 대지를 연결하는 도로를 임의로 작성한다. "Line" 툴을 이용하여 작성한다.

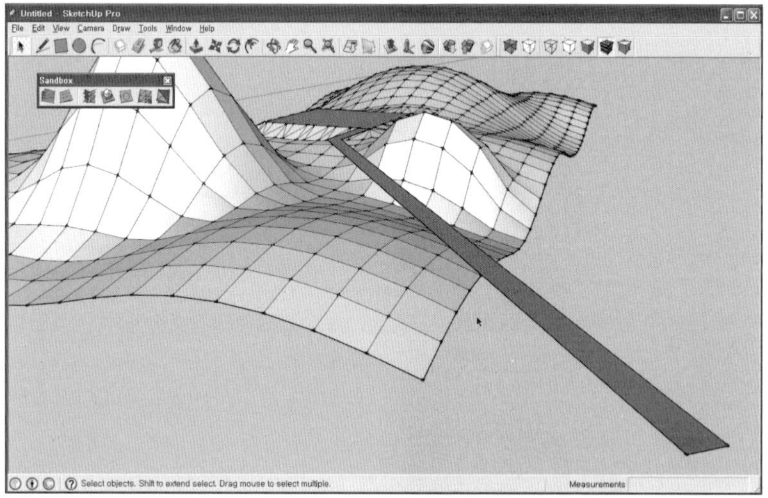

② "Drape" 툴을 실행한 다음 먼저 작성된 도로의 면을 클릭한다.

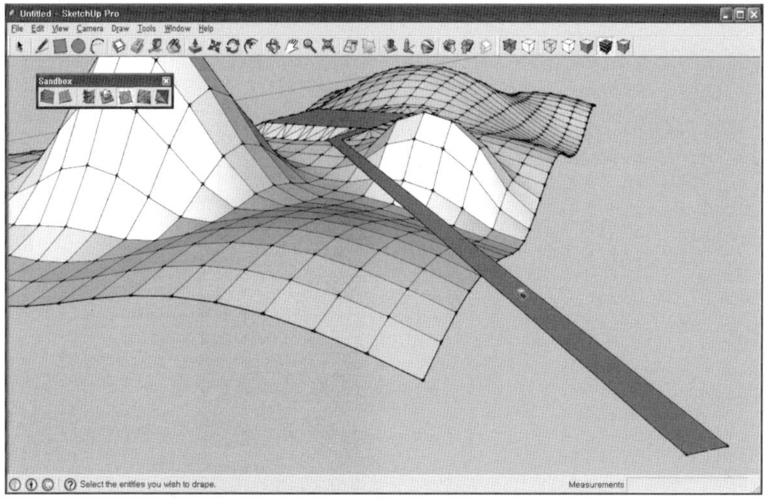

③ 선택된 도로의 모서리가 각인될 곡면체를 선택한다. 선택과 동시에 TIN 모델의 표면상에 선택된 모서리가 수직투영된 새로운 모서리가 생성된다.

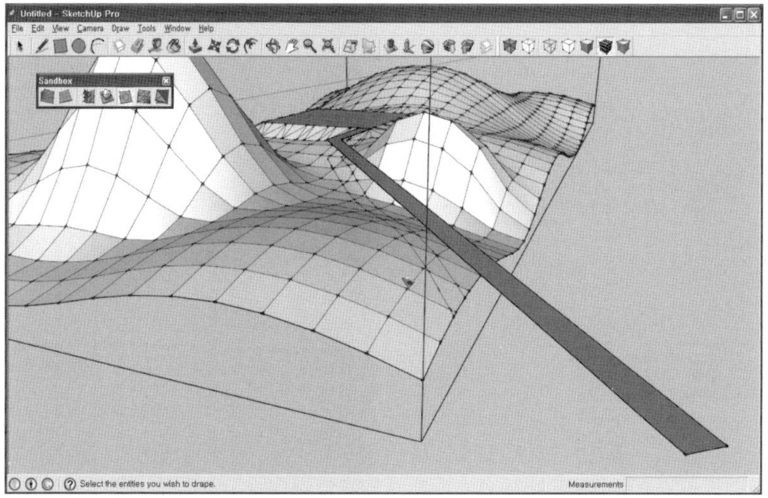

④ 수직투영에 사용된 도로를 삭제한 결과는 다음과 같다.

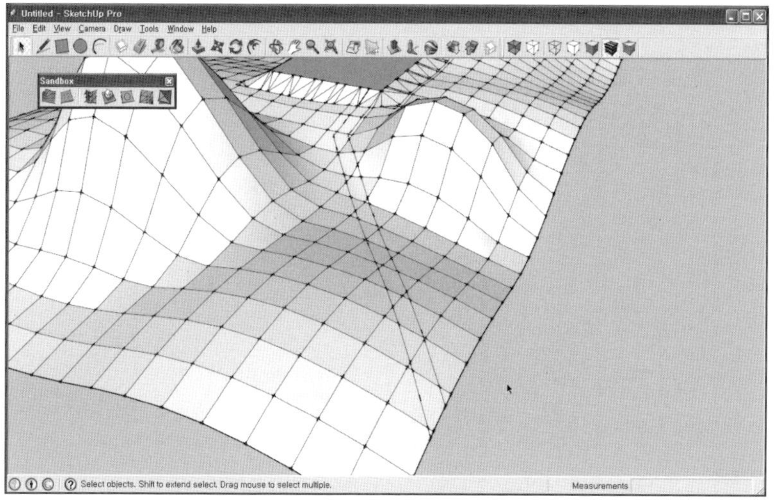

(4) Add Detail

"Add Detail"은 현재 작성된 TIN의 단위 평면을 더욱 세분하고 편집하여 더 부드러운 곡면을 만들어 주기 위해 사용하는 기능이다.

① 먼저 그룹 편집모드로 들어간다. "Add Detail"을 실행한다. 선택을 먼저 하지 않은 상태에서는 현재 TIN의 모서리를 분할하면서 이동하여 형태를 변형할 수 있다. 다음은 모서리에 디테일을 추가하기 전의 상태이다.

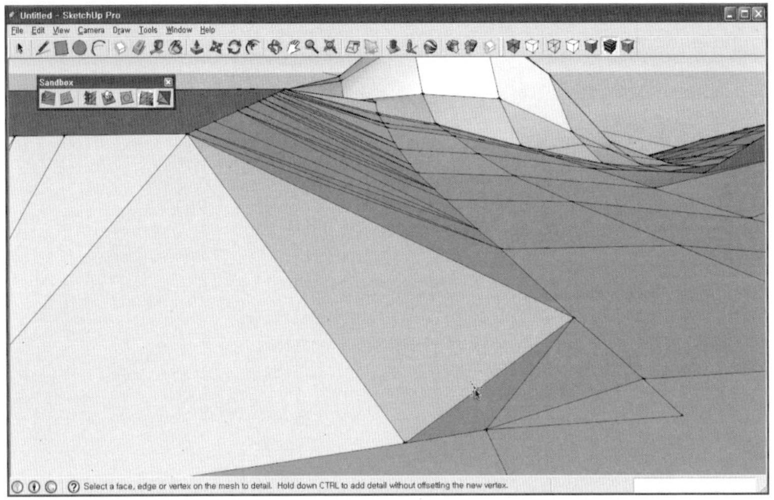

② 마우스를 클릭하여 모서리를 선택하면 클릭한 위치에 정점(Vertex)이 추가되며 면의 분할이 발생한다. 이와 함께 마우스를 드래그하면 정점의 높이를 조절하여 곡면을 더욱 부드럽게 만들 수 있다.

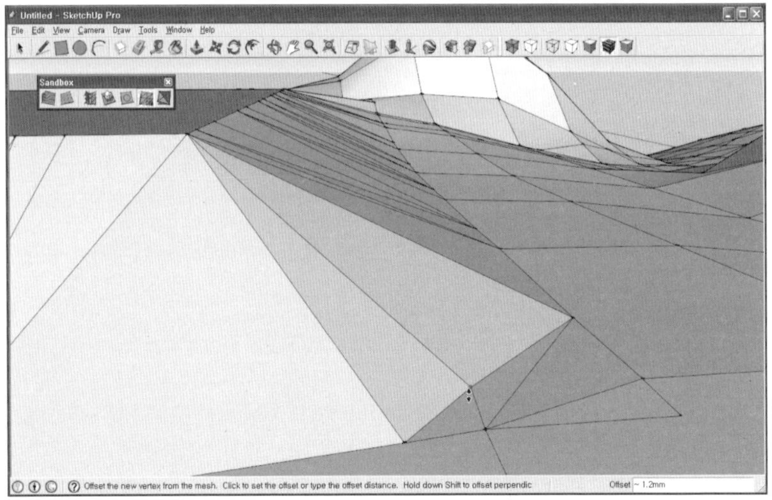

③ 기존의 정점(Vertex)을 선택하는 경우 그 높이만 변경할 수 있다.

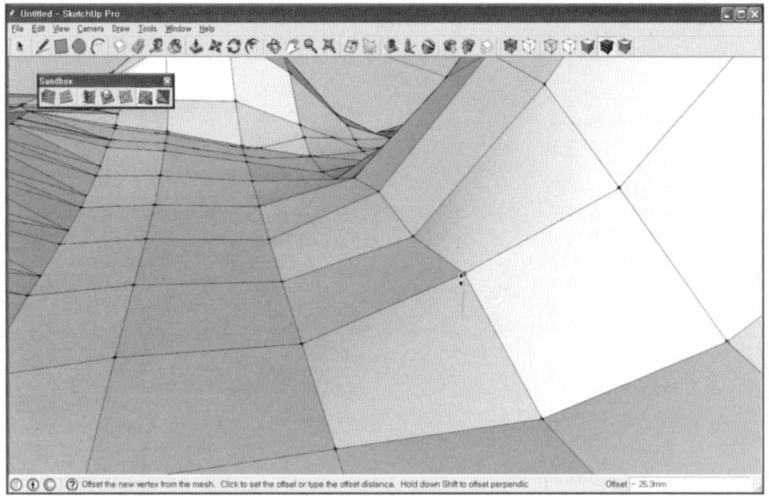

④ 면을 선택하는 경우 면 위에 정점이 추가되며 선택한 면의 분할이 발생한다.

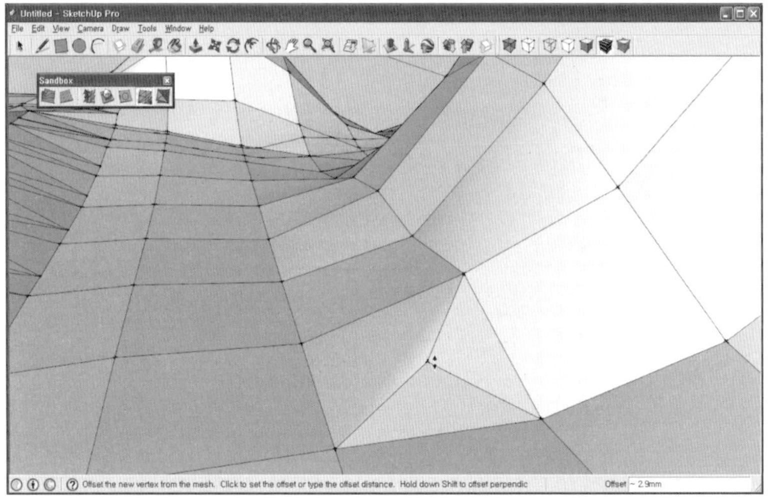

여러 개의 면을 동시에 선택하여 분할할 수도 있다. 다음은 봉우리의 면을 네 개 정도 선택한 결과이다.

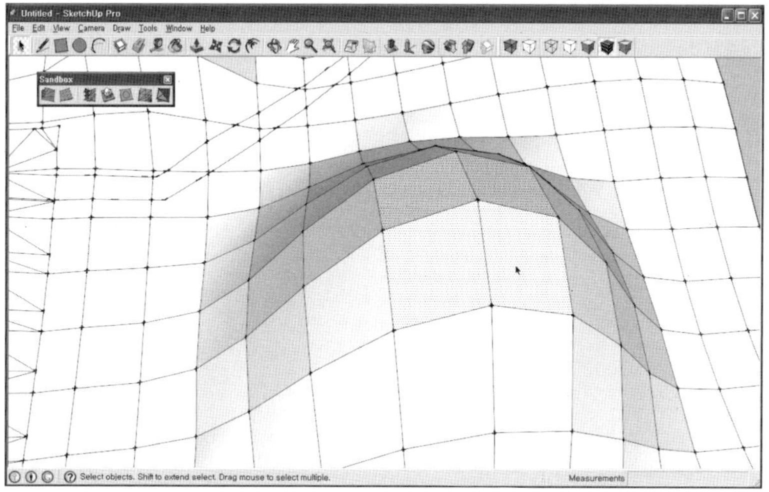

"Add Detail"을 실행하면 다음과 같이 선택한 면과 함께 인접한 면들까지 포함하여 분할된다.

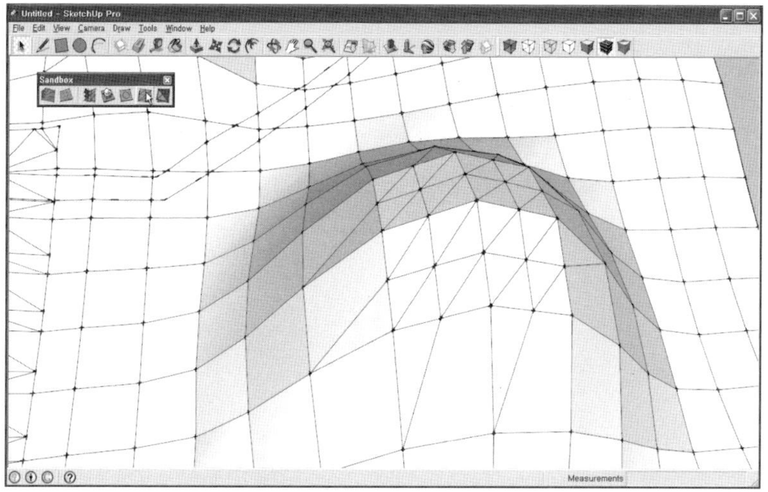

분할한 다음 각 정점에 대한 편집 등을 통해 곡면을 변형할 수 있다.

(5) Flip Edge

면을 구성하는 최소 삼각면의 방향을 변경한다. 모서리를 클릭하면 면의 분할방향이 반점되고 다시 클릭하면 원래대로 돌아온다.

① "Flip Edge"를 실행하고 모서리에 마우스를 가져가면 다음과 같이 파란색으로 강조된다.

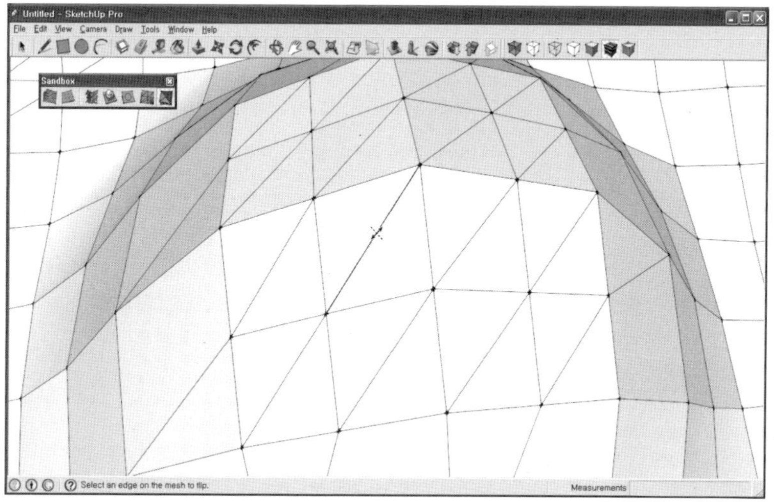

② 마우스를 클릭하면 다음과 같이 면의 방향이 반전된다. 다시 클릭하면 원래 상태로 돌아온다.

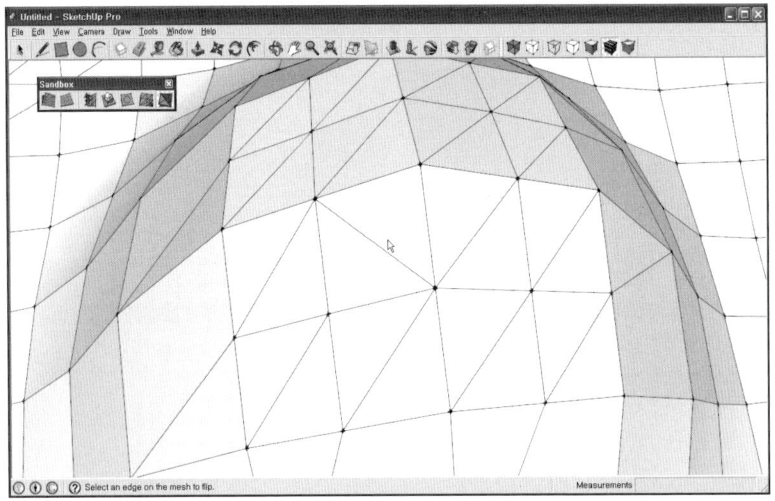

③ 주변의 모서리들을 클릭하여 전체적인 분할형태를 변형할 수 있다.

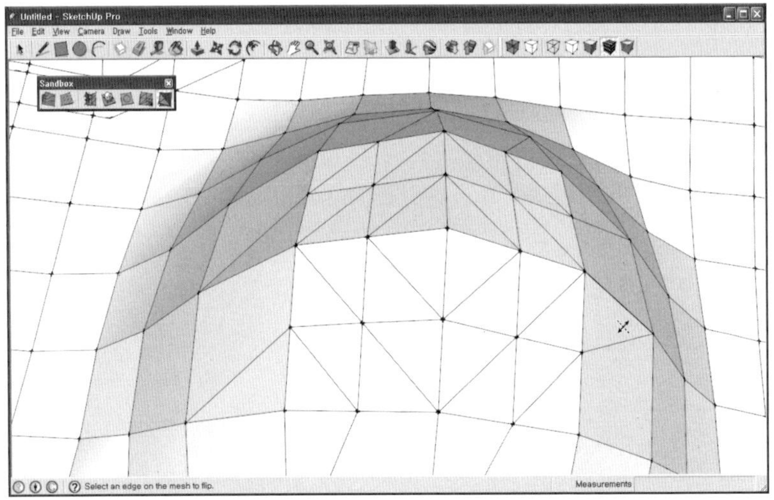

memo

Chapter

7

실습 예제

본 장에서는 앞서 배운 SketchUp의 주요 기능을 토대로 실습예제를 따라하기 방식으로 진행한다. 기숙사 단위실과 레스토랑 두 가지 예제를 통해 모델링과 컴포넌트 구성하기, 재질작업 등을 통해 실무에서 사용하는 여러 가지 기술과 노하우를 배우게 된다. 특히 레이어 작업을 통한 도면관리 및 Walkthrough를 이용한 투시도 설정, V-Ray를 이용한 렌더링 등을 다루게 된다.

1. 기숙사 단위실

1-1. 구조부분 모델링

먼저 모델링하고자 하는 기숙사 단위실의 평면도를 확인한다. 실내건축 분야에서 가장 많이 사용하고 있는 AutoCAD에서 작성한 도면이다.

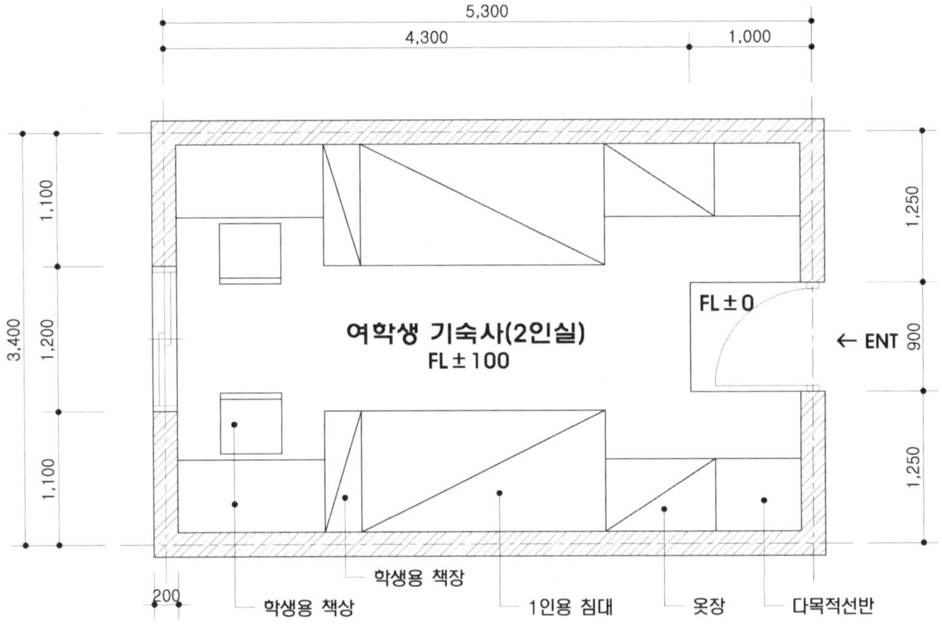

모델링에 앞서 가장 기본은 사용자가 어느 부분까지 모델링을 할 것인지 정확한 작업범위를 결정하는 것이다. 즉, 외부와 내부를 동시에 작업할 것인지 내부 또는 외부만 작업할 것인지에 따라 작업방식과 작업량 또한 차이가 나기 때문에 꼭 필요한 범위를 사전에 결정하고 작업해야 한다.

본 작업은 전체 기숙사 건축물이 아니라 하나의 단위실을 작업하는 것이므로 내부공간만 모델링하도록 한다. 특히 벽체의 경우도 두께를 가지지 않는 하나의 면으로만 구성하도록 한다.

(1) 바닥 레이어 생성

① 먼저 바닥에 사용할 레이어를 생성한다. [Window → Layers] 메뉴를 실행한다.

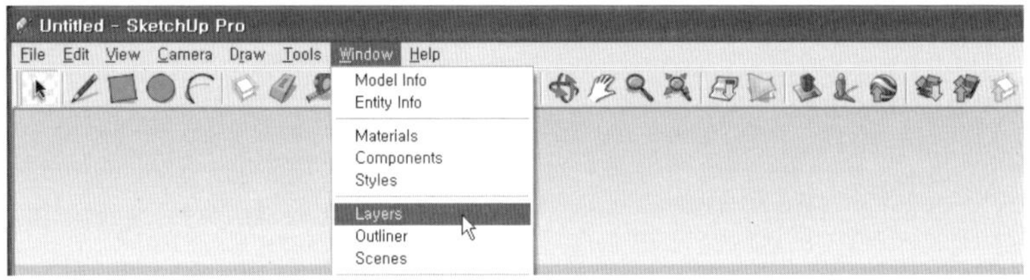

② 다음과 같이 [Layers] 관리자(Manager)가 나타난다. 목록에 나타나 있는 'Layer 0'은 기본 레이어로 처음부터 만들어져 있으며 지금까지 사용해 왔던 레이어이다.

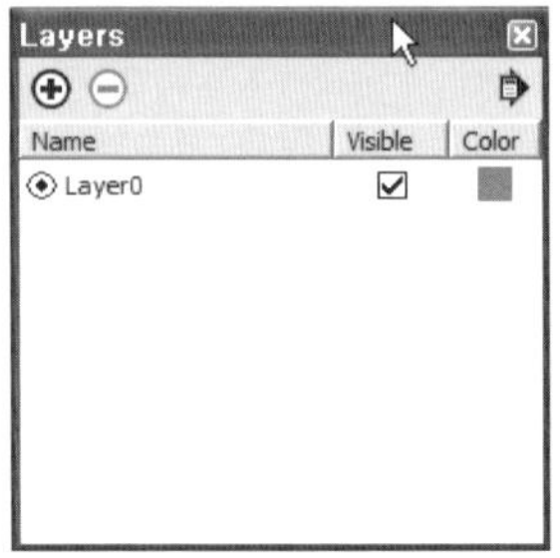

③ 새로운 레이어를 작성한다. [Layers] 관리자 좌측 상단의 ⊕ (Add Layer) 버튼을 클릭하면 다음과 같이 새로운 레이어가 생성되고 이름을 지정할 수 있는 상태가 된다. '바닥'으로 이름을 변경한다.

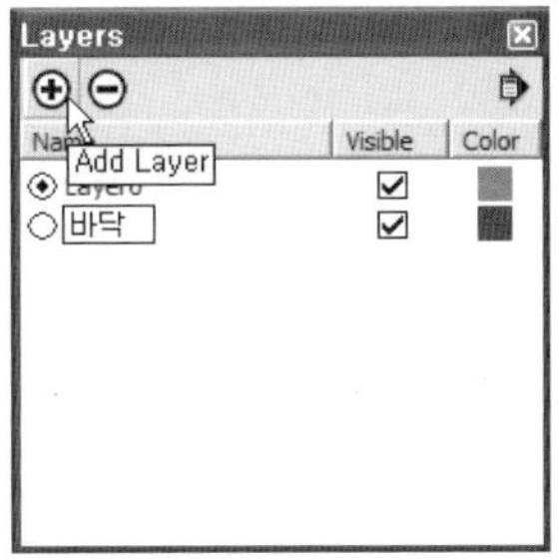

④ 새롭게 생성한 '바닥' 레이어를 이제부터 사용하는 레이어로 지정하기 위해 현재(current) 레이어로 지정해야 한다. '바닥' 레이어 앞의 원 체크를 클릭하여 현재 레이어(current layer)로 지정한다.

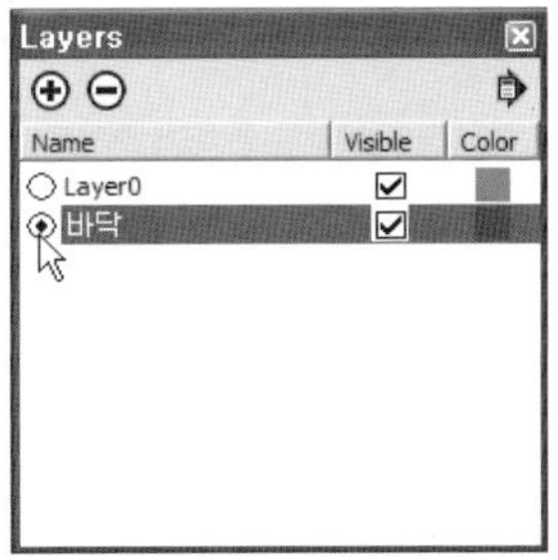

⑤ 이제 본격적인 작업을 위해 [Layers] 관리자를 닫고 작업을 시작할 수 있다. 하지만 [Layers] 관리자가 앞으로 빈번하게 사용될 것이라면 창을 닫지 않고 최소화시켜 작업하는 것이 편리하다. 'Layers'라고 기록된 제일 상단의 타이틀 바를 한번 클릭하면 다음과 같이 최소화된다. 다시 클릭하면 원래의 크기로 나타난다.

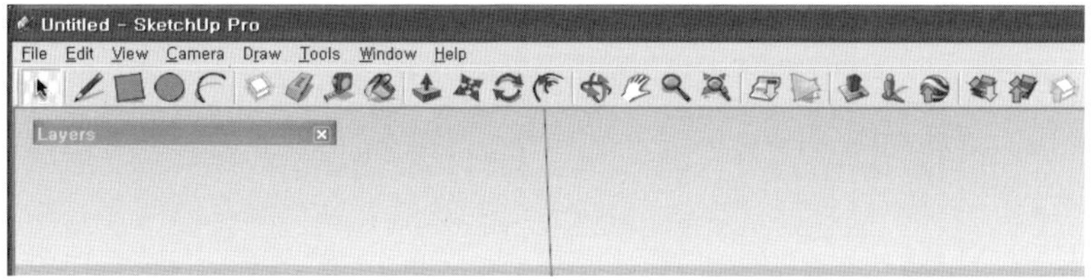

(2) 바닥 모델링

① 이제 도면을 참고하여 바닥을 작성한다. 치수는 템플릿에서 밀리미터로 이미 설정하였으므로 이후 생략한다. 실의 크기가 '5,300mm×3,400mm'이므로 벽체의 두께를 제외한 순수한 바닥의 크기 '5,100mm×3,200mm'로 직사각형을 작성한다.

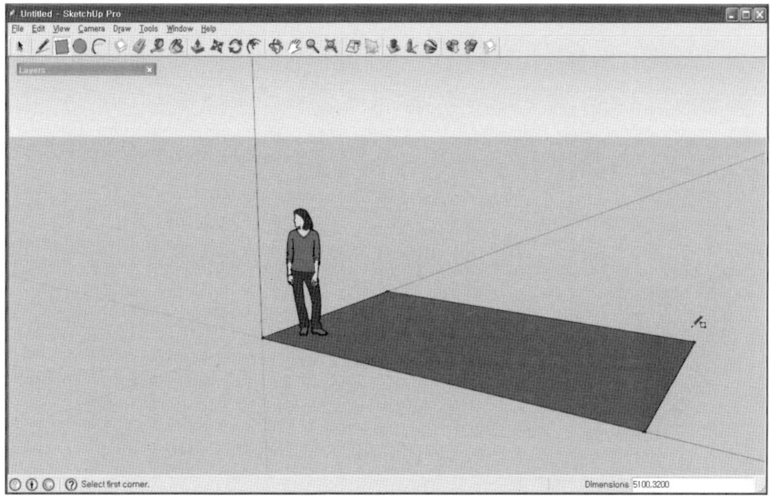

② 생성된 면 위에서 마우스 오른쪽 버튼을 클릭하여 컨텍스트 메뉴를 실행한다. "Reverce Faces"를 실행하여 면의 방향을 뒤집어준다. 좀 더 밝은 색으로 바뀐 것을 확인할 수 있다.

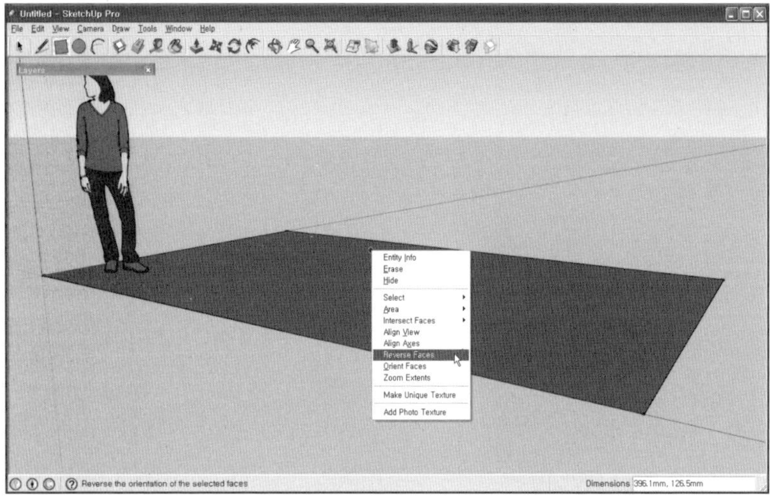

③ 바닥의 경우 출입구부분의 단차가 생기는 것을 확인할 수 있다. “Tape Measure Tool”을 사용하여 현관 바닥 경계부분 위치를 잡아준다.

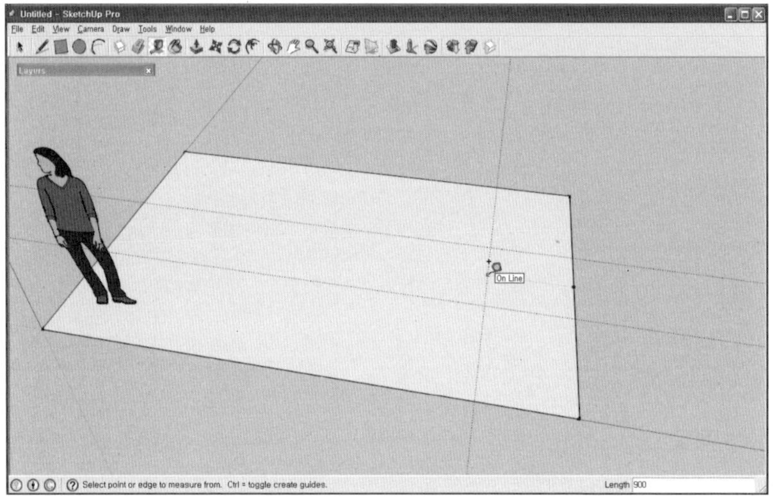

④ “Rectangle” 툴을 이용하여 직사각형을 그려서 면을 분할한다. 가이드 선은 삭제한다.

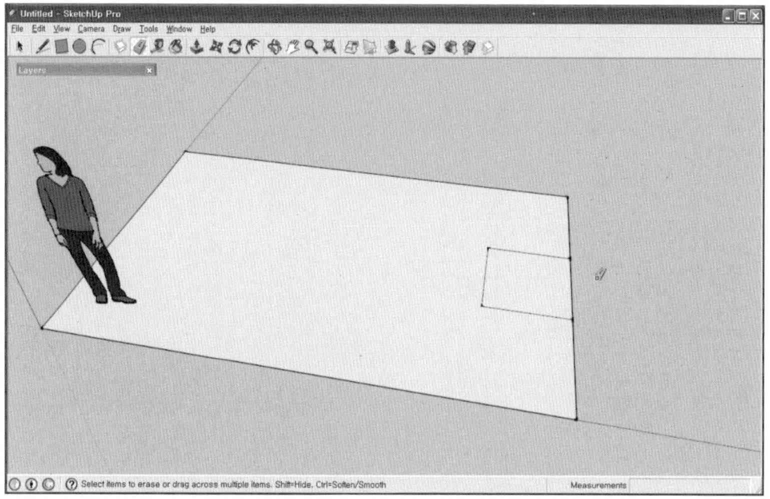

⑤ “Push/Pull” 툴을 이용하여 현관 바닥을 ‘100’만큼 내려준다.

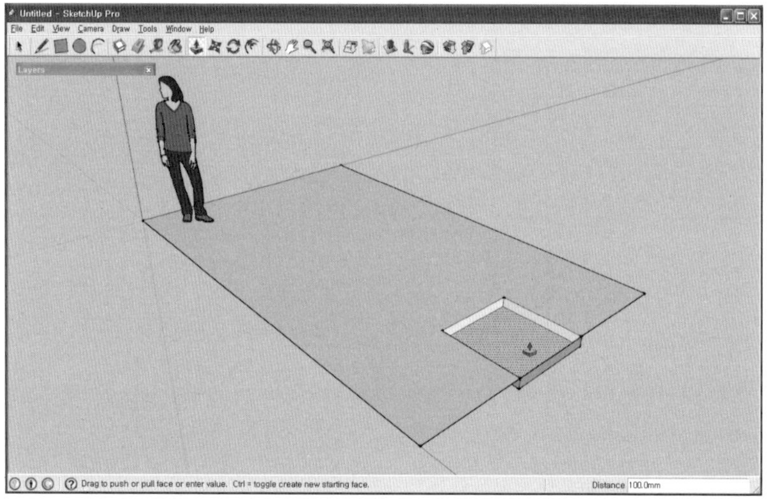

⑥ 출입구 쪽에 생성된 낮은 벽을 삭제한다. 상부의 모서리(Edge)만 삭제하면 면(Face)은 자동으로 삭제된다.

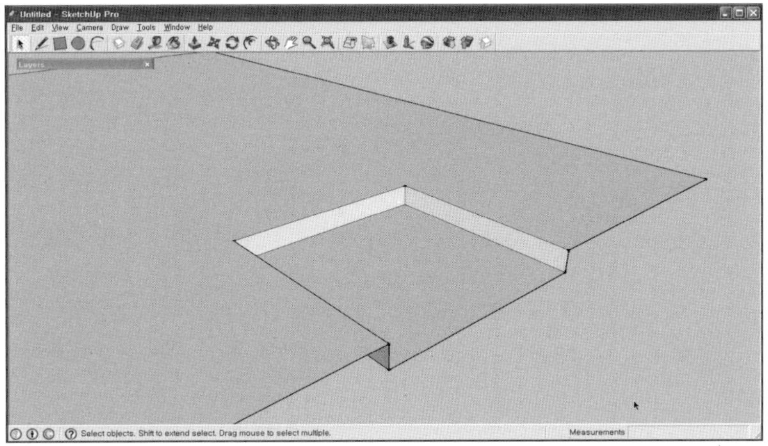

⑦ 재질작업은 마지막에 진행할 수도 있으나 부분적으로 모델링과 동시에 진행할 수도 있다. SketchUp에서 기본으로 제공하는 재질을 우선 사용하여 재질을 적용한다. 현관 바닥에는 'Tile → Tile_Travertine_2inch' 재질을 지정하고, 단위실 바닥에는 'Wood → Wood_Floor_Light' 재질을 적용한다.

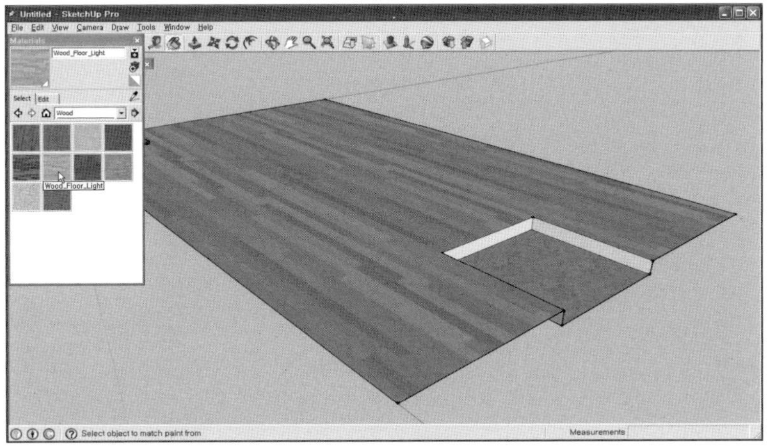

⑧ 완성된 바닥을 트리플 클릭하여 전체 선택한 다음 "Make Group"을 실행하여 그룹객체로 묶어준다. 반드시 그룹으로 묶어주어야 한다. 그룹으로 묶지 않을 경우 바닥 위에 작성되는 가구선들은 바닥면을 분할하게 되며 바닥의 일부가 된다. 레이어가 다르더라도 바닥면에 포함되기 때문에 반드시 그룹 또는 컴포넌트로 지정해주어야 한다.

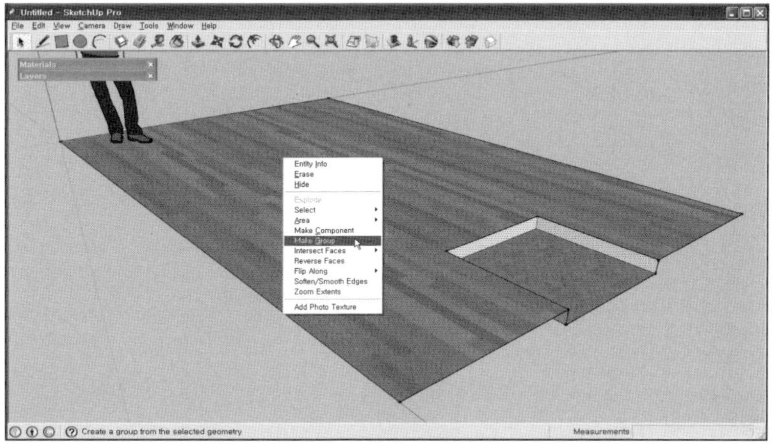

[Material] 브라우저도 최소화하여 다음과 같이 [Layers] 관리자와 붙여서 사용할 수 있다.

(3) 벽체 모델링

① 먼저 벽체 레이어를 생성하고 현재 레이어(Current Layer)로 지정한다.

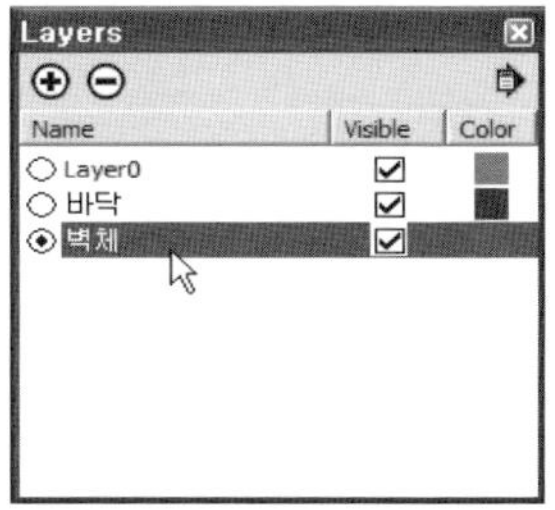

② 먼저 작성된 바닥과 동일한 직사각형(Rectangle)을 작성한다.

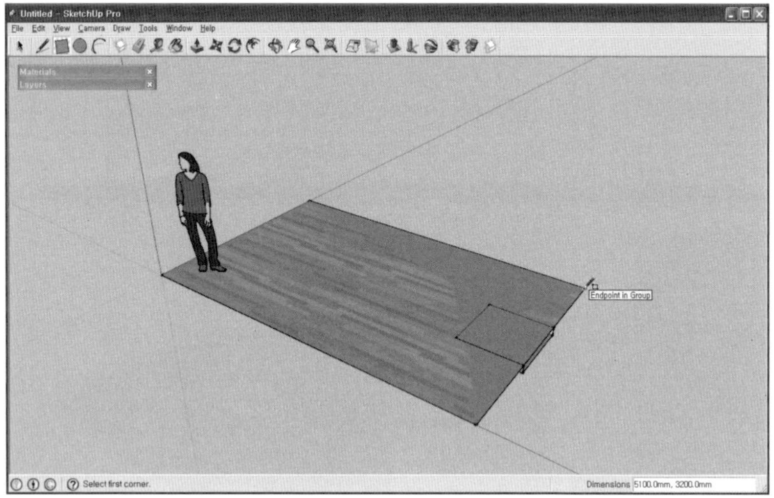

③ "Push/Pull" 툴을 이용하여 실의 높이 '2400'만큼 돌출시켜준다

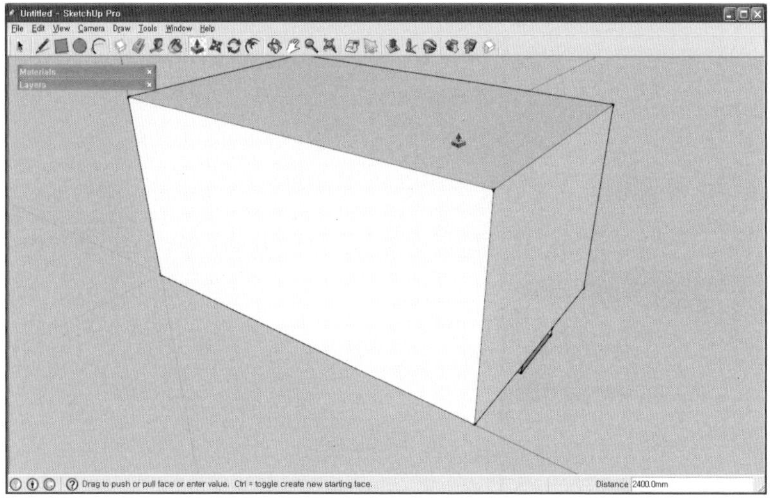

④ 벽체를 작업하는 것이므로 천장과 바닥에 해당하는 면(Face)을 삭제한다. 이때 앞서 작성한 바닥 그룹이 삭제되지 않도록 주의한다.

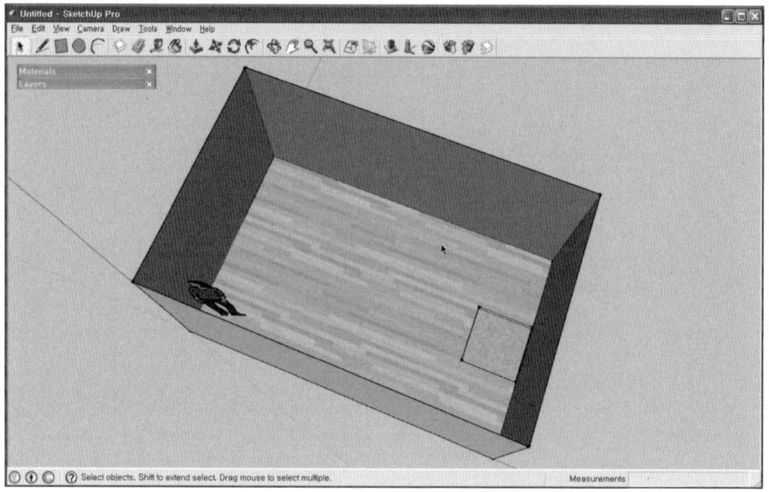

⑤ 현관 바닥 차이만큼 벽체가 부족하므로 "Rectangle" 툴을 이용하여 벽체를 추가로 그려주고 벽체를 가르는 선은 삭제한다.

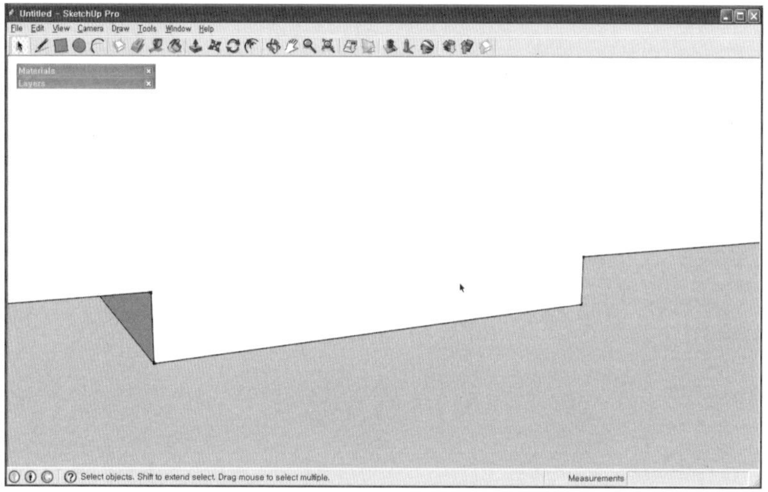

⑥ 바닥과 동일하게 모든 벽체도 “Reverce Faces”를 실행하여 안쪽 면이 앞면이 되도록 조절한다.

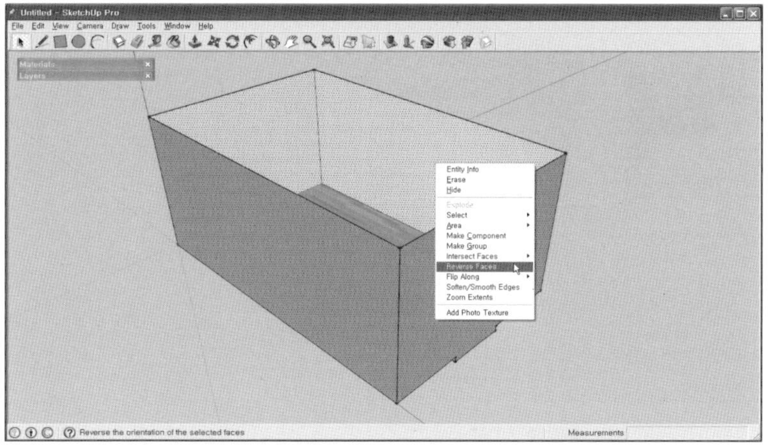

⑦ 바닥높이에서 ‘150’ 높이의 선을 일괄적으로 작성하여 걸레받이부분을 면분할한다. “Line” 툴을 이용하여 직접 그리거나 “Move” 툴을 이용한 모서리(Edge) 복사작업으로 완성할 수도 있다. 단, 주의할 점은 출입구부분은 제외하여 작업해야 한다.

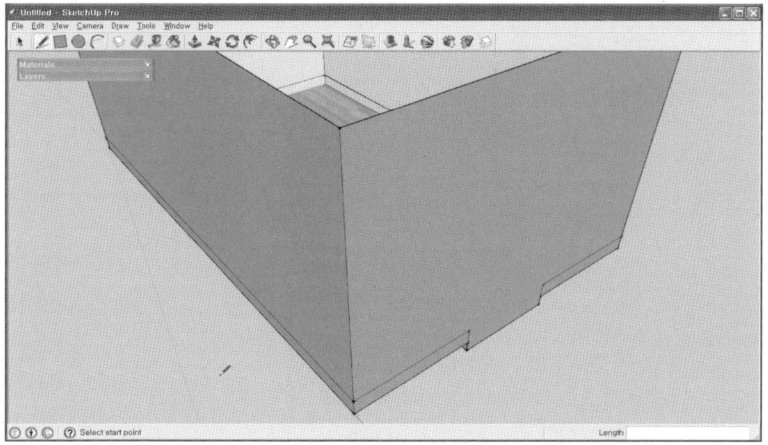

⑧ 재질을 부여한다. 걸레받이부분은 검은색이나 짙은 회색을 부여하고 벽지 또한 밝은 톤의 색상을 이용하여 작업할 수 있다.

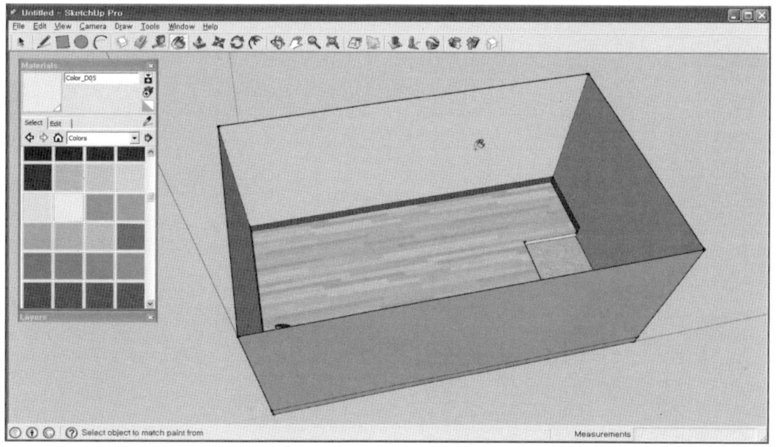

SketchUp에서는 별도로 벽지 재질 라이브러리가 제공되지 않고 있다. 인터넷 검색만으로도 여러 가지 벽지 이미지를 구할 수 있으므로 직접 만들어 재질을 적용하는 것도 좋다. 다음은 사선 타일 모양을 기본으로 하는 일반적인 벽지를 적용한 예다.

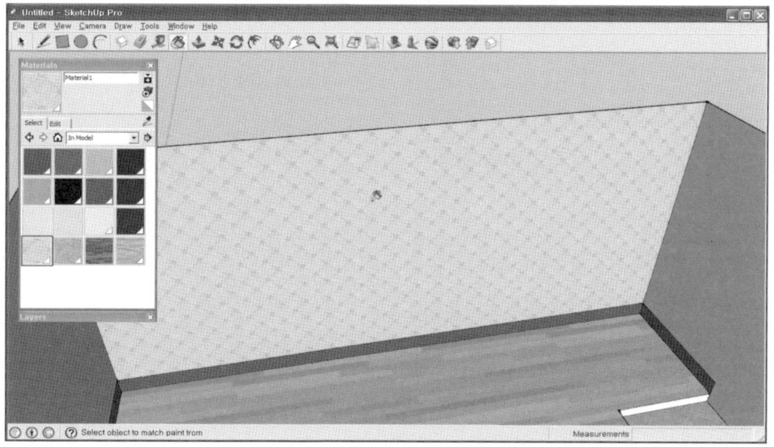

다음은 국화의 형태를 반복적으로 사용한 일반적인 벽지를 적용한 예다.

전체 벽체의 재질을 동일하게 할 수도 있지만 한쪽의 벽체를 다르게 지정하여 벽체부분을 강조할 수도 있다. 다음 작업에서는 창문이 위치하는 벽체에 꽃벽지를 지정하고 나머지는 사선벽지를 지정하여 진행한다.

⑨ 벽체를 트리플 클릭하여 전체 선택한 다음 그룹으로 지정한다.

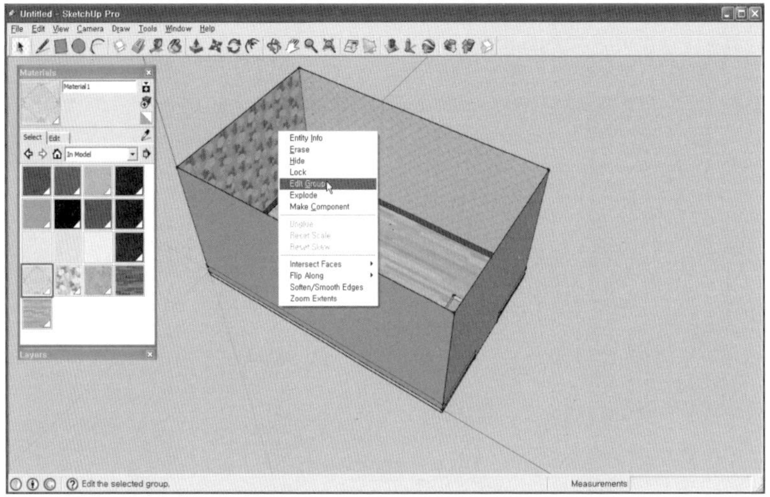

(4) 천장 만들기

① '천장' 레이어를 생성하고 현재 레이어(Current Layer)로 지정한다.

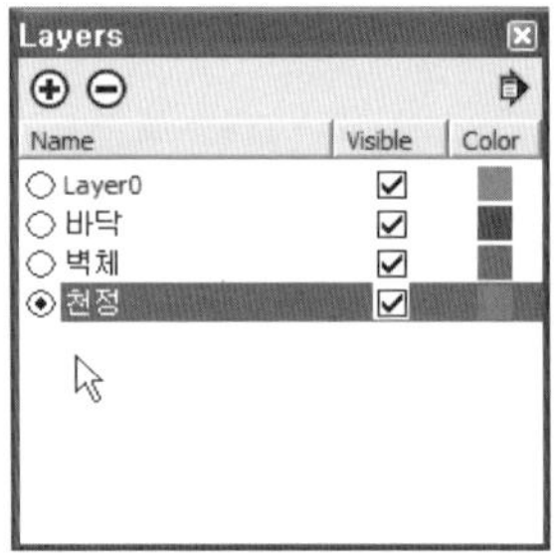

② "Rectangle" 명령으로 천장 면을 만들어준다. 만들어진 면은 "Reverse Faces"로 면의 방향을 반전시켜준다.

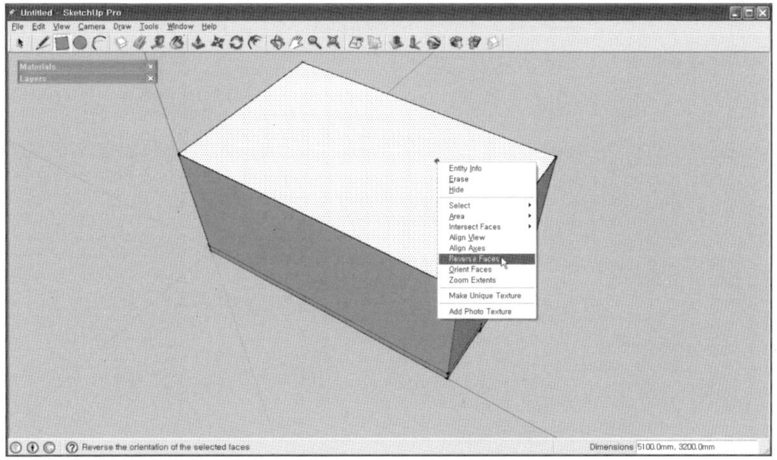

③ 내부를 볼 수 없으므로 천장을 작업하기 위해서는 벽체와 바닥을 보이지 않게 해야 한다. 객체요소를 숨기는(Hide) 방법도 있지만 레이어를 사용하였기 때문에 레이어로 가시성을 조절하는 것이 편리하다. [Layers] 관리자에서 '바닥' 레이어와 '벽체' 레이어 우측의 "Visible" 부분의 체크를 해제한다. 다음과 같이 바닥과 벽체가 나타나지 않는다.

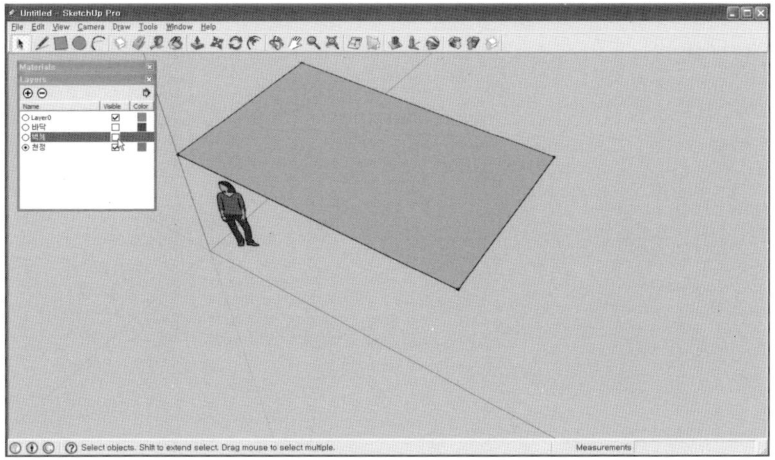

④ 천장 몰딩부분을 모델링한다. "Offset" 툴을 이용하여 천장 내부로 '50' 만큼 간격 띄우기 한다. 간격 띄우기 한 내부가 실제 천장이 되며 '50' 폭의 외곽띠가 몰딩부분이 된다.

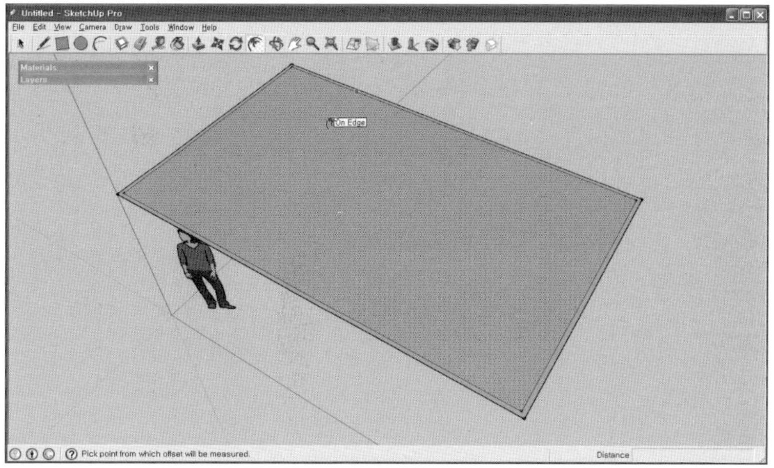

외곽띠를 삭제한다. 모서리를 제거하면 면까지 제거할 수 있다.

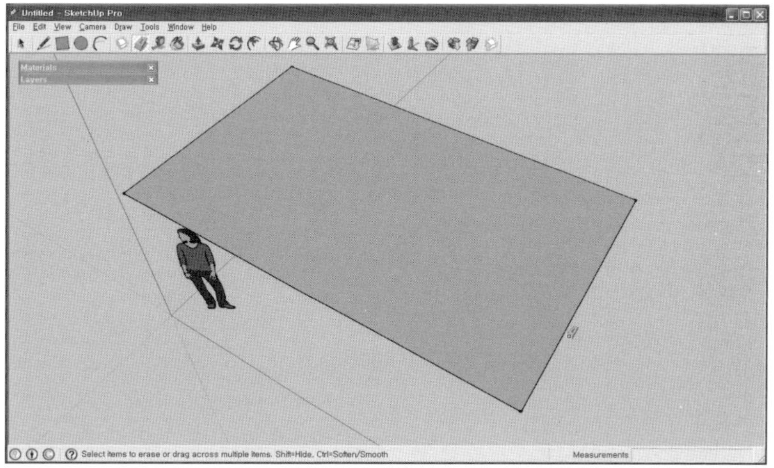

⑤ 천장 한쪽 끝에 몰딩 단면을 작성한다. 다음과 같이 '50mm×20mm'의 직사각형을 기본으로 다양한 형태를 추가로 작업하여 몰딩 단면을 완성할 수 있다.

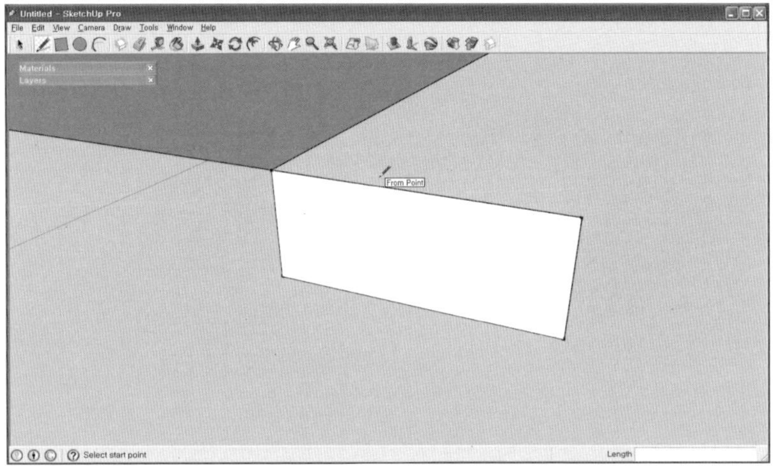

상세 치수에 제약 없이 원하는 몰딩의 형태를 만들어본다. 몰딩 단면은 다음과 같이 하나의 면으로 구성되면 된다.

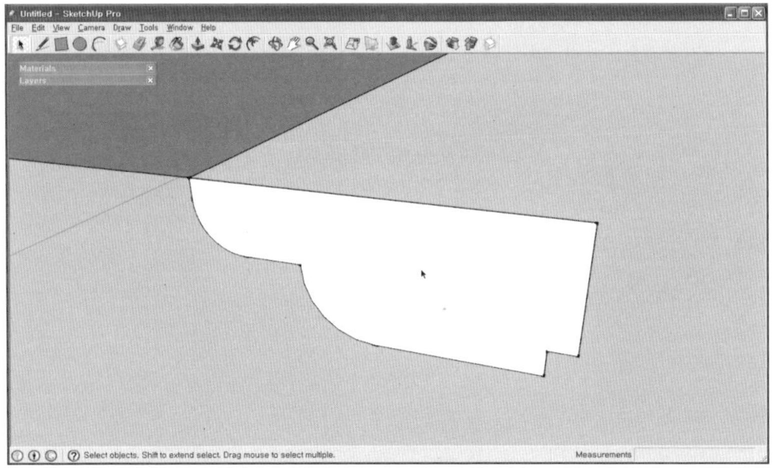

⑥ 이제 "Follow Me" 툴을 이용하여 천장 전체 가장자리에 몰딩이 완성되도록 작업한다. 먼저 따라가기의 경로(Path)가 되는 천장 직사각형 면을 선택한다. [Tools → Follow Me] 메뉴를 실행한다.

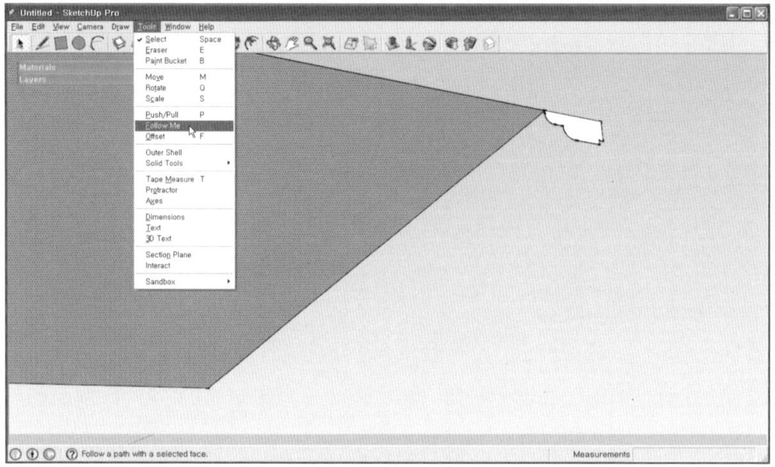

⑦ 경로(Path)를 사전에 선택하였으므로 따라가기 할 몰딩 단면을 선택하면 작업이 완료된다. 따라가기 결과는 다음과 같다.

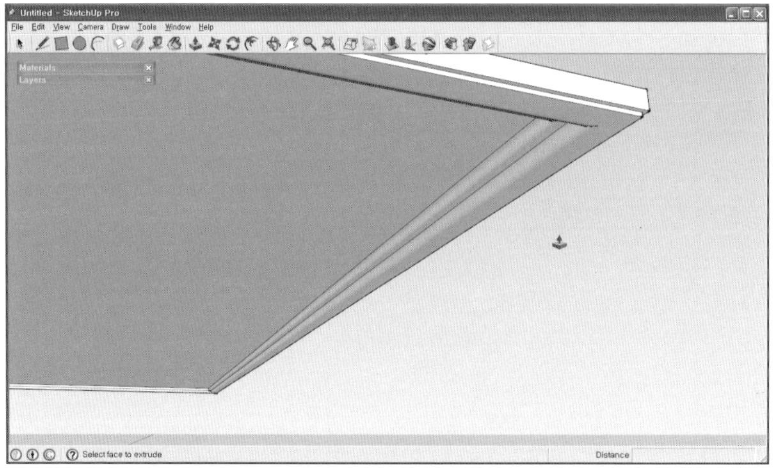

⑧ 재질 적용 시 몰딩의 면마다 하나하나 재질을 적용할 수 없기 때문에 그룹으로 먼저 묶어 관리한다. 이때 천장 면과 몰딩이 같은 그룹일 필요가 없으므로 우선 천장 면을 삭제하고 몰딩 그룹을 묶어준 다음, 다시 천장을 그려서 천장 또한 하나의 단순한 면이지만 그룹으로 묶어준다. 결국 천장에 조명이 삽입될 경우 조명과의 겹침을 예방하기 위함이다.

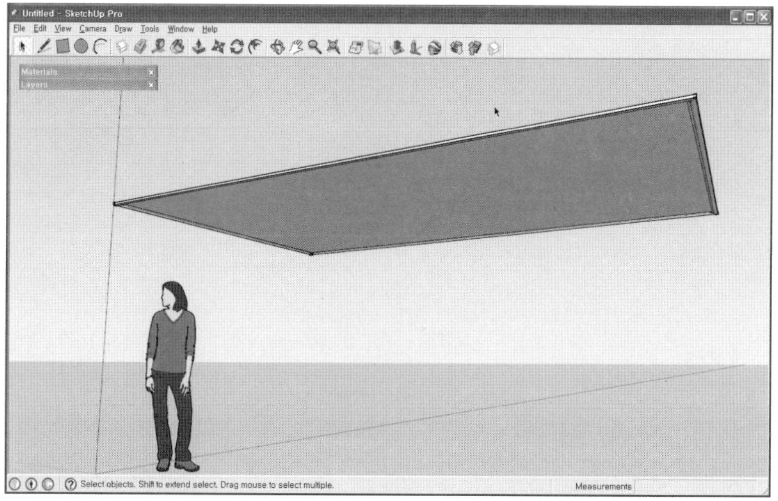

⑨ 지금까지 작성된 구조부분을 모두 나타나게 한다. [Layer] 관리자에서 '바닥' 레이어와 '벽체' 레이어의 "Visible" 부분을 체크한다. "X-ray"로 살펴본 결과는 다음과 같다.

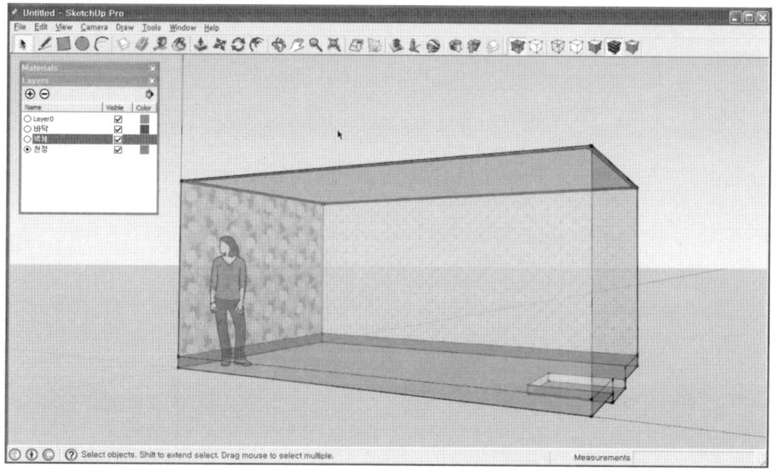

1-2. 창호 모델링

창호작업을 위해 '창호' 레이어를 생성하고 현재 레이어로 설정한 다음, '천장' 레이어를 숨겨준다.

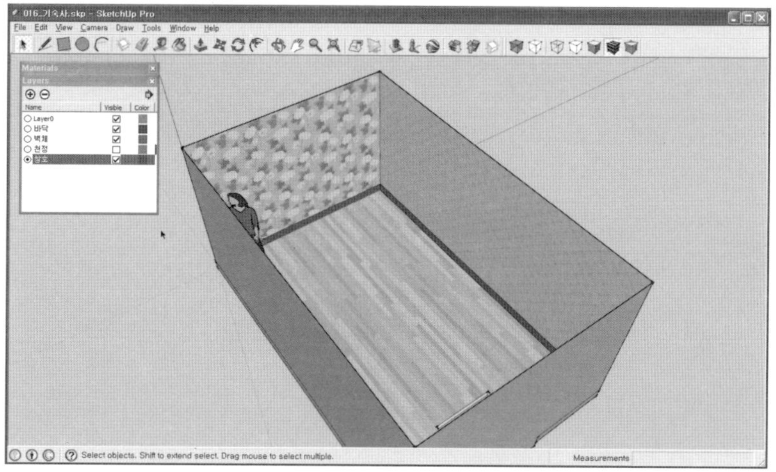

(1) 창문 모델링

도면에서 확인한 결과 창호의 폭은 '1200'이 된다. 창호의 크기를 '1,200mm×1,200mm'으로 할 경우 천장 몰딩을 고려하여 바닥에서 '1,100' 높이에서부터 창호를 삽입하면 된다. 우선 다음의 과정을 통해 '1,200mm×1,200mm' 크기의 창호를 모델링한다.

① "Rectangle" 툴을 이용하여 '1,200mm×1,200mm' 크기의 직사각형을 작성한다.

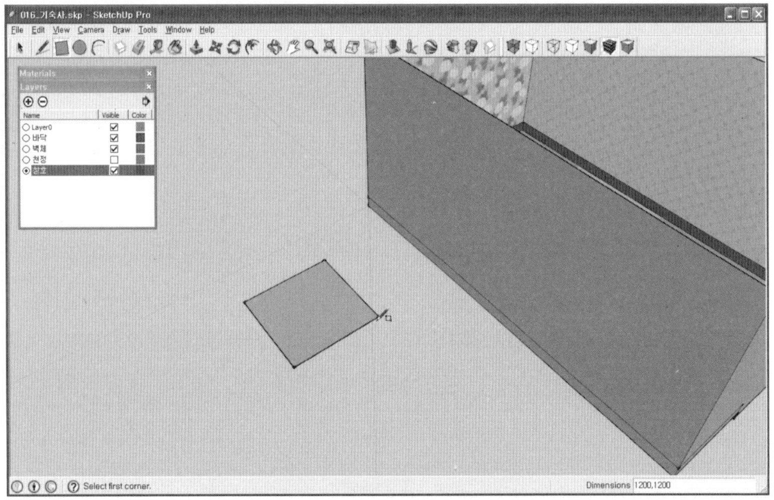

② "Offset" 툴로 창틀의 두께 만큼 간격 띄우기 한다. '50'으로 지정한다.

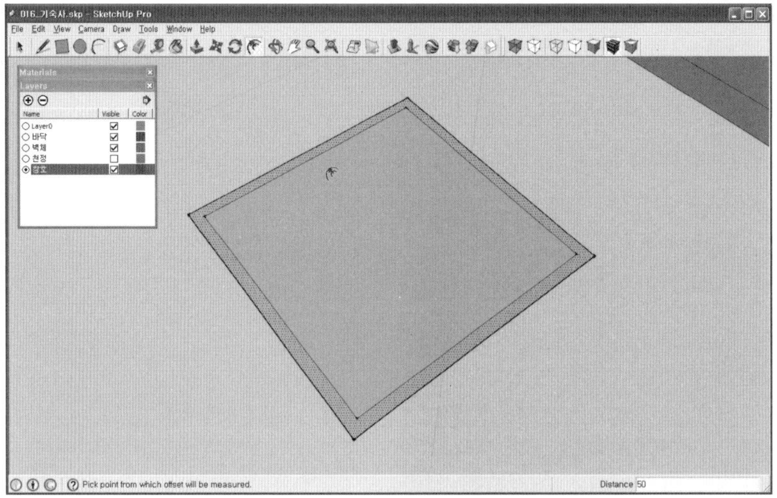

③ 내부의 면을 삭제하고 테두리만 '200'만큼 돌출한다. "Push/Pull" 툴을 사용한다. 완성된 창틀은 전체 선택하여 일단 그룹으로 지정한다.

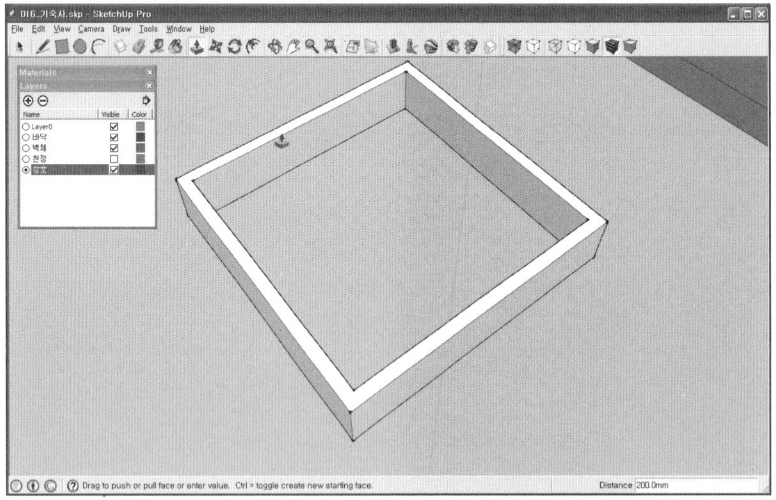

④ "Rectangle" 툴을 이용하여 창문짝을 작성한다. 일단 먼저 작성한 창틀의 내부 코너점과 반대편 모서리 중간점(Midpoint)을 선택하여 직사각형을 작성한다.

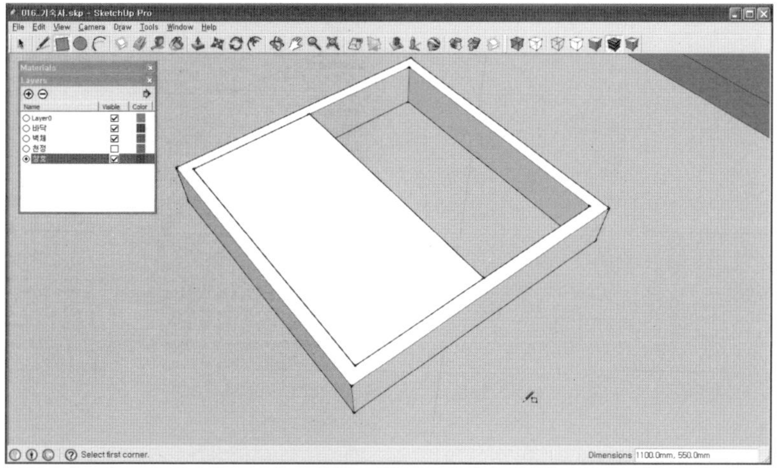

⑤ 창틀의 두께를 '100'으로 가정하고 중간에 위치한 창문짝의 모서리를 '50' 만큼 더 이동시켜준다. "Move" 툴을 이용한다.

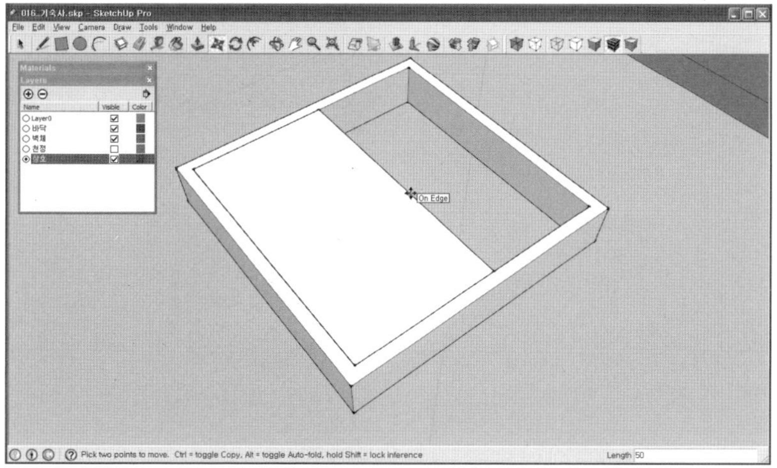

⑥ "Offset" 툴을 이용하여 '100'만큼 간격 띄우기 한다.

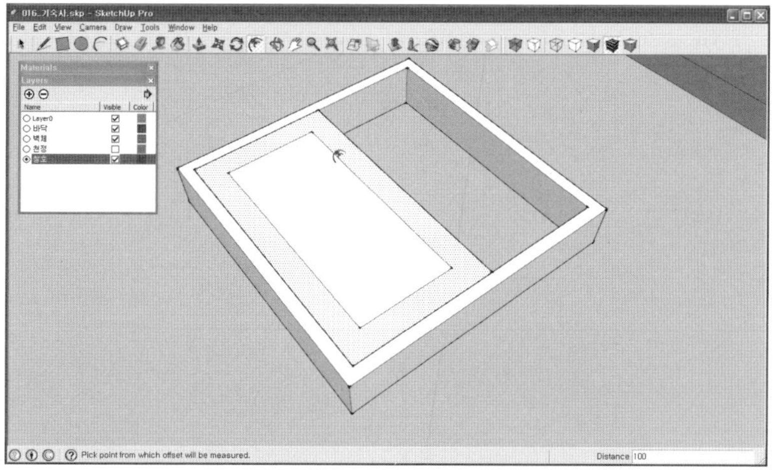

⑦ 중앙의 면을 삭제하고 창문틀만 '30'만큼 돌출한다. 완성된 매스를 그룹으로 묶어준다.

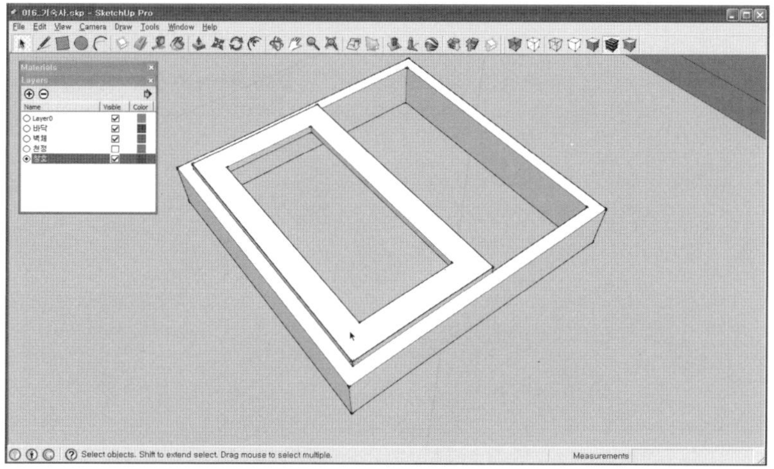

⑧ 창문틀 내부에 유리로 사용할 면을 "Rectangle" 툴로 작성한다. 창문틀 안

쪽의 중간점들을 이용하여 직사각형을 그려주고, 다음과 같이 투명한 유리 재질을 지정한다. 'Translucent → Translucent_Glass_Blue' 재질을 적용한다.

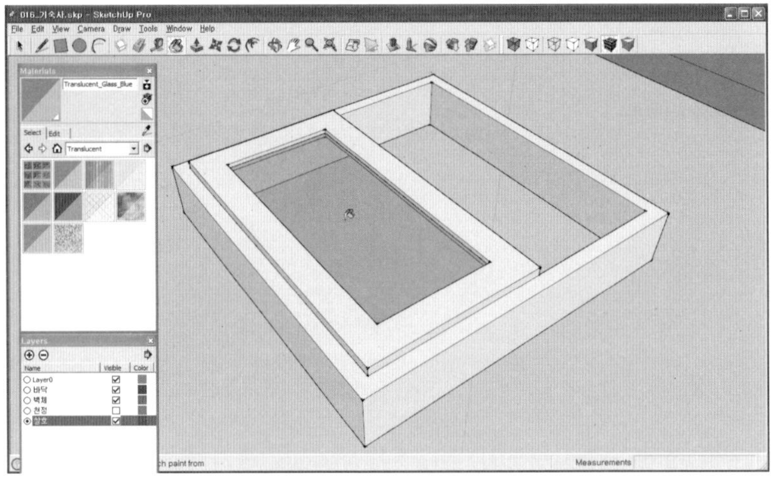

⑨ 창문틀과 유리창을 동시에 선택하고 "Move" 툴로 이동하여 창문틀의 한 쪽 모서리 끝점이 창틀의 중간점에 위치하도록 정렬한다.

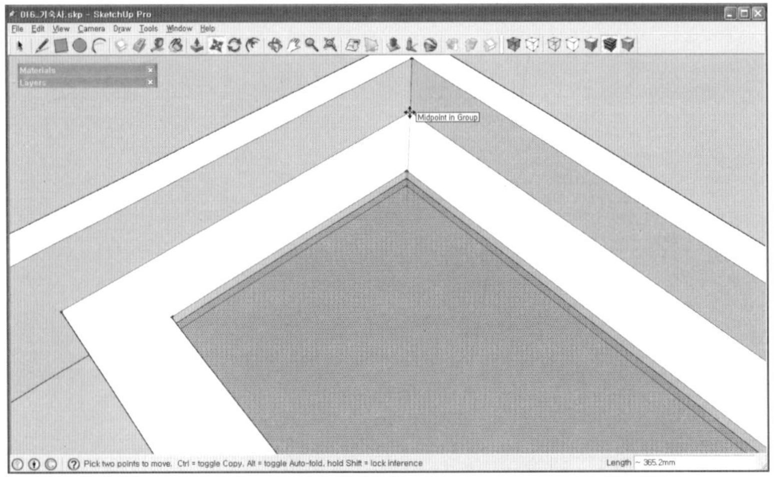

⑩ 창문틀과 유리창을 동시에 복사하여 나머지 창문을 완성한다.

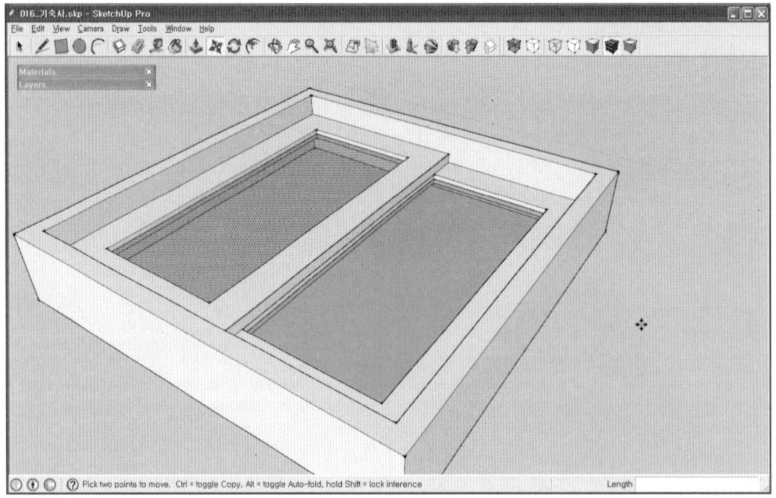

완성된 결과를 다음과 같이 수직으로 세워준다.

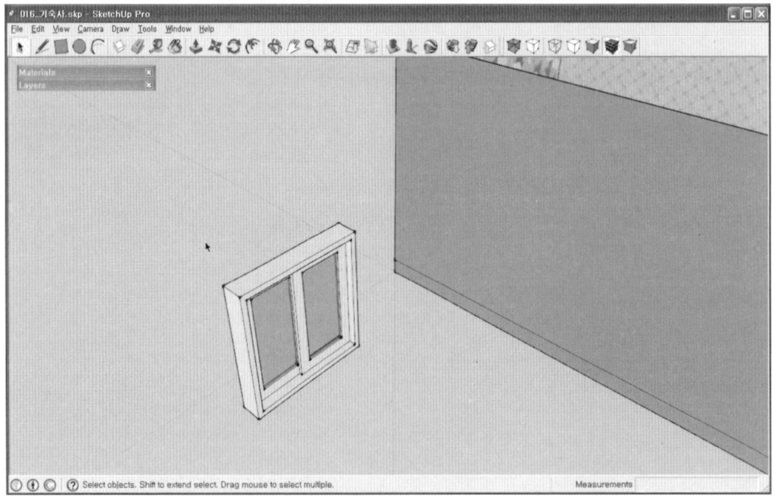

(2) 창문 컴포넌트 정의하기

작성된 창문을 컴포넌트로 정의한다. 정의된 컴포넌트는 면 위에 삽입될 경우 컴포넌트 크기만큼 면을 제거하고 삽입될 수도 있다.

① 일단 창문을 만들면서 묶어두었던 그룹을 모두 해제한다. 컨텍스트 메뉴에서 “Explode”를 실행한다. 그룹을 해제하지 않으면 뒤에서 설정하는 ‘Cut Opening’ 기능이 제대로 적용되지 않는다.

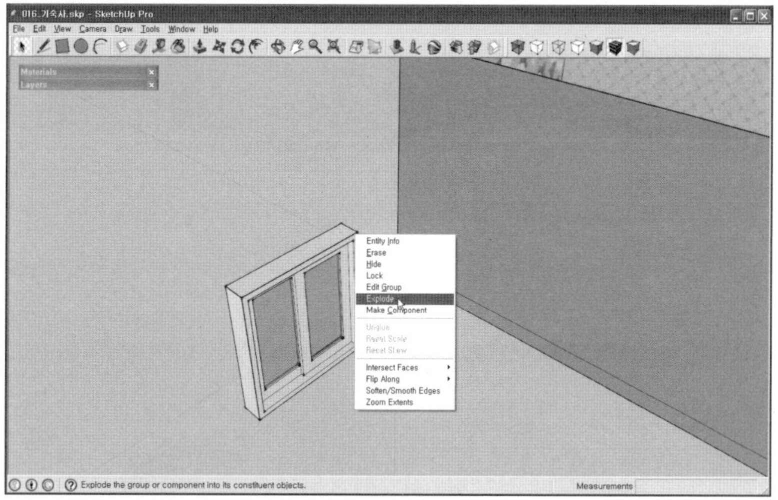

② 모두 그룹 해제한 다음 다시 트리플 클릭으로 전체 선택한다. 창틀, 창문틀, 유리창 요소 모두가 선택된다. 컨텍스트 메뉴에서 “Make Component”를 실행한다.

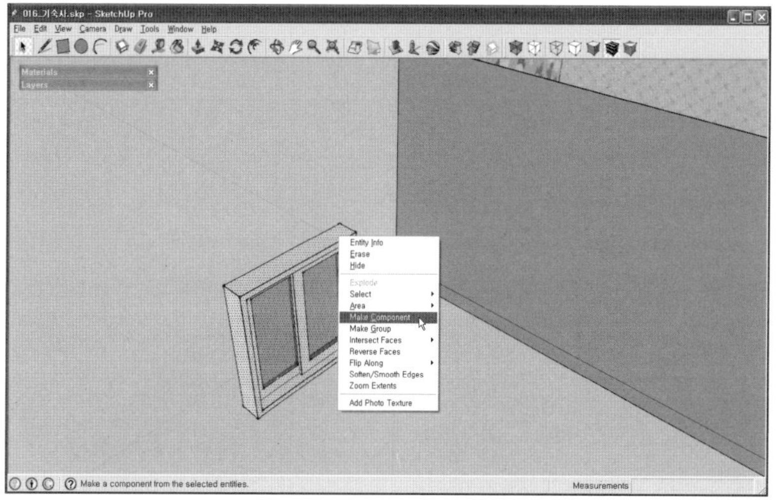

③ [Make Component] 대화상자에서 먼저 이름을 지정한다. ‘Window_1200_1200’으로 입력한다.

④ “Alignment”의 “Glue to :”에서 ‘Vertical’을 선택한다.

⑤ 바로 밑에 위치한 “Cut Opening”을 체크한다.

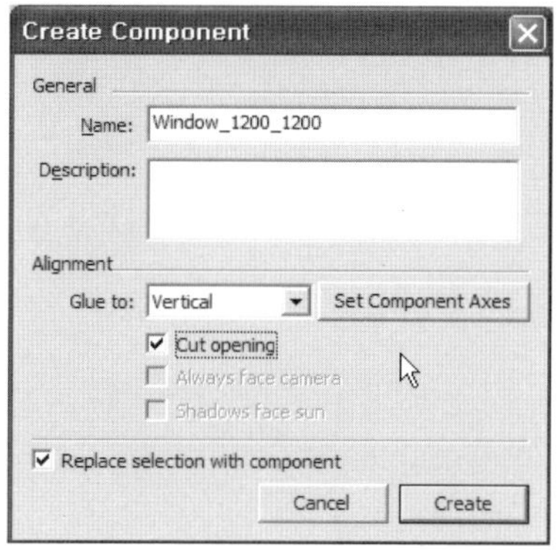

⑥ 이제 〈Set Component Axes〉 버튼을 클릭하여 컴포넌트가 삽입되는 기준면을 지정한다. 여기서 처음 지정하는 점이 삽입 기준점이 되며, Red Axis와 Green Axis에 의해 생성되는 평면에서 'Cut Opening'이 발생한다. 다음과 같이 창틀의 하단 중단점이 기준점이 되도록 하고 창틀의 바닥 선에 평행하게 Red Axis를 지정하고 창틀의 높이 선에 평행하게 Green Axis를 지정한다.

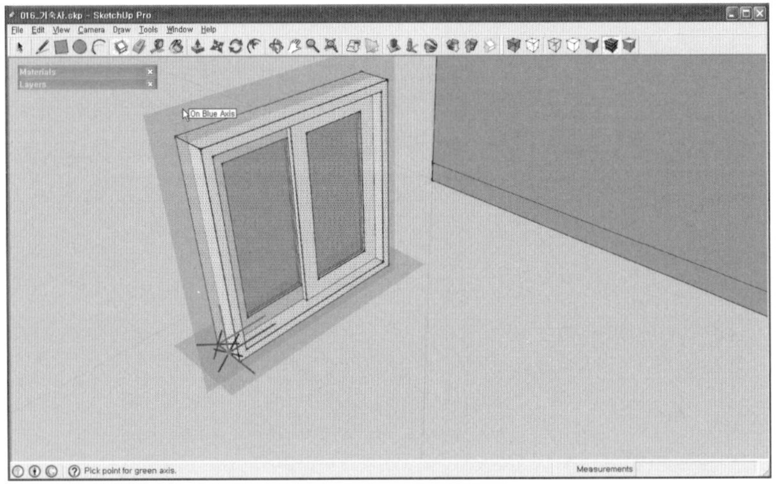

컴포넌트 축 지정이 끝나면 다시 [Make Component] 대화상자로 돌아온다. 〈Create〉 버튼을 클릭하여 컴포넌트를 생성한다. 컴포넌트 작성에 사용된 원본 창문을 삭제한다.

(3) 창문 컴포넌트 삽입하기

① 이제 작성된 창문 컴포넌트를 벽면에 삽입한다. 이때 주의할 점은 벽체 그룹에 삽입하는 것이 아니라 해당 면(Face)에 삽입해야 한다. 따라서 벽체 그룹을 더블 클릭하여 그룹 편집모드로 먼저 들어가야 한다.

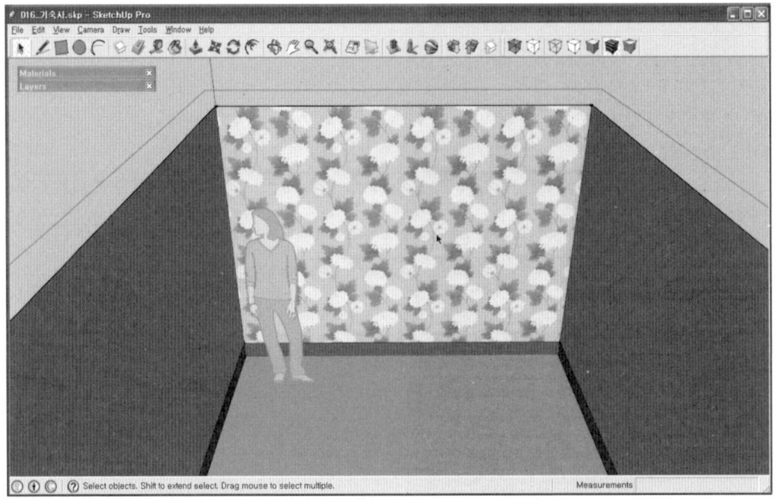

② 창문이 삽입될 위치를 정확하게 지정하기 위해 "Tape Measure Tool"을 사용하여 가이드 선을 표시한다. 양측 벽면에서 '1,000'만큼 바닥에서 '1,100'만큼 이격하여 가이드 선을 작성한다.

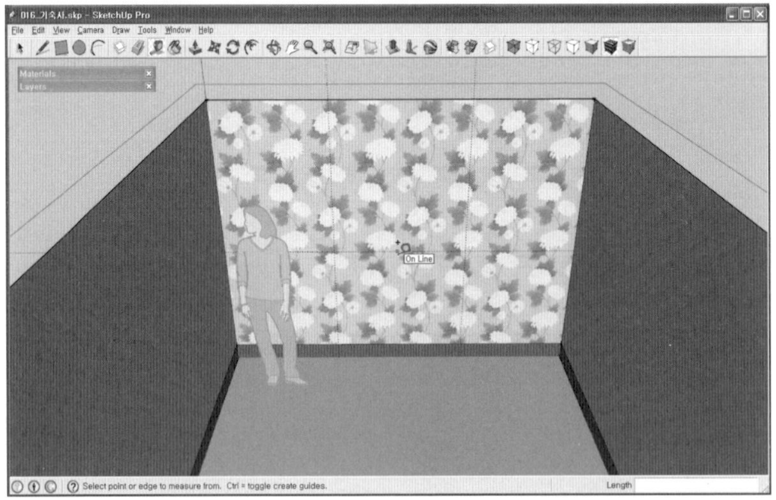

③ 이제 컴포넌트를 삽입한다. [Window → Componets] 메뉴를 실행하여 [Components] 브라우저를 실행한다. 다음과 같이 'Navigator' 버튼을 클릭하여 'In Model'을 선택하면 앞서 작성한 'Window_1200_1200' 컴포넌트를 확인할 수 있다.

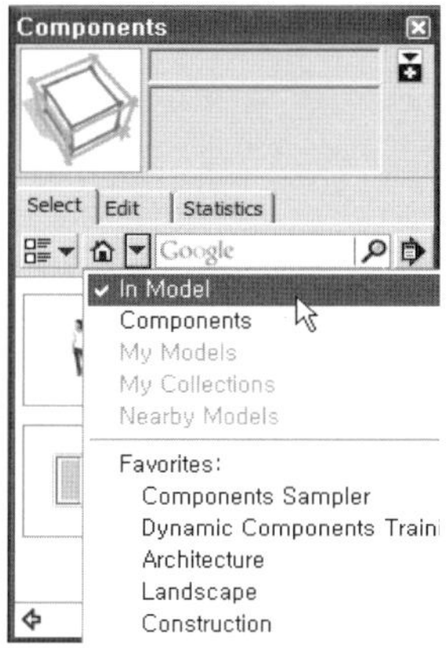

④ 'Window_1200_1200'을 클릭하여 작업화면으로 가져와서 작성된 가이드 선의 교차점을 삽입점으로 지정한다.

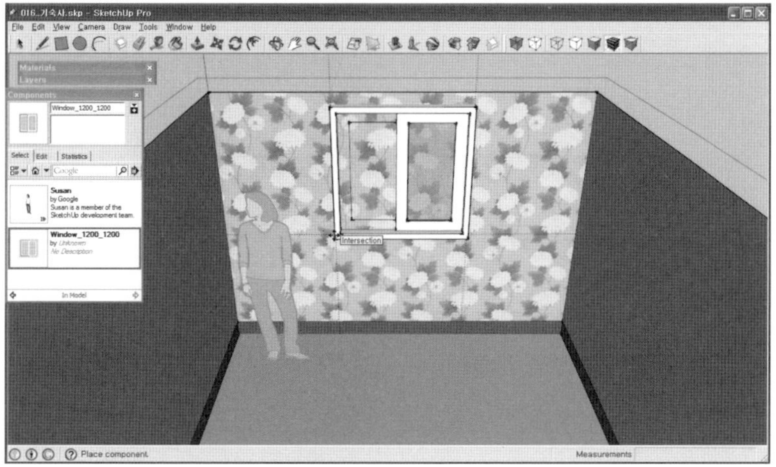

⑤ 삽입된 최종결과는 다음과 같이 컴포넌트에 해당하는 만큼 벽체가 제거되어 투명해진 결과로 나타난다.

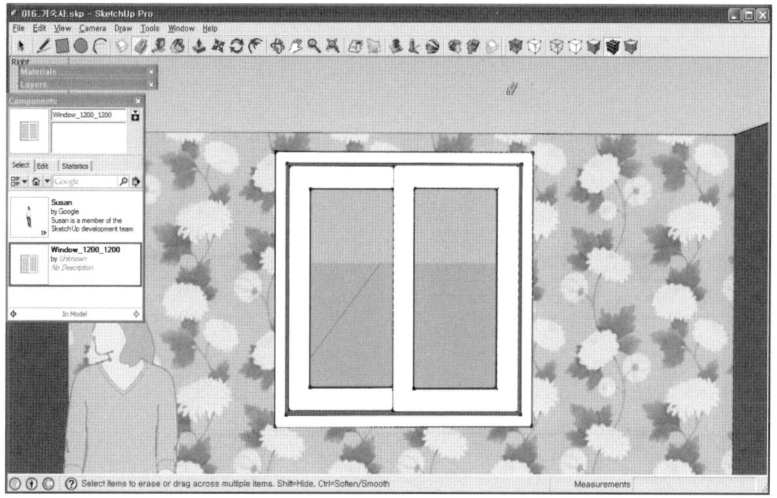

(4) 출입문 모델링

앞서 작성한 창문과 동일한 방법으로 출입문을 작성하여 컴포넌트를 지정한다. 현재 그룹 편집모드에서 작성할 수도 있지만, 우선 편집모드에서 빠져나와 작업한다.

① "Rectangle" 툴을 이용하여 '2,100mm×900mm' 크기의 직사각형을 작성한다.

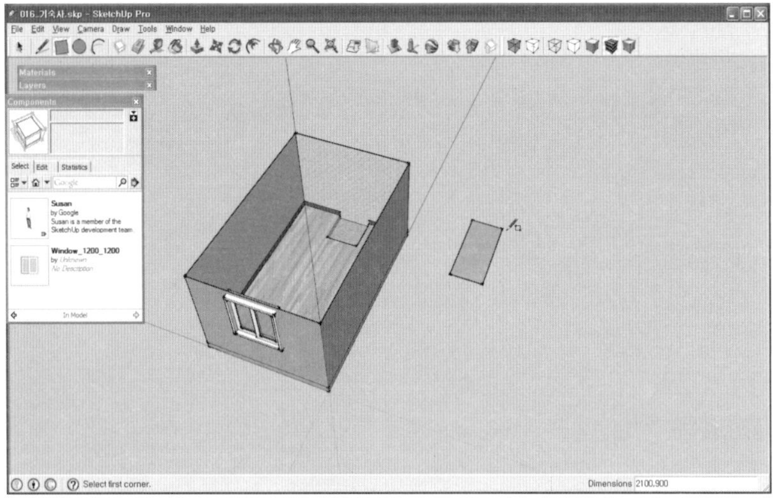

② 바닥을 제외한 나머지 모서리를 선택하고 “Offset” 툴을 이용하여 ‘30’만큼 간격 띄우기 하여 문틀을 작성한다.

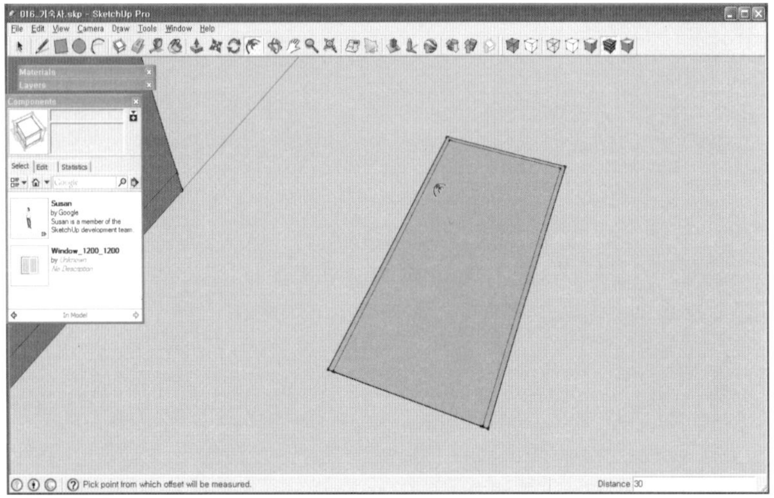

③ 중앙의 면을 삭제하고 테두리를 ‘100’만큼 돌출한다.

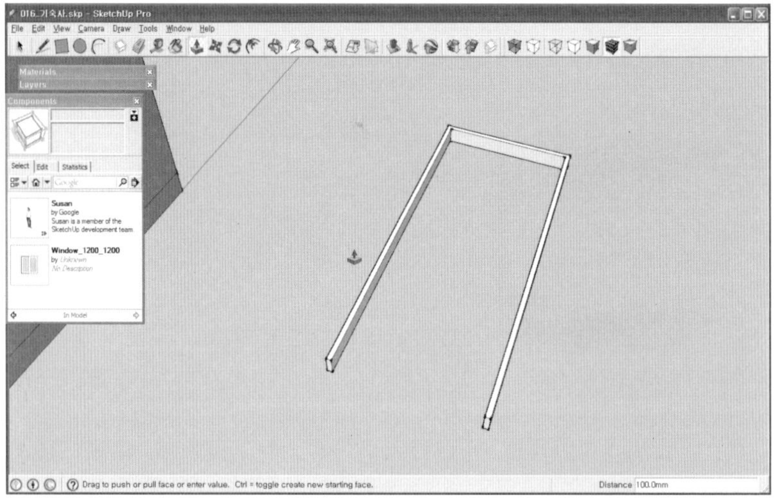

문틀을 전체 선택하여 그룹으로 묶어준 다음 “Rotate”를 적용하여 세워준다.

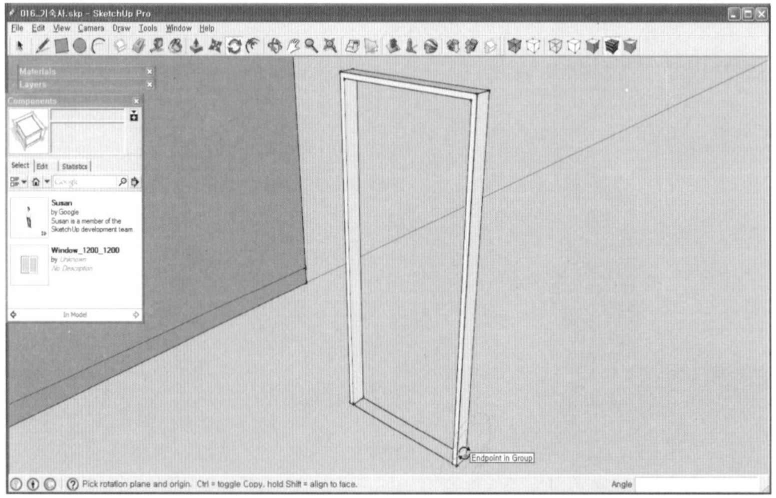

④ 문틀 내부의 중간점과 반대 모서리의 중간점을 연결하는 직사각형을 작성하여 문짝으로 모델링한다.

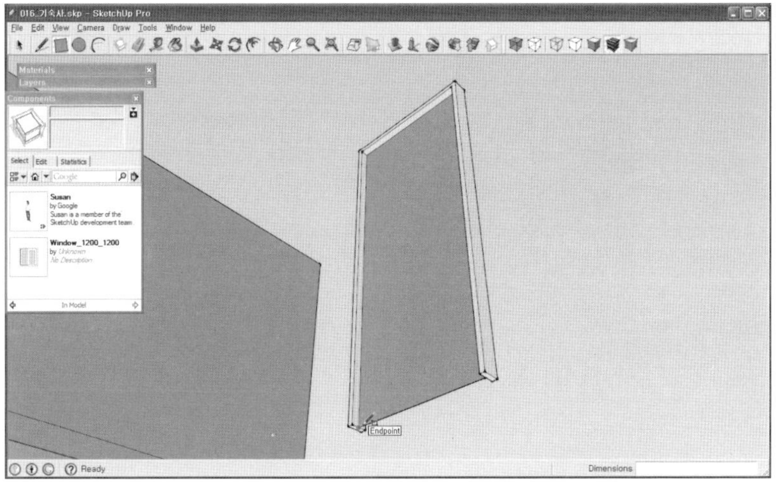

⑤ "Push/Pull"을 이용하여 양쪽 방향으로 '15'만큼씩 돌출하여 전체 문짝의 두께를 '30'으로 설정한다.

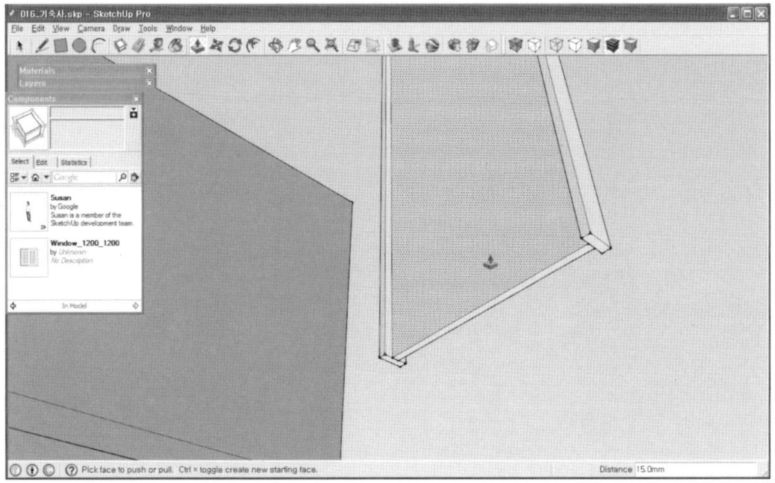

⑥ 이제 출입문의 디테일을 추가한다. 모델링에 자신이 없는 경우 여기까지만 작업하고 다음 단계로 넘어가도 좋다. 실내공간만을 작업하는 과정이므로 출입문의 디테일은 실내방향에만 추가해도 좋다.

"Offset" 명령으로 '120'만큼 간격 띄우기 한다.

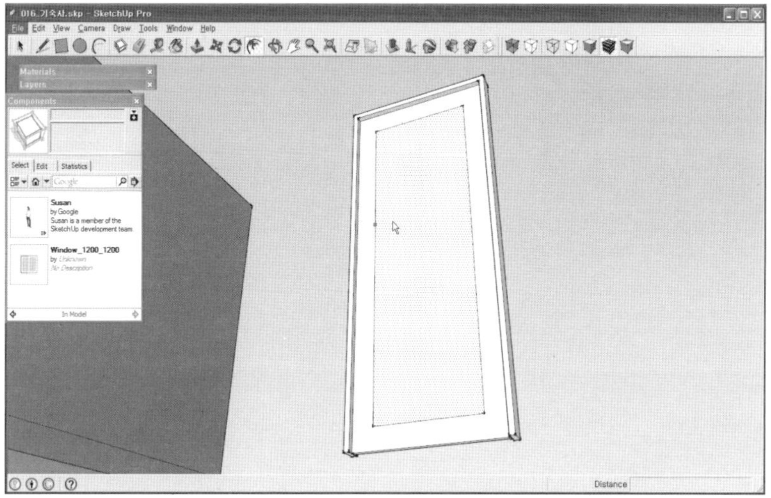

높이 방향의 한쪽 모서리(Edge)를 선택하고 마우스 오른쪽 버튼을 클릭하여 나타나는 컨텍스트 메뉴에서 "Divide"를 실행한다. 마우스를 아래 또는 위로 움직이면 등분할 개수가 조절되는 것을 확인할 수 있다. '4 Segments'로 분할될 때 Enter↵ 키를 눌러서 명령을 완성한다.

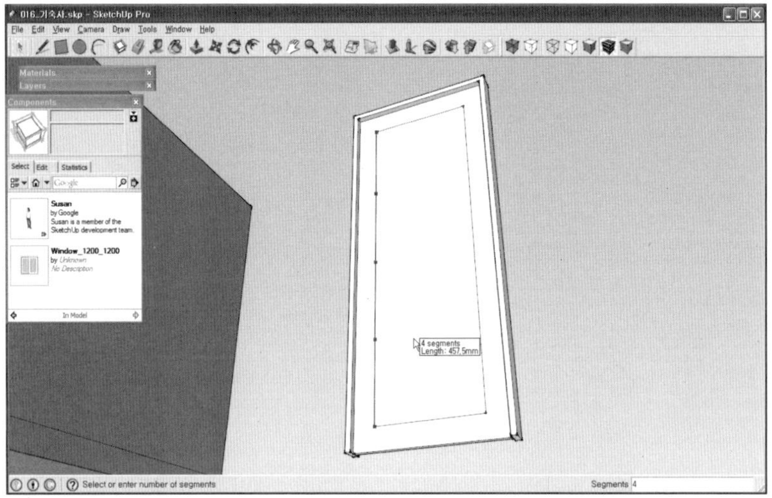

분할된 직선의 끝점들로부터 수평선을 연결하여 면을 분할한다.

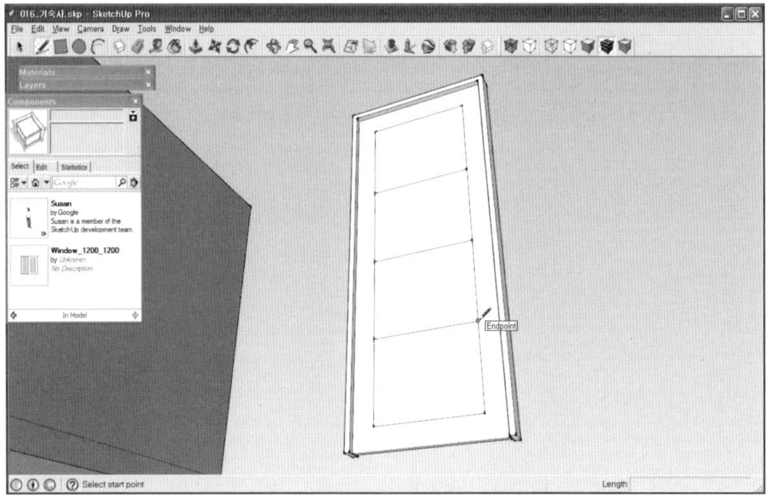

다시 "Offset" 툴을 실행하여 각 분할된 직사각형 면의 안쪽으로 '10'씩 간격 띄우기 한다.

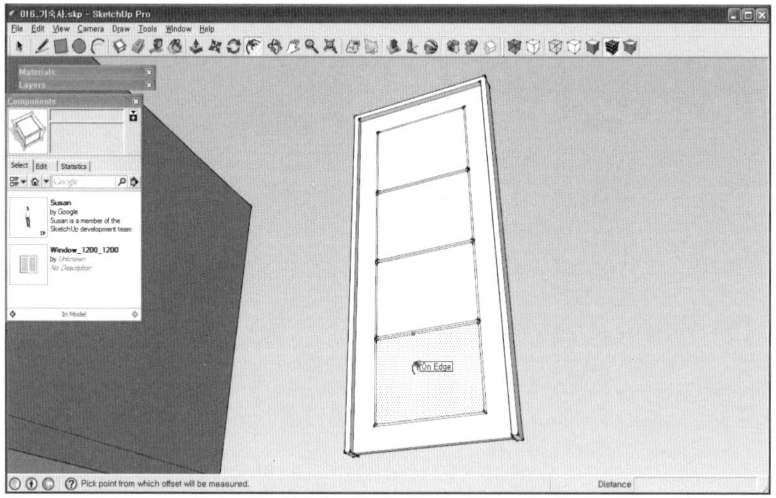

각 영역이 독립된 섬이 되도록 미리 작성한 선을 삭제한다.

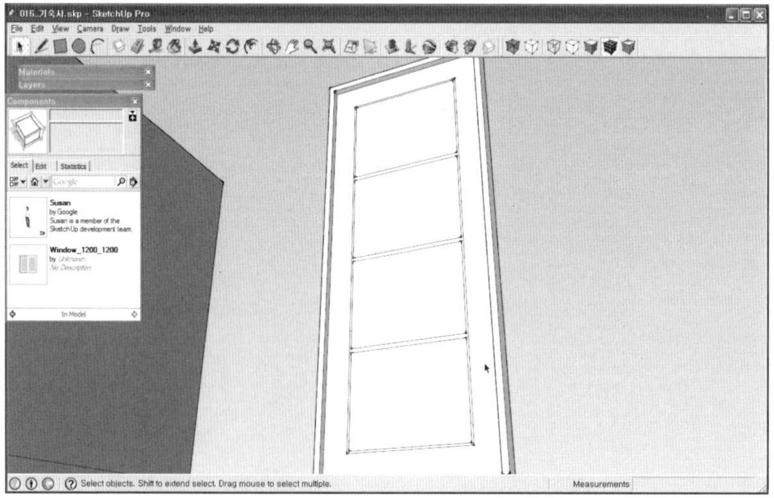

외곽영역 또한 '10'만큼 간격 띄우기 하여 전체적으로 '20' 간격의 줄이 완성된다.

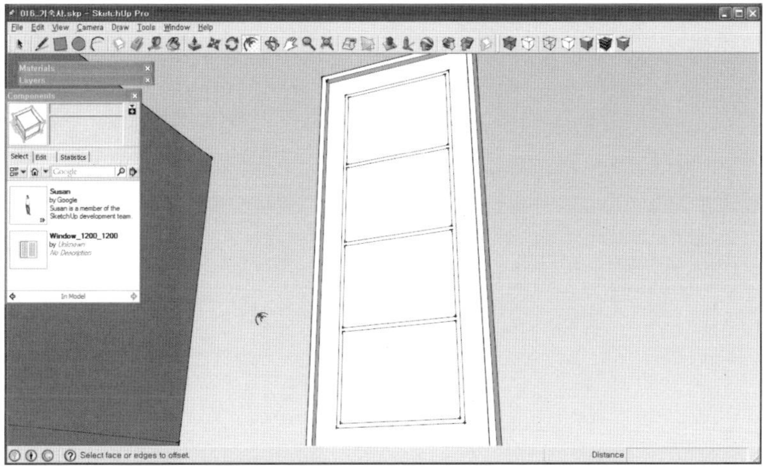

넓은 영역들을 돌출시켜 디테일을 만들 수도 있으며 좁은 홈부분을 함몰시켜 디테일을 표현할 수도 있다. 홈부분을 '10'만큼 함몰시켜 디테일을 완성한다.

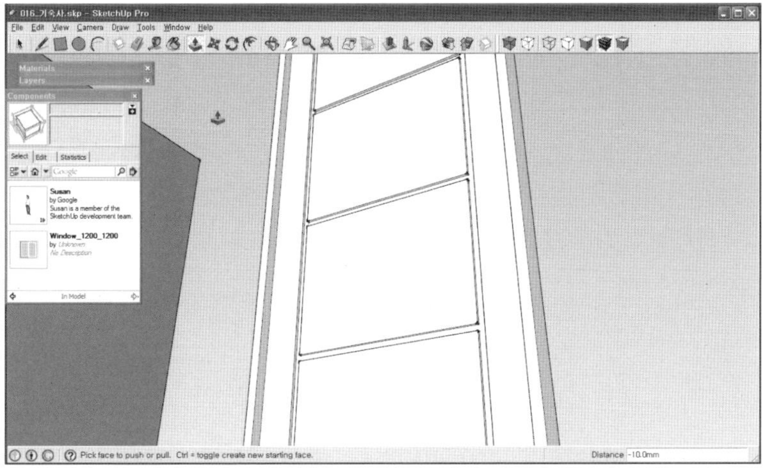

⑦ 손잡이를 작성하여 출입문 작업을 완성한다. 손잡이에도 여러 가지 형태가 있지만 다음과 같이 'Lathe' 형식을 이용하여 작성해본다. 원형의 경로(Path)를 작성하고 손잡이 단면을 다음과 같이 작성한다.

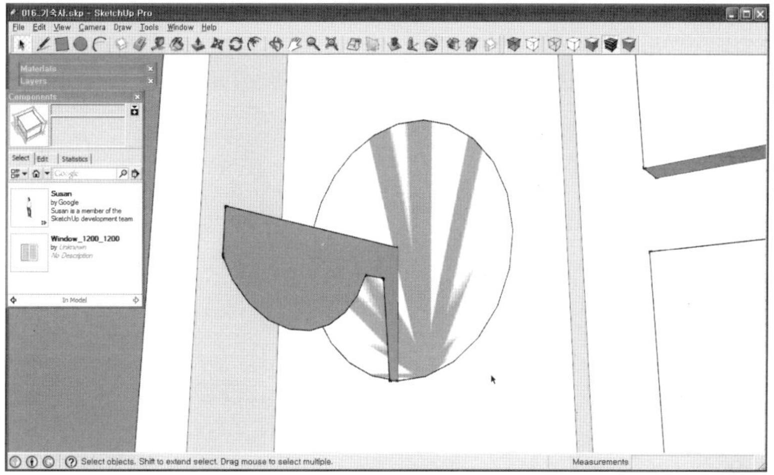

"Follow Me" 툴을 적용한 경과는 다음과 같다.

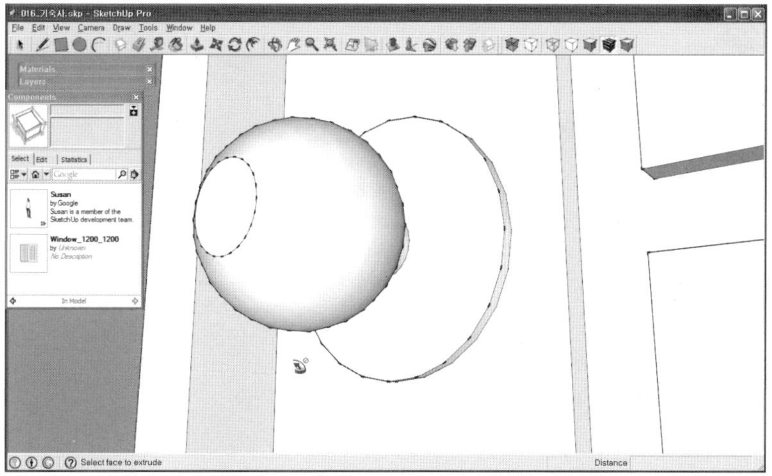

(5) 출입문 컴포넌트 만들기

① 컴포넌트를 만들기 전에 먼저 그룹으로 묶은 객체들을 해체한다.

② 다시 출입문에 해당하는 모든 요소를 선택한다. 컨텍스트 메뉴에서 "Make Component"를 실행한다.

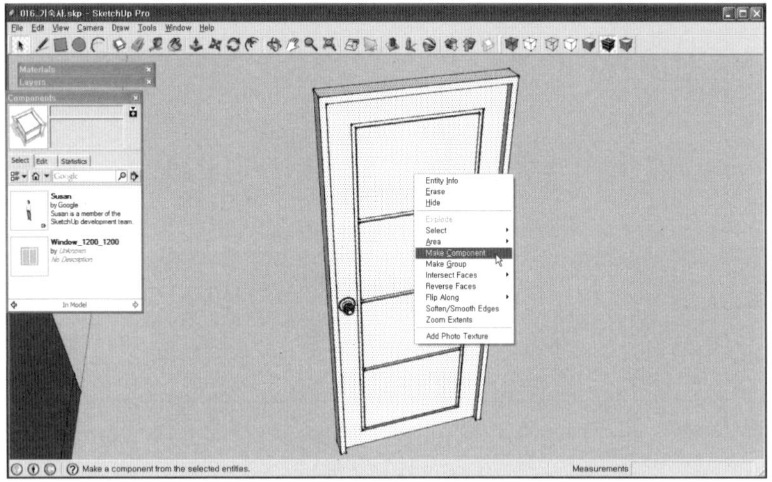

③ [Make Component] 대화상자에서 먼저 이름을 'Door_900_2100'으로 입력한다.

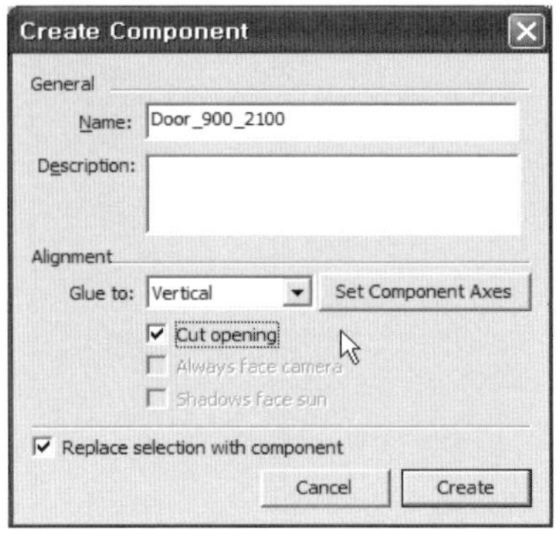

④ "Alignment"의 "Glue to:"에서 'Vertical'을 선택한다.

⑤ 'Cut opening'을 체크하여 활성화한다.

⑥ 〈Set Component Axes〉를 클릭하여 작업화면에서 컴포넌트 축을 다음과 같이 지정한다. 기준점은 문틀 하단의 중간점으로 지정한다.

⑦ 〈Create〉 버튼을 클릭하여 컴포넌트 정의를 완성한다. 선택하여 컴포넌트를 삭제한다. [Components] 브라우저에 새로운 컴포넌트가 추가된 것을 확인할 수 있다.

(6) 출입문 컴포넌트 삽입하기

① 이제 출입문 컴포넌트를 삽입한다. 창문과 동일하게 벽체의 그룹 편집모드에서 삽입한다.

② 삽입위치는 가이드 선 없이도 지정이 가능한 상태이다. 현관 바닥의 모서리 점을 삽입점으로 지정하여 다음과 같이 'Door_900_2100' 컴포넌트를 삽입한다.

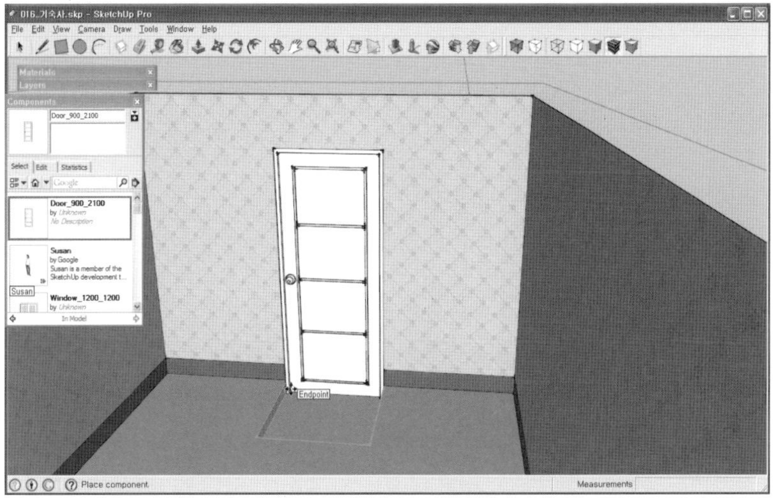

③ 삽입작업이 완료되면 그룹 편집모드에서 빠져나온다.

1-3. 가구 및 소품 모델링

이제 완성된 공간에 가구를 배치한다. 책상, 의자, 책장은 하나의 세트형식이므로 직접 그려보도록 한다. 나머지 침대, 옷장, 다목적 선반은 3D Warehouse에서 검색하여 불러오도록 한다.

먼저 가구작업을 위한 레이어를 생성한다. '가구' 레이어를 생성하고 현재 레이어로 지정한다.

(1) 직접 모델링하여 가구 만들기

① 책상이 위치하는 실 구성에 책상의 크기인 '1,200mm×600mm' 크기의 직사각형을 작성한다.

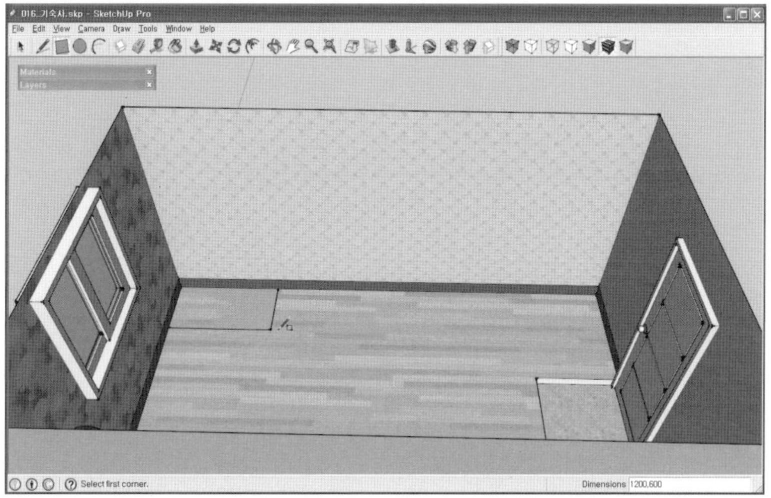

② 작업의 편의를 위해 '가구' 레이어를 제외한 나머지 레이어를 숨긴다.

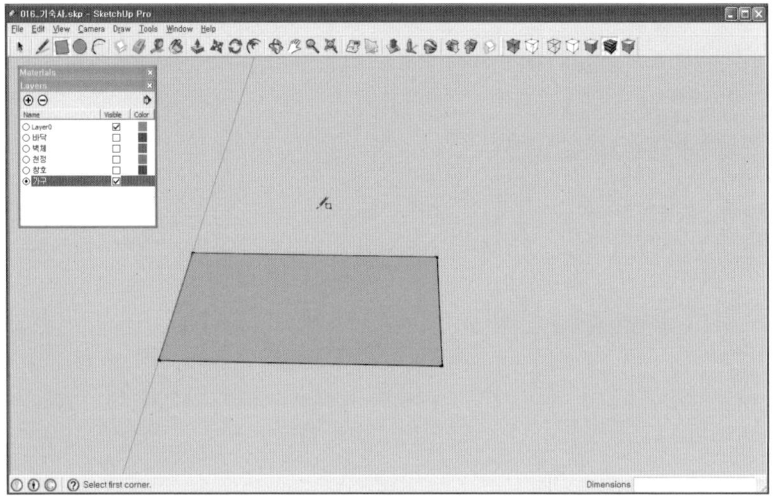

③ 책상높이 '700'만큼 돌출시켜준 다음 전면을 이용하여 책상 디자인을 완성한다.

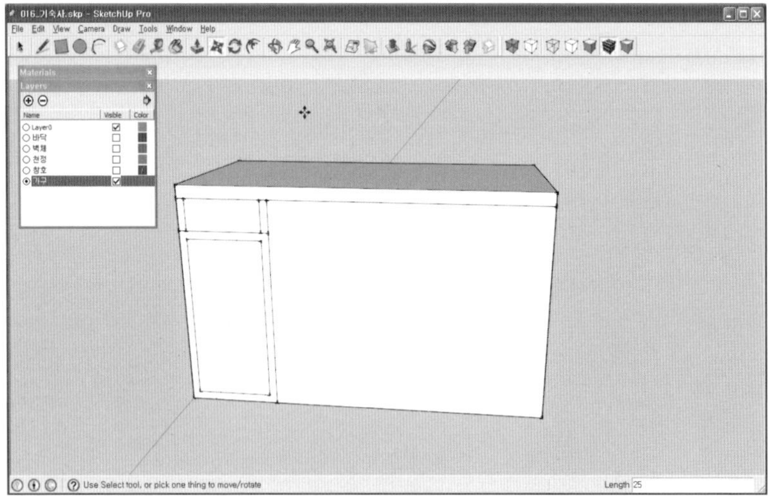

④ "Push/Pull"을 이용하여 책상의 형태를 완성한다. 우측은 책장과 연결하여 지지하므로 따로 다리를 작성하지 않았다. 완성된 책상은 우선 모두 선택하여 그룹으로 묶어준다.

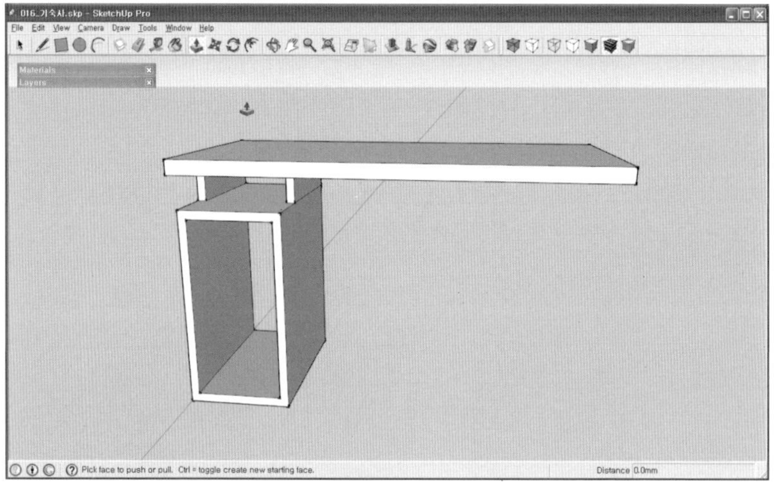

⑤ 책장을 만들기 위해 '1,000mm×300mm' 크기의 직사각형을 작성한다.

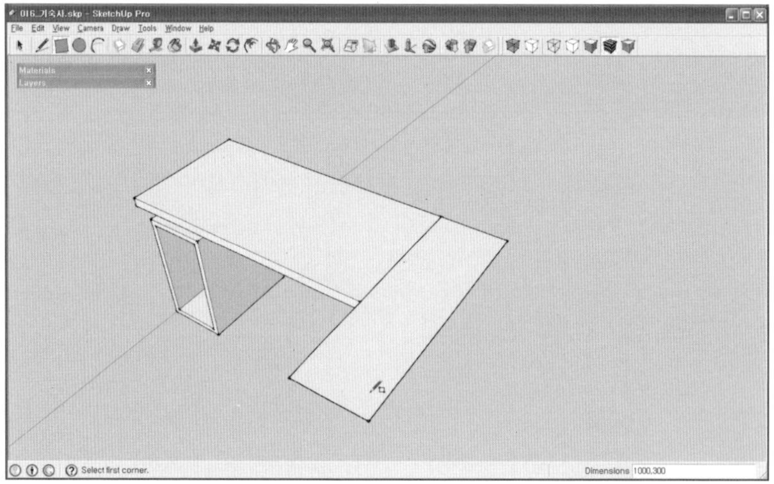

⑥ 아래방향으로 바닥까지 돌출하고 위로 '800' 정도 돌출하여 책장의 규모를 결정한다.

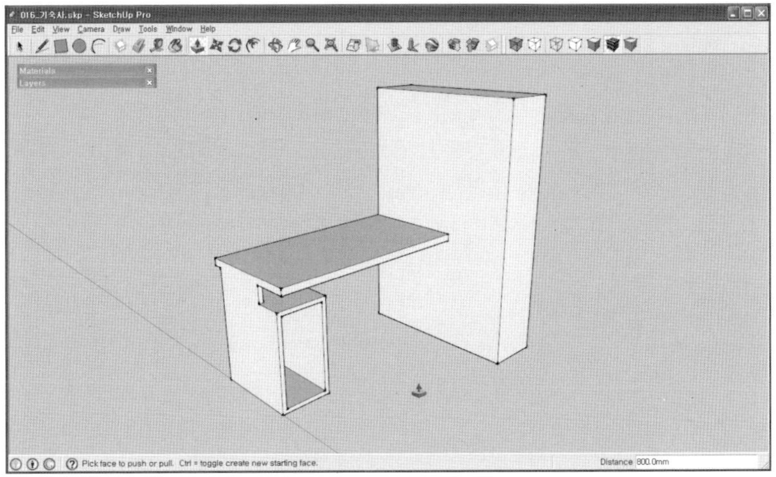

⑦ "Offset" 툴을 이용하여 책장의 외곽부재를 만들어준다. 부재의 두께를 '30'으로 가정하여 작성한다.

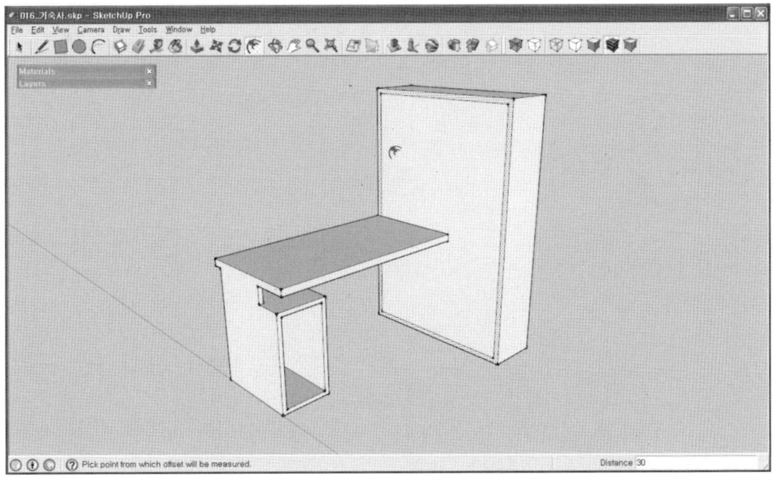

"Push/Pull" 툴로 함몰시켜 책장 가장자리를 완성한다. '290'만큼 안쪽으로 밀어 넣는다. 그 결과 뒤판의 두께는 '10'이 된다.

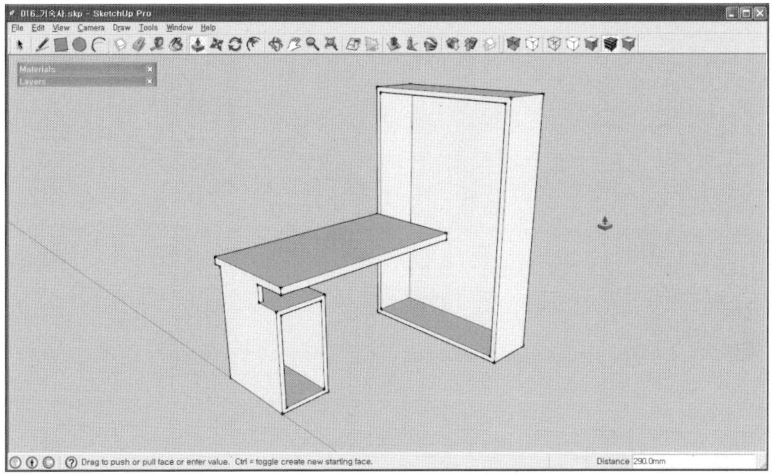

⑧ 책장 안쪽의 수직선 모서리를 선택하고 컨텍스트 메뉴의 "Divide"를 실행하여 4개의 세그먼트로 분할한다.

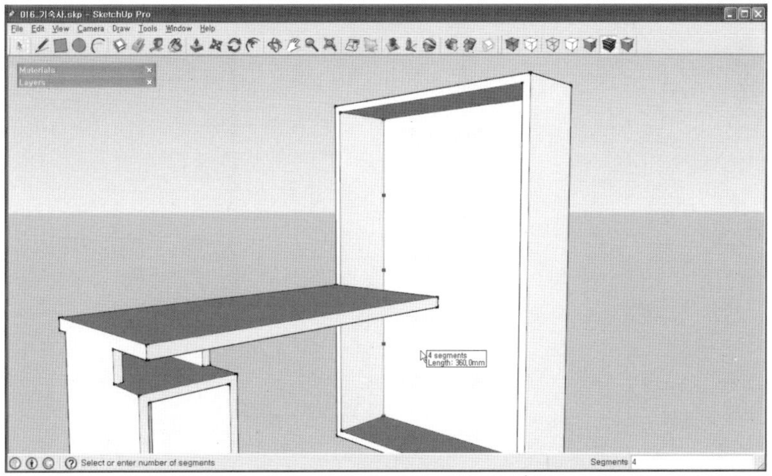

분할된 선을 이용하여 내부에 수평선을 작성한다.

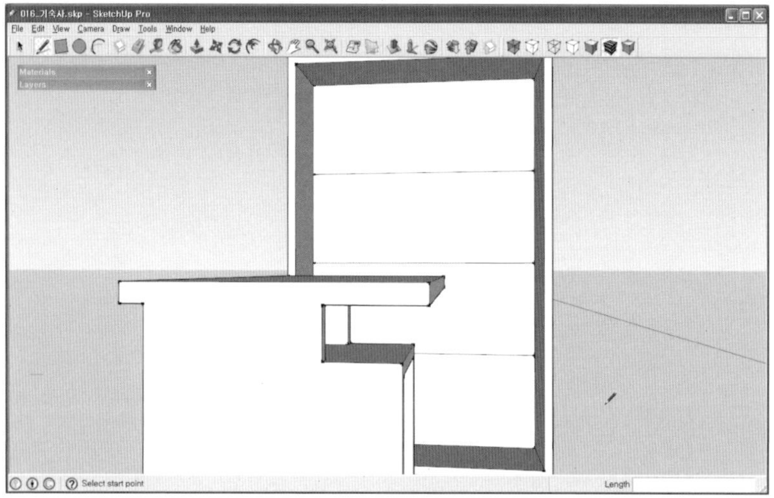

선들을 복사하여 내부 선반 폭을 확보한다.

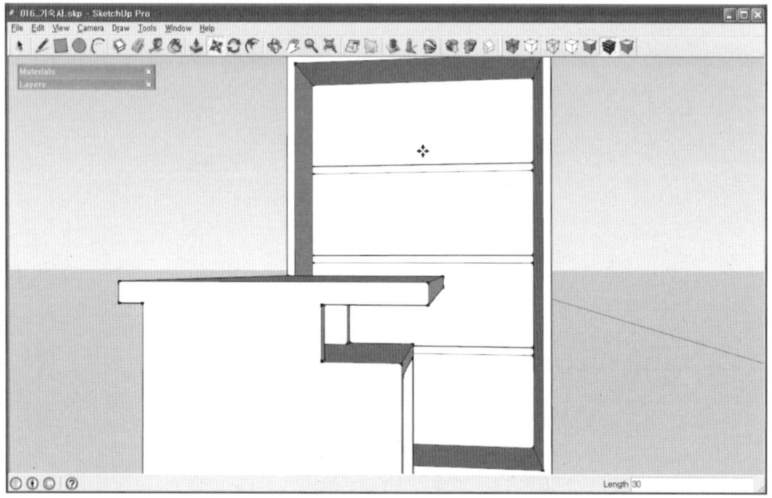

"Push/Pull"을 이용하여 돌출한다. 끝까지 돌출하지 않고 입체감을 위해 '270' 정도 돌출한다.

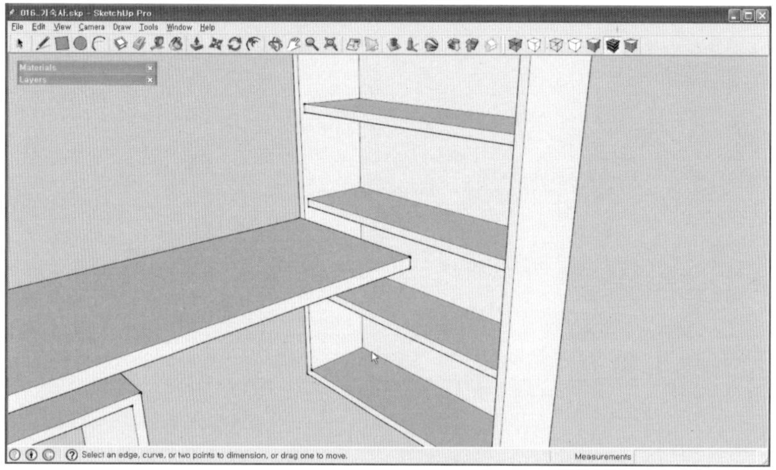

책상 상판의 고정을 위해 책장 중간의 선반의 위치를 변경한다. 또한 책장 내부 선반의 모양은 사용자가 임의로 조정하여 디자인해도 된다. 완성된 책장을 전체 선택하여 그룹으로 묶어준다.

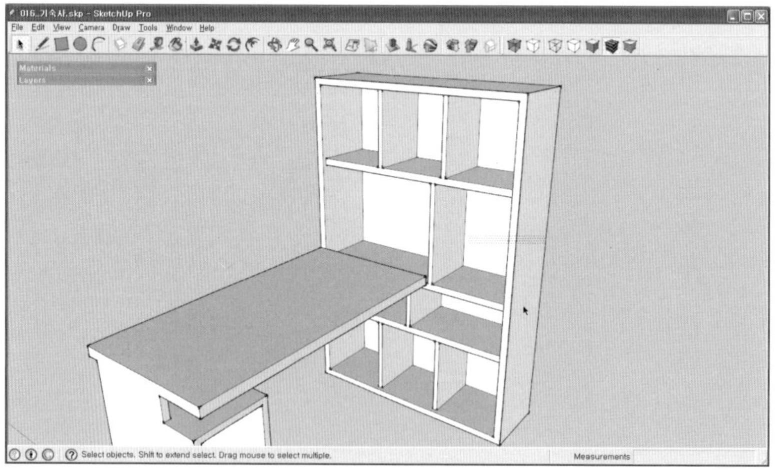

책상의 상판이 지지될 수 있도록 책장 안쪽까지 책상 상판을 연장한다. 이때 책장의 가장자리와 겹치지 않도록 반드시 면을 분할하여 작업한다.

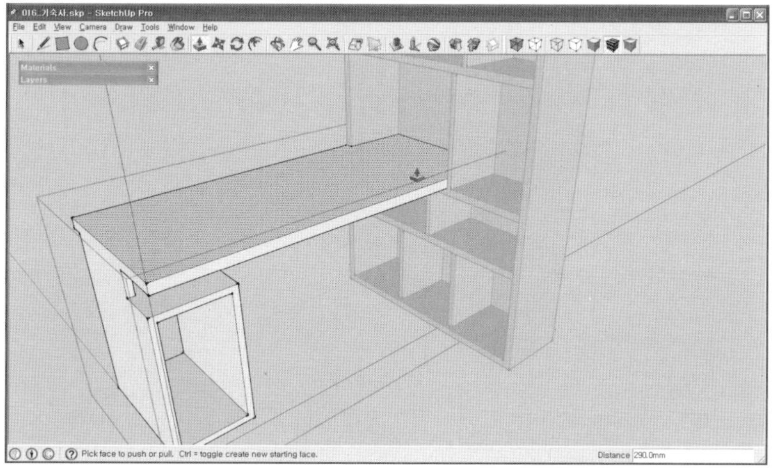

⑨ 평면도상에서 나타난 '500mm×500mm' 크기의 의자를 바탕으로 각자 의자를 직접 모델링한다. 인터넷 검색을 통해 본인이 생각하는 의자와 비슷한 의자가 있다면 참고하는 것이 좋다. 완성된 의자는 그룹으로 묶어준다.

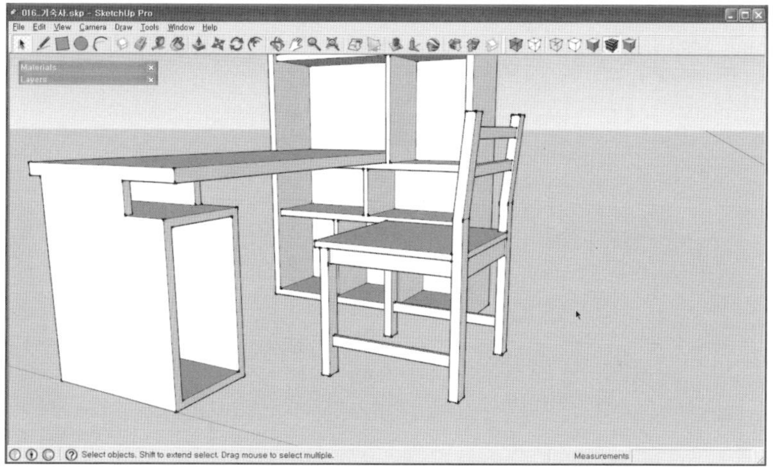

⑩ 책상, 의자, 책장에 재질을 부여한다. 그룹의 경우 한번만 재질을 지정하면 한꺼번에 재질이 적용된다.

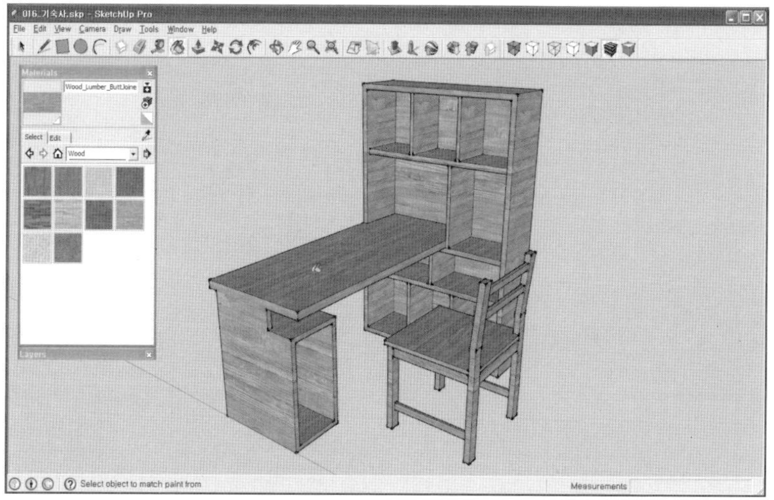

(2) 3D Warehouse에서 불러오기

나머지 가구는 [Components] 브라우저에서 검색을 통해 적당한 가구를 찾아서 삽입한다. 침대, 옷장, 다용도 선반을 검색한다. 정확하게 이름이 일치하지 않을 수도 있으므로 비슷한 이름으로 검색하고 영어명으로도 검색한다.

3D Warehouse를 통해 침대, 옷장, 선반을 삽입한 결과는 다음과 같다.

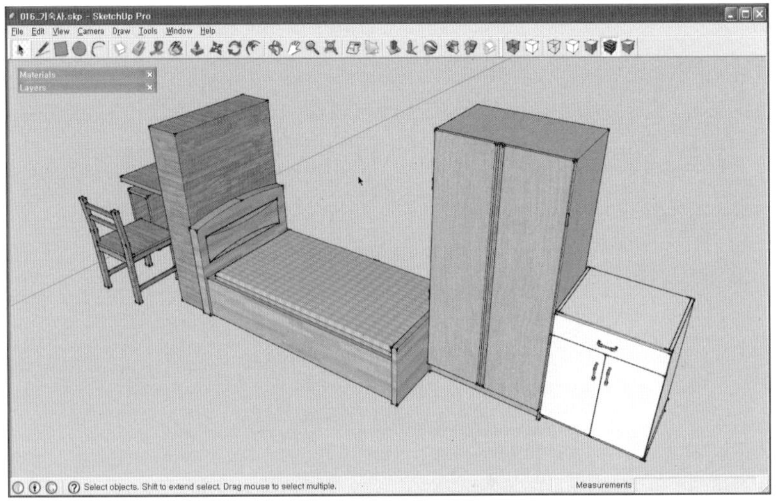

반대편의 가구를 대칭되도록 배치해야 한다. '바닥' 레이어를 보이도록 한다.

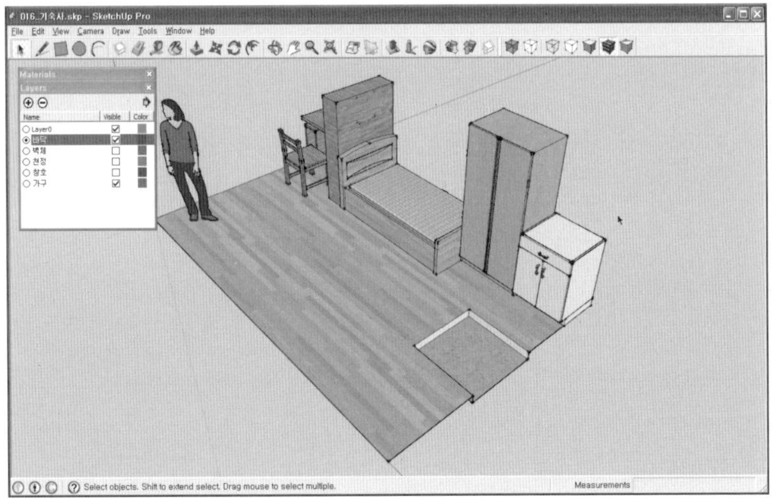

가구 전체를 선택한다. "Move" 툴을 이용하여 다음과 같이 복사한다.

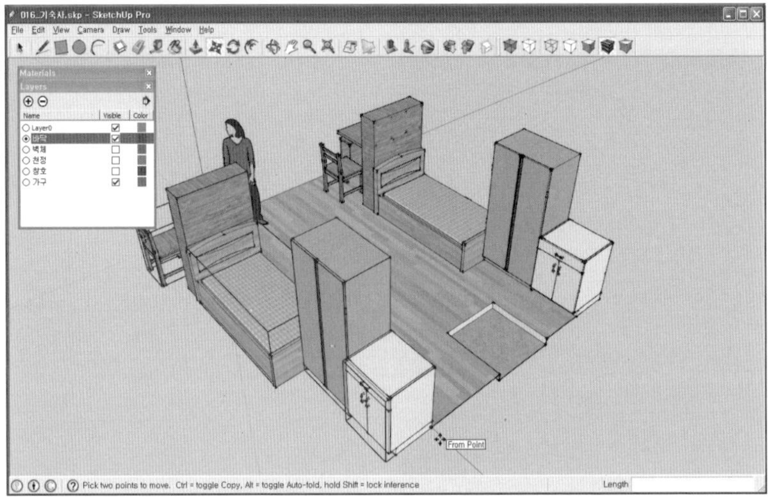

"Scale" 툴을 이용하여 다음과 같이 반전시켜 가구배치를 완성한다.

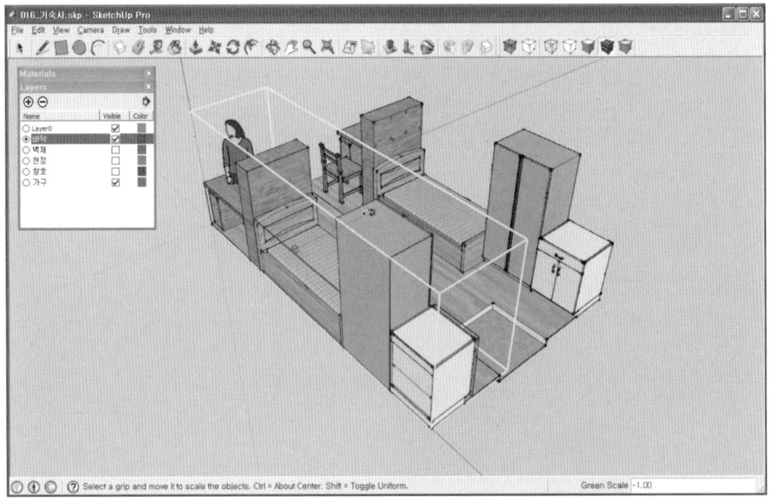

천장 레이어를 보이게 한 다음 3D Warehouse에서 적당한 조명을 찾아서 삽입한다.

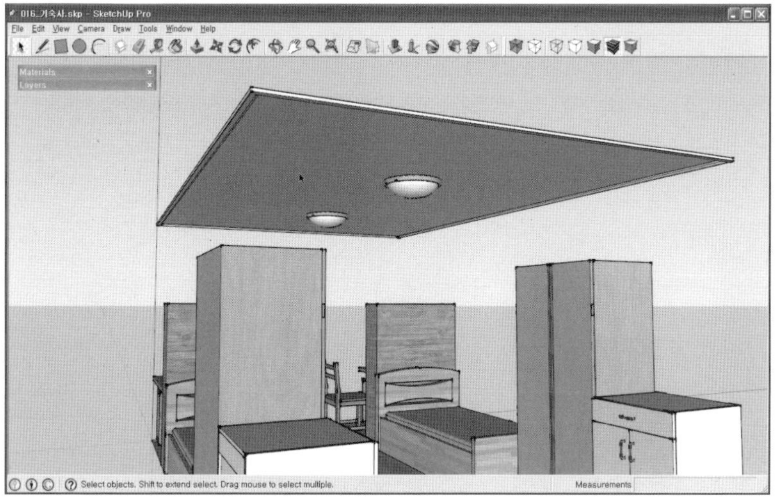

컴포넌트에서 사람을 한 명 더 추가할 수도 있다.

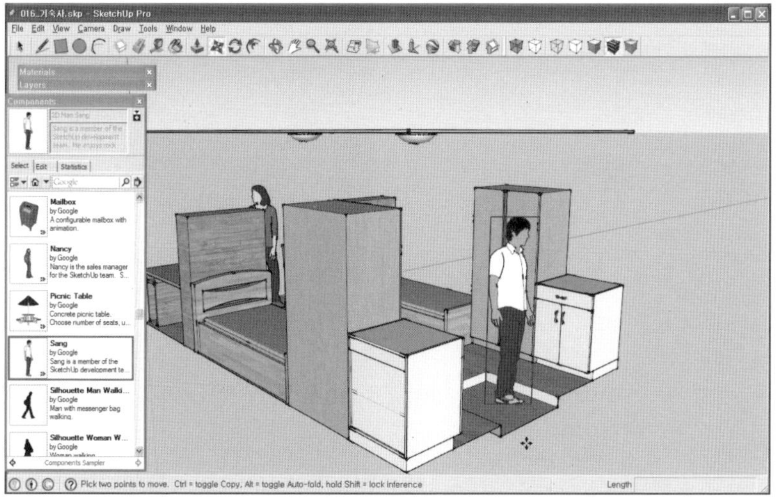

(3) Walkthrough Toolbar

"Walkthrough" 툴바를 이용하면 최종 결과물을 보여주기 위한 투시도를 편리하게 설정할 수 있다. "Walkthrough" 툴바는 다음과 같이 "Position Camera", "Walk", "Look Around" 툴로 구성된다.

	Position Camera	카메라의 위치를 지정한다. 카메라의 높이를 먼저 지정하면 정확한 시점에서 관찰할 수 있다.
	Walk	직접 걸어가면서 정면을 관찰하는 기능이다. 1인칭 시점의 오락게임과 흡사하다.
	Look Around	카메라의 타깃을 변경하는 기능이다. 고개를 돌려 이리저리 살펴볼 수 있는 기능이다.

① '벽체' 레이어가 숨겨진 상태에서 "Position Camera"를 이용하여 실내투시도를 설정한다. "Position Camera"를 실행하면 카메라의 위치를 지정할 수 있다. 먼저 하단의 상태 바의 우측 수치를 확인한다. 'Height Offset' 값이 '1676.4mm'로 설정되어 있다. 사람의 눈높이를 기본으로 설정한 것이다. 키보드로 '1700'을 입력하고 Enter↵ 키를 누르면 'Height Offset' 값이 변경된 것을 확인할 수 있다.

이제 마우스를 드래그하여 바닥의 중심에 커서를 위치하면 다음과 같이 "Position Camera"의 툴 모양과 동일한 사람 형상이 나타나며 'On Face in Group' 툴 팁이 나타난다.

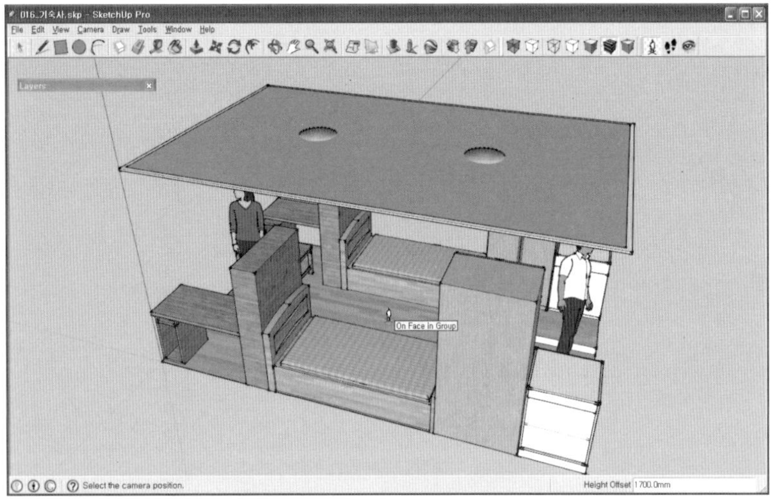

마우스를 클릭하면 다음과 같이 공간의 중심에서 사람 눈높이에서 바라보는 투시도가 만들어진다. 쉽게 생각해서 실내공간의 중심에 서 있는 가상의 인물이 바라보는 뷰로 생각하면 된다.

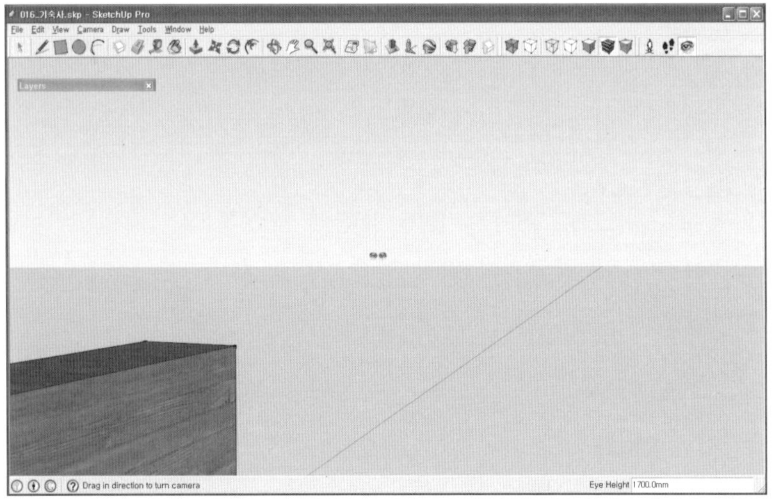

② 뷰가 변경된 다음에는 자동으로 "Look Around"가 실행된다. 마우스 커서의 형태도 눈동자 두 개로 변경된 것을 확인할 수 있다. 마우스를 움직이면 카메라가 바라보는 방향이 변경된다. 즉, 가상의 인물이 무엇을 응시하는가를 지정하는 것이다.

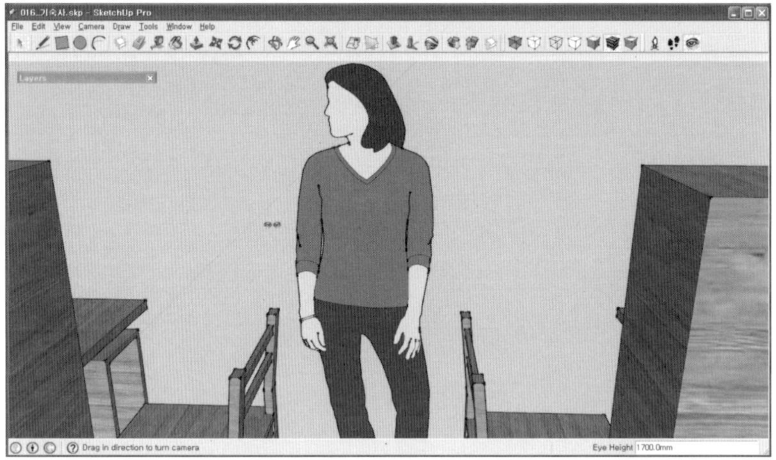

다시 회전하여 반대쪽도 살펴본다.

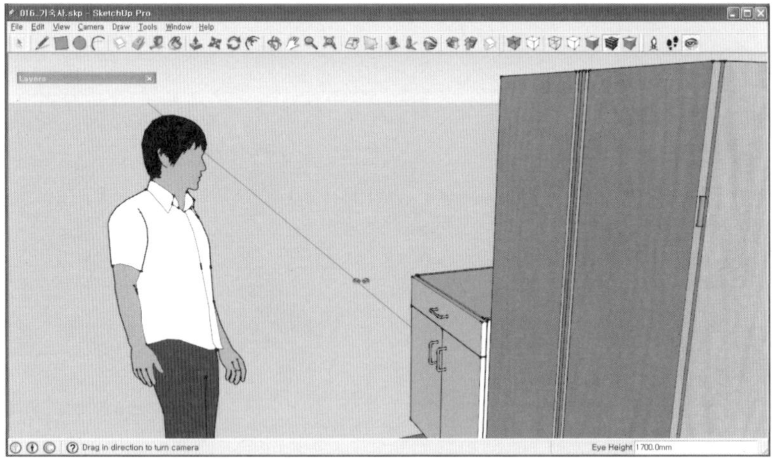

③ 이번에는 “Position Camera”의 또 다른 방법으로 실내투시도를 설정해본다. 우선 마우스 휠을 이용하여 화면 확대 및 궤도를 변경하여 다음과 같이 두 사람의 얼굴이 모두 보이도록 설정한다.

“Position Camera”를 실행하고 마우스를 클릭한 채로 드래그하여 다시 해제하는 방법이다. 먼저 클릭하는 위치가 카메라의 위치가 되고, 마우스를 해제하는 위치가 카메라가 바라보는 목표물(Target)의 위치다. 이 경우에는 카메라의 지정높이인 ‘Height Offset’ 값은 적용되지 않는다.

남자가 여자의 얼굴을 바라보는 설정으로 뷰를 만들어본다. “Position Camera”를 실행한 다음 남자의 눈 위치에서 마우스를 클릭한 채로 드래그한 다음 여자의 얼굴에서 마우스를 해제한다.

결과는 다음과 같다. 만약 남자의 얼굴이 가득 차게 나온다면 마우스 휠을 이용하여 조금만 앞으로 이동하면 원하는 뷰를 얻을 수 있다. 217

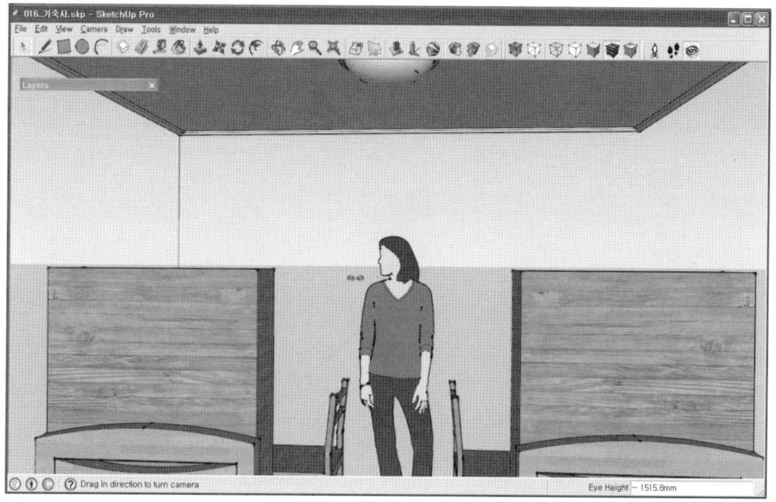

이 경우처럼 꼭 사람이 있어야만 하는 것은 아니다. 설명의 편의를 위해 사람을 사용한 것이지 다른 사물을 사용해도 상관없다. 예를 들면, 창문에서 문 손잡이를 바라보는 뷰, 옷장 위에서 의자 다리를 바라보는 뷰와 같은 방식이다.

④ 레이어를 모두 켜서 완성된 뷰를 확인한다.

⑤ 실내투시도를 처음 설정하면 시야가 굉장히 좁게 느껴진다. 좁은 공간일수록 정도는 더 심하게 느껴진다. 시야각을 조절하여 좀 더 와이드한 뷰를 얻을 수 있다. [Camera → Field of View] 메뉴를 실행한다. 마우스 커서가 돋보기 표시로 변경되는데 마우스를 드래그하여 변경할 수도 있으며 키보드로 직접 입력하여 변경할 수 있다. 먼저 키보드로 '60'을 입력한 다음 Enter↵ 키를 누른다. 일반적으로 기본값이 '35°'인데 '60°'로 시야각을 넓힌 결과가 나타난다.

여기서 마우스 휠을 이용하여 뒤로 물러서면 다음과 같이 와이드한 투시도를 확인할 수 있다. 즉, 시야각의 조정과 줌 조정이 동시에 이루어져야 정확한 투시도 결과를 확인할 수 있다.

⑥ 투시도는 관련 기능을 정확하게 알고 다양한 경험을 통해 좋은 투시도를 잡아낼 수가 있다. 아래의 뷰 이외에도 다양한 뷰를 설정해 보도록 한다.

다음은 V-Ray를 이용하여 간단하게 렌더링한 결과이다.

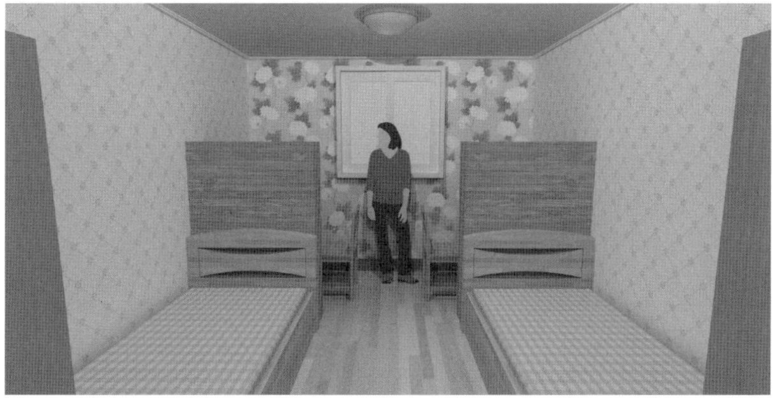

memo

2. 레스토랑

이번에는 간단한 레스토랑의 실내공간을 모델링해 보도록 하겠다. 내부공간의 모델링은 작업하는 과정에서 외부공간의 모델링과 약간의 차이가 있다.

내부는 천장과 모든 면이 막히게 된다. 그래서 마우스로 뷰포트 이동과 화면의 확대와 축소가 어렵다. 그룹 설정과 Hide기능을 잘 숙지하고 여러 번 반복하면 쉽게 할 수 있다. 모델링 과정에서 제일 중요한 것은 미리 도면을 이해하고 머릿속에서 그려보고 순서를 정하는 것이다.

다음은 완성된 레스토랑의 결과물을 보여주는 예다.

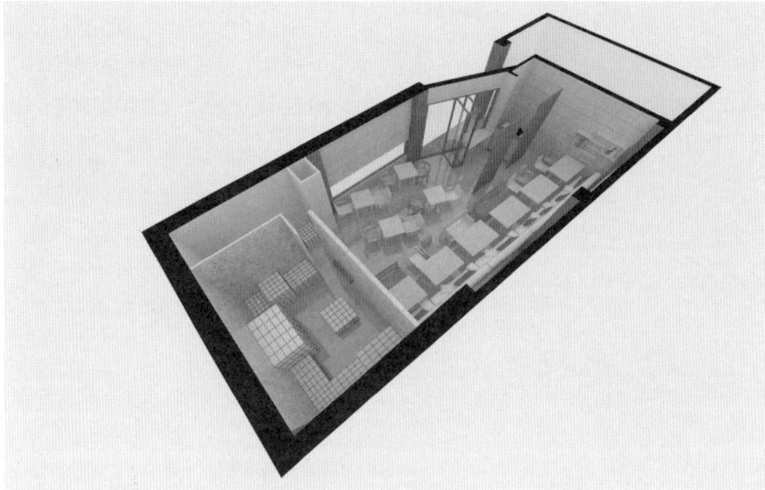

다음은 작성할 레스토랑의 평면도다. 치수를 참고하여 작업하도록 하겠다.

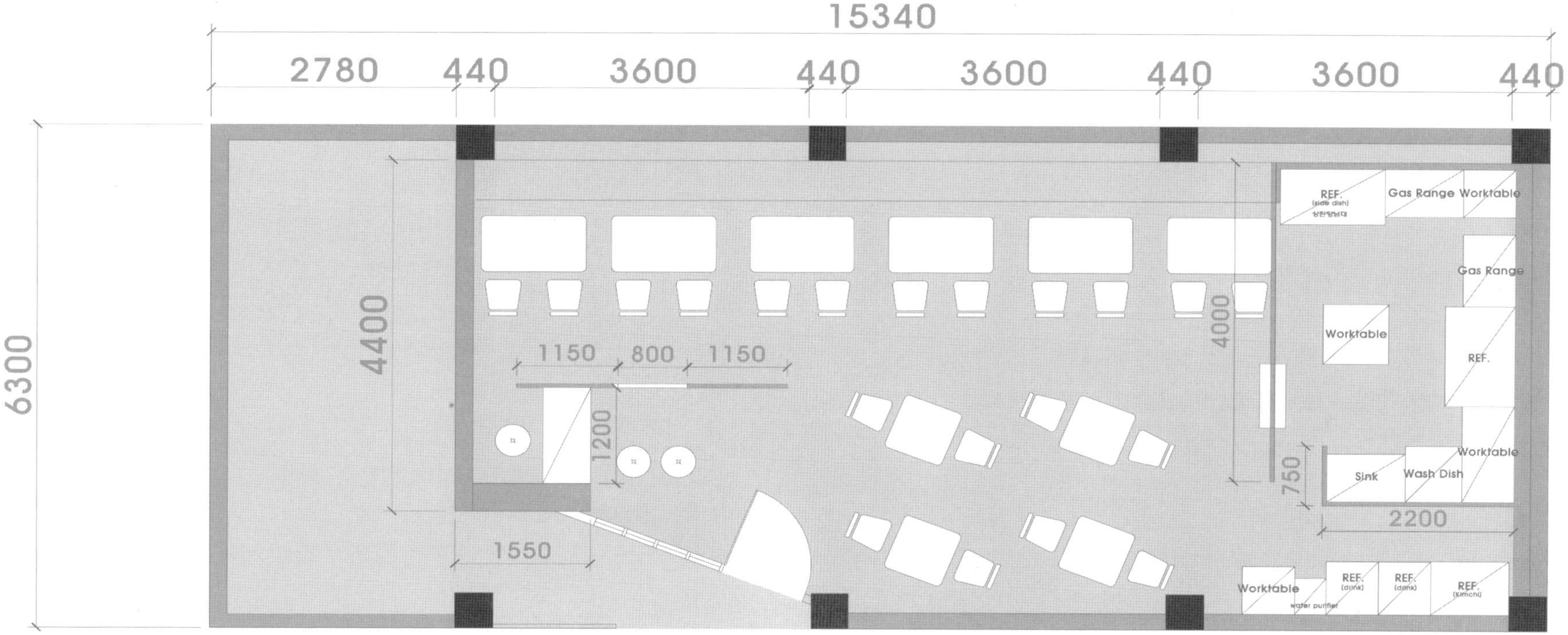

2-1. 구조부분 만들기

(1) 바닥 만들기

① '바닥' 레이어를 생성하고 현재 레이어(Current Layer)로 지정한다.

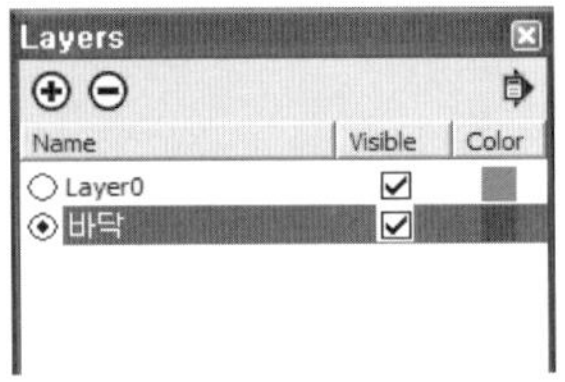

② "Rectangle" 툴을 이용하여 바닥면을 작성한다. 첫 번째 모서리 점을 지정한 다음 원하는 방향으로 마우스를 드래그한 다음 키보드를 이용하여 '15340, 6300'을 입력하고 Enter↵ 키를 누른다.

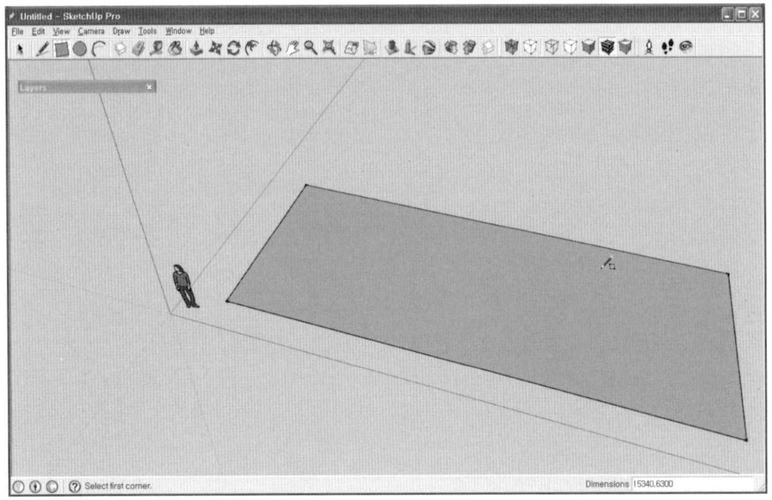

③ 다음으로 바닥면을 전체 선택하여 그룹으로 묶어준다.

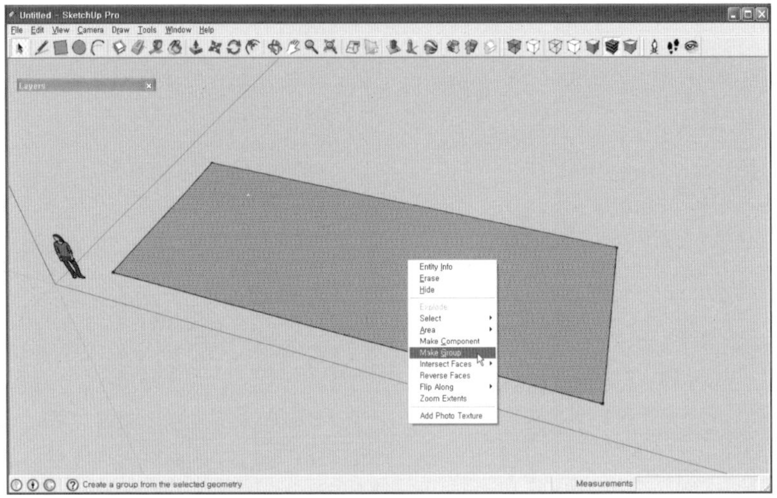

(2) 기둥 및 벽체 만들기

① '기둥 벽체' 레이어를 생성하고 현재 레이어로 설정한다.

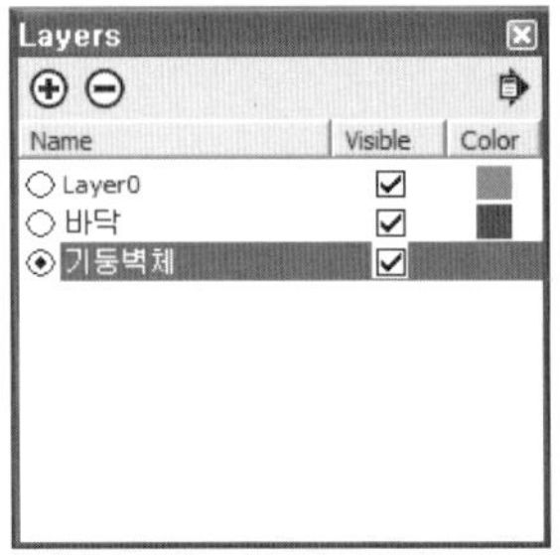

② 바닥 그룹의 기둥이 위치하는 모서리에 '440mm×440mm' 크기의 직사각형을 작성한다.

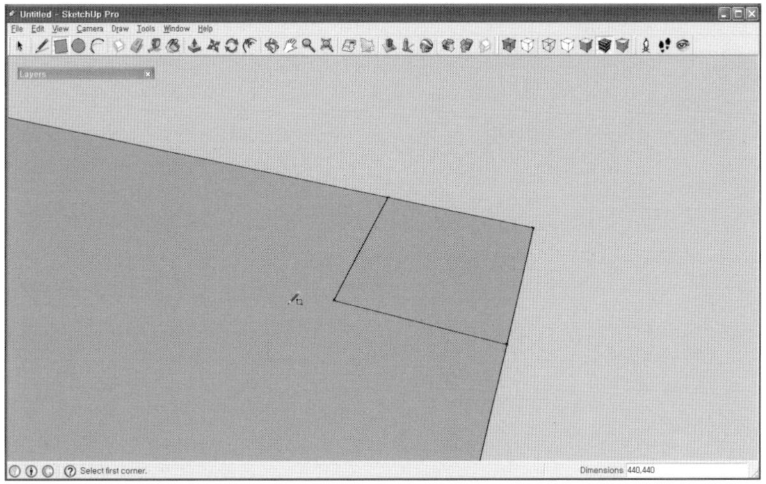

③ 작성된 직사각형을 전체 선택한 다음 컴포넌트로 지정한다. 컨텍스트 메뉴에서 "Make Component"를 실행한다. 이름은 '기둥'으로 지정하고 〈Create〉 버튼을 실행하여 컴포넌트를 완성한다.

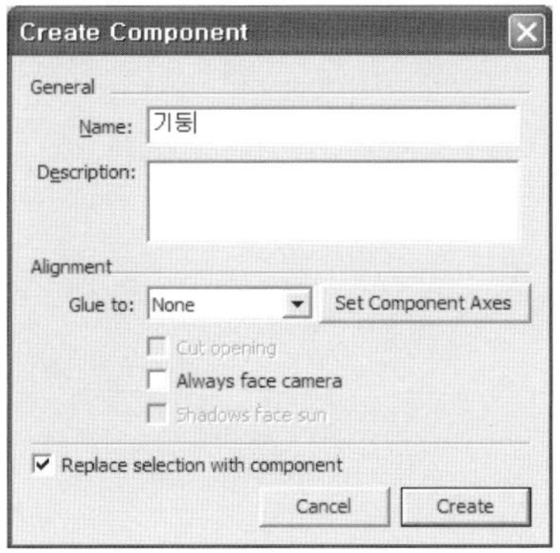

④ "Move" 툴과 'Ctrl' 키를 이용하여 '기둥' 컴포넌트를 다중 복사한다. '4040'만큼 이동하고 '*3'을 추가로 입력하여 다음과 같이 4개의 기둥을 완성한다.

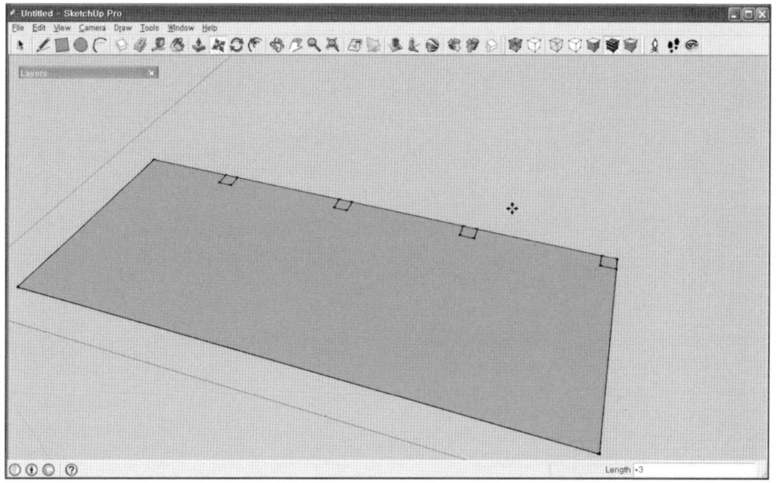

⑤ 복사된 4개의 기둥 컴포넌트를 모두 선택하여 맞은편 기둥을 완성한다.

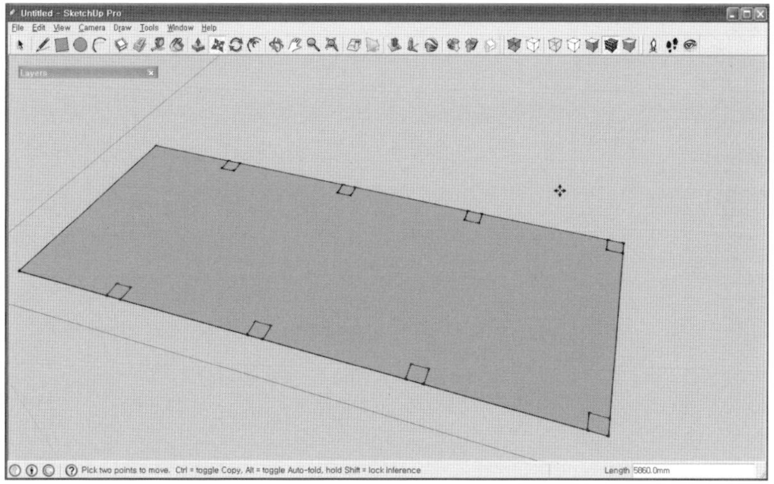

⑥ 'Tape Measure Tool'을 이용하여 각 벽체의 폭을 미리 확보한다. 각 벽체 부분에서 '200mm'만큼 가이드 선을 작성한다.

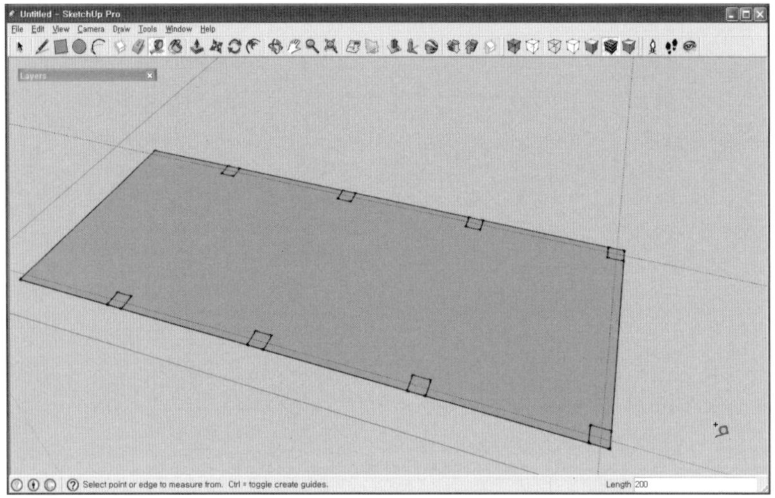

⑦ “Rectangle” 툴을 이용하여 벽체를 작성한다. 좌측 마지막 기둥부분에서는 정확한 치수를 입력하여 벽체를 완성한다. 치수는 ‘4,400mm×200mm’이다. 벽체가 모두 작성되면 가이드 선은 삭제한다.

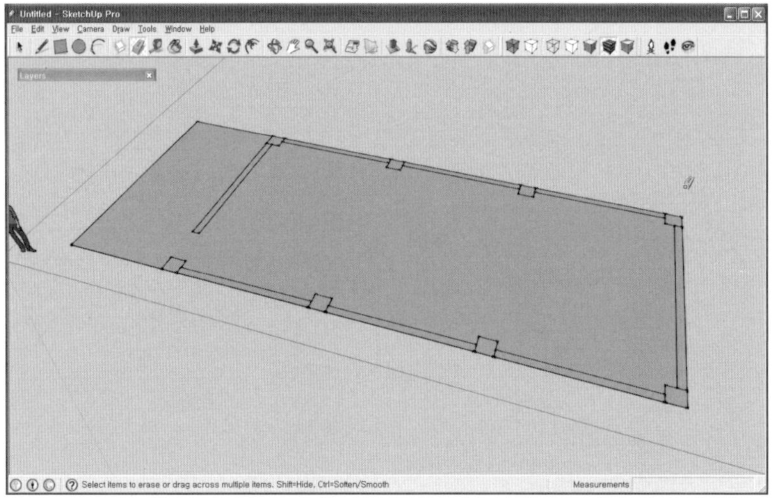

⑧ 카운터 부분의 측벽을 작성한다. 치수는 ‘1,350mm×300mm’이다.

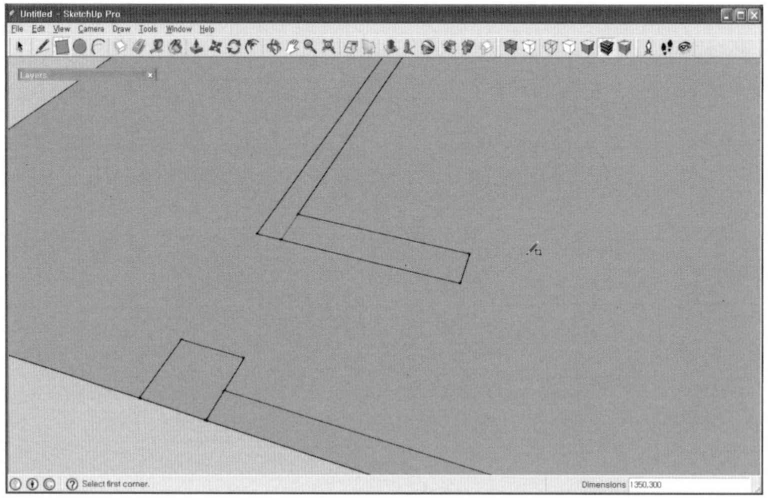

내부의 선을 삭제하여 꺾인 벽체가 일체화되도록 한다.

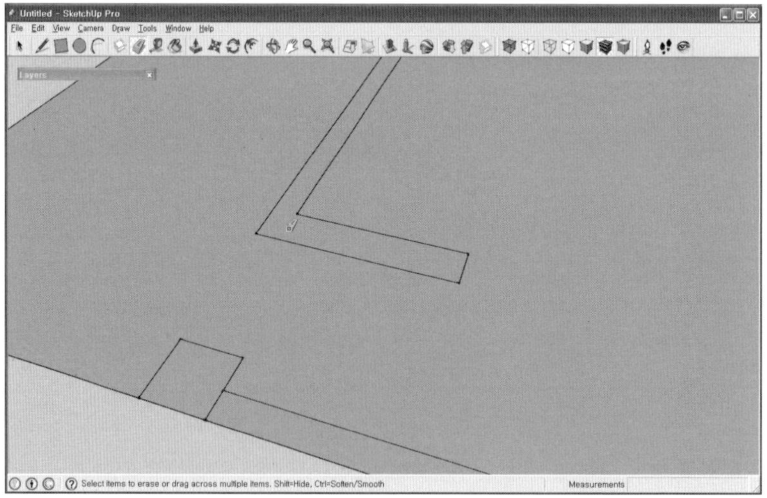

지금까지 작성된 벽체는 모두 고정된 벽체로 본다. 벽체를 전체 선택하여 그룹으로 묶어준다.

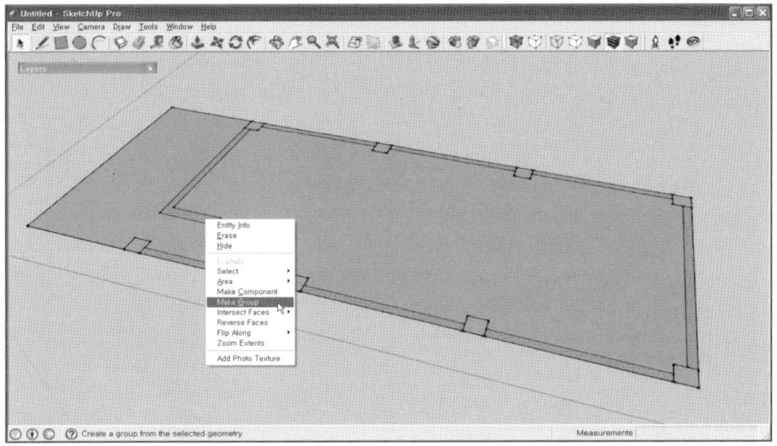

⑨ 카운터 측면의 칸막이벽을 작성한다. "Tape Measure Tool"을 이용하여 가이드 선을 작성하고, 이를 이용하여 "Rectangle"을 작성하여 완성한다. 작업이 완료되면 가이드 선은 모두 삭제한다. 두 개의 벽체는 그룹으로 묶어준다.

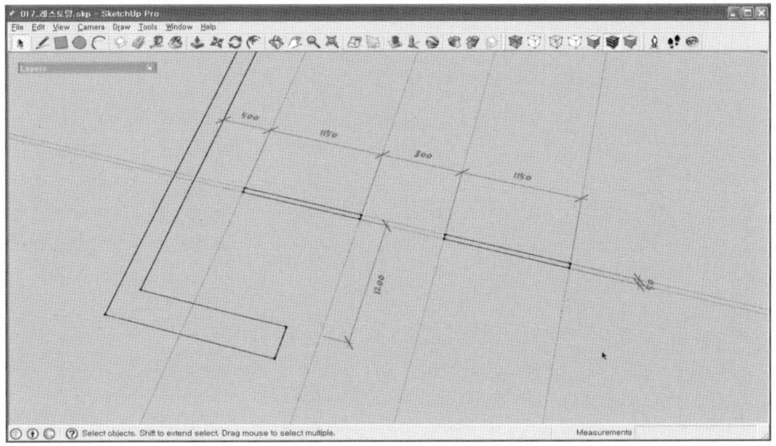

⑩ 주방의 칸막이벽체를 완성한다. 작업이 완료되면 가이드 선은 삭제한다. 주방 칸막이벽체도 모두 선택해서 그룹으로 묶어준다.

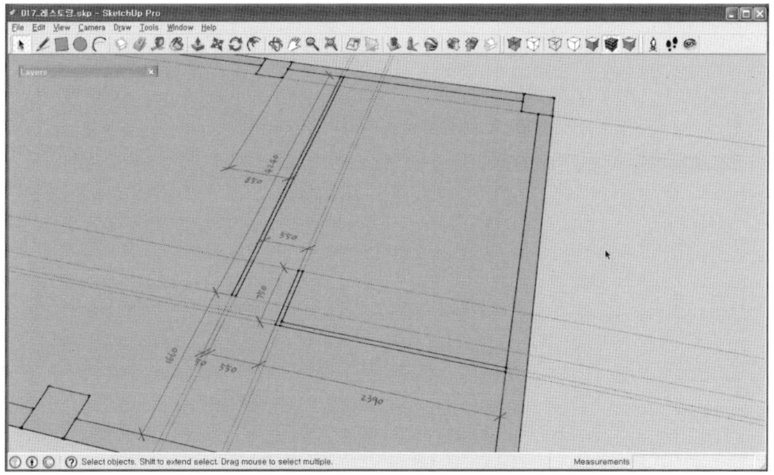

⑪ "Push/Pull" 툴을 이용하여 벽체와 기둥을 '2,900mm' 올려 3차원 기둥과 벽체를 완성한다.

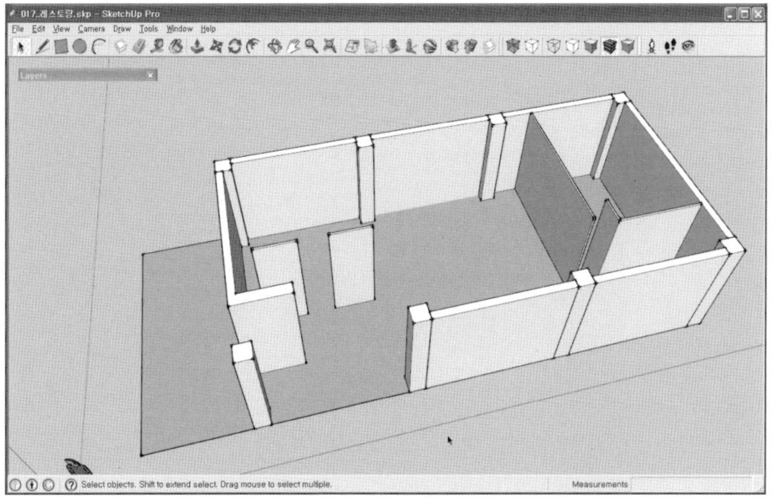

(3) 출입문 만들기

① '출입문' 레이어를 생성하고 현재 레이어로 지정한다.

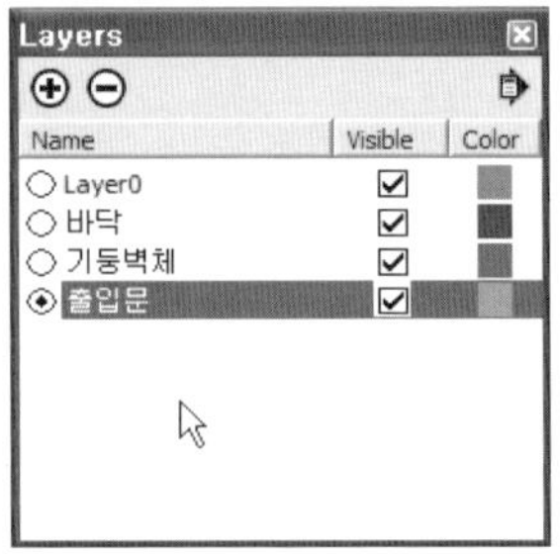

② 도면을 참고하여 다음과 같이 출입문 평면도를 작성한다. 치수는 임의로 지정하여 완성한다. 전체 선택하여 그룹으로 묶어준다.

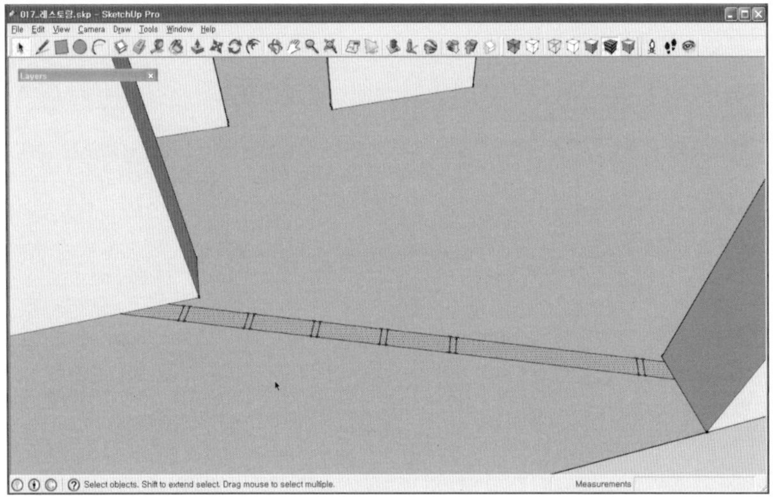

③ 세로 프레임을 모두 벽체높이 만큼 "Push/Pull"로 돌출시켜준다.

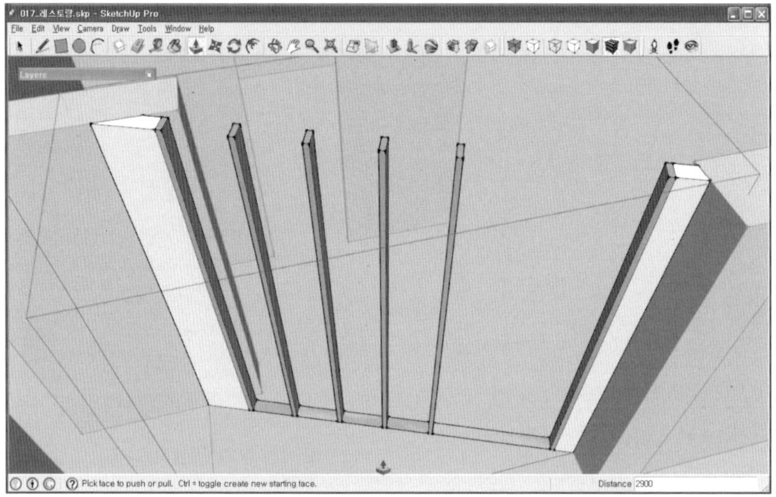

④ 바닥의 가로 프레임은 '100mm'만큼 돌출시키고 천장 쪽의 프레임도 동일하게 만들어준다. 이때 면의 색상이 다르게 나타나기도 하는데 이는 면의 앞면과 뒷면이 다른 색상으로 표시되어 나타나는 현상이다. 면의 색상을 통일하려면 해당 면을 선택하고 컨텍스트 메뉴에서 'Reverse Face'를 클릭하게 되면 면이 앞뒤가 바뀌게 된다.

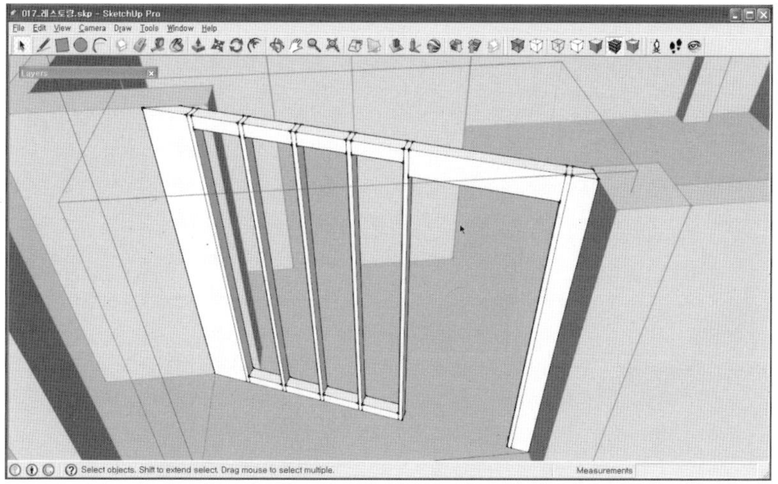

⑤ 프레임 한쪽에 "Rectangle" 툴을 이용하여 유리창과 유리문을 만들어준다. 유리는 출입구 프레임 그룹 편집모드에서 빠져나와서 독립적으로 작성한다.

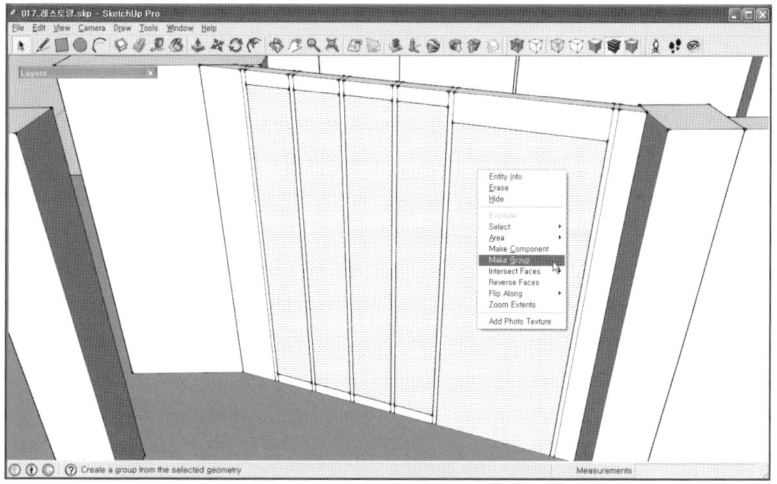

전체를 이동시켜 프레임 한가운데 배치한다.

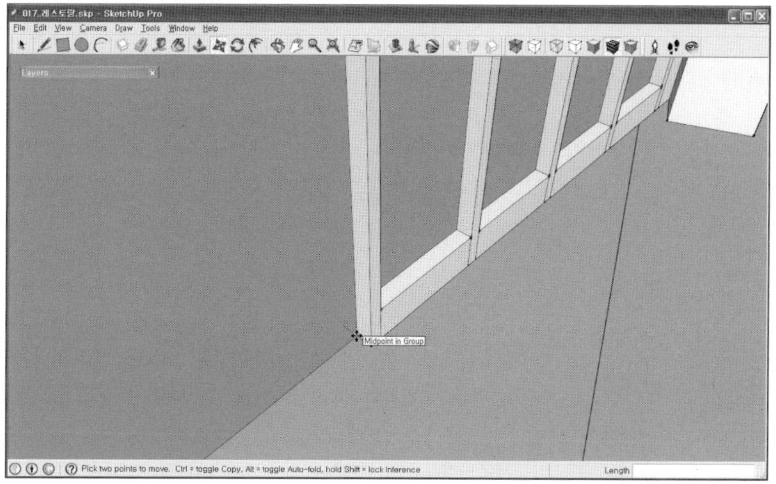

⑥ 유리문은 '30mm' 정도 볼륨을 주고 "Rotate" 툴을 이용하여 내부 쪽으로 90° 회전시켜 열어준다.

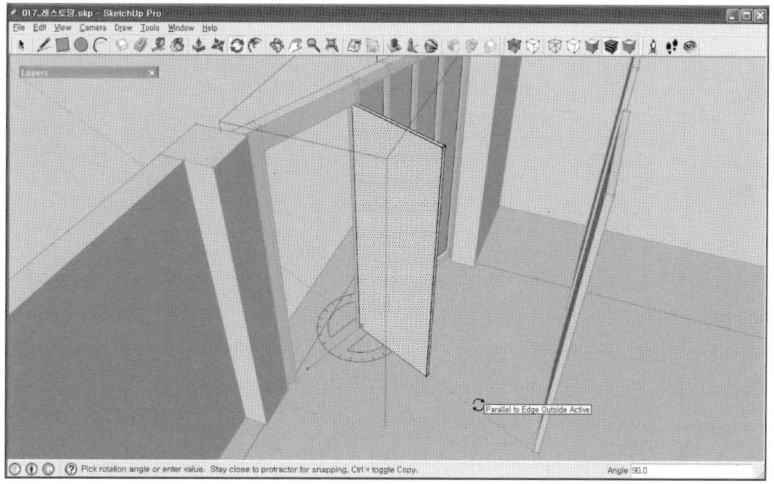

(4) 외부 창문 만들기

① 외부 창문을 만들어본다. 벽체 그룹을 더블 클릭한 다음 수직방향의 모서리를 선택한다. 컨텍스트 메뉴에서 “Dvide”를 선택한다.

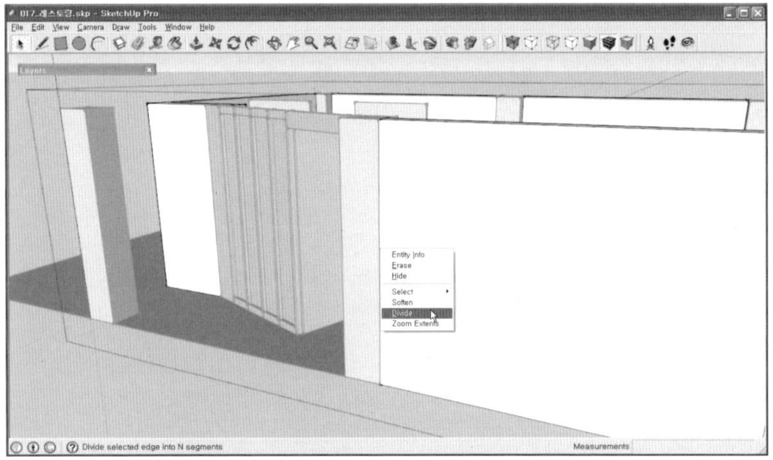

② 3등분으로 나누어준 다음 하단의 나누어진 끝점과 맞은편의 중간점을 연결하는 직사각형을 작성한다.

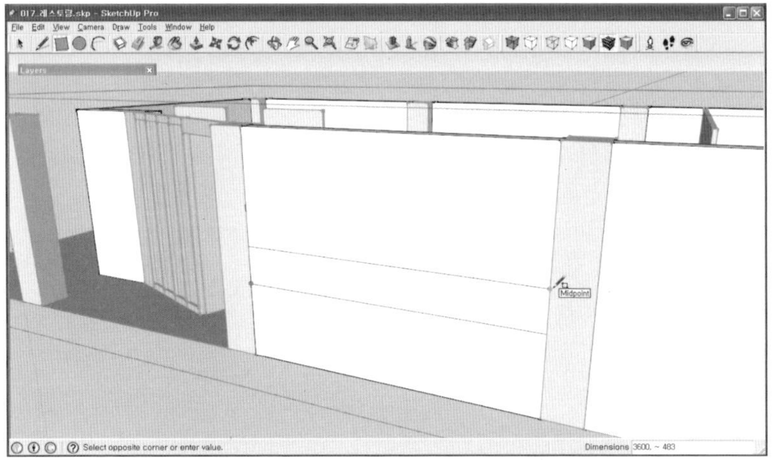

③ “Push/Pull” 툴로 작성된 직사각형을 밀기하여 구멍을 뚫어준다.

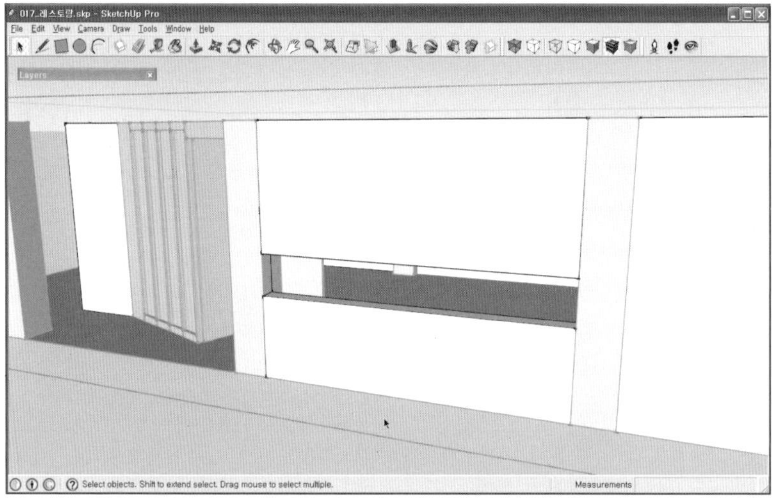

④ 그룹 편집모드에서 빠져나온 다음 “Rectangle” 툴을 이용하여 유리를 만들어준다.

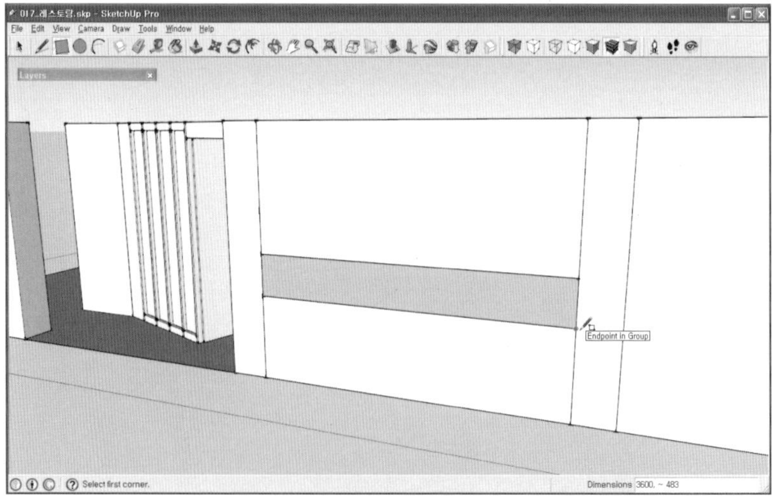

⑤ 더블 클릭하여 유리 전체를 선택한다. 컨텍스트 메뉴에서 "Entity Info"를 실행한다.

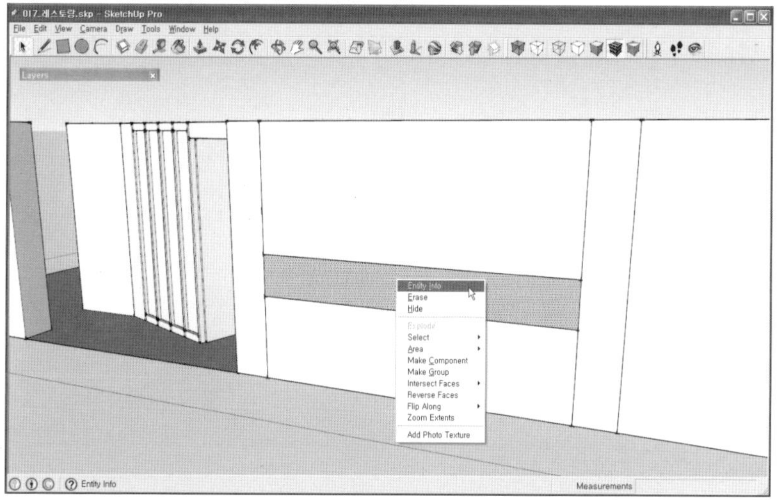

⑥ [Entity Info] 윈도우에서 선택한 요소들의 레이어를 변경할 수 있다. 현재 '출입문' 레이어를 '기둥벽체' 레이어로 변경한다.

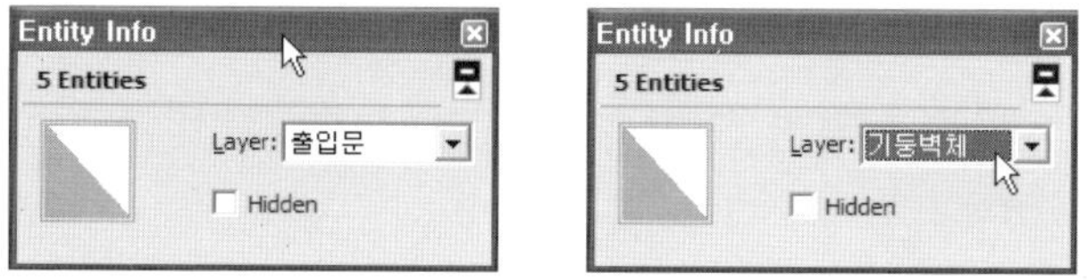

⑦ 변경된 요소들을 그룹으로 묶어준 다음 벽체의 중심으로 이동시켜준다.

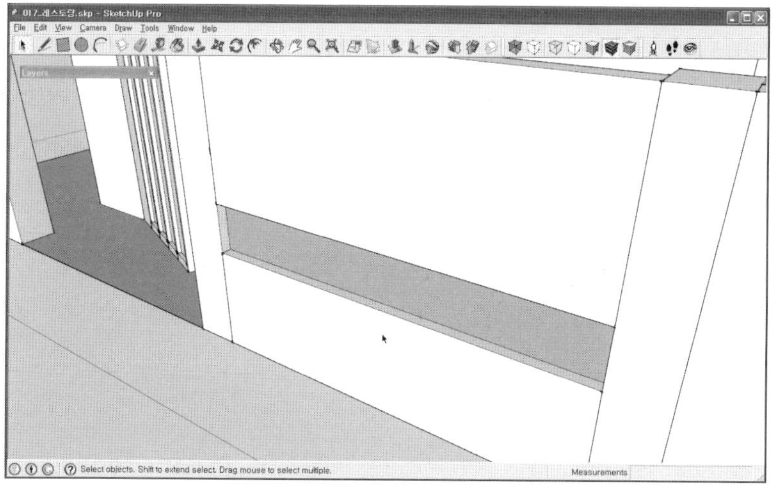

(5) 외부 난간 만들기

① "Rectangle" 툴과 "Line" 툴을 이용하여 다음과 같이 난간의 단면을 그려준다. 도면의 치수를 참고하여 정확하게 그려보도록 한다. 난간의 두께는 모두 '25mm'이다.

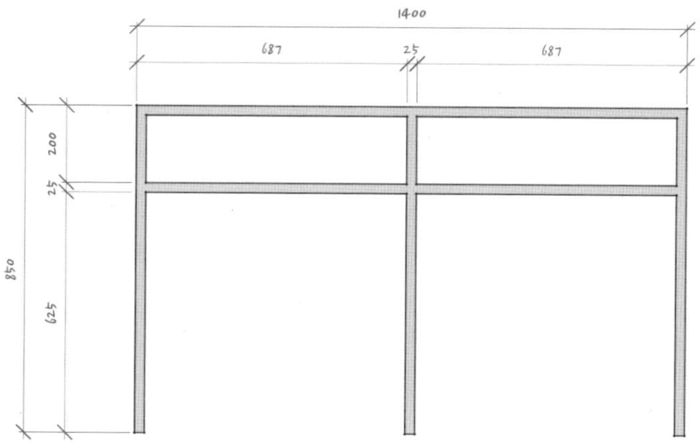

② 단면 작성 뒤 필요 없는 면은 삭제하고 나머지 부분을 선택하여 그룹으로 설정한다. "Push/Pull" 툴로 '50mm' 올려 3차원 모델로 작성하고 "Rotate" 툴을 사용하여 90° 회전시켜 세워준다.

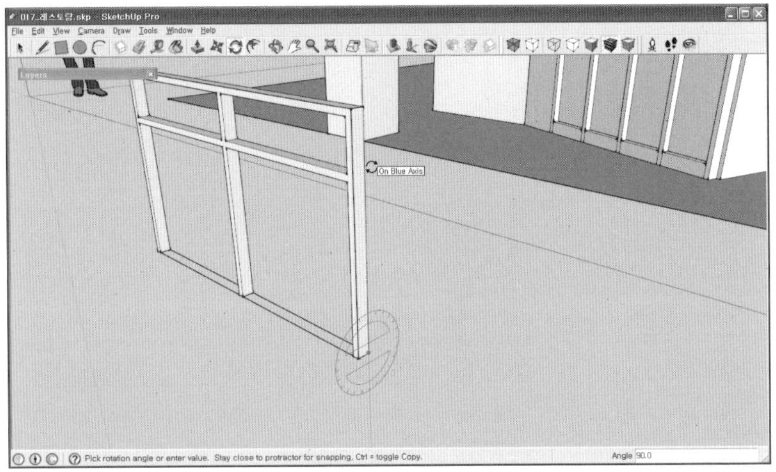

③ 회전한 난간을 다음 그림과 같이 "Move" 툴로 이동하여 출입문 앞쪽에 배치한다.

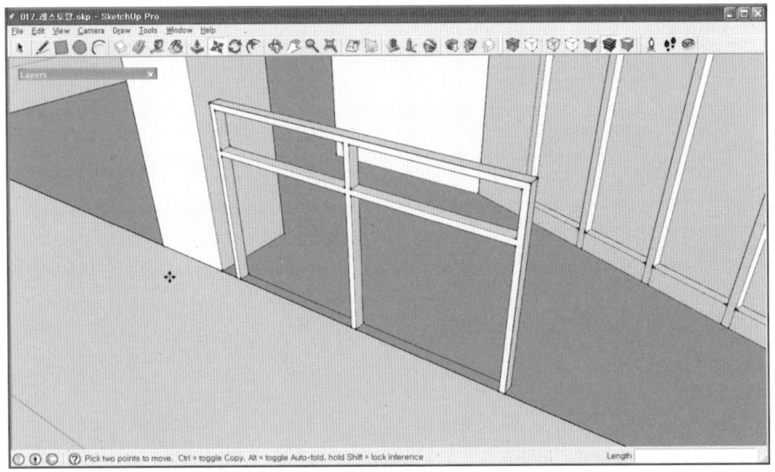

④ 구조부분을 완성된 결과는 다음과 같다.

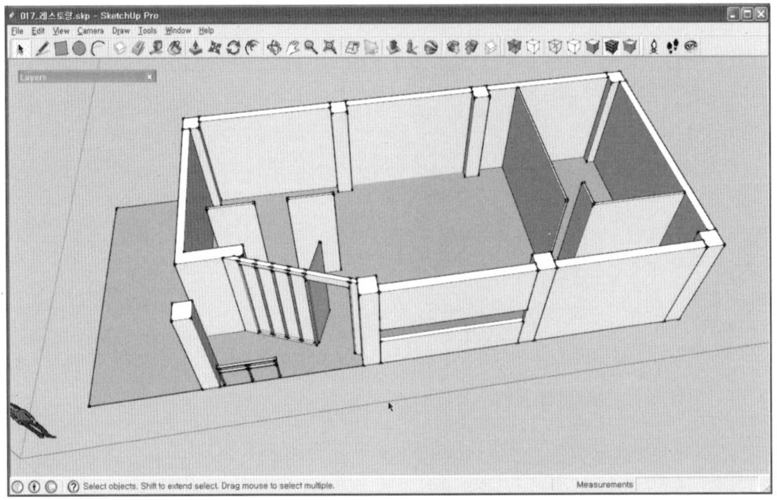

2-2. 가구 및 소품 모델링

(1) 붙박이 소파 직접 만들기

① '가구' 레이어를 생성하고 현재 레이어(Current Layer)로 지정한다.

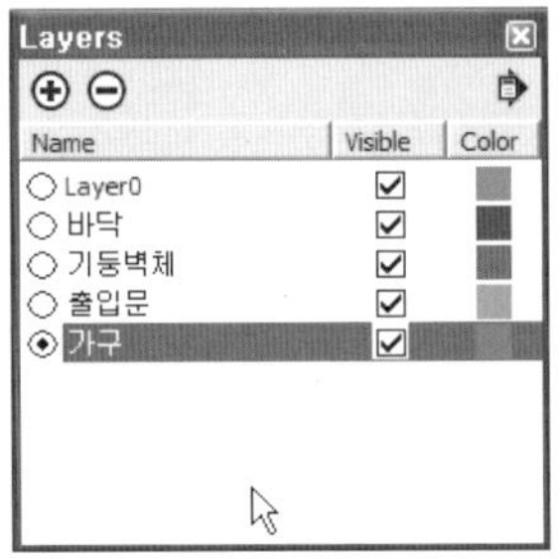

② "Rectangle" 툴과 "Line" 툴을 이용하여 붙박이 소파의 단면을 작성한다. 다음의 치수를 참고하여 정확하게 그려준다. 완성된 소파 단면을 전체 선택하여 그룹으로 묶어준다.

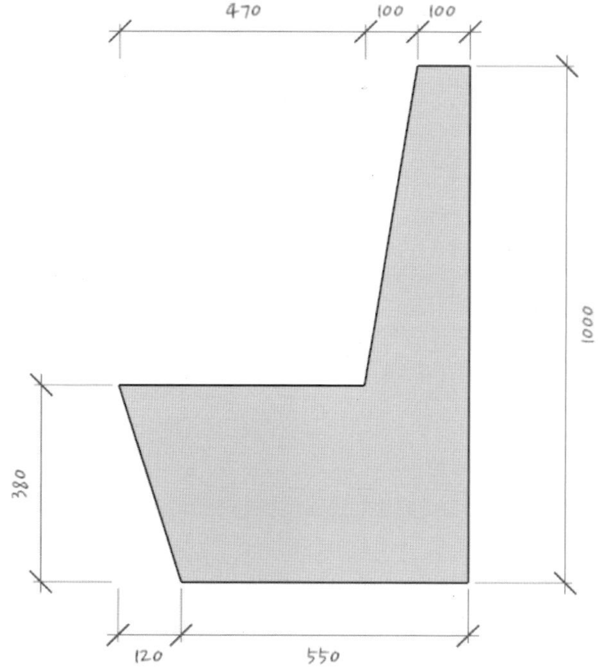

③ 완성된 소파의 단면을 "Rotate" 툴을 이용하여 회전시키고 이동하여 벽면에 배치한다.

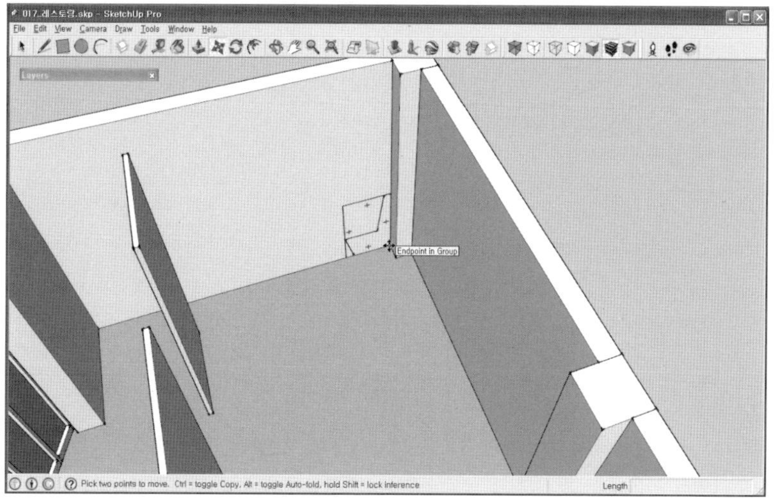

④ 그룹 편집모드로 들어가서 "Push/Pull" 툴로 돌출시켜 반대쪽 벽체 끝까지 3차원 소파를 작성한다.

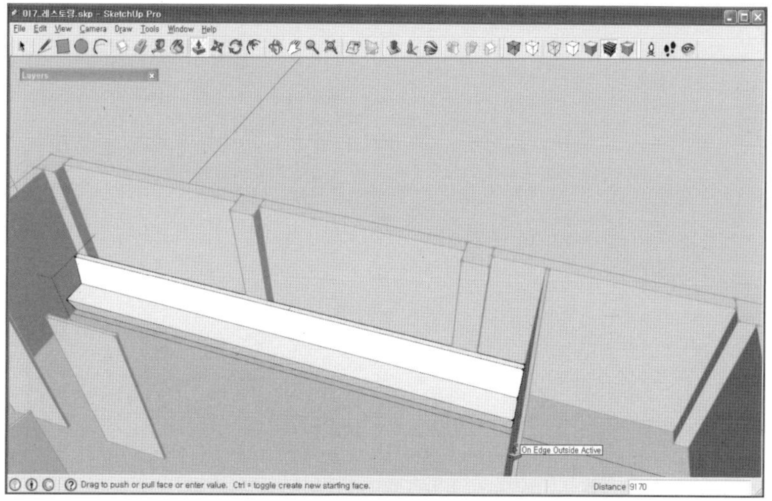

(2) 3D Warehouse에서 가구 및 소품 넣기

나머지 가구와 소품을 넣어보도록 한다. 앞서 의자를 작성한 것처럼 의자모양을 단면으로 작성하여 만들 수도 있지만 여기서는 컴포넌트를 사용하여 넣어 보도록 한다.

① [Components] 브라우저를 열어 'Table'을 검색하면 여러 종류의 테이블이 검색결과로 나타난다. 여기서 하나를 선택하여 넣어 보도록 한다.

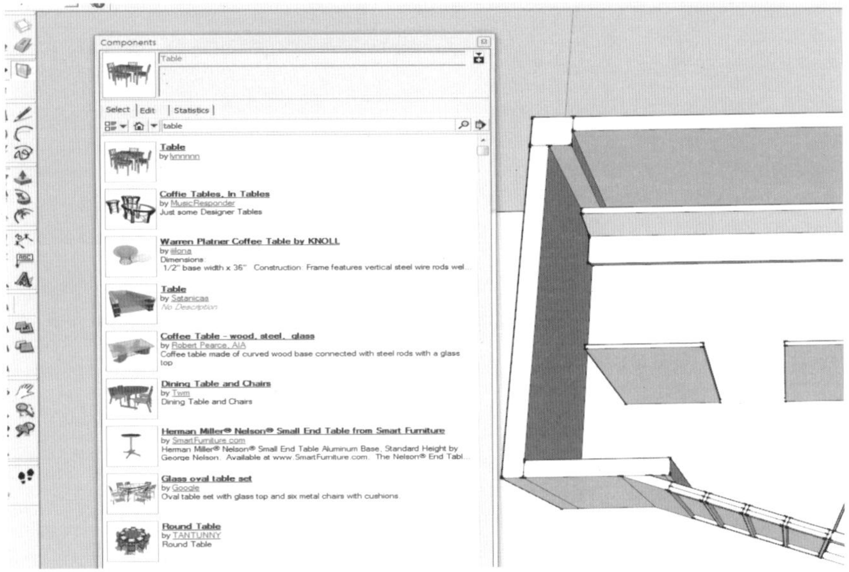

② 다운받은 컴포넌트를 배치를 한다. 배치를 할 때 스케일이 작거나 커질 수 있다. 이럴 때 "Scale" 툴을 이용하여 높이조절 및 폭을 적절하게 수정하여 배치를 하도록 한다.

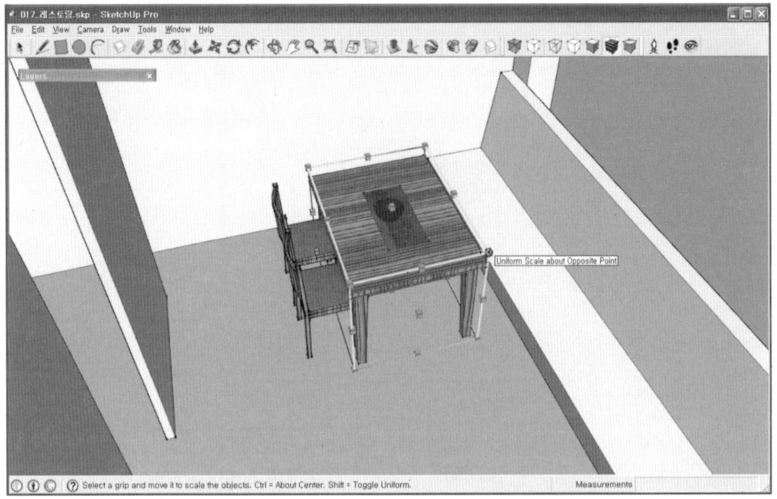

③ 의자와 테이블을 배치를 하고 각종 소품을 [Components] 브라우저에서 찾아서 배치하도록 한다.

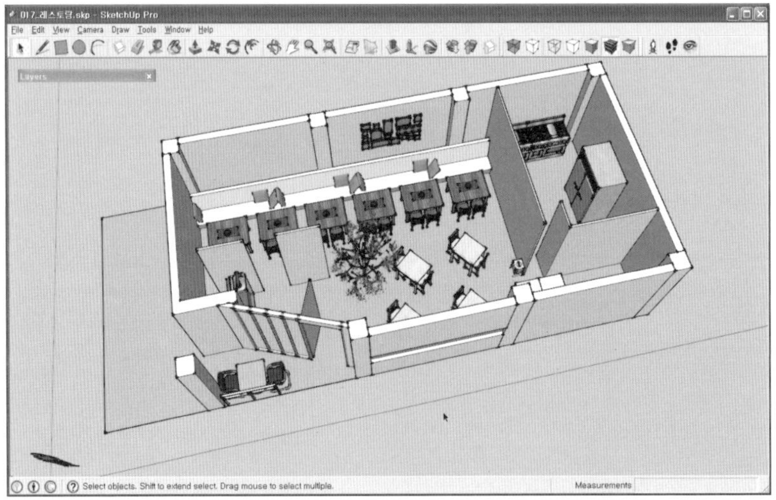

2-3. 재질 지정하기

“Paint Bucket” 툴을 이용하여 유리, 벽체, 바닥에 재질을 지정해보도록 한다.

① [Materials] 브라우저에서 ‘Asphalt and Concrete’ 종류 하나를 선택하여 기둥을 제외한 모든 벽체에 재질을 적용하도록 한다.

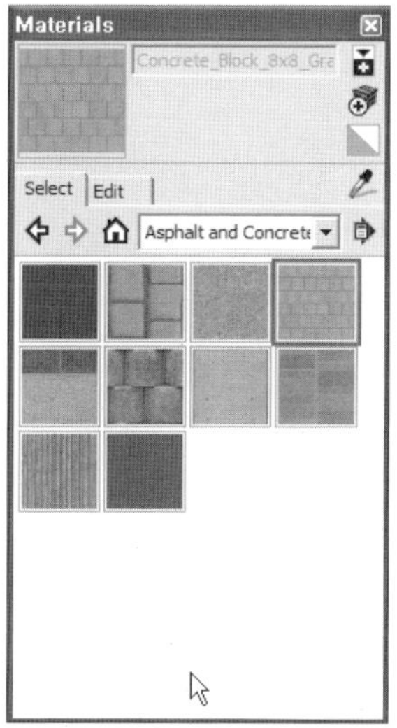

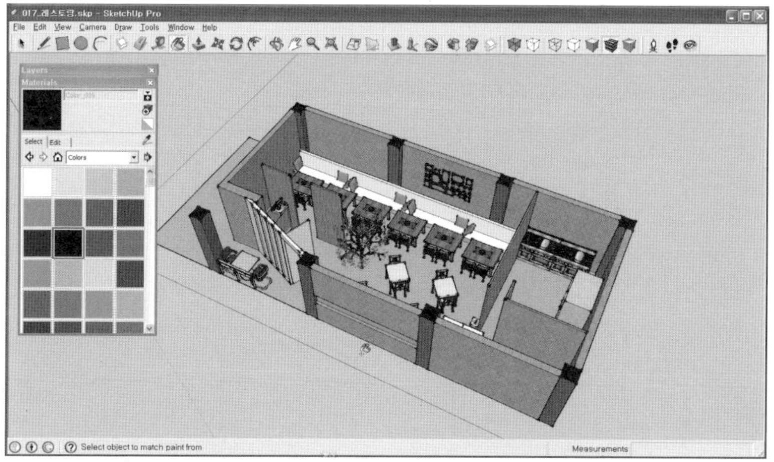

② 기둥에는 색상 재질을 적용한다. 벽체에 적용한 재질을 고려하여 재질을 적용한다. 기둥과 벽체의 상단을 검은색으로 표현하기 위해서는 그룹 편집모드로 들어가서 해당 면을 검은 색 재질로 변경하면 된다.

③ 유리 재질은 [Materials] 브라우저의 ‘Translucent’ 라이브러리에서 재질을 선택할 수 있다. 유리 재질은 모두 ‘Opactity’ 값을 조정하여 투명도를 변경한다. (‘Opactity’란 재질의 불투명도를 의미한다. 불투명도가 ‘100’이면 완전불투명한 상태, 불투명도가 ‘0’이면 완전투명 상태를 의미한다.)

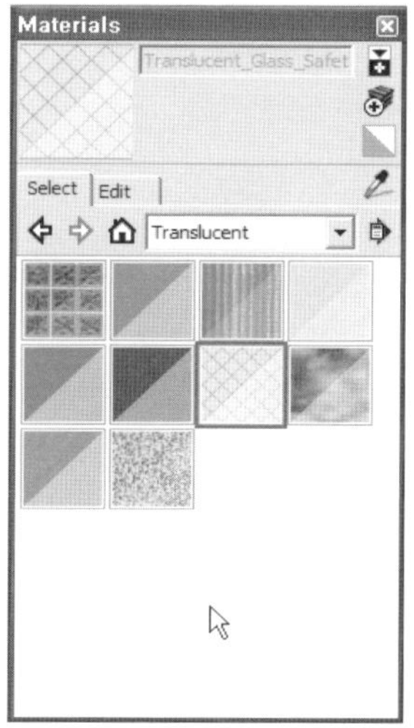

④ 유리에 해당하는 부분에 재질을 적용한다.

⑤ 다음으로는 바닥에 재질을 지정한다. [Materials] 브라우저에서 'Asphalt and Concrete' 라이브러리를 선택한다. 여기서 'Concrete_Aggregate_Smoke' 재질을 선택하여 바닥에 적용하도록 한다. 이때 재질패턴이 너무 크거나 작으면 "Edit" 탭에서 'Texture' 부분의 사이즈를 조절하게 되면 재질패턴의 크기가 변경된다.

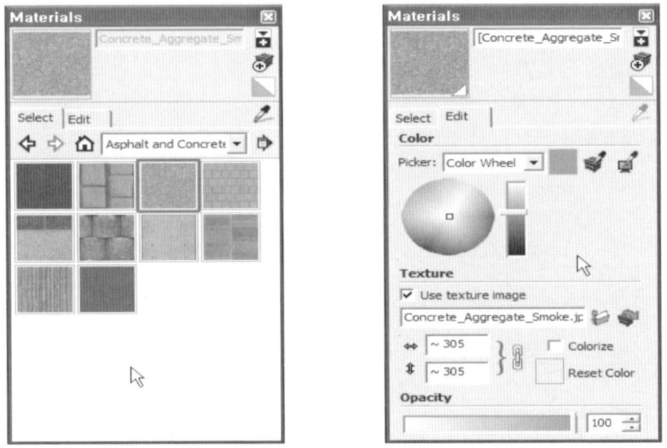

⑥ 마지막으로 실내조경과 각종 소품들을 배치하고 재질을 적용하지 않은 나머지 부분과 가구의 재질을 변경하여 완성해 나가도록 한다.

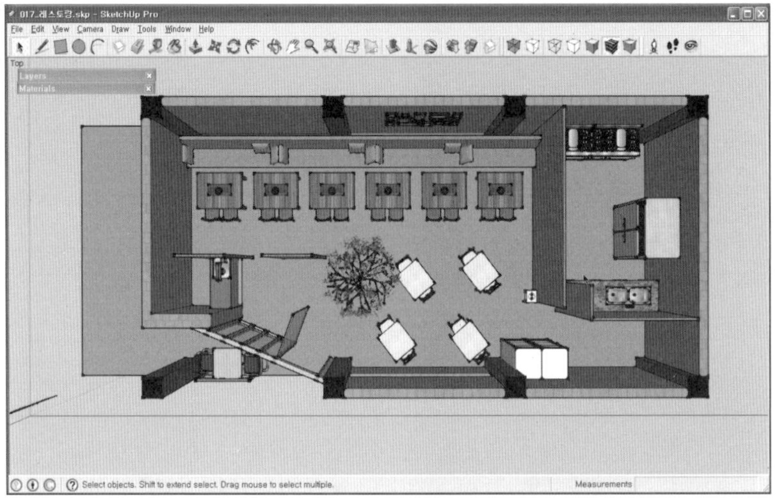

⑦ 완성된 내부투시도 결과는 다음과 같다.

2-4. V-Ray를 이용한 렌더링

(1) 천장 만들기

① '천장' 레이어를 생성하고 현재 레이어로 지정한다. 나머지 생성된 레이어들은 컴포넌트들을 가져오면서 자동으로 생성된 레이어들이다.

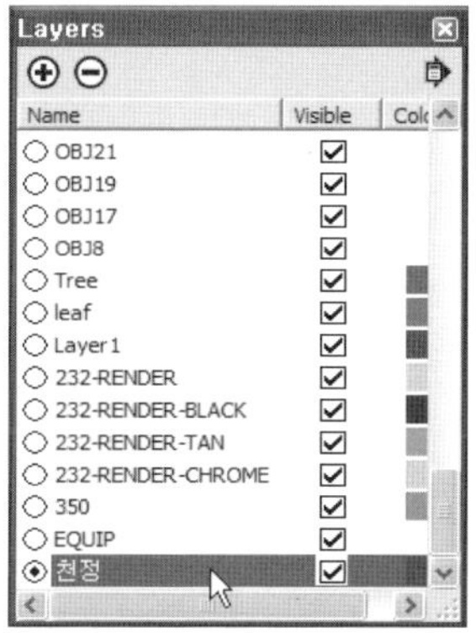

② 앞서 작성된 기둥을 이용하여 "Rectangle" 툴을 이용하여 다음과 같이 직사각형을 작성한다.

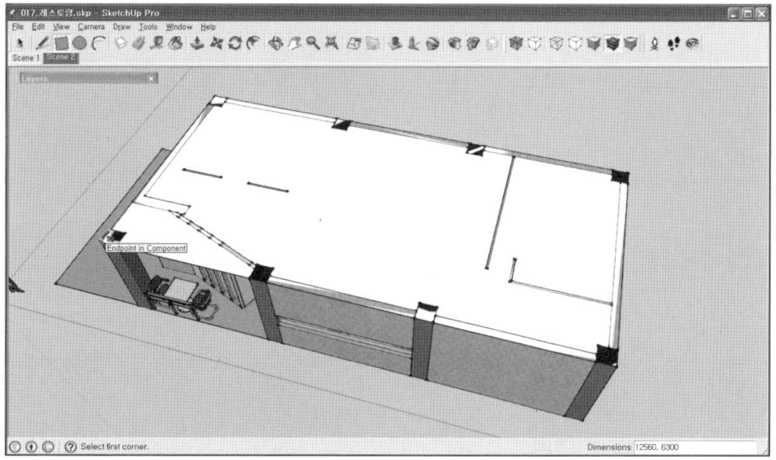

③ 다음과 같이 두 번째, 세 번째 기둥 사이를 연결하는 직사각형을 작성한다.

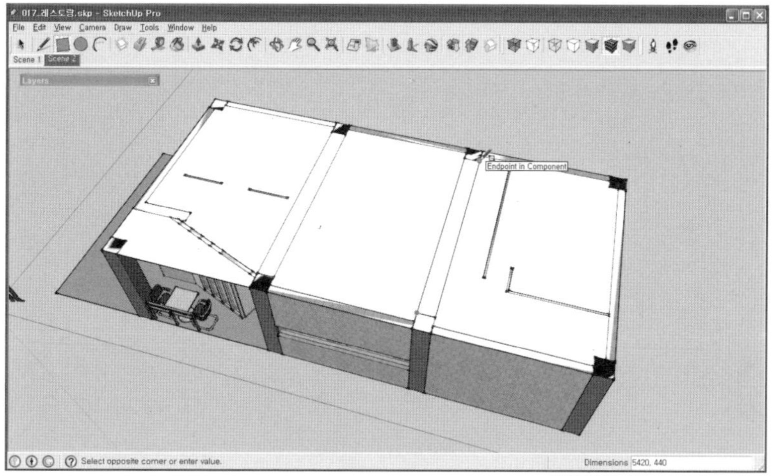

④ 직사각형을 실내 쪽으로 돌출시켜 보를 작성한다. "Push/Pull" 툴을 이용하여 '200mm' 아래로 내려 작성한다. 완성된 천장을 전체 선택하여 그룹으로 묶어준다.

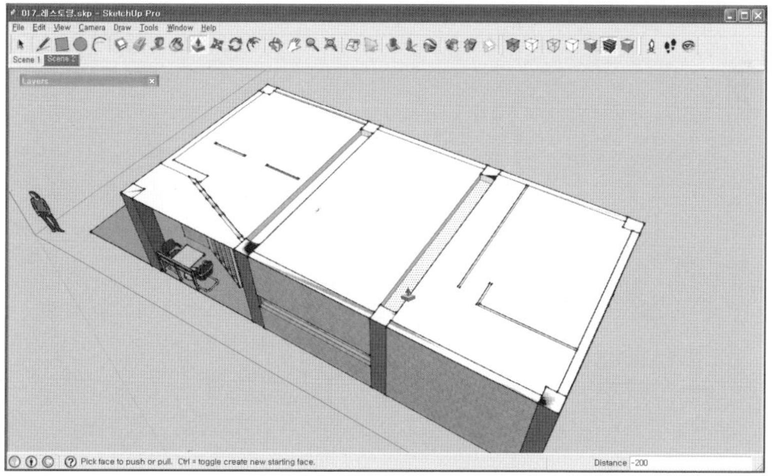

⑤ 재질을 적용한다. 내부투시도 결과는 다음과 같이 변경되었다.

(2) 조명 컴포넌트 넣기

① 조명 레이어를 생성하고 현재 레이어로 변경한다.

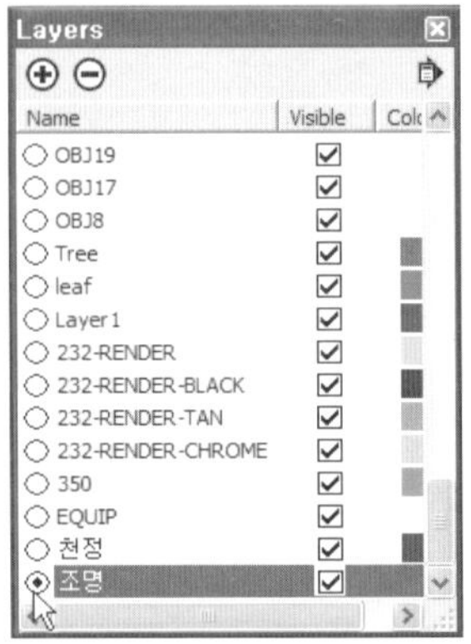

② [Components] 브라우저를 실행하고 'Light'를 검색한다. 조명의 종류가 많이 나오는데 적절한 조명을 선택하여 천장에 배치한다.

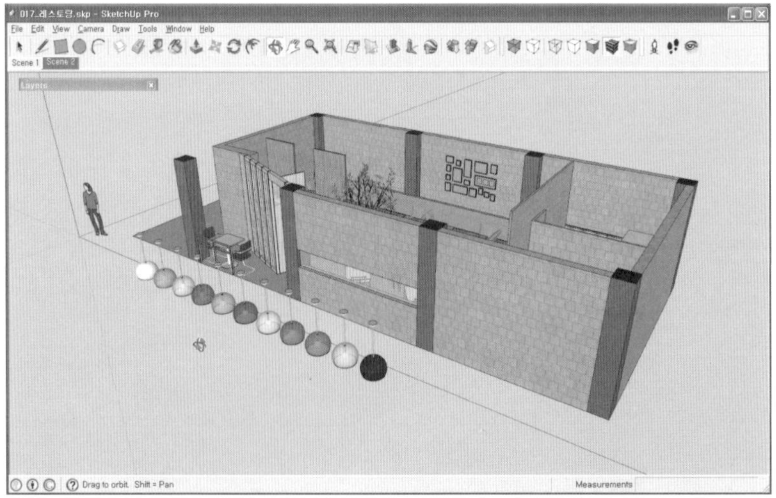

③ 조명을 넣을 때 천장 때문에 위치를 지정하기가 어렵다. 천장 그룹을 선택하고 컨텍스트 메뉴에서 "Hide"를 실행하여 숨기거나 '천장' 레이어를 숨겨서 작업하면 조명위치를 지정하기가 편리하다.

④ 평면을 보고 다른 종류의 조명을 다운받아 배치한다.

(3) V-Ray 렌더링

이상과 같이 완성된 모델을 V-Ray 렌더링을 통해 사실적인 표현을 완성하도록 한다. V-Ray는 GI(Global Illumination)효과가 다른 렌더링 시스템보다 좋기 때문에 몇 가지만 설정하면 손쉽게 좋은 결과물을 얻을 수 있다.

① 먼저 Isometric 뷰를 이용하여 렌더링 결과를 만들어본다. 천장 면과 Light를 'Hide'시켜 정리를 한다. 그 다음으로 적절한 View를 만들어 위치를 고정한다.

② [V-Ray] 메뉴 중 'Option' 툴을 눌러 불러오기를 선택한다. V-Ray를 설치하면 기본적으로 V-Ray 옵션 값이 저장되어 있다. 옵션부분은 렌더링 하는 방식, 빛 조절 등 수많은 수치 값을 요구한다. 저장되어 있는 옵션 값을 살펴보면 High, Medium, Low, Default로 여러 가지의 옵션들이 있다. 쉽게 이미지 퀄리티(픽셀 수)로 간단하게 이해하면 된다.

'Medium'을 선택하여 설정을 불러온다. 설정을 불러오게 되면 옵션부분에 수치가 바뀐 것을 확인할 수 있다.

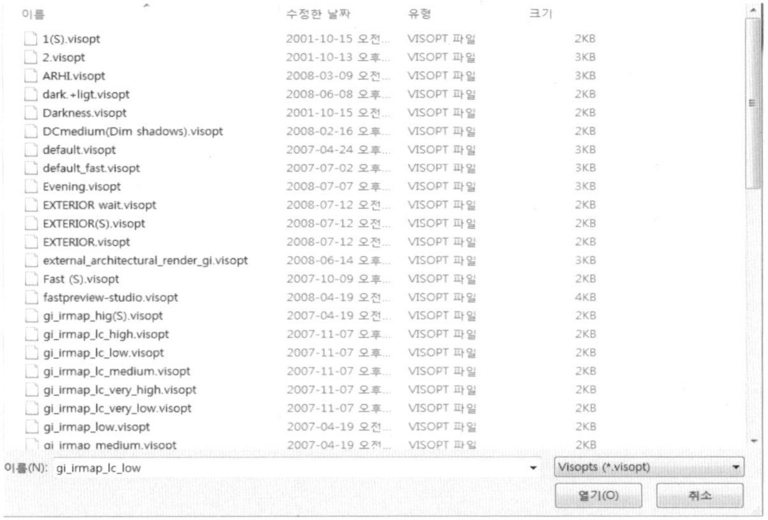

③ 'Start Render' 툴을 실행하면 [Rendering] 창이 나타나며 진행과정을 확인할 수 있다. 렌더링 결과는 다음과 같다.

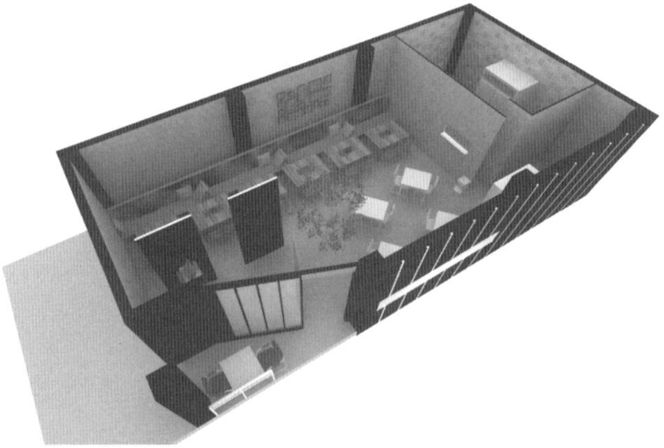

④ 다음으로 실내에서 'View'를 고정하여 렌더링을 하도록 한다. 먼저 뷰를 이동하여 위치를 고정한다.

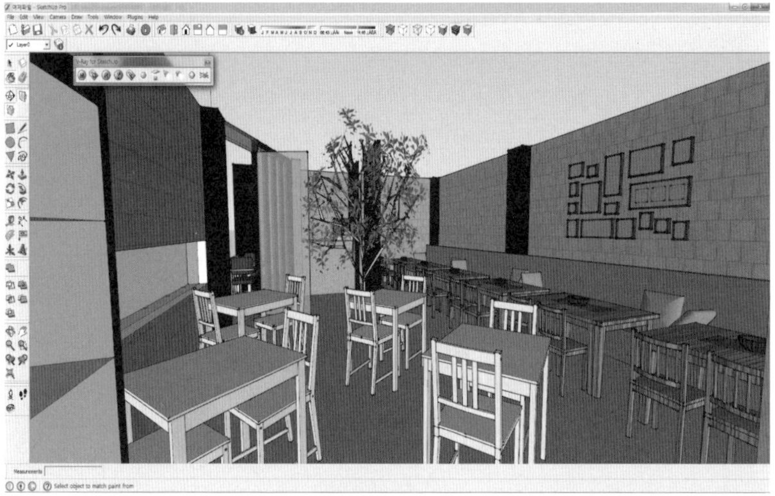

⑤ 그 다음으로 위에 작업하기 위해 숨겨놨던 조명과 천장을 'Unhide'한다.

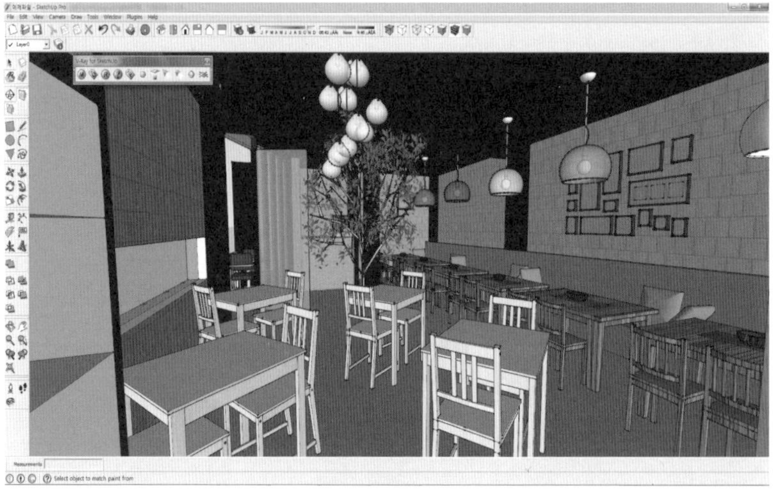

⑥ 뷰를 고정한 후 메뉴에서 [View → Animation → Add Scene]로 가서 페이지를 추가한다. "Add Scene"을 추가하는 이유는 SketchUp은 마우스로 뷰를 설정하면 이전의 뷰로 정확하게 돌아갈 수 없기 때문에 장면(Scene)을 추가하여 뷰를 저장해두는 것이다.

⑦ 'Rectangle Light' 툴을 선택하여 Top 뷰에서 다음처럼 조명을 생성한다.

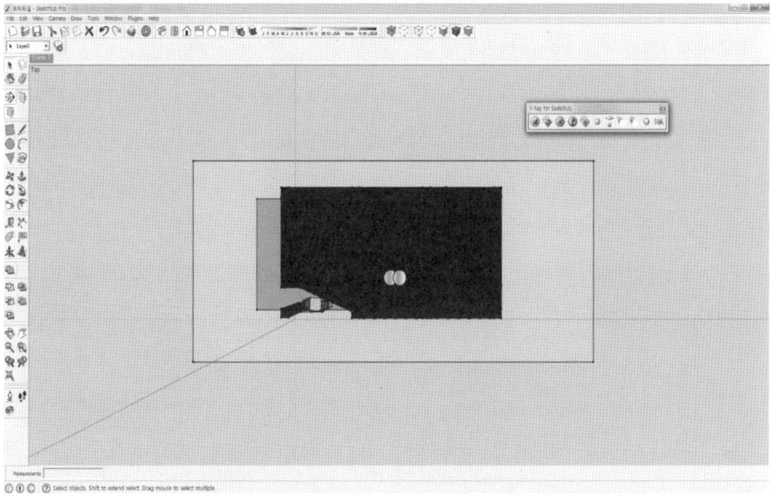

조명을 작성한 다음 "Move" 툴을 이용하여 천장 면과 겹치게 이동한다. 다시 한 번 이동하여 천장 면보다 '100mm' 정도 낮게 위치하도록 한다. 정확하게 천장 면과 겹치는 경우에는 조명이 표현되지 않는 경우가 있다.

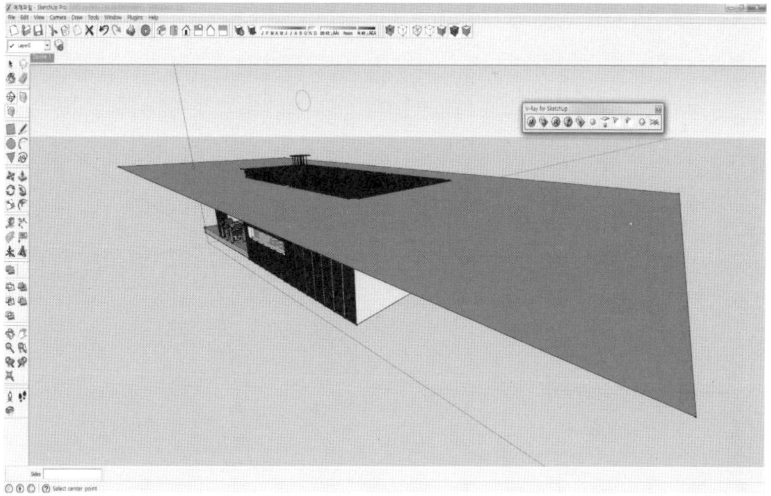

⑧ 'Rendering'을 실행하면 다음처럼 천장부분이 흰색으로 표현된다.

다시 라이트 박스를 선택하여 마우스 오른쪽 버튼을 클릭하여 컨텍스트 메뉴를 실행한 다음 [V-Ray for Sketchup → Edit light]를 실행한다.

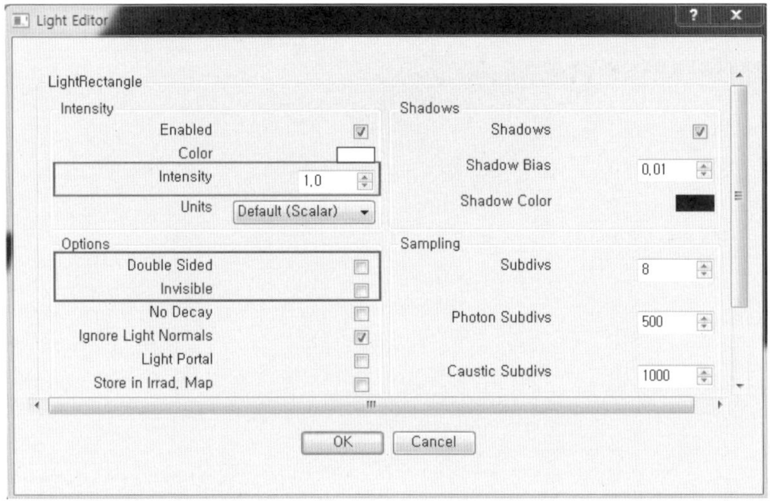

[Light Editor] 창에서 주요한 설정에 대해 살펴보도록 한다. 'Intensity'는 빛의 세기를 조절하는 기능이다. 수치가 높아지면 빛의 강도가 강해져 밝아지게 되고 수치가 낮아질수록 어두워지게 된다.

'Options'부분의 'Double Sided'에 체크를 하고 밑에 있는 'Invisible'에도 체크를 한다. 'Double Sided'는 조명이 위아래 양방향으로 적용되는 것을 설정하고, 'Invisible'은 앞의 결과처럼 조명객체가 흰색으로 나타나지 않도록 설정하는 기능이다.

⑨ 이상과 같이 옵션을 설정하고 Ⓡ'Start Render' 툴을 선택하여 렌더링을 실행하면 다음과 같은 결과를 얻을 수 있다.

⑩ 내부 공간의 여러 장면을 설정하고 렌더링하여 결과를 확인해 본다.

'찌콩' 본점 계획 (SketchUp)
찌콩
찌콩
'찌콩' 수성점 계획 (SketchUp)

커피전문점 'Coffee Tree' (SketchUp + 3ds Max)

순대전문점 계획 (SketchUp + 3ds Max)

순대전문점 계획 (SketchUp + 3ds Max)

순대전문점 '진순대' (SketchUp + 3ds Max)
진순대
강창구
찹쌀

순대전문점 '진순대' (SketchUp + 3ds Max)

문점 'Sackye' (SketchUp + 3ds Max)
Sackye

저자소개

이진욱 현재, 동명대학교 건축 · 디자인대학 실내건축학과 교수
경북대학교 대학원 건축공학과 공학박사

[저서]
AutoCAD 2000 최종분석 I · II · III, 2000
건축디지털모델링, 기문당, 2008
AutoCAD 3차원 모델링을 위한 건축응용캐드, 기문당, 2008
건축기초캐드, 기문당, 2008
3차원BIM설계기초, 기문당, 2009
실내건축디자인을 위한 CAID 기초, 기문당, 2010

윤원섭 현재, ARCHI CODE 대표이사
경북대학교 대학원 건축 · 토목공학과 공학석사
프렌차이즈 'Sackye 찜닭' 체인사업부 팀장
프렌차이즈 '찌콩' 공간마케팅 팀장

대구 'Sackey' 찜닭전문점 프렌차이즈 계획, 시공, 2011
'VERO Espresso' 영진점 계획, 시공, 2011
제천 'Coffee tree' 계획, 시공, 2011
'찌콩' 본점 프렌차이즈 계획, 시공, 2012
'찌콩' 수성점 계획, 시공, 2012

실내건축디자인을 위한 SketchUp 기초

2012년 6월 20일 1판 1쇄 인쇄
2012년 6월 25일 1판 1쇄 발행

저 자 이진욱 윤원섭
발 행 인 강 해 작
발 행 처 기 문 당
주 소 서울 성동구 무학봉 28길 4-1 (왕십리동 966-22)
전 화 02) 2295-6171(代)~5
팩 스 02) 2296-8188
출판등록 1976. 10. 7 (1-44)
홈페이지 http://기문당
http://www.kimoondang.com
I S B N 978-89-6225-426-6 93540
정 가 20,000원

본 과제(결과물)는 교육과학기술부 · 지식경제부의 출연금으로 수행한 산학협력중심대학육성사업의 연구결과입니다.